国家出版基金资助项目

俄罗斯数学经典著作译丛

微分方程理论

WEIFEN FANGCHENG LILUN

［苏］B. B. 斯捷潘诺夫 著

《微分方程理论》翻译组 译

哈尔滨工业大学出版社
HARBIN INSTITUTE OF TECHNOLOGY PRESS

内 容 简 介

本书共9章,包括:一般概念、已解出导数的一阶方程的若干可积类型,已解出导数的一阶方程的解案存在问题,未解出导数的一阶方程,高阶微分方程,线性微分方程的一般理论,特殊形状的线性微分方程,常微分方程组,偏微分方程、一阶线性偏微分方程,一阶非线性偏微分方程,最后附有答案。

本书适合数学专业师生及数学爱好者参考阅读。

图书在版编目(CIP)数据

微分方程理论/(苏)B. B. 斯捷潘诺夫著;《微分方程理论》翻译组译. —哈尔滨:哈尔滨工业大学出版社,2024.4

(俄罗斯数学经典著作译丛)

ISBN 978 - 7 - 5767 - 1333 - 6

Ⅰ. ①微… Ⅱ. ①B… ②微… Ⅲ. ①微分方程 Ⅳ. ①O175

中国国家版本馆 CIP 数据核字(2024)第 073559 号

策划编辑 刘培杰 张永芹
责任编辑 王勇钢
封面设计 孙茵艾
出版发行 哈尔滨工业大学出版社
社 址 哈尔滨市南岗区复华四道街 10 号 邮编 150006
传 真 0451 - 86414749
网 址 http://hitpress. hit. edu. cn
印 刷 辽宁新华印务有限公司
开 本 787 mm×1 092 mm 1/16 印张 24.75 字数 444 千字
版 次 2024 年 4 月第 1 版 2024 年 4 月第 1 次印刷
书 号 ISBN 978 - 7 - 5767 - 1333 - 6
定 价 98.00 元

目录

1

一般概念、已解出导数的一阶方程的若干可积类型

§1 引 言

1. 从形式的数学观点看来,解(积分)微分方程的问题就是微分的逆运算问题。微分学的问题就是求已知函数的导数。最简单的逆运算问题在积分学中就已经遇到:给定已知函数 $f(x)$,求其原函数(不定积分)。如果用 y 表示原函数,那么这个问题就可以用方程的形式表示

$$\frac{dy}{dx} = f(x) \tag{1}$$

或

$$dy = f(x)dx \tag{2}$$

互相等价的方程(1)和(2)是最简单的微分方程。我们已经能够求它们的解。实际上,从积分学中大家知道,满足方程(1)或(2)的最普遍的函数 y 的形式是

$$y = \int f(x)dx + C \tag{3}$$

在解(3)中的不定积分表示某一个原函数,C 是任意常数。因此,由方程(1)或(2)所确定的未知函数并不是唯一的。这个微分方程有无数个解,其中任何一个解,都可以由给予任意常数 C 一个适当的数值而得到。含有任意常数 C 的解(3)叫作方程(1)的通解;给通解中的常数 C 一个确定的数值而得到的解叫作特解。

我们来讨论下面的一个力学问题:研究在地心引力作用下点 m 沿着直线的运动。取点 m 沿着运动(落下)的那一条铅直线为 Oy 轴,将原点放于地面上,并且规定向上的方向为正向;要知道运动情况,也就是要知道运动开始(对应于 $t=0$)t s 后点 m 的位置,就必须知道这个点的坐标 y 由函数 t 表出的式子。这样,t 就是自变数,而 y 是未知函数。现在我们要列出求 y 的方程。根据二阶导数在力学上的意义,知道加速度等于 $\dfrac{\mathrm{d}^2 y}{\mathrm{d}t^2}$;另外,我们知道在地面上以及地面临近的每一点的重力加速度是常数,而且(近似地)等于 $981 \mathrm{~cm/s^2}$,我们用字母 g 来表示,$g \approx 981 \mathrm{~cm/s^2}$;它的方向是向下的,因此在我们的坐标系中,它的前面必须加一负号。使这两个点加速度的表达式相同,我们就得到以 y 为未知函数的方程

$$\frac{\mathrm{d}^2 y}{\mathrm{d}t^2} = -g \tag{4}$$

现在已知 y 的二阶导数,而要求出这个函数。这个微分方程是容易解(积分)的。[①] 把等式(4)的两端对 t 求两次不定积分,那么我们顺次可得

$$\frac{\mathrm{d}y}{\mathrm{d}t} = -gt + C_1 \tag{5}$$

$$y = -\frac{gt^2}{2} + C_1 t + C_2 \tag{6}$$

式(6)是方程(4)的通解,它含有两个任意常数 C_1 和 C_2。我们来说明这些常数的物理意义。在方程(5)中让 $t=0$,就得到

$$C_1 = \left(\frac{\mathrm{d}y}{\mathrm{d}t}\right)_{t=0} = v_0 \quad (\text{动点的初速度})$$

同样,从式(6)可得

$$C_2 = (y)_{t=0} = y_0 \quad (\text{动点的原始位置})$$

我们可以把微分方程的通解写为

$$y = -\frac{gt^2}{2} + v_0 t + y_0 \tag{7}$$

现在可以看清楚需要哪些补充条件以便获得一个描述完全确定的运动的特解:必须知道动点的原始位置 y_0 和初速度 v_0 的数值(原始条件)。

---

① 通常用"积分微分方程"来代替"解微分方程"这句话,为避免混淆起见,我们称求不定积分的运算为"求积"。

问　题

1. 求初速度为 0 自 10 m 高处落下的点的运动方程。问它在几秒后落于地面上?

2. 求以初速度 1 m/s 上抛的点的运动方程。问几秒后达到最高点?

3. 求下列方程的通解: $\dfrac{dy}{dx}=2, \dfrac{dy}{dx}=-x^3, \dfrac{d^2y}{dx^2}=\sin x$。

2. 方程(1)中只出现未知函数的一阶导数。这是一阶微分方程。一般的一阶微分方程具有下面的形式

$$F\left(x,y,\dfrac{dy}{dx}\right)=0 \tag{8}$$

其中 F 是三个变元的已知连续函数;它可以不依凭 x 或 y(或对于二者皆不依凭),但是必须含有 $\dfrac{dy}{dx}$。如果方程(8)确定 $\dfrac{dy}{dx}$ 为其余两个变元的隐函数[①](以后我们永远假定这个条件是适合的),那么它可以用解出 $\dfrac{dy}{dx}$ 的形式表达,即

$$\dfrac{dy}{dx}=f(x,y) \tag{9}$$

这里 f 是 x,y 的已知连续函数(特别地,它可以不含一个或两个变元:在方程(1)中 f 不依凭 y;在问题 3 的第一问中,方程的右端既不依凭 x,又不依凭 y)。在微分方程(8)或(9)中,x 是自变数,y 是未知函数。这样,一阶微分方程是联系未知函数、自变数以及未知函数的一阶导数间的关系式。

任何函数 $y=\varphi(x)$,如果代入方程(8)或(9)后使之成为恒等式,就叫作微分方程(8)或(9)的解。

方程(4)含有未知函数的二阶导数,这是二阶方程。二阶微分方程的一般形式是

$$F(x,y,y',y'')=0 \tag{10}$$

或者是就二阶导数解出(如果能够解出的话)表达式

$$y''=f(x,y,y') \tag{10'}$$

---

① 要使方程 $F(x,y,y')=0$ 确定的隐函数 $y'=f(x,y)$ 存在,而且当 $x=x_0,y=y_0$ 时取值 y'_0,其充分条件:等式 $F(x_0,y_0,y'_0)=0$ 成立,在数值 x_0,y_0,y'_0 的邻域中连续偏导数 $F'_{y'}$ 存在,而且 $F'_{y'}(x_0,y_0,y'_0)\neq0$,这样方程(8)就在数值 x_0,y_0 的邻域中确定一连续函数(9),而且 $f(x_0,y_0)=y'_0$。

（为了简写起见，我们用 y' 表示 y 对 x 的导数）。这里 F 和 f 是其各个变元的已知连续函数，x 是自变数，y 是未知函数；x,y,y' 中某些变元（或全部）可以在方程中不出现，但 y'' 一定要出现。将函数 $\varphi(x)$ 代替方程（10）（或（10'））中的 y，如果使方程成为恒等式，那么称 $\varphi(x)$ 为解。一般地，方程所含的未知函数的最高阶导数的阶数称为方程的阶。这样，n 阶方程的形式是

$$F(x,y,y',y'',\cdots,y^{(n)})=0$$

但方程中必须出现 $y^{(n)}$。

3. 一阶微分方程有几何解释，它能使我们明白这种方程的解有很多性质。设给定方程

$$\frac{\mathrm{d}y}{\mathrm{d}x}=f(x,y)$$

我们取 x,y 为平面上的笛卡儿直角坐标，在函数 f 的定义域中，每点 (x,y) 都由方程（9）确定一个 $\dfrac{\mathrm{d}y}{\mathrm{d}x}$ 的数值。设 $y=\varphi(x)$ 是方程（9）的解，那么由方程 $y=\varphi(x)$ 确定的曲线称为方程的积分曲线。$\dfrac{\mathrm{d}y}{\mathrm{d}x}$ 是这条曲线上的切线和 Ox 轴交角的正切。这样，对于定义域中每点 (x,y)，方程（9）都定出一个方向与之对应，这样我们就得到了方向场。可以这样描述出它：将与 Ox 轴交角为 $\arctan\dfrac{\mathrm{d}y}{\mathrm{d}x}$ 的箭头（箭头的正指向可以任意取，因为反正切所确定的角可以相差 π 的倍数）放在域内相应的各点。现在，微分方程的积分问题可以这样解释：求一曲线，使它在各点的切线方向与方向场在该点的方向一致。概略说来，所引曲线必须使分布在场内的箭头在每点都指示该曲线的切线的方向。

让我们更仔细地研究下面的例子

$$\frac{\mathrm{d}y}{\mathrm{d}x}=x^2+y^2 \tag{11}$$

先找出那些具有相同斜率的曲线（等斜线），再分布箭头。这样，如果 $y'=0$，就有 $x=y=0$（原点）；若 $y'=\dfrac{1}{2}$，则有 $x^2+y^2=\dfrac{1}{2}$（中心在原点，半径为 $\dfrac{1}{\sqrt{2}}$ 的圆），圆周 $x^2+y^2=1$ 上 $y'=1$ 等（图1）。要画方程（11）的积分曲线，就必须在平面上取一点 (x_0,y_0)，经过它引一曲线，使曲线上各点具有场的方向（在圆上所画曲线经过点 $(0,0)$，$(0,-\dfrac{1}{2})$，$(\sqrt{2},0)$）。可见，所得的不是一条曲线，而是含一个参数的整族曲线（例如可以取曲线与 y 轴的截距作为参数）。这个结论，对于任

何场,也就是任何微分方程,在一定的限制下也是正确的。因此,关于微分方程的全部积分曲线的问题,我们有理由期望这样的答案:一阶微分方程的积分曲线构成单参数的曲线族

$$y = \varphi(x, C) \tag{12}$$

如果注意到函数 $\varphi(x, C)$ 对于任何 C 都是微分方程的解,那么我们就可以期望下面的结果。

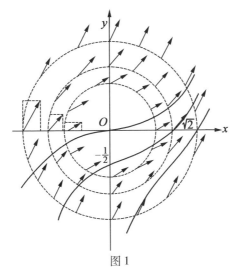

图 1

一阶微分方程的通解是含有一个任意常数的式(12)。[①]

最后,注意到每一条积分曲线可由它所经过的一个定点 (x_0, y_0) 而得到,我们就能得出下面的结论:

为了唯一地确定微分方程的特解,就必须给出未知函数在自变数的值为 x_0 时所具有的值 y_0(原始值)。

实际上,如果已知 x_0 和 y_0,那么可以将它们代入方程(12)得 $y_0 = \varphi(x_0, C)$——确定一个未知数 C 的方程;上面的几何推理使我们有理由期望这个方程有解。

注 这里的推演并不是微分方程解的存在和原始条件决定唯一解的严格证明,因为这是凭着几何图像作的,讲过的一切结果只有对函数 f 在一定的限制下才正确;严格的证明要在第 2 章中才讲到。我们的叙述只指出在简单的情况下,我们能够期望哪些结论,以及给出作积分曲线近似图像的实际方法。

---

① 通解和特解的确切定义只能在以后给出。

问 题

4. 做出方程 $\dfrac{\mathrm{d}y}{\mathrm{d}x}=x^2-y^2$ 的方向场(作等斜线 $y'=0$,$y'=\pm 1,\pm 2$),并引经过 $(0,0)$,$(0,1)$,$(1,0)$ 各点的积分曲线。

4. 我们看到,由最简单的方程(1)所得到的一阶微分方程的通解的特性——对于一个任意常数的依凭——为前段的理由证实对于更广泛的一阶方程也是正确的。我们自然要期望一般二阶微分方程(10)或(10′)的解与方程(4)类似,也含有两个任意常数,而 n 阶微分方程的通解依凭 n 个任意常数。事实上它的确是这样(在一定的限制下);在这里我们不用几何推理,而从另一角度去解决这个问题,从而我们的思考借类比法而获得有意义的证实。

让我们提出一个问题,这个问题在某种意义上是解微分方程的反面问题。设已知关系式

$$y=\varphi(x,C) \tag{13}$$

其中 C 是参数,对 x 微分后①,我们得到

$$y'=\varphi'_x(x,C) \tag{14}$$

如果式(14)的右端不含 C,那么我们就已经消去参数 C,而且得到微分方程

$$y'=\varphi'_x(x) \tag{14'}$$

显然,在这种情形下,式(13)的形式是

$$y=\varphi(x)+C$$

而且是方程(14′)的解。

现在设等式(14)的右端含有 C,那么等式(13)的右端也含有 C,亦即 $\varphi'_C(x,C)\neq 0$,而且在使 $\varphi'_C(x_0,C_0)\neq 0$ 的数值 x_0,C_0 的邻域中,我们可以确定 C 为 x,y 的函数

$$C=\psi(x,y) \tag{15}$$

显然我们有恒等式(对变数 x 和 C)

$$\psi[x,\varphi(x,C)]\equiv C \tag{16}$$

将式(15)所确定的 C 值代入式(14),我们获得了一阶微分方程

$$y'=\varphi'_x[x,\psi(x,y)] \tag{17}$$

在这里,我们容易证明不论 C 是任何值,式(13)总是上一方程的解;实际上,如

---

① 我们假定在论证中出现的导数都存在。

果我们将 y 的表达式(13)代入方程(17),那么在左端得 $\varphi'_x(x,C)$,而在右端得 $\varphi'_x\{x,\psi[x,\varphi(x,C)]\}$,由于恒等式(16)等于 $\varphi'_x(x,C)$。

如果给出的 x,y,C 间的关系式是隐式

$$\Phi(x,y,C)=0 \tag{13$'$}$$

那么,将它对 x 微分,我们得到

$$\Phi'_x+\Phi'_y y'=0 \tag{14$''$}$$

在满足隐函数论中相应条件的情况下,从关系式(13$'$)和(14$''$)中消去 C,我们得到方程

$$F(x,y,y')=0 \tag{17$'$}$$

前面的推演说明式(13$'$)是它的解。

现在,设给定关系式

$$\Phi(x,y,C_1,C_2,C_3,\cdots,C_n)=0 \tag{18}$$

它联系着函数 y 和自变数 x,而且含有 n 个参数 $C_1,C_2,\cdots,C_n$。我们提出一个问题,是否可以做出一个微分方程,使得不论参数取什么常数值,式(18)所确定的函数 y 都满足这个微分方程? 我们假定 Φ 是所有变元的连续函数,而且对 x,y 可微分足够多次。在上述假设下,对等式(18)(如果用关系式(18)所确定的函数 $y=\varphi(x,C_1,C_2,\cdots,C_n)$ 代 y,它就是恒等式)微分 n 次,我们有

$$\begin{cases} \dfrac{\partial\Phi}{\partial x}+\dfrac{\partial\Phi}{\partial y}y'=0 \\[2mm] \dfrac{\partial^2\Phi}{\partial x^2}+2\dfrac{\partial^2\Phi}{\partial x\partial y}y'+\dfrac{\partial^2\Phi}{\partial y^2}y'^2+\dfrac{\partial\Phi}{\partial y}y''=0 \\[2mm] \dfrac{\partial^3\Phi}{\partial x^3}+3\dfrac{\partial^3\Phi}{\partial x^2\partial y}y'+\cdots+\dfrac{\partial\Phi}{\partial y}y'''=0 \\[1mm] \qquad\qquad\vdots \\[1mm] \dfrac{\partial^n\Phi}{\partial x^n}+\cdots+\dfrac{\partial\Phi}{\partial y}y^{(n)}=0 \end{cases} \tag{19}$$

关系式(18)和(19)构成一组($n+1$ 个)方程,它们含有 n 个参数 $C_1,C_2,\cdots,C_n$。一般来说①,从这组方程可以消去所有的参数,也就是从 n 个方程求得它们对 $x,y,y',\cdots,y^{(n)}$ 的表达式,再将这些表达式代入第 $n+1$ 个方程,我们就得到关系式

$$F(x,y,y',\cdots,y^{(n)})=0 \tag{20}$$

---

① 即使在一次方程系的情形中,我们知道 n 个方程不一定能决定 n 个未知数。

也就是得到 n 阶微分方程。我们已经指出,用函数 $\varphi(x, C_1, C_2, \cdots, C_n)$ 代方程 (18) 中的 y 就得到恒等式,这对于方程 (19) 同样正确。所以,作为方程 (18) 和 (19) 的结果的方程 (20),当其中的 y 被函数 $\varphi(x, C_1, C_2, \cdots, C_n)$ 所替代时,也成为恒等式,而这正意味着由式 (18) 所确定的 y 是方程 (20) 的解。由此看来,这个含有 n 个任意常数的函数乃是某个 n 阶微分方程的解。这段推理还可以进行得更精确,有如我们对于一阶微分方程所做的那样。现在我们有理由推断原来的解是通解,而反之,n 阶微分方程的通解含有 n 个任意常数。

问　题

5. 求平面上所有直线(取通式)的微分方程,并积分这个方程。

6. 求焦距为 $2c$ 的共焦点椭圆族的微分方程。

　　提示:曲线族方程为 $\dfrac{x^2}{a^2} + \dfrac{y^2}{a^2 - c^2} = 1$,其中 a 是任意参数。将 y 看成 x 的函数,对 x 微分,可得

$$\frac{x}{a^2} + \frac{yy'}{a^2 - c^2} = 0$$

从这两个方程消去 a^2,就得到所求的一阶微分方程。

　　例 1　在平面上的圆族

$$(x - \alpha)^2 + (y - \beta)^2 = \gamma^2$$

含有三个参数,微分三次

$$x - \alpha + (y - \beta) y' = 0$$
$$1 + (y - \beta) y'' + y'^2 = 0$$
$$(y - \beta) y''' + 3 y'' y' = 0$$

在微分时,消去了 α 和 γ,但是还要从最后两个方程消去 β。(使 $y - \beta$ 的两个表达式相等)我们可得

$$y'''(1 + y'^2) - 3 y' y''^2 = 0$$

　　例 2　我们取圆锥曲线的方程作为最后一个例子。从解析几何上,大家知道,它依凭五个参数(即六个系数的比例),其形式为

$$a_{11} x^2 + 2 a_{12} xy + a_{22} y^2 + 2 a_{13} x + 2 a_{23} y + a_{33} = 0$$

我们假定 $a_{22} \neq 0$,并由这个方程解出 y,即

$$y = -\frac{a_{12} x + a_{23}}{a_{22}} \pm \sqrt{\left(\frac{a_{12} x + a_{23}}{a_{22}}\right)^2 - \frac{a_{11} x^2 + 2 a_{13} x + a_{33}}{a_{22}}}$$

或

$$y=-\frac{a_{12}}{a_{22}}x-\frac{a_{23}}{a_{22}}\pm\sqrt{\frac{a_{12}^2-a_{11}a_{22}}{a_{22}^2}x^2+2\frac{a_{12}a_{23}-a_{13}a_{22}}{a_{22}^2}x+\frac{a_{23}^2-a_{22}a_{33}}{a_{22}^2}}$$

用新的字母表示各个常数,我们最后得到

$$y=Ax+B+\sqrt{Cx^2+2Dx+E} \tag{21}$$

在这个方程中有五个参数;必须将它们从已知方程和经过一次、二次,直到五次微分后所得的各方程中消去。

因此,将方程(21)两端对 x 微分,得

$$y'=A+\frac{Cx+D}{\sqrt{Cx^2+2Dx+E}}$$

$$y''=\frac{C(Cx^2+2Dx+E)-(Cx+D)^2}{(Cx^2+2Dx+E)^{\frac{3}{2}}}=\frac{CE-D^2}{(Cx^2+2Dx+E)^{\frac{3}{2}}}$$

A,B 两常数已被消去;在右端,分子为常数,而分母为二次三项式的 $\frac{3}{2}$ 次方。为了以后易于消去常数起见,我们取两端的 $-\frac{2}{3}$ 次方,于是得到

$$(y'')^{-\frac{2}{3}}=(CE-D^2)^{-\frac{2}{3}}(Cx^2+2Dx+E)$$

即是说,在右端有了关于 x 的二次三项式;如果将它连续微分三次,那么所有常数都被消去,因为这时右端等于零。因此,要求的微分方程就是

$$(y''^{-\frac{2}{3}})'''=0$$

我们逐次求微分

$$(y''^{-\frac{2}{3}})'=-\frac{2}{3}y''^{-\frac{5}{3}}y''',\quad (y''^{-\frac{2}{3}})''=\frac{10}{9}y''^{-\frac{8}{3}}y'''^2-\frac{2}{3}y''^{-\frac{5}{3}}y^{\mathrm{IV}}$$

最后得到

$$(y''^{-\frac{2}{3}})'''=-\frac{80}{27}y''^{-\frac{11}{3}}y'''^3+\frac{20}{9}y''^{-\frac{8}{3}}y'''y^{\mathrm{IV}}+\frac{10}{9}y''^{-\frac{8}{3}}y'''y^{\mathrm{IV}}-\frac{2}{3}y''^{-\frac{5}{3}}y^{\mathrm{V}}=0$$

合并同类项,两端乘 $y''^{\frac{11}{3}}$ 以去掉负幂;最后再用 $-\frac{27}{2}$ 乘两端。这样化简后,终于得到

$$9y''^2y^{\mathrm{V}}-45y''y'''y^{\mathrm{IV}}+40y'''^3=0$$

注1 在公式(21)的根号前,我们取的是正号;如果取负号,容易证明最后结果是一样的。

注2 我们指出,$C=\frac{a_{12}^2-a_{11}a_{22}}{a_{22}^2}$;对于抛物线,$C=0$,而抛物线方程(依凭四

个参数)的形式是

$$y = Ax + B + \sqrt{2Dx + E}$$

注3 我们假定 $a_{22} \neq 0$,$a_{22} = 0$ 的情况则留作问题。

问 题

7. 导出有 $a_{22} = 0$ 的圆锥曲线的微分方程,什么几何特性把这批曲线从一切二次曲线中区别出来?(分两种情况考虑,$a_{12} \neq 0$,$a_{12} = 0$)

8. 导出有 $a_{22} \neq 0$ 和有 $a_{22} = 0$ 的抛物线的微分方程。

注 如果我们有含 n 个参数的 x 和 y 的一个关系式,那么我们断言,"一般说来"要消去这些参数必须有 $n+1$ 个方程。在个别情况下也可以从较少的方程消去较多的参数;例如从曲线族 $y = C_1(C_2x + C_3)$ 消去参数后,可得二阶方程 $y'' = 0$,因为实际上这个族取决于两个参数,C_1C_2 同 C_1C_3。

对于以原点为二重点的退化二次曲线族的方程 $y^2 = 2bxy + cx^2$,这个事实就较难发现。作为几何的图像,这个曲线族确实依凭两个参数,但是如果解出 y,我们可得

$$y = (b \pm \sqrt{b^2 + c})x$$

从函数的观点看来,作为 x 的单值函数的 y,依赖于 x 和一个参数组合

$$k = b \pm \sqrt{b^2 + c}$$

而实际上,将所给关系式微分,我们可得

$$yy' = b(xy' + y) + cx$$

从原式与这个方程中消去 c,可得

$$xyy' - y^2 = b(x^2y' - xy) \text{ 或 } (y - bx)(xy' - y) = 0$$

令第二因子等于零,得到所求的微分方程 $xy' - y = 0$。容易看出,如果令第一因子等于零,我们就得到同一微分方程的特解。

§2 分离变数法

1. 在 §1,我们已经遇到最简单的微分方程

$$\frac{dy}{dx} = f(x)$$

我们可以用微分将它写为

$$dy = f(x)dx$$

方程(1)(或(2))称为不(显)含未知函数的一阶微分方程。假定函数

$f(x)$ 确定于某一区间 $a<x<b$，并且在这个区间的一切内点处连续。此外，可以 $a=-\infty$ 或 $b=+\infty$，或同时 $a=-\infty$，$b=+\infty$。

在积分学中已经证明，作为函数 $f(x)$ 的原函数的未知函数 $y(x)$ 乃是不定积分（或者是以变数为上限的定积分）；还证明过，任一原函数同某一固定原函数之间只差一常数项。这样，方程（1）（或（2））的解是

$$y=\int f(x)\,dx+C$$

C 是可取一切数值的任意常数，即 $-\infty<C<+\infty$；给 C 一切可能的数值，根据上述，我们就得到一切满足已知方程的函数 y。所以式（3）是方程（1）的通解。给 C 一个确定数值，就得到一个特解。在整个区间 $a<x<b$ 内，一切特解都是 x 的连续及可微函数。

为了解释在公式（3）中任意常数的意义，宜将不定积分写成以变数为上限的定积分

$$y=\int_{x_0}^{x}f(x)\,dx+C \tag{3_1}$$

其中 x_0 为区间 (a,b) 的任一内点。若给变数 x 以数值 x_0，则得

$$y(x_0)=C$$

用 y_0 记未知函数在 $x=x_0$ 时的值，公式（3_1）就化为

$$y=y_0+\int_{x_0}^{x}f(x)\,dx \tag{3_2}$$

这样，如果给未知函数一个原始值，也就是它在自变数为某一确定（原始）值时所要取的值，就可以完全确定一个特解。

因而，原始数据 (x_0,y_0) 唯一地确定方程（1）（在右端 $f(x)$ 的全部连续区间内）的解。从几何的观点看来，给定原始值就是给定平面 xOy 上一点。对于所得结论，可以做如下的解释：在平面 xOy 的区域 $a<x<b$，$-\infty<y<+\infty$ 内的每一点只有方程（1）的一条积分曲线。最后，我们指出，公式（3_1）（3_2）表明任何积分曲线可以从其中的某一个得出，例如从 $y=\int_{x_0}^{x}f(x)\,dx$。只需对 y 轴作（正或负的）距程 $C=y_0$ 的平移，就能得到任何积分曲线。

例 3 $\dfrac{dy}{dx}=\dfrac{1}{x}$。等式右端在开区间 $(0,+\infty)$ 和 $(-\infty,0)$ 内连续，对于前一区间，我们有（当 $x_0>0$）

$$y=\int_{x_0}^{x}\frac{dx}{x}+y_0=\ln\frac{x}{x_0}+y_0$$

这个解确定于区间 $0<x<+\infty$ 内的一切 x。对于第二个区间，我们就原始值 $x_0<0$ 得到

$$y=\int_{x_0}^{x}\frac{\mathrm{d}x}{x}+y_0=\ln|x|-\ln|x_0|+y_0=\ln\frac{x}{x_0}+y_0$$

这是定义在 $-\infty<x<0$ 的解。

例 4 $\left(\dfrac{\mathrm{d}y}{\mathrm{d}x}\right)^2-x=0$。解出导数，我们得到两个方程

$$\frac{\mathrm{d}y}{\mathrm{d}x}=\sqrt{x}\ ,\frac{\mathrm{d}y}{\mathrm{d}x}=-\sqrt{x}\quad(0\leqslant x<+\infty)$$

把这些方程积分

$$y=\frac{2}{3}x^{\frac{3}{2}}+C\ ,y=-\frac{2}{3}x^{\frac{3}{2}}+C$$

前一个方程确定一族（含一参数）半立方抛物线的上半支，这些半立方抛物线都可以从其中一个，例如从 $y=\dfrac{2}{3}x^{\frac{3}{2}}$ 对 y 轴作平移而得到（图 2（a））。同样，第二个方程确定下半支的一族（图 2（b））。显然，在平面 $x\geqslant0$，$-\infty<y<+\infty$ 内的每一点，每一个方程有一条而且只有一条积分曲线经过。

如果我们直接积分所给方程，而不将它分成两个具有单值右端的方程，那么我们就得到一族完整的半立方抛物线，经过这个区域的每点就有两条积分曲线（图 2（c））。

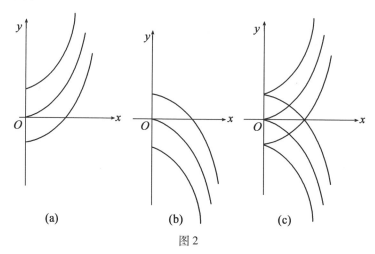

图 2

在很多情况下，对于给定的函数 $f(x)$，我们不能用初等函数表达解（3）中的积分。虽然如此，我们仍然把解方程（1）的问题当作已经解决了，就是"以求积式表达解"。这种"形式的"观点在本书中占着重要的地位，如果我们能用求

积式表达通解,那么就算是会解微分方程了。同样,如果得到一个形式是 y 为 x 的隐函数的解,即使我们不能用 x 的初等函数来表达 y,我们也认为已经求得了解。如果把问题化为较初等的一门数学中的问题,即使在那里它还没有初等解案而认为问题已经解决的这个观点,除去纯粹形式的性质,还具有实际的根据:如果不能找到我们所熟悉的初等函数来表达微分方程的通解,那么就必须对这种方程应用近似积分法。而求积的近似解法和有限(即不含微分的)方程(即使不是代数的而是超越的)的近似解法,是比微分方程的近似解法要容易一些。

2. 现在我们来讨论也可以用求积来积分的另一类型的一阶方程

$$\frac{\mathrm{d}y}{\mathrm{d}x}=f(y) \tag{22}$$

或

$$\mathrm{d}y=f(y)\,\mathrm{d}x \tag{22_1}$$

我们说,它是不(显)含自变数的一阶方程。

仍然假设函数 $f(y)$ 在区间 $a<y<b$ 上连续,其中 $a\geqslant-\infty$, $b\leqslant+\infty$ 。为了求得未知函数 $y=\varphi(x)$,我们假定它有反函数 $x=\psi(y)$ 存在(在下文我们还要证明这个假设是合理的)。因而,取 y 为自变数,x 为未知函数,根据反函数的导数的性质,我们有

$$\frac{\mathrm{d}x}{\mathrm{d}y}=\frac{1}{f(y)} \tag{22_2}$$

这是前面讨论过的方程类型。但是右端的函数,对于使分母为零的 y 值却不连续了。因此,我们先考虑 $f(y)$ 不等于零的区间 $\alpha<y<\beta$,将方程(22_2)改写为

$$\mathrm{d}x=\frac{\mathrm{d}y}{f(y)}$$

在上述的区间内,我们有

$$x=\int\frac{\mathrm{d}y}{f(y)}+C \tag{23}$$

引入原始值 $x_0,y_0(-\infty<x_0<+\infty,\alpha<y_0<\beta)$,我们可将解(23)写为

$$x=x_0+\int_{y_0}^{y}\frac{\mathrm{d}y}{f(y)} \tag{23_1}$$

公式(23)或(23_1)将 x 确定为 y 的函数,现在很容易证实这个函数有反函数存在。因为在区间 (α,β) 内连续的函数 $f(y)$ 不等于零,所以保持常号。于是从公式(23_1)可以看出 $x-x_0$ 是 y 的单调函数,然而(在任何区间不等于常数的)连续单调函数总有(连续的单值)反函数。因此,我们所做的假定是正确的。

显然,这个反函数 $y=\varphi(x-x_0)$ 满足方程(22)。引用对于不含未知函数的方程所证得的结果,我们断定,在区域 $-\infty<x<+\infty,\alpha<y<\beta$ 中的每一点有一条而且只有一条积分曲线。

注 如果这个解是由确定 y 为 x 的隐函数的有限方程所给出,那么这样的方程称为微分方程的积分。因而关系式(23)是方程(22)或(22₂)的积分。与解一样,积分也有通、特之别。一阶微分方程的通积分可以写为

$$F(x,y,C)=0$$

其中 C 是任意常数。

现在,我们研究使方程(22)右端为零的 y 值。设方程

$$f(y)=0 \tag{24}$$

有根为 y_0。

我们不难证明,将 $y=y_0$ 代入方程(22)两端,就得到恒等式。因此,在公式(23)或(23₁)所给出的解以外,还有 $y=y_0$ 这个解(这些积分曲线是平行于 Ox 轴的直线),其中 y_0 是适合方程(24)的任何值。

经过这些直线上的点,$x=x_0,y=y_0$,有时只有一条积分曲线——直线 $y=y_0$,有时还有和这条直线不同的积分曲线。在后一情形,我们说,在点 (x_0,y_0) 处,唯一性被破坏了。这个问题我们要在第 3 章才讨论。

例 5 $\dfrac{\mathrm{d}y}{\mathrm{d}x}=y^2$。$\mathrm{d}x=\dfrac{\mathrm{d}y}{y^2}$,按照公式(23₁),有

$$x=\int_{y_0}^{y}\frac{\mathrm{d}y}{y^2}+x_0$$

$$x-x_0=-\frac{1}{y}+\frac{1}{y_0}$$

$$y=\frac{1}{\dfrac{1}{y_0}-x+x_0}$$

这是通解;此外,还有特解 $y=0$。我们将通解的形式改为 $y=\dfrac{y_0}{1-y_0(x-x_0)}$,当 $y_0=0$ 时,就可以得到特解 $y=0$,然而在 $y_0=0$ 时,前面的计算是无意义的。如果应用公式(23),那么可得 $x=-\dfrac{1}{y}+C,y=-\dfrac{1}{x-C}$。无论 C 取什么值,都不能从这个通解得到特解 $y=0$。固然,在 $C\to\infty$ 时取极限,可以得到这个解,但是作为积分常数的 C 却是定数,因此,由表出通解的公式(23)仍然不能得到 $y=0$ 的解。

3. 形式为

$$\frac{\mathrm{d}y}{\mathrm{d}x}=f(x)\varphi(y) \tag{25}$$

的方程,其右端是只含 x 的函数和只含 y 的函数的乘积,可以用"分离变数"的方法积分。用乘法和除法将方程变成这样的形式,使一端只含 x 的函数和 x 的微分,而另一端只含 y 的函数和 $\mathrm{d}y$。要做到这一点,只需用 $\mathrm{d}x$ 乘两端,再用 $\varphi(y)$ 除两端,这样就得到

$$\frac{\mathrm{d}y}{\varphi(y)}=f(x)\,\mathrm{d}x \tag{25_1}$$

变数被分离了。现在我们这样推演:假想已经知道了 y 作为 x 的函数,而这个函数又是方程(25)的解,那么方程(25_1)两端是彼此恒等的微分。右端的微分直接是由自变数 x 表达的,而左端是由 x 的函数 y 表达的。如果微分相等,那么它们的不定积分只差一个常数项。我们可以将左端对 y 积分,右端对 x 积分,于是得到

$$\int \frac{\mathrm{d}y}{\varphi(y)}= \int f(x)\,\mathrm{d}x+C \tag{26}$$

其中 C 是任意常数。

所以,在 y 是方程(25)的解这一假定之下,我们得到联系 y 与自变数 x 的关系式,也就是得到方程(25)的通积分。如果能从它解出 y,就得到所给方程的通解(显式)。

让我们考查一下,在什么条件之下,公式(26)真正地将 y 确定为 x 的单值函数。在点 $x=x_0,y=y_0$ 的邻域中,将积分写为

$$0 = \int_{y_0}^{y} \frac{\mathrm{d}y}{\varphi(y)} - \int_{x_0}^{x} f(x)\,\mathrm{d}x \equiv \psi(x,y;x_0,y_0) \text{①}$$

显然 $\psi(x_0,y_0;x_0,y_0)=0$。由

$$\left(\frac{\partial \psi}{\partial y}\right)_{\substack{x=x_0\\y=y_0}}=\frac{1}{\varphi(y_0)}$$

这个表达式不能等于零;只在 $\varphi(y_0)\neq0$ 时它才有意义。如果对于某一 y 值 $y=y_0$,我们有 $\varphi(y_0)=0$,那么在式(26)所给出的解案之外,$y=y_0$ 也是方程(25)的解。

如果方程的形式是

$$M(x)N(y)\,\mathrm{d}x+P(x)Q(y)\,\mathrm{d}y=0 \tag{27}$$

---

① 在对被研究的函数引入新记号时,我们用恒等号。

15

那么要分离变数,无须将它先化为式(25)的形式,只要将两端除以 $N(y)P(x)$,就把变数分离了

$$\frac{M(x)\,dx}{P(x)}+\frac{Q(y)\,dy}{N(y)}=0$$

从而得到通积分

$$\int\frac{M(x)\,dx}{P(x)}+\int\frac{Q(y)\,dy}{N(y)}=D$$

注 如果 x_0 是使 $P(x)$ 为零的值,那么函数 $x=x_0$ 适合微分方程(27),因为 $dx_0=0,P(x_0)=0$。在方程(27)中,如果将 x,y 平等看待,那么直线 $x=x_0$ 也应当算是解;如果坚持 y 是未知函数而 x 是自变数这个条件,那么当然等式 $x=x_0$ 不是解。在几何问题中,将 x,y 平等看待,即依照个别情况而有时将 x,有时将 y 当作自变数,是比较有利的;相反地,在函数论性的探讨(存在定理的证明——见第 2 章)中,必须永远将 y 看作 x 的函数。

例 6 $x(y^2-1)\,dx+y(x^2-1)\,dy=0$。

为了使变数分离,用 $(y^2-1)(x^2-1)$ 除方程两端,得到

$$\frac{x\,dx}{x^2-1}+\frac{y\,dy}{y^2-1}=0$$

积分之,可得

$$\ln|x^2-1|+\ln|y^2-1|=\ln|C|$$

或

$$(x^2-1)(y^2-1)=C$$

(为了简化最后的结果,我们将积分常数写为 $\ln|C|$)。在图 3 上显示了代表通积分的曲线族的一般形式。特别地,当 $C=0$ 时,我们得到四条直线 $x=\pm 1$,$y=\pm 1$,这就是前一注语中所论及的问题(在分离变数后,数值 $x=\pm 1,y=\pm 1$ 使分母变为零),它们不能从求积得到,因为在求积中所得到的积分常数是 $\ln|C|$,可见 $C\neq 0$。

现在我们研究一个做出微分方程的例子。

例 7 从容器中流出的液体,按照水力学中的定律,水从距自由面深度为 h 的孔流出,它的流速是

$$v=0.6\sqrt{2gh}\quad(\text{cm/s})$$

其中 g 是重力加速度。

现在有一盛满了水的圆锥形漏斗,高为 10 cm,顶角 $\alpha=60°$,漏斗下面有面积为 0.5 cm^2 的孔(图 4)。求水流出的规律。

未知函数是在任何时间 t 时,水的高度为 h。在任何时间,流速 v 随 h 而变

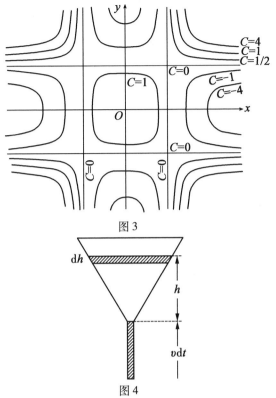

图 3

图 4

更;但是如果取无穷小的时程 dt,那么它可以看作常数。(我们略去高阶无穷小,它与 dt 的比当 $dt \to 0$ 时趋向零)我们用两种方法来计算从 t 到 $t+dt$ 的时间内所流出的水的体积。一方面,水从孔流出的体积占据底面积为 $0.5\ \text{cm}^2$,高为 vdt 的圆柱,因此所求体积是

$$-dV = -0.5vdt = -0.3\sqrt{2gh}\,dt$$

另一方面,由于水的流出,高 h 得到一负增量 dh,因此水流出的体积的微分可以表达为

$$-dV = \pi r^2 dh = \pi(h\tan 30°)^2 dh = \frac{\pi}{3}h^2 dh$$

使求得的两个 $-dV$ 的表达式相等,我们就得到联系 h 与 t 的微分方程

$$\frac{\pi}{3}h^2 dh = -0.3\sqrt{2g}\,h^{\frac{1}{2}}dt$$

这个方程并不显含自变数 t,亦即属于第二类型。分离变数

$$dt = -\frac{\pi}{0.9\sqrt{2g}}h^{\frac{3}{2}}dh$$

$$t = -\frac{\pi}{0.9\sqrt{2g}} \cdot \frac{2}{5}h^{\frac{5}{2}} + C \approx -0.031\,4 \cdot h^{\frac{5}{2}} + C \text{ (s)}$$

任意常数 C 可以用原始条件确定:当 $t=0$ 时,则 $h=10$ cm,因此 $C \approx 0.031\,4 \times 10^{\frac{5}{2}}$,而所求特解是(解出 t)

$$t \approx 0.031\,4\left(10^{\frac{5}{2}} - h^{\frac{5}{2}}\right) \text{ (s)}$$

如果要知道水全部流尽的时间 t_1,就令 $h=0$,得到

$$t_1 = 10^{\frac{5}{2}} \times 0.031\,4 \approx 10 \text{ (s)}$$

问　题

9. 有高为 1 m 的半球形容器,水从它下面一个面积为 1 cm² 的孔流出,求其流出的规律。

10. 同上题,对于平放着的半径为 1.5 m,长为 2 m 的圆柱形储油器,下面出口的面积是 10 cm²。

11. 镭的裂变规律如下:镭的放射速度与镭的原始质量 R 成正比。求 R 与 t 的函数关系;经验材料断定,镭经 1 600 年后,只余原质量之半,试由此做出微分方程,并决定比例常数。

12. 求曲线,使由曲线自与横轴的交点到一个变动纵坐标的那段曲线弧,同该纵坐标和横轴三者所包围的面积与那个纵坐标的长度的 n 次方成正比($n>1$),任意常数的几何意义是什么?

13. 求曲线,使曲线的切线自切点至 x 轴的交点的距离为常数 a。

14. 求曲线,使各点的法线自该点至 x 轴的距离为常数 a。

15. $x\sqrt{1+y^2} + y\sqrt{1+x^2}\dfrac{\mathrm{d}y}{\mathrm{d}x} = 0$。原始条件:$x=0, y=1$。

16. $\sec^2 x \tan y \, \mathrm{d}x + \sec^2 y \tan x \, \mathrm{d}y = 0$。

17. $\sqrt{1-x^2}\,\mathrm{d}y + \sqrt{1-y^2}\,\mathrm{d}x = 0$。

§3　齐　次　方　程

分离变数法是本章的基本方法。现在我们研究可以设法化为变数分离方程的一些方程类型。第一种类型就是齐次方程。

1. 一阶方程

$$\frac{\mathrm{d}y}{\mathrm{d}x} = f(x, y)$$

称为齐次方程,其中 $f(x, y)$ 是变元的零次齐次函数,也就是说,下面的恒等式成立

$$f(tx, ty) = f(x, y) \text{①} \qquad (28)$$

在式(28)中设 $t = \frac{1}{x}$,则得恒等式

$$f(x, y) = f\left(1, \frac{y}{x}\right)$$

右端的函数只有一个变元 $\frac{y}{x}$,用 $\varphi\left(\frac{y}{x}\right)$ 来记它,那么,齐次方程就可以写成下面的形式

$$\frac{\mathrm{d}y}{\mathrm{d}x} = \varphi\left(\frac{y}{x}\right) \qquad (29)$$

对于任意给定的连续函数 φ,变数没有分离。但是,变数只以结合式 $\frac{y}{x}$ 出现于右端,我们可以设法化简这个方程,引入新的未知函数

$$u = \frac{y}{x}$$

由此

$$y = ux \qquad (30)$$

将 $\frac{\mathrm{d}y}{\mathrm{d}x} = u + x\frac{\mathrm{d}u}{\mathrm{d}x}$ 代入方程(29),可得

$$u + x\frac{\mathrm{d}u}{\mathrm{d}x} = \varphi(u) \text{ 或 } x\mathrm{d}u = [\varphi(u) - u]\mathrm{d}x \qquad (30_1)$$

若用 $x[\varphi(u) - u]$ 去除两端,则分离变数,而得

$$\frac{\mathrm{d}u}{\varphi(u) - u} = \frac{\mathrm{d}x}{x}$$

积分后,可得

---

① 按照定义,如果 $f(x, y)$ 满足恒等式

$$f(tx, ty) = t^n f(x, y)$$

那么 $f(x, y)$ 是 n 次齐次方程。当 $n = 0$ 时,则有

$$f(tx, ty) = t^0 f(x, y) = f(x, y)$$

$$\int \frac{\mathrm{d}u}{\varphi(u)-u} = \ln x + C \qquad\qquad (31)$$

如果将$\frac{y}{x}$代上式中的u,那么就得到方程(29)的积分。

注 在把齐次方程积分时,并不必要把它先化为形式(29),而只需断定方程确属这一类型,然后就直接应用代换(30);直接用现成公式(31)也是并不合适的。

如果$\varphi(u)-u \equiv 0$,那么形式为$\frac{\mathrm{d}y}{\mathrm{d}x}=\frac{y}{x}$的方程可用分离变数法积分(它的通解:$y=Cx$)。如果当$u=u_0$时$\varphi(u)-u$变为零,那么除了由公式(31)所确定的解,还存在着解$u=u_0$或$y=u_0 x$(通过原点的直线)。

例 8 $\frac{\mathrm{d}y}{\mathrm{d}x}=\frac{2xy}{x^2-y^2}$,这是齐次方程。

用代换法:$y=ux$,$\frac{\mathrm{d}y}{\mathrm{d}x}=u+x\frac{\mathrm{d}u}{\mathrm{d}x}$,方程的形状式为

$$u+x\frac{\mathrm{d}u}{\mathrm{d}x}=\frac{2u}{1-u^2}$$

或

$$x\frac{\mathrm{d}u}{\mathrm{d}x}=\frac{u+u^3}{1-u^2}$$

将变数分离后

$$\frac{\mathrm{d}x}{x}+\frac{u^2-1}{u(u^2+1)}\mathrm{d}u=0$$

将第二项分解为分项分式并积分两端,得

$$\ln x+\ln(u^2+1)-\ln u=\ln C \ 或 \ \frac{x(u^2+1)}{u}=C$$

将$u=\frac{y}{x}$代入,消去分母可得:$x^2+y^2=Cy$——与Ox轴切于原点的圆族。此外,$y=0$①也是解。

---

① 我们指出,在轨迹为$x^2-y^2=0$的各点,所给方程的右端不连续。既然我们对几何问题——积分曲线在平面上的分布——有兴趣,那么对于这些点,我们可以研究方程$\frac{\mathrm{d}x}{\mathrm{d}y}=\frac{x^2-y^2}{2xy}$;在$x^2-y^2=0$这对直线上,这个方程的右端变为零。这样,我们有理由认为所给方程在这对直线上也确定方向场;在这对直线上各点,切线的方向与Oy轴平行。方向场只在$x=0$,$y=0$点不确定。

例9 $9y\dfrac{\mathrm{d}y}{\mathrm{d}x}-18xy+4x^3=0$。如果令 $y=z^2$，那么方程成为齐次的。施行这个代换，得到齐次方程

$$9z^3\dfrac{\mathrm{d}z}{\mathrm{d}x}-9xz^2+2x^3=0$$

用代换 $z=ux$，则

$$9u^3(u\mathrm{d}x+x\mathrm{d}u)-9u^2\mathrm{d}x+2\mathrm{d}x=0$$

或

$$\dfrac{9u^3\mathrm{d}u}{9u^4-9u^2+2}+\dfrac{\mathrm{d}x}{x}=0$$

再用变数变换 $u^2=v$，则有

$$\dfrac{9v\mathrm{d}v}{9v^2-9v+2}+\dfrac{2\mathrm{d}x}{x}=0 \text{ 或 } \dfrac{6\mathrm{d}v}{3v-2}-\dfrac{3\mathrm{d}v}{3v-1}+\dfrac{2\mathrm{d}x}{x}=0$$

由此 $\dfrac{(3v-2)^2x^2}{3v-1}=C$，或者逐步变回原来的变数

$$\dfrac{(3u^2-2)^2x^2}{3u^2-1}=C,\ \dfrac{(3z^2-2x^2)^2}{3z^2-x^2}=C,\ \dfrac{(3y-2x^2)^2}{3y-x^2}=C$$

问　题

积出下列方程：

18. $\dfrac{\mathrm{d}y}{\mathrm{d}x}=\dfrac{2xy}{x^2+y^2}$。

19. $\dfrac{\mathrm{d}y}{\mathrm{d}x}=\dfrac{y}{x}(1+\ln y-\ln x)$。

20. $y^2+x^2\dfrac{\mathrm{d}y}{\mathrm{d}x}=xy\dfrac{\mathrm{d}y}{\mathrm{d}x}$。

21. $(y+x)\mathrm{d}y=(y-x)\mathrm{d}x$，并做出积分曲线的图。

22. $\left(x-y\cos\dfrac{y}{x}\right)\mathrm{d}x+x\cos\dfrac{y}{x}\mathrm{d}y=0$。

23. 求曲线的方程[用笛卡儿（R. Descartes，1596—1650）坐标]，这条曲线的切线和自原点所作的矢径交于常角 α，将此方程积分，在积分中引入极坐标。

24. 求集中平行光线于一点的曲镜的形状。

提示：设光线自右方而来且平行于 Ox 轴（图5）。利用对称性，容易证明曲镜的形状是回转面，取 xOy 平面为子午面。设在断面上的曲线是 $y=f(x)$。令由 x,y,y' 表示的 $\angle SMT$ 和 $\angle T'MO$ 的正切相等（入射角等于反射角），我们就可以得到微分方程。

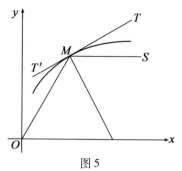

图 5

2. 可变成齐次的方程。首先研究方程

$$\frac{\mathrm{d}y}{\mathrm{d}x} = \frac{ax+by+c}{a_1x+b_1y+c_1} \tag{32}$$

($a, b, \cdots, c_1$ 是已知常数)。

如果 $c=c_1=0$, 那么方程是齐次的, 而我们能将它积分。在一般情况下, 我们设法将这个方程变为齐次的。引入新变数

$$x=\xi+h, y=\eta+k$$

其中 h 和 k 暂为未定常数, 我们有

$$\mathrm{d}x=\mathrm{d}\xi, \mathrm{d}y=\mathrm{d}\eta$$

代入方程(32), 得

$$\frac{\mathrm{d}\eta}{\mathrm{d}\xi} = \frac{a\xi+b\eta+ah+bk+c}{a_1\xi+b_1\eta+a_1h+b_1k+c_1}$$

现在如果取 h 和 k 为下列一次方程系的解

$$\begin{cases} ah+bk+c=0 \\ a_1h+b_1k+c_1=0 \end{cases} \tag{33}$$

那么, 我们可得齐次方程

$$\frac{\mathrm{d}\eta}{\mathrm{d}\xi} = \frac{a\xi+b\eta}{a_1\xi+b_1\eta}$$

在它的积分中将 $x-h$ 代 ξ, $y-k$ 代 η, 其中 h 和 k 取上述的数值, 我们就得到方程(32)的积分。

方程组(33)没有解, 如果系数行列式等于零: $ab_1-a_1b=0$, 那么上述方法就不能应用。但是, 注意这时 $\frac{a_1}{a}=\frac{b_1}{b}=\lambda$, 故方程的形式是

$$\frac{\mathrm{d}y}{\mathrm{d}x} = \frac{ax+by+c}{\lambda(ax+by)+c_1} \tag{34}$$

我们容易将它变成变数分离的形式, 引入新变数

$$z = ax + by$$

于是 $\dfrac{\mathrm{d}z}{\mathrm{d}x} = a + b\dfrac{\mathrm{d}y}{\mathrm{d}x}$，而方程（34）成为

$$\frac{1}{b}\frac{\mathrm{d}z}{\mathrm{d}x} - \frac{a}{b} = \frac{z+c}{\lambda z + c_1}$$

即是说，我们得到不明显含 x 的方程——变数分离的方程。

问　题

25. 将这个具有字母系数的方程积出来。

上述方法具有几何解释：令方程（32）右端的分子、分母等于零，在方程是齐次的时候，则表示经过原点的两条直线；在非齐次的一般情况下，表示不经过原点的两条直线。代换法在这时就是将原点移到它们的交点；在情形（34）下，这两条直线相平行。

注　显然，同样的方法可以应用到更广泛的方程

$$\frac{\mathrm{d}y}{\mathrm{d}x} = f\left(\frac{ax+by+c}{a_1 x + b_1 y + c_1}\right)$$

其中 f 是它的变元的连续函数。

问　题

积分下列方程：

26. $3y - 7x + 7 = (3x - 7y - 3)\dfrac{\mathrm{d}y}{\mathrm{d}x}$。

27. $(x + 2y + 1)\dfrac{\mathrm{d}y}{\mathrm{d}x} = 2x + 4y + 3$。

28. $\dfrac{\mathrm{d}y}{\mathrm{d}x} = 2\left(\dfrac{y+2}{x+y-1}\right)^2$。

29. $(x+y)^2\dfrac{\mathrm{d}y}{\mathrm{d}x} = a^2$。

3. 积分曲线族的几何性质。我们研究不显含 y 的方程（1）。

如果对它施行变数变换

$$x_1 = x,\ y_1 = y + C \tag{35}$$

（C 是常数），因为 $\mathrm{d}x = \mathrm{d}x_1,\ \mathrm{d}y = \mathrm{d}y_1$，所以方程不变。因此，如果 $F(x,y) = 0$ 是方程（1）的特解，那么 $F(x_1,y_1) = 0$，即对于任何 C

$$F(x, y+C) = 0 \qquad (36)$$

都是积分。

反之,容易看出,如果微分方程的通解具有形式(36),那么,消去任意常数 C 就得到形式为(1)的方程。变换(35)的几何意义是将平面上各点 (x,y) 延 y 轴平行移动一距离 C(平移)。微分方程(1)接受变换(35),即是说,在这样的平移后方向场不变(因为平行于 Oy 轴的直线 $x=x_0$ 是等斜线;事实上,在这条直线上的斜率 $\dfrac{\mathrm{d}y}{\mathrm{d}x}$ 是常数 $f(x_0)$)。显然在平移(35)下,曲线族不变,不过曲线 $F(x,y,C')=0$ 却移到曲线 $F(x,y,C'+C)=0$① 上。对于方程

$$\frac{\mathrm{d}y}{\mathrm{d}x}=f(y)$$

也有同样情形。这个方程接受变换群

$$x_1=x+C, y_1=y$$

(平行于 x 轴的平移群),积分曲线族也接受同一群。在特解中用 $x+C$ 代 x 就可以得到通积分。

用同一观点来研究齐次方程

$$\frac{\mathrm{d}y}{\mathrm{d}x}=f\left(\frac{y}{x}\right)$$

它接受变换群 $x_1=Cx, y_1=Cy$,因为,显然 $\dfrac{\mathrm{d}y_1}{\mathrm{d}x_1}=\dfrac{\mathrm{d}y}{\mathrm{d}x}, \dfrac{y_1}{x_1}=\dfrac{y}{x}$,这是以原点为相似中心的相似变换(透射)。这样,在通过原点的直线上,场的切线方向相同,因而这些直线是等斜线。显然,如果方程(29)的特积分是 $F(x,y)=0$,那么 $F(Cx,Cy)=0$ 也是积分(通积分)。积分曲线族是由相似而且位置相似的曲线所组成的。

从这个新的观点,我们也可以得到方程(29)的积分方法。如果取 $u=\dfrac{y}{x}$ 和 x 为新变数,那么变换群成为

$$u_1=u$$

————————————

① 平移变换构成一变换群:如果变换集合中任意两个变换连续施行的结果,仍旧是这个集合中的变换,那么这个变换集合谓之构成群。在我们的情况下,设第一变换是 $x_1=x$,$y_1=y+C_1$,第二变换是 $x_2=x_1, y_2=y_1+C_2$,它们的结果 $x_2=x, y_2=y+C_1+C_2$ 仍旧是一平移。我们就方程(1)所指出的事实在一般情况下可以这样表述:如果微分方程接受一变换群,那么积分曲线族也接受同一群。平移变换是一个参数的连续变换群的例子。

$$x_1 = Cx$$

然后再引入新变数 $\xi = \ln x$，则

$$u_1 = u$$
$$\xi_1 = \xi + C'$$

(我们置 $\ln C = C'$)。

在变数 u, ξ 身上我们得到了平移群(35)，而这意味着对于新变数，方程的形式是

$$\frac{\mathrm{d}\xi}{\mathrm{d}u} = f(u)$$

它不显含 ξ。

因为在§1中我们的问题只是分离变数，所以我们并不需要变换 $\xi = \ln x$，以 x, u 为变数，我们就将齐次方程变成变数分离的形式

$$\frac{1}{x} \frac{\mathrm{d}x}{\mathrm{d}u} = \psi(u)$$

在§2中所研究的可变为齐次的方程也接受相似变换群，相似中心位于直线 $ax + by + c = 0$ 和 $a_1 x + b_1 y + c_1 = 0$ 的交点，在任何情形，如果知道某微分方程所接受的连续群，就可以把这个方程导向求积。

§4 线 性 方 程

1. 未知函数和它的导数为一次的方程，称为一阶线性方程，它的形式是

$$A \frac{\mathrm{d}y}{\mathrm{d}x} + By + C = 0$$

其中系数 A, B, C 是 x 的已知连续函数。假定在 x 的某一变化区间内系数 A 不等于零，那么我们可以用 A 除方程各项。通常把线性方程写成下面的形式

$$\frac{\mathrm{d}y}{\mathrm{d}x} + Py = Q \tag{37}$$

(P, Q 是 x 的已知函数)。如果 $Q \equiv 0$，那么方程的形式是

$$\frac{\mathrm{d}y}{\mathrm{d}x} + Py = 0 \tag{38}$$

方程(38)称为齐次(或无右端)线性方程，方程(37)称为非齐次线性方程。齐次线性方程可以用分离变数法和一次求积积分出来

$$\frac{\mathrm{d}y}{y} = -P\mathrm{d}x, \ln|y| = -\int P\mathrm{d}x + \ln|C|$$

它的通解①是

$$y = Ce^{-\int Pdx}$$

(39)

为了求得方程(37)的通解,方程(37)中的 P 与方程(38)中的 P 是同一函数。我们应用一个叫作常数变易的方法。我们试图使具有形式(39)的解适合非齐次方程(37),不过在这个公式中不将 C 看作常数而看作 x 的未知函数。将式(39)的右端代入方程(37),可得

$$\frac{dC}{dx}e^{-\int Pdx} - CPe^{-\int Pdx} + CPe^{-\int Pdx} = Q$$

或

$$\frac{dC}{dx} = Qe^{\int Pdx}$$

C 可以从这个方程用求积求出

$$C = \int Qe^{\int Pdx}dx + C_1$$

(C_1 是任意常数)。

将求得的 C 值代入式(39),可得齐次非线性方程(37)的通解

$$y = e^{-\int Pdx}\left(C_1 + \int Qe^{\int Pdx}dx\right)$$

(40)

因此,一阶线性方程的通解可以用二次求积求出。

我们指出,解(40)是二项之和: $C_1e^{-\int Pdx}$ 是对应于所给方程(37)的齐次方程(38)(那就是以零替代所给方程的右端后所得到的方程)的通解;第二项 $e^{-\int Pdx}\int Qe^{\int Pdx}dx$ 是非齐次方程的特解(如果令 $C_1 = 0$,它可从通解得到)。

我们要证明,如果知道非齐次线性方程的一个特解,就可以将它变为齐次的。设 Y 是方程(37)的一个已知特解。引入新未知函数 z,它与 y 的关系是

$$y = Y + z$$

代入方程(37),可得

$$\frac{dY}{dx} + \frac{dz}{dx} + PY + Pz = Q$$

按照假设 Y 是方程(37)的解,因此我们有恒等式 $\frac{dY}{dx} + PY = Q$。由于这个恒等式,上一方程的形式为

---

① 我们指出,与常数 C 的零值对应的特解 $y = 0$ 不能从求积得到。

$$\frac{\mathrm{d}z}{\mathrm{d}x}+Pz=0$$

这是关于 z 的齐次线性方程。

如果知道非齐次线性方程的一个特解,那么通解就可以用一次求积求得。

如果知道齐次线性方程(38)的一个特解 y_1,那么 Cy_1 也是解;它含有一个任意常数 C,因此这是通解。因此,在这种情况下不用求积就能求得通解。

现在要研究,如果知道非齐次线性方程的两个特解,结果会怎么样。设这两个解是 Y_1 和 Y_2,则有恒等式

$$\frac{\mathrm{d}Y_1}{\mathrm{d}x}+PY_1=Q,\frac{\mathrm{d}Y_2}{\mathrm{d}x}+PY_2=Q$$

将它们按项相减,可得

$$\frac{\mathrm{d}(Y_2-Y_1)}{\mathrm{d}x}+P(Y_2-Y_1)=0$$

因此,Y_2-Y_1 是无右端线性方程的特解。由前述可见,方程(37)的通解是

$$y=Y_1+C(Y_2-Y_1)$$

如果知道了右端线性方程的两个特解,那么不用求积就能求得通解。

注1 积分曲线方程(38)接受变换群 $x_1=x,y_1=Cy$(仿射群);将方程(38)的任何一个的纵坐标按同一比值伸长或缩短,就可以得到所有的积分曲线。非齐次方程(37)接受变换 $y_1=y+Cz$,其中 z 是齐次线性方程的特解;实际上

$$\frac{\mathrm{d}y_1}{\mathrm{d}x}+Py_1=\frac{\mathrm{d}y}{\mathrm{d}x}+Py+C\left(\frac{\mathrm{d}z}{\mathrm{d}x}+Pz\right)=\frac{\mathrm{d}y}{\mathrm{d}x}+Py$$

这样,如果取 $u=\dfrac{y}{z}$ 为新变数,那么方程(37)的变换群是

$$x_1=x,u_1=\frac{y_1}{z}=\frac{y+Cz}{z}=u+C$$

由此可见,u 与 x 间的微分方程不显含 u,因此它的积分由求积达到。如果将这个变数变换和前面所做的计算比较着看,原来新未知函数 u 不是别的,而正是被看作 x 的函数的那个。

注2 对于非齐次线性方程的积分,如下的思考可以得到同样的结果,在方程(37)中,我们作未知函数的代换

$$y=uv$$

其中 u 和 v 是 x 的函数,我们得到

$$u\frac{\mathrm{d}v}{\mathrm{d}x}+\left(Pu+\frac{\mathrm{d}u}{\mathrm{d}x}\right)v=Q$$

我们这样定 u，使 v 的系数变为零

$$\frac{\mathrm{d}u}{\mathrm{d}x} + Pu = 0$$

由此
$$u = \mathrm{e}^{-\int P \mathrm{d}x}$$

（我们只需取一特解，因此令 $C=1$）。这样做了以后，从方程 $u\dfrac{\mathrm{d}v}{\mathrm{d}x} = Q$ 可用求积确定 v，于是得到

$$v = \int u^{-1} Q \mathrm{d}x + C$$

注3 由公式（40）可见，线性方程的通解的形式是

$$y = C\varphi(x) + \psi(x) \tag{40_1}$$

其中 C 是任意常数，φ 和 ψ 是 x 的确定函数。使用消去常数 C 的办法，我们很容易证明，凡是具有通解如（40_1）形式的微分方程都是线性的。

注4 在下列的变数变换下，方程（37）保持其线性形式。

（1）任何自变数的变换 $x=\varphi(\xi)$，其中 φ 是可微函数。事实上，代入方程（37），可得

$$\frac{\mathrm{d}y}{\mathrm{d}\xi} + P[\varphi(\xi)]\varphi'(\xi)y = Q[\varphi(\xi)]\varphi'(\xi)$$

仍旧是线性方程。

（2）任何因变数的线性变换 $y=\alpha(x)z+\beta(x)$，其中 α 和 β 是 x 的任意可微函数，在有关区间内 $\alpha(x)\neq0$。实际上，施行变换后，可得

$$\frac{\mathrm{d}z}{\mathrm{d}x} + \left(\frac{\alpha'}{\alpha} + P\right)z = \frac{Q - P\beta - \beta'}{\alpha}$$

亦即仍是线性方程。

2. 通过未知函数的变换，很容易将伯努利（J. Bernoulli,1654—1705）方程

$$\frac{\mathrm{d}y}{\mathrm{d}x} + Py = Qy^n \tag{41}$$

变为线性方程。此处 P,Q 是 x 的已知连续函数，n 是某一常数。当 $n=0$ 时它是非齐次线性方程，当 $n=1$ 时就有齐次线性微分方程

$$\frac{\mathrm{d}y}{\mathrm{d}x} + (P-Q)y = 0$$

因而我们假定 $n\neq0,n\neq1$。以 y^n[①] 除方程（41）的两端可得

----

① 我们假定 $y\neq0$。

$$y^{-n}\frac{\mathrm{d}y}{\mathrm{d}x}+Py^{-n+1}=Q$$

我们很容易看出第一项与 y^{-n+1} 的导数只差一个常系数,因此我们引入新变数

$$z=y^{-n+1}$$

那么

$$\frac{\mathrm{d}z}{\mathrm{d}x}=(-n+1)y^{-n}\frac{\mathrm{d}y}{\mathrm{d}x}$$

用 $-n+1$ 乘方程两端,并且将 z 和 $\frac{\mathrm{d}z}{\mathrm{d}x}$ 的值代入,我们就得到 z 的非齐次线性方程

$$\frac{\mathrm{d}z}{\mathrm{d}x}+(-n+1)Pz=(-n+1)Q$$

在它的通解中,用 y^{-n+1} 代 z,就得到伯努利方程的通积分;我们很容易解出 y。当 $n>0$ 时,我们还有 $y=0$ 的解。

问 题

30. 写出伯努利方程的通积分和通解的公式。

例 10　积分伯努利方程

$$x\frac{\mathrm{d}y}{\mathrm{d}x}-4y=x^2\sqrt{y}$$

此处 $n=\frac{1}{2}$。用 $x\sqrt{y}$ 除等式两端,得

$$\frac{1}{\sqrt{y}}\frac{\mathrm{d}y}{\mathrm{d}x}-\frac{4}{x}\sqrt{y}=x$$

引入新变数

$$z=\sqrt{y},\frac{\mathrm{d}z}{\mathrm{d}x}=\frac{1}{2\sqrt{y}}\frac{\mathrm{d}y}{\mathrm{d}x}$$

将它代入原方程,可得

$$\frac{\mathrm{d}z}{\mathrm{d}x}-\frac{2z}{x}=\frac{x}{2}$$

解齐次线性方程

$$\frac{\mathrm{d}z}{\mathrm{d}x}=\frac{2z}{x},\frac{\mathrm{d}z}{z}=\frac{2\mathrm{d}x}{x},\ln z=2\ln x+\ln C,z=Cx^2$$

应用常数变易法

$$\frac{\mathrm{d}z}{\mathrm{d}x}=2Cx+x^2\frac{\mathrm{d}C}{\mathrm{d}x}$$

29

代入非齐次方程

$$2Cx+x^2\frac{dC}{dx}-\frac{2Cx^2}{x}=\frac{x}{2}$$

或
$$\frac{dC}{dx}=\frac{1}{2x}, C=\frac{1}{2}\ln x+C_1$$

因此
$$z=x^2\left(C_1+\frac{1}{2}\ln x\right)$$

而最后
$$y=x^4\left(C_1+\frac{1}{2}\ln x\right)^2$$

例11 在一电路中,设电阻是 R,自感是 $L(R$ 和 L 是常数),那么在物理学中证明:电流强度 I 和电动势 E 之间的关系是

$$E=RI+L\frac{dI}{dt}$$

如果将 E 看作 t 的已知函数,那么这是对于电流强度 I 的线性微分方程。将它写成下面的形式

$$\frac{dI}{dt}+\frac{R}{L}I=\frac{E}{L} \tag{42}$$

现在进行方程(42)的积分,假定 E 为常数,原始条件为当 $t=0$,则 $I=0$(接通一个没有电流,而有固定电动势的电路)。齐次线性方程的积分是

$$\frac{dI}{I}=-\frac{R}{L}dt, I=Ce^{-\frac{R}{L}t}$$

我们不用常数变易法来求方程(42)的通解,而猜想它有常数 A 为特解,将 A 代入方程中可得

$$\frac{R}{L}A=\frac{E}{L}, A=\frac{E}{R}$$

因此,在我们的假设之下,方程(42)的通解是

$$I=\frac{E}{R}+Ce^{-\frac{R}{L}t}$$

用 $t=0$ 时的原始条件来确定 C

$$0=\frac{E}{R}+C, C=-\frac{E}{R}$$

所以特解是

$$I=\frac{E}{R}(1-e^{-\frac{R}{L}t})$$

电流强度在 $t=0$ 时等于零,然后很快地接近常数 $\dfrac{E}{R}$(产生直流电的过程)。

问　题

31. 积出方程(42),假定电动势有周期性变化
$$E = E_0 \sin \omega t \quad （交流电）$$

积分下列方程:

32. $\cos x \dfrac{\mathrm{d}y}{\mathrm{d}x} = y \sin x + \cos^2 x$。

33. $\dfrac{\mathrm{d}y}{\mathrm{d}x} + y \dfrac{\mathrm{d}\varphi}{\mathrm{d}x} = \varphi(x) \dfrac{\mathrm{d}\varphi}{\mathrm{d}x}$。

34. $\dfrac{\mathrm{d}y}{\mathrm{d}x} = 2xy - x^3 + x$。

35. $\dfrac{\mathrm{d}y}{\mathrm{d}x} + \dfrac{x}{1+x^2} y = \dfrac{1}{x(1+x^2)}$。

36. $(x - 2yx - y^2)\mathrm{d}y + y^2 \mathrm{d}x = 0$。

37. $xy' + y = xy^2 \ln x$。

38. $y' - \dfrac{xy}{2(x^2-1)} - \dfrac{x}{2y} = 0$。求通过点 $x=0, y=1$ 的积分曲线。

39. $\dfrac{\mathrm{d}y}{\mathrm{d}x}(x^2 y^3 + xy) = 1$。

40. $(x - y^2)\mathrm{d}x + 2xy\mathrm{d}y = 0$。

§5　雅可比方程

雅可比(C. G. J. Jacobi,1804—1851)方程属于通解可用初等函数表达的那一类一阶微分方程,它的形式是
$$(Ax + By + C)\mathrm{d}x + (A'x + B'y + C')\mathrm{d}y + (A''x + B''y + C'')(x\mathrm{d}y - y\mathrm{d}x) = 0 \quad (43)$$
其中,$A, B, \cdots, C''$ 是常数。

如果将它写为
$$M\mathrm{d}x + N\mathrm{d}y = 0$$
那么 M 和 N 是 x, y 的二次多项式,并且在表达式 M 中,二次项的形式是
$$-A''xy - B''y^2$$
而在表达式 N 中则是

$$A''x^2 + B''xy$$

为了研究雅可比方程方便起见,我们引入新变数,它相当于解析几何中的齐次坐标

$$x = \frac{x_1}{x_3}, y = \frac{x_2}{x_3}$$

于是

$$dx = \frac{x_3\,dx_1 - x_1\,dx_3}{x_3^2}, \quad dy = \frac{x_3\,dx_2 - x_2\,dx_3}{x_3^2}, \quad x\,dy - y\,dx = \frac{x_1\,dx_2 - x_2\,dx_1}{x_3^2}$$

将这些变数和微分的值代入方程(43),我们可以将它写为

$$\begin{vmatrix} dx_1 & dx_2 & dx_3 \\ x_1 & x_2 & x_3 \\ a_x & b_x & c_x \end{vmatrix} = 0 \tag{44}$$

其中

$$a_x = a_1 x_1 + a_2 x_2 + a_3 x_3$$
$$b_x = b_1 x_1 + b_2 x_2 + b_3 x_3$$
$$c_x = c_1 x_1 + c_2 x_2 + c_3 x_3$$

是对于齐次坐标的线性型。

要回复到笛卡儿坐标,只需置 $x_3 = 1$。

我们引入新坐标 x_1', x_2', x_3',它们与旧坐标的关系是一个线性变换

$$\begin{cases} \rho x_1' = \gamma_{11} x_1 + \gamma_{12} x_2 + \gamma_{13} x_3 \\ \rho x_2' = \gamma_{21} x_1 + \gamma_{22} x_2 + \gamma_{23} x_3 \\ \rho x_3' = \gamma_{31} x_1 + \gamma_{32} x_2 + \gamma_{33} x_3 \end{cases} \tag{45}$$

其中诸 γ_{ik} 是常数,其行列式不等于零,ρ 是 x_i 的任意函数。

变换(45)相当于将坐标 x, y 变为新坐标 $x' = \dfrac{x_1'}{x_3'}, y' = \dfrac{x_2'}{x_3'}$ 的分式线性变换。

下面我们要证明在这样的变换下,雅可比方程的形式不变。首先设 $\rho = 1$。将 γ_{ik} 的行列式乘方程(44)左端的行列式(行与行相乘),在所得的行列式中,显然第一行是 dx_1', dx_2', dx_3',第二行是 x_1', x_2', x_3',第三行是 x_1', x_2', x_3' 的三个线性型 $a_{x'}', b_{x'}', c_{x'}'$,它们是由旧坐标的三个线性型变出来的。结果我们得到

$$\begin{vmatrix} dx_1' & dx_2' & dx_3' \\ x_1' & x_2' & x_3' \\ a_{x'}' & b_{x'}' & c_{x'}' \end{vmatrix} = 0 \tag{44'}$$

即仍是雅可比类型的方程。如果现在取 $\rho x_1', \rho x_2', \rho x_3'$ 代 x_1', x_2', x_3'，其中 $\rho \neq 0$ 是 x_i 的函数，那么在第二、第三行，ρ 作为公因子而被消去，而在第一行将有

$$\rho\,\mathrm{d}x_1'+x_1'\mathrm{d}\rho\,,\rho\,\mathrm{d}x_2'+x_2'\mathrm{d}\rho\,,\rho\,\mathrm{d}x_3'+x_3'\mathrm{d}\rho$$

但是如果从第一行减去乘 $\mathrm{d}\rho$ 后的第二行，那么所有第二项都被消去，ρ 作为公因子而被消去，而我们再度得到方程 (44')。这样看来，方程 (44') 不约束变量 x_1, x_2, x_3 本身，而是约束它们的比值——它等价于方程 (43)。

雅可比方程有线性型特解。我们用齐次坐标将线性关系写为

$$\sum u_i x_i \equiv u_1 x_1 + u_2 x_2 + u_3 x_3 = 0 \tag{46}$$

而要求它满足方程 (44)。将 u_1, u_2 分别乘方程 (44) 左端行列式的第一列和第二列，再加到乘 u_3 后的第三列，则可得

$$\begin{vmatrix} \mathrm{d}x_1 & \mathrm{d}x_2 & \sum u_i \mathrm{d}x_i \\ x_1 & x_2 & \sum u_i x_i \\ a_x & b_x & u_1 a_x + u_2 b_x + u_3 c_x \end{vmatrix} = 0$$

由于等式 (46)，我们还看出 $\sum u_i \mathrm{d}x_i = 0$，这样我们就获得条件

$$(u_1 a_x + u_2 b_x + u_3 c_x)(x_2 \mathrm{d}x_1 - x_1 \mathrm{d}x_2) = 0$$

但是因为 x_1, x_2, x_3 是完全平等的，我们还能得到两个这样的等式，其第二因子各为 $x_3 \mathrm{d}x_2 - x_2 \mathrm{d}x_3$，$x_1 \mathrm{d}x_3 - x_3 \mathrm{d}x_1$。考虑到这些因子不同时为零，我们就得出结论：每当等式 (46) 成立时，必有 $u_1 a_x + u_2 b_x + u_3 c_x = 0$，从而容易看出，这两个线性型成比例，也就是有下面的恒等式

$$u_1 a_x + u_2 b_x + u_3 c_x = \lambda (u_1 x_1 + u_2 x_2 + u_3 x_3)$$

(λ 是比例因子)。

将 a_x, b_x, c_x 对于 x_1, x_2, x_3 的表达式代入，使恒等式两端的 x_1, x_2, x_3 的系数相等，就可以得到下面的齐次方程组以确定 u_1, u_2, u_3

$$\begin{cases} (a_1 - \lambda) u_1 + b_1 u_2 + c_1 u_3 = 0 \\ a_2 u_1 + (b_2 - \lambda) u_2 + c_2 u_3 = 0 \\ a_3 u_1 + b_3 u_2 + (c_3 - \lambda) u_3 = 0 \end{cases} \tag{47}$$

要使方程组 (47) 有不等于零的解，这个方程组的行列式就必须等于零，即

$$\begin{vmatrix} a_1 - \lambda & b_1 & c_1 \\ a_2 & b_2 - \lambda & c_2 \\ a_3 & b_3 & c_3 - \lambda \end{vmatrix} = 0$$

我们得到 λ 的三次方程。如果它有三个相异实根 $\lambda_1, \lambda_2, \lambda_3$，那么从方程组

(47)可得对于 u_1, u_2, u_3 的三个不同的解案,即雅可比方程容许以三条直线积分。设它们的方程是

$$u_x \equiv u_1 x_1 + u_2 x_2 + u_3 x_3 = 0$$

$$v_x \equiv v_1 x_1 + v_2 x_2 + v_3 x_3 = 0$$

$$w_x \equiv w_1 x_1 + w_2 x_2 + w_3 x_3 = 0$$

我们取这些直线为新三线坐标系的轴,新坐标仍旧记作 x_1, x_2, x_3。按照假设,方程(44)有解 $x_1 = 0, x_2 = 0, x_3 = 0$。将第一个解代入方程(44),而且要求它使方程(44)成为恒等式,我们求得

$$a_2 = a_3 = 0$$

同样,考虑 $x_2 = 0$ 是解,可得 $b_1 = b_3 = 0$,而从解 $x_3 = 0$ 可得 $c_1 = c_2 = 0$(此处 $a_1, a_2, \cdots, c_3$ 是在新坐标系中相应的系数)。

于是雅可比方程形式变为

$$
\begin{vmatrix} \mathrm{d}x_1 & \mathrm{d}x_2 & \mathrm{d}x_3 \\ x_1 & x_2 & x_3 \\ a_1 x_1 & b_2 x_2 & c_3 x_3 \end{vmatrix} = 0 \quad \text{或} \quad \begin{vmatrix} \dfrac{\mathrm{d}x_1}{x_1} & \dfrac{\mathrm{d}x_2}{x_2} & \dfrac{\mathrm{d}x_3}{x_3} \\ 1 & 1 & 1 \\ a_1 & b_2 & c_3 \end{vmatrix} = 0
$$

或 $$(c_3 - b_2)\frac{\mathrm{d}x_1}{x_1} + (a_1 - c_3)\frac{\mathrm{d}x_2}{x_2} + (b_2 - a_1)\frac{\mathrm{d}x_3}{x_3} = 0$$

在齐次坐标中,它的通积分显然是

$$x_1^{c_3 - b_2} x_2^{a_1 - c_3} x_3^{b_2 - a_1} = C$$

或者,将它变为原来的三线坐标

$$(u_1 x_1 + u_2 x_2 + u_3 x_3)^\alpha (v_1 x_1 + v_2 x_2 + v_3 x_3)^\beta (w_1 x_1 + w_2 x_2 + w_3 x_3)^\gamma = C$$

于是 $$\alpha + \beta + \gamma = (c_3 - b_2) + (a_1 - c_3) + (b_2 - a_1) = 0$$

因此,在笛卡儿坐标中,通解的形式是

$$(u_1 x + u_2 y + u_3)^\alpha (v_1 x + v_2 y + v_3)^\beta (w_1 x + w_2 y + w_3)^\gamma = C$$

一切其他的情形——一实根与二虚根,以及各种重根的情况,都可以用同样的方法去研究。关于这一点我们不准备多讲,下面要提出一个永远能用的雅可比方程的积分方法。λ 的三次方程总有一个实根,因此雅可比方程至少有一条积分直线。设它的方程是

$$u_1 x_1 + u_2 x_2 + u_3 x_3 = 0$$

作变数变换

$$x_1' = x_1, \quad x_2' = x_2, \quad x_3' = u_1 x_1 + u_2 x_2 + u_3 x_3$$

如果 $u_3 \neq 0$,那么,这个变换的行列式不等于零(如果 $u_3 = 0$,而例如 $u_1 \neq 0$,那么

我们就置 $x_1' = u_x$, $x_2' = x_2$, $x_3' = x_3$)。用 u_1 , u_2 分别乘方程(44)中第一列、第二列，再加于乘 u_3 后的第三列，那么方程(44)变为

$$\begin{vmatrix} dx_1' & dx_2' & dx_3' \\ x_1' & x_2' & x_3' \\ a_{x'}' & b_{x'}' & c_{x'}' \end{vmatrix} = 0$$

与前相仿，可以证明 $c_{x'}' = c_3' x_3'$ 。再置 $x_1' = x'$, $x_2' = y'$, $x_3' = 1$ 以回复到笛卡儿坐标。这在几何上的意义：我们完成了这样的变换，就是将积分直线 $u_x = 0$ 转移到 $x'y'$ 平面上无穷远的直线。现在，雅可比方程的形式为

$$dx'(c_3' y' - b_1' x' - b_2' y' - b_3') - dy'(c_3' x' - a_1' x' - a_2' y' - a_3') = 0$$

即是说，我们得到了可化为齐次的方程，而齐次方程是可用求积去积分的方程。

如果不用齐次坐标，那么雅可比方程的积分规则，可以这样表述：求方程(44)的一条直线积分

$$u_1 x + u_2 y + u_3 = 0$$

引入新变数

$$x' = \frac{x}{u_1 x + u_2 y + u_3} , y' = \frac{y}{u_1 x + u_2 y + u_3}$$

则变换后的方程是可化为齐次的。

例 12

$$(14x + 13y + 6)dx + (4x + 5y + 3)dy + (7x + 5y)(ydx - xdy) = 0$$

引入齐次坐标

$$x = \frac{x_1}{x_3} , y = \frac{x_2}{x_3} , dx = \frac{x_3 dx_1 - x_1 dx_3}{x_3^2} , dy = \frac{x_3 dx_2 - x_2 dx_3}{x_3^2}$$

$$ydx - xdy = \frac{x_2 dx_1 - x_1 dx_2}{x_3^2}$$

将方程写成行列式的形式

$$\begin{vmatrix} dx_1 & dx_2 & dx_3 \\ x_1 & x_2 & x_3 \\ 4x_1 + 5x_2 + 3x_3 & -14x_1 - 13x_2 - 6x_3 & 7x_1 + 5x_2 \end{vmatrix} = 0$$

确定 λ 的方程是

$$\begin{vmatrix} 4-\lambda & -14 & 7 \\ 5 & -13-\lambda & 5 \\ 3 & -6 & -\lambda \end{vmatrix} = 0$$

或 $$\lambda^3+9\lambda^2+27\lambda+27=0$$

三个根都相等,即 $\lambda_1=\lambda_2=\lambda_3=-3$。

确定 u_1,u_2,u_3 的方程组(47)为

$$7u_1-14u_2+7u_3=0,5u_1-10u_2+5u_3=0,3u_1-6u_2+3u_3=0$$

它们都能化为

$$u_1-2u_2+u_3=0$$

我们得到的不是一条积分直线,而是整束的积分直线,因为一个方程不足以确定两个比值 $\dfrac{u_1}{u_3},\dfrac{u_2}{u_3}$。用 u_1,u_2 表达 u_3,并且代入方程 $u_x=0$,我们可得直线束的方程

$$u_1(x_1-x_3)+u_2(x_2+2x_3)=0$$

(u_1,u_2 为直线束的齐次参数)。

这里不必再施行任何代换了,因为直线束的方程含有一个(在实质上只是一个)常数(可以取为 $-\dfrac{u_2}{u_1}$),因而是方程的通积分,在笛卡儿坐标中,这个积分的形状是

$$x-1=C(y+2)$$

例 13

$$(7x+8y+5)\mathrm{d}x-(7x+8y)\mathrm{d}y+5(x-y)(y\mathrm{d}x-x\mathrm{d}y)=0$$

引入齐次坐标,并将它化成下式

$$\begin{vmatrix} \mathrm{d}x_1 & \mathrm{d}x_2 & \mathrm{d}x_3 \\ x_1 & x_2 & x_3 \\ -7x_1-8x_2 & -7x_1-8x_2-5x_3 & 5x_1-5x_2 \end{vmatrix}=0$$

λ 的方程是

$$\begin{vmatrix} -7-\lambda & -7 & 5 \\ -8 & -8-\lambda & -5 \\ 0 & -5 & -\lambda \end{vmatrix}=0$$

或 $$\lambda^3+15\lambda^2-25\lambda-375=0$$

它的根是 $\lambda_1=-15,\lambda_2=-5,\lambda_3=5$。再求线性型 u_x,v_x,w_x 对于 u_1,u_2,u_3 的方程(对应 λ_1)是

$$8u_1-7u_2+5u_3=0,-8u_1+7u_2-5u_3=0,-5u_2+15u_3=0$$

它们之中只有两个是独立的,它们的解系之一是

$$u_1=2,u_2=3,u_3=1$$

同样对于 v_1, v_2, v_3 我们有(根 λ_2)

$$-2v_1-7v_2+5v_3=0, -8v_1-3v_2-5v_3=0, -5v_2+5v_3=0$$

解系

$$v_1=-1, v_2=1, v_3=1$$

最后,对于 w_1, w_2, w_3 我们有

$$-12w_1-7w_2+5w_3=0, -8w_1-13w_2-5w_3=0, -5w_2-5w_3=0$$

其解为

$$w_1=1, w_2=-1, w_3=1$$

因而 $\quad u_x=2x_1+3x_2+x_3, v_x=-x_1+x_2+x_3, w_x=x_1-x_2+x_3$

在方程中引入由这些公式所定义的变数 u, v, w 可得

$$\begin{vmatrix} \mathrm{d}u & \mathrm{d}v & \mathrm{d}w \\ u & v & w \\ -15u & -5v & 5w \end{vmatrix}=0$$

或

$$\frac{\mathrm{d}u}{u}(5+5)+\frac{\mathrm{d}v}{v}(-15-5)+\frac{\mathrm{d}w}{w}(-5+15)=0$$

积分之

$$uw=Cv^2$$

或者,回到原来的变数

$$(2x+3y+1)(x-y+1)=C(-x+y+1)^2$$

§6 黎卡提方程

在本章的结尾,我们要研究另一种一阶方程。与前面所讲的类型相反,这个方程的解,一般不能用求积表出。然而我们却要讨论这个方程的解,因为在下一章就要证明微分方程解的存在性,所以不妨假定它的解存在。

1. 黎卡提(J. F. Riccati,1676—1754)方程的一般形式是

$$\frac{\mathrm{d}y}{\mathrm{d}x}=P(x)y^2+Q(x)y+R(x) \tag{48}$$

其中,当 x 变化于区间 $a<x<b$($a\geqslant-\infty$,$b\leqslant+\infty$)时,P, Q, R 是 x 的连续函数。当 $P\equiv0$ 就得到线性方程,当 $R\equiv0$ 就得到伯努利方程,这些都是方程(48)的特殊情况,而且在前面都已经研究过。

在下列的变换变数下,黎卡提方程的形式不变。

（1）自变数的任意变换

$$x = \varphi(x_1)$$

（φ 是可微函数）。事实上，方程（48）在这样的变换下，仍然是黎卡提方程

$$\frac{\mathrm{d}y}{\mathrm{d}x_1} = P[\varphi(x_1)]\varphi'(x_1)y^2 + Q[\varphi(x_1)]\varphi'(x_1)y + R[\varphi(x_1)]\varphi'(x_1)$$

（2）因变数的任意分式线性变换

$$y = \frac{\alpha y_1 + \beta}{\gamma y_1 + \delta}$$

其中，$\alpha, \beta, \gamma, \delta$ 是 x 的任意可微函数，在我们规定的区间内适合条件 $\alpha\delta - \beta\gamma \neq 0$。实际上，微分后，可得（用撇表示对 x 的导数）

$$\frac{\mathrm{d}y}{\mathrm{d}x} = \frac{\left(\alpha\dfrac{\mathrm{d}y_1}{\mathrm{d}x} + \alpha'y_1 + \beta'\right)(\gamma y_1 + \delta) - \left(\gamma\dfrac{\mathrm{d}y_1}{\mathrm{d}x} + \gamma'y_1 + \delta'\right)(\alpha y_1 + \beta)}{(\gamma y_1 + \delta)^2}$$

$$= \frac{(\alpha\delta - \beta\gamma)\dfrac{\mathrm{d}y_1}{\mathrm{d}x} + (\alpha'\gamma - \gamma'\alpha)y_1^2 + (\alpha'\delta + \beta'\gamma - \alpha\delta' - \beta\gamma')y_1 + (\beta'\delta - \delta'\beta)}{(\gamma y_1 + \delta)^2}$$

将这个代换施于方程（48）的右端，可得同一分母，而分子为 y_1 的二次多项式。显然这仍是黎卡提型的方程。

利用这些变换，可以将方程导向最简单的形式。

（1）可以使因变数二次项的系数等于 ± 1。为了这个目的，在方程（48）中对未知函数进行（线性）变换

$$y = \omega(x)z$$

其中 ω 暂时是未知函数。代入方程（48），可得

$$\omega\frac{\mathrm{d}z}{\mathrm{d}x} + z\omega' = P\omega^2 z^2 + Q\omega z + R$$

或

$$\frac{\mathrm{d}z}{\mathrm{d}x} = P\omega z^2 + \left(Q - \frac{\omega'}{\omega}\right)z + \frac{R}{\omega}$$

如果取 $\omega = \pm\dfrac{1}{P}$，那么方程的形式是

$$\frac{\mathrm{d}z}{\mathrm{d}x} = \pm z^2 + \left(Q + \frac{P'}{P}\right)z \pm PR$$

（这个变换适用于不使 P 变为零的 x 的变化区间。）。

（2）不变更因变数的二次项系数，而可以使因变数一次项的系数等于零。为了这个，我们对于方程（48）用代换

$$y = u + \alpha(x)$$

其中 u 是新的因变数。变换后的方程是

$$\frac{\mathrm{d}u}{\mathrm{d}x} = Pu^2 + \left[Q + 2P\alpha(x) \right] u + R + P\alpha^2 + Q\alpha - \alpha'$$

要使 u 的系数等于零，只需使 $\alpha(x) = -\dfrac{Q}{2P}$。应用这两种代换，我们总能使黎卡提方程成为

$$\frac{\mathrm{d}y}{\mathrm{d}x} = \pm y^2 + R(x) \tag{48_1}$$

2. 前面说过，一般说来黎卡提方程的解不能用求积表出。但是下面的定理成立：

如果知道黎卡提方程的一个特解，那么它的通解可以由两次求积求得。

实际上，设方程 (48) 的已知特解是 $y = y_1(x)$，即下列恒等式成立

$$y_1' = Py_1^2 + Qy_1 + R \tag{48_2}$$

作因变数的变换

$$y = y_1 + z$$

其中 z 是新的未知函数，则得

$$\frac{\mathrm{d}y_1}{\mathrm{d}x} + \frac{\mathrm{d}z}{\mathrm{d}x} = Py_1^2 + 2Py_1z + Pz^2 + Qy_1 + Qz + R$$

由于恒等式 (48_2)，我们有

$$\frac{\mathrm{d}z}{\mathrm{d}x} = Pz^2 + (2Py_1 + Q)z \tag{49}$$

这是伯努利方程，它的积分可以用二次求积求出。要使方程 (49) 成为线性方程，就应当置 $z = \dfrac{1}{u}$，即 $u = \dfrac{1}{z} = \dfrac{1}{y - y_1}$，对于 u 的（线性）方程是

$$\frac{\mathrm{d}u}{\mathrm{d}x} + (2Py_1 + Q)u = -P \tag{50}$$

它的通积分有如下的形式

$$u = C\varphi(x) + \psi(x)$$

其中 φ 和 ψ 是 x 的函数。由此我们可以引出方程 (48) 的通解

$$y = y_1 + \frac{1}{C\varphi(x) + \psi(x)} = \frac{Cy_1\varphi(x) + y_1\psi(x) + 1}{C\varphi(x) + \psi(x)}$$

因此，黎卡提方程的通解是任意常数的分式线性函数。

反之，我们要证明，如果方程的通解是任意常数的分式线性函数，那么对应的微分方程是黎卡提方程。事实上，设微分方程的通解是

$$y=\frac{C\varphi_1(x)+\varphi_2(x)}{C\psi_1(x)+\psi_2(x)}$$

将它解出 C，并用微分法消去 C

$$C=\frac{\varphi_2-y\psi_2}{y\psi_1-\varphi_1}$$

$$(\varphi_2'-y'\psi_2-y\psi_2')(y\psi_1-\varphi_1)-(y'\psi_1+y\psi_1'-\varphi_1')(\varphi_2-y\psi_2)=0$$

或

$$y'(\varphi_1\psi_2-\psi_1\varphi_2)+y^2(\psi_1'\psi_2-\psi_1\psi_2')+y(\varphi_2'\psi_1-\varphi_1'\psi_2-\psi_1'\varphi_2+$$
$$\psi_2'\varphi_1)+(\varphi_1'\varphi_2-\varphi_2'\varphi_1)=0$$

亦即我们确实得到了黎卡提型的方程。

如果已知黎卡提方程的两个特解，那么通解可由一次求积求出。实际上，如果在解案 $y=y_1$ 之外，还知道第二个解 y_2，那么对于方程(50)就知道了一个特解 $u_1=\dfrac{1}{y_2-y_1}$，在这种情形下，它的通解只需一次求积。

最后，如果知道黎卡提方程的三个特解，那么无须求积就可以求得通解。设方程(48)的三个解是 y_1,y_2,y_3。如前面的情况，我们证明方程(50)有两个已知特解：$\dfrac{1}{y_2-y_1}$ 和 $\dfrac{1}{y_3-y_1}$。此时方程(50)的通解可写为

$$u=\frac{1}{y_2-y_1}+C\left(\frac{1}{y_3-y_1}-\frac{1}{y_2-y_1}\right)$$

或者，以 $\dfrac{1}{y-y_1}$ 代 u，将右端第一项移至左端，然后两端乘以 y_2-y_1，再解出 C，就得

$$\frac{y-y_2}{y-y_1}:\frac{y_3-y_2}{y_3-y_1}=C$$

这也是黎卡提方程的通积分。

我们指出，若用任何第四个特解 y_4 代 y，则有

$$\frac{y_4-y_2}{y_4-y_1}:\frac{y_3-y_2}{y_3-y_1}=C$$

即是说，黎卡提方程的任意四个特解的交比等于常数。

3. 特殊黎卡提方程，是方程(48)的特殊情形，它的形式是

$$\frac{\mathrm{d}y}{\mathrm{d}x}+ay^2=bx^{\alpha} \tag{51}$$

其中，a,b 和 α 是常数。为明确起见，我们将 x 的变化区间定为 $0<x<+\infty$。很容易看出，在下列两种情形之下，方程可由初等函数积出。

（1）$\alpha = 0$，$\dfrac{\mathrm{d}y}{\mathrm{d}x} + ay^2 = b$，此时变数可被分离

$$\frac{\mathrm{d}y}{b - ay^2} = \mathrm{d}x$$

（2）$\alpha = -2$，方程的形式是

$$\frac{\mathrm{d}y}{\mathrm{d}x} + ay^2 = \frac{b}{x^2} \tag{52}$$

在式（52）中施行因变数的变换

$$y = \frac{1}{z}$$

变换后的方程

$$-\frac{1}{z^2} \cdot \frac{\mathrm{d}z}{\mathrm{d}x} + \frac{a}{z^2} = \frac{b}{x^2} \text{或} \frac{\mathrm{d}z}{\mathrm{d}x} = a - b\left(\frac{z}{x}\right)^2$$

是齐次方程，可用求积将它积分。

注 广泛的方程

$$\frac{\mathrm{d}y}{\mathrm{d}x} + ay^2 = \frac{ly}{x} + \frac{b}{x^2}$$

（a, l, b 是常数）可以化成形式如式（52），因为前面讲过，用适当的变换可以消去 y 的一次项。

除去 $\alpha = 0$，$\alpha = -2$ 外，还有无穷多个 α 值能使黎卡提方程（51）由初等函数积出。为了找出这些值，我们在方程（51）中对因变数施行线性代换

$$y = u\,\bar{y} + v$$

并且这样选择 x 的函数 u 和 v，使变换后的方程不含未知函数的一次项，而且使自由项不变。这样就有

$$u\frac{\mathrm{d}\bar{y}}{\mathrm{d}x} + u'\bar{y} + v' + au^2\,\bar{y}^2 + 2auv\,\bar{y} + av^2 = bx^{\alpha}$$

由规定的条件得出两个决定 u, v 的方程

$$u' + 2auv = 0, \quad v' + av^2 = 0$$

从第二个方程可得

$$\frac{\mathrm{d}v}{v^2} = -a\mathrm{d}x, \quad v = \frac{1}{ax} \quad （特解）$$

这样以后，从第一个方程可得

$$\frac{u'}{u} = -\frac{2}{x}, \quad u = \frac{1}{x^2} \quad （特解）$$

41

因此所求代换的形式是 $y = \dfrac{\bar{y}}{x^2} + \dfrac{1}{ax}$，而变换后的方程是

$$\frac{d\bar{y}}{dx} + \frac{a}{x^2}\bar{y}^2 = bx^{\alpha+2}$$

其次，再施行变换（分式线性）

$$\bar{y} = \frac{1}{y_1}$$

此时，y_1 与 y 的关系是

$$y = \frac{1}{y_1 x^2} + \frac{1}{ax} \tag{53}$$

新方程是

$$\frac{dy_1}{dx} + bx^{\alpha+2}y_1^2 = \frac{a}{x^2}$$

用 $x^{\alpha+2}$ 除两端后，再对自变数施行变换，使 y_1^2 项的系数为常数

$$\frac{dy_1}{x^{\alpha+2}dx} + by_1^2 = ax^{-(\alpha+4)}$$

显然，要将方程化为形式（51）只需置

$$x^{\alpha+3} = x_1, \, dx_1 = (\alpha+3)x^{\alpha+2}dx, \, x = x_1^{\frac{1}{\alpha+3}} \tag{54}$$

最后我们得到

$$\frac{dy_1}{dx_1} + \frac{b}{\alpha+3}y_1^2 = \frac{a}{\alpha+3}x_1^{-\frac{\alpha+4}{\alpha+3}} \tag{55}$$

这是式（51）形式的方程，其中新系数的值是 $a_1 = \dfrac{b}{\alpha+3}, b_1 = \dfrac{a}{\alpha+3}$，而指数 α 改为

$$\alpha_1 = -\frac{\alpha+4}{\alpha+3}$$

我们将上面联系 α 和 α_1 的分式线性变换化为

$$\frac{1}{\alpha_1+2} = \frac{1}{2 - \dfrac{\alpha+4}{\alpha+3}} = \frac{\alpha+3}{\alpha+2} \text{或} \frac{1}{\alpha_1+2} = 1 + \frac{1}{\alpha+2}$$

将同样变换（53）（54）用于具有新常数 a_1, b_1, α_1 的方程（55），我们仍然得到同一类型的方程，在这个方程中 x 的指数 α_2 与 α_1 及其与 α 的关系式是

$$\frac{1}{\alpha_2+2} = 1 + \frac{1}{\alpha_1+2} = 2 + \frac{1}{\alpha+2}$$

在进行 k 次同样变换后，我们得到指数 α_k，它与最初的指数 α 的关系是

$$\frac{1}{\alpha_k+2} = k + \frac{1}{\alpha+2} \quad (k = 1, 2, \cdots)$$

如果从指数 α 出发,我们逆转次序来进行上述的一串变数变换,我们就得到具有指数 $\alpha_{-1},\alpha_{-2},\cdots,\alpha_{-k},\cdots$ 的方程,这些指数与 α 的关系是

$$\frac{1}{\alpha_{-k}+2}=-k+\frac{1}{\alpha+2}\quad(k=1,2,\cdots)$$

如果在变换的结果中,我们得到这样的指数,使得黎卡提方程可由求积来积分,那么原来的方程也具有同样的特性。从联系 α 与 α_1 的最初公式中,很容易看到当 $\alpha=-2$ 时我们有 $\alpha_1=-2$,就是说,在我们所做的变换下指数 -2 不变,因此它不可能由其他指数通过这些变换而达到。因此使我们感兴趣的只是对于某一自然数 k 有 $\alpha_k=0$ 或 $\alpha_{-k}=0$ 的情形。

现在设 k 为任意整数(正或负),则在这两种情况,我们有

$$\frac{1}{\alpha+2}=-k+\frac{1}{2}$$

因此

$$\alpha=\frac{4k}{-2k+1}\quad(k=\pm1,\pm2,\cdots)$$

我们得到两个无穷序列的指数,对于这些指数,黎卡提方程可以用一串变换归结到 $\alpha=0$ 的情形,它们是

$$k=1,2,3,\cdots;\alpha=-4,-\frac{8}{3},-\frac{12}{5},\cdots$$

$$k=-1,-2,-3,\cdots;\alpha=-\frac{4}{3},-\frac{8}{5},-\frac{12}{7},\cdots$$

这两个序列都以 -2 为极限。从求得的 α 公式中解出 k,我们得到 $\frac{\alpha}{2\alpha+4}$ 等于整数,这是判断 α 是否属于上述序列之一的准则。

当 $\alpha=0$,很容易证明,y 可由 x 的指数函数与三角函数表出。这一串的变换还引入了 x 的分数次方,所以 y 可以由 x 的初等函数表出。

刘维尔(J. Liouville,1809—1882)曾经指出,对于所有其他的 α 值,特殊黎卡提方程的解不能用初等函数的求积表出。

黎卡提方程与线性方程具有一个公共特性,即知道某几个特解就能写下通解,或者将其变为求积问题。达布(J. G. Darboux,1842—1917)曾研究过具有这一特性的更广泛的方程,即知道了充分多的特解后,求通解时便无须求积或者只需一次求积,这就是达布方程,雅可比方程是这类方程的特殊情形。

例 14 首先,对 $\dfrac{\mathrm{d}y}{\mathrm{d}x}=y^2+\dfrac{1}{2x^2}$ 施行代换 $y=\dfrac{1}{z}$,可得

$$\frac{\mathrm{d}z}{\mathrm{d}x} = -1 - \frac{1}{2}\left(\frac{z}{x}\right)^2$$

其次

$$z = ux$$

$$u + x\frac{\mathrm{d}u}{\mathrm{d}x} = -1 - \frac{1}{2}u^2, \quad \frac{\mathrm{d}u}{u^2 + 2u + 2} = -\frac{\mathrm{d}x}{2x}$$

$$\frac{\mathrm{d}u}{1 + (u+1)^2} = -\frac{\mathrm{d}x}{2x}, \quad u + 1 = \tan\left(C - \frac{1}{2}\ln x\right)$$

$$z = x\left[-1 + \tan\left(C - \frac{1}{2}\ln x\right)\right]$$

最后得

$$y = \frac{1}{x\left[-1 + \tan\left(C - \frac{1}{2}\ln x\right)\right]}$$

例 15 $\dfrac{\mathrm{d}y}{\mathrm{d}x} + y^2 = x^{-\frac{4}{3}}$。指数的对应值是 $k = -1$,因此所有的代换必须逆转次序来作。为了便于与相应的公式比较起见,我们用 x_1, y_1 记最初变数。这样,就有

$$\frac{\mathrm{d}y_1}{\mathrm{d}x_1} + y_1^2 = x_1^{-\frac{4}{3}}$$

此处 $\alpha_1 = -\dfrac{4}{3} = -\dfrac{\alpha+4}{\alpha+3}$,即 $\alpha = 0$。作自变数的变换:$x^3 = x_1$,$\mathrm{d}x_1 = 3x^2\mathrm{d}x$。我们得到

$$\frac{\mathrm{d}y_1}{\mathrm{d}x} + 3x^2 y_1^2 = \frac{3}{x^2}$$

变数转到 $\bar{y} = \dfrac{1}{y_1}$,得到

$$\frac{\mathrm{d}\bar{y}}{\mathrm{d}x} + \frac{3}{x^2}\bar{y}^2 = 3x^2$$

我们有 $a = 3, b = 3$。从变换公式 $y = \dfrac{\bar{y}}{x^2} + \dfrac{1}{3x}$ 解出 $\bar{y}$,则得

$$\bar{y} = x^2 y - \frac{x}{3}$$

将它代入上式

$$x^2\frac{\mathrm{d}y}{\mathrm{d}x} + 2xy - \frac{1}{3} + 3x^2 y^2 - 2xy + \frac{1}{3} = 3x^2$$

化简后,得

$$\frac{\mathrm{d}y}{\mathrm{d}x}+3y^2=3$$

用分离变数积分

$$\frac{\mathrm{d}y}{1-y^2}=3\mathrm{d}x,\frac{\mathrm{d}y}{1-y}+\frac{\mathrm{d}y}{1+y}=6\mathrm{d}x,\frac{1+y}{1-y}=Ce^{6x},y=\frac{Ce^{6x}-1}{Ce^{6x}+1}$$

再回到最初的变数

$$\bar{y}=\frac{x^2(Ce^{6x}-1)}{Ce^{6x}-1}-\frac{x}{3}=\frac{(3x^2-x)Ce^{6x}-(3x^2+x)}{3(Ce^{6x}+1)}$$

$$y_1=\frac{3(Ce^{6x}+1)}{(3x^2-x)Ce^{6x}-(3x^2+x)}$$

最后得到

$$y_1=\frac{3(Ce^{6x_1^{\frac{1}{3}}}+1)}{(3x_1^{\frac{2}{3}}-x_1^{\frac{1}{3}})Ce^{6x_1^{\frac{1}{3}}}-(3x_1^{\frac{2}{3}}+x_1^{\frac{1}{3}})}$$

问　题

41. $y'=\frac{1}{3}y^2+\frac{2}{3x^2}$。

42. $y'+y^2+\frac{1}{x}y-\frac{4}{x^2}=0$。

43. $xy'-3y+y^2=4x^2-4x$，先猜测特解。

44. $y'=y^2+x^{-4}$。

我们已经研究了一阶方程中最后能用分离变数法积出的主要类型。然而可以化为变数分离类型的方程并不止这些种。在很多情况下,选择适当的变换可以将微分方程化成属于熟知类型的方程。一系列的这种"非典型"的方程就要在下面讲到。

问　题

45. 解函数方程($f(x)$是未知函数)

$$f(x+y)=\frac{f(x)+f(y)}{1-f(x)\cdot f(y)}$$

提示:(1)可以先假定函数 y 可微分,对 y 微分然后置 $y=0$。(2)只需假定 $f'(0)$ 存在,计算 $f'(x)$,作为 $\lim\limits_{y\to 0}\frac{f(x+y)-f(x)}{y}$。

46. $(y-x)\sqrt{1+x^2}\dfrac{\mathrm{d}y}{\mathrm{d}x}=(1+y^2)^{\frac{3}{2}}$。

提示:引入变数 $x=\tan\varphi,y=\tan\psi$。

47. $\dfrac{\mathrm{d}y}{\mathrm{d}x}(x^2+y^2+3)=2x\left(2y-\dfrac{x^2}{y}\right)$。

48. $\dfrac{\mathrm{d}y}{\mathrm{d}x}=\dfrac{x-y^2}{2y(x+y^2)}$。

49. $\left[x(x+y)+a^2\right]\dfrac{\mathrm{d}y}{\mathrm{d}x}=y(x+y)+b^2$。

提示:引入新变数 $x=u+v,y=ku-v$,选择常数 k 使变数能够分离。还值得指出,这是雅可比型方程。

50. 已知方程:$\dfrac{\mathrm{d}y}{\mathrm{d}x}=ky+f(x)$,其中 k 是常数,而 $f(x)$ 是以 ω 为周期的周期函数,证明这个方程有一特解为具有相同周期的周期函数,并求出这个解。

微分方程理论

46

已解出导数的一阶方程的解案存在问题

第 2 章

§1 存在定理(柯西和皮亚诺)

在第 1 章中,我们研究了各种能求得通积分的一阶微分方程;这个通积分含有一个任意常数。另外,几何思考(按照已知方向场作曲线)使我们有根据期望任何一阶微分方程都有无穷多个解,而且经过每点 (x_0, y_0) 有一条积分曲线。在本节中,在(一阶)微分方程的右端函数受有一定的限制下,我们要证明由原始数据 (x_0, y_0) 所确定的解的存在及唯一性。微分方程的解的存在定理的最早证明属于柯西(A. L. Cauchy, 1789—1851)。这里采用的证明是属于毕卡(C. E. Picard, 1856—1941)的。这个证明产生于逐次逼近法,它不但断定了解的存在,而且使得计算这个解的近似值成为可能。

1. 设给定微分方程

$$\frac{\mathrm{d}y}{\mathrm{d}x} = f(x, y) \tag{1}$$

及原始值 (x_0, y_0)。对于函数 $f(x, y)$ 我们作以下的假设:

(A) $f(x, y)$ 是定义在闭域 R[①]

$$x_0 - a \leqslant x \leqslant x_0 + a, y_0 - b \leqslant y \leqslant y_0 + b \quad (a > 0, b > 0)$$

内的两个变数的连续函数。根据连续函数在闭域内的有界性,存在这样的正数 M,使 R 的一切点适合不等式

---

① 函数 $f(x, y)$ 的定义域可以是平面 xOy 上任何区域,例如整个平面;在这个区域 D 内,我们取一中心在点 (x_0, y_0) 的矩形区域。

$$|f(x,y)| \leqslant M \qquad\qquad (2)$$

（B）函数 $f(x,y)$ 在区域 R 内对于变数 y 适合李普希兹（R. Lipschitz，1832—1903）条件：存在这样的正数 N，使得 x 的任何值，$|x-x_0| \leqslant a$，以及变数 y 的任意二值 y' 和 y''，$|y'-y_0| \leqslant b$，$|y''-y_0| \leqslant b$ 满足不等式

$$|f(x,y')-f(x,y'')| \leqslant N|y'-y''| \qquad\qquad (3)$$

注 1　不等式（3）得以成立，如果函数 $f(x,y)$ 在 R 的每一点有偏导数 $f'_y(x,y)$，而且 $f'_y(x,y)$ 在全部区域 R 内有界，即是说，$|f'_y| \leqslant N$。实际上，根据拉格朗日（J. L. Lagrange，1736—1813）定理，我们可得

$$f(x,y')-f(x,y'') = (y'-y'')f'_y[x,y'+\theta(y''-y')] \qquad (0<\theta<1)$$

由此可以立刻得到不等式（3）。但即使 $\dfrac{\partial f}{\partial y}$ 不处处存在，不等式（3）也还可以成立。例如，函数 $|y|$，在 $y=0$ 处就没有导数，但是不等式

$$||y'|-|y''|| \leqslant |y'-y''|$$

却永远成立，因此函数 $|y|$ 满足条件（3），其中 $N=1$。

注 2　对于一个给定的函数 $f(x,y)$，常数 M 的值，即 $|f(x,y)|$ 的极大值，以及出现于李普希兹条件的常数 N 的最小值，均与我们所考虑的区域有关。若区域 R_1 包含 R，则对应区域 R_1 的 M_1 和 N_1 与对应于区域 R 的 M 和 N 有不等的关系 $M_1 \geqslant M$，$N_1 \geqslant N$。例如，函数 $f(x,y)=x^2+y^2$ 在整个平面 $-\infty<x<+\infty$，$-\infty<y<+\infty$ 上看是无界的，而且不满足李普希兹条件，但是如果在区域 R，$-a \leqslant x \leqslant a$，$-b \leqslant y \leqslant b$ 内考虑它，那么 M 就等于 a^2+b^2，N 就是 $\left|\dfrac{\partial f}{\partial y}\right|$ 在 R 的极大值即 $2b$。

在这些假定下，我们要证明，微分方程（1）存在着唯一解 $y=\varphi(x)$，它确定并连续于区间 $x_0-h \leqslant x \leqslant x_0+h$（其中 h 是 a 和 $\dfrac{b}{M}$ 二数中的最小者），并于 $x=x_0$ 处取值 y。

解案存在的证明。我们将对所求解案作一序列的"近似"。容易看出，附有原始条件的方程（1）等价于下面的积分方程，其中 y 仍然是未知函数

$$y = y_0 + \int_{x_0}^{x} f(x,y)\,\mathrm{d}x \qquad\qquad (4)$$

现在我们用逐次逼近法来解这个积分方程。

我们取常数 y_0 为零次近似。然后用下面的公式定义一次近似 $y_1(x)$

$$y_1 = y_0 + \int_{x_0}^{x} f(x,y_0)\,\mathrm{d}x \qquad\qquad (5_1)$$

因为在积分号下的函数为已知,所以 y_1 可用求积计算。显然当 $x=x_0$ 时 $y_1=y_0$,可见一次近似满足原始条件。

如果在公式(5_1)中,我们限制 x 的变化,要它适合 $|x-x_0| \leq h$(参看上面定理中的条件),那么,因为 $h \leq a$,函数 f 的变元的值 x 和 y_0 在区域 R 内,而在 R 有 $|f(x,y)| \leq M$,所以,由公式(5_1)我们得到不等式

$$|y_1-y_0| \leq M|x-x_0| \leq Mh$$

但因 $h \leq \dfrac{b}{M}$,所以上面的不等式表明,在 x 受上述限制下变化时,y_1 也不能越出区域 R 之外。

我们再作二次近似 $y_2(x)$

$$y_2 = y_0 + \int_{x_0}^{x} f(x,y_1)\,\mathrm{d}x \tag{5_2}$$

在积分号下的函数仍为已知(因为 y_1 已经确定)。显然,$y_2(x_0)=y_0$,即 y_2 满足原始条件。因为当 $|x-x_0| \leq h$ 时,函数 $f(x,y_1)$ 的变元不出区域 R,而 $f(x,y)$ 在 R 内满足条件(2),所以我们有不等式

$$|y_2-y_0| \leq M|x-x_0| \leq Mh \leq b$$

这表明 y_2 也不越出区域 R 之外。一般地,在定义了 $n-1$ 次近似之后,我们用公式

$$y_n = y_0 + \int_{x_0}^{x} f(x,y_{n-1})\,\mathrm{d}x \tag{5_n}$$

定义 n 次近似。据此,如果假定当 x 变化于区间 $|x-x_0| \leq h$ 内,则 y_{n-1} 的值不出区域 R,因之 $|f(x,y_{n-1})| \leq M$,那么我们可以得到关于 y_n 的不等式

$$|y_n-y_0| \leq M|x-x_0|$$

它表明如果 $|x-x_0| \leq h$,那么 $|y_n-y_0| \leq Mh \leq b$,即是说,n 次近似也不越出区域 R 之外。这样,完全归纳法证明,如果 $x_0-h \leq x \leq x_0+h$,任何次的近似不越出区域 R 之外。

现在必须证明序列 y_n 有极限

$$Y(x) = \lim_{n \to \infty} y_n(x) \tag{6}$$

而且极限函数满足方程(1)和原始条件。要证明极限(6)存在,只需证明下一级数收敛

$$y_0 + (y_1-y_0) + (y_2-y_1) + \cdots + (y_n-y_{n-1}) + \cdots \tag{7}$$

事实上,这个级数的第 n 部分和是 $S_n=y_n$,如果我们证明级数(7)收敛为函数 $Y(x)$,也就证明了关系(6)。

估计级数(7)各项的绝对值。我们有

$$|y_1-y_0| = \left| \int_{x_0}^{x} f(x,y_0)\,\mathrm{d}x \right| \leqslant M|x-x_0| \tag{8_1}$$

其次

$$|y_2-y_1| = \left| \int_{x_0}^{x} \{ f(x,y_1)-f(x,y_0) \}\,\mathrm{d}x \right| \leqslant \left| \int_{x_0}^{x} |f(x,y_1)-f(x,y_0)|\,\mathrm{d}x \right|$$

根据李普希兹条件(B),积分号下的函数满足不等式

$$|f(x,y_1)-f(x,y_0)| \leqslant N|y_1-y_0|$$

在这里把刚才所得到的对$|y_1-y_0|$的估计代入,我们便有

$$|y_2-y_1| \leqslant N\left| \int_{x_0}^{x} M|x-x_0|\,\mathrm{d}x \right| = \frac{MN}{1\times2}|x-x_0|^2 \tag{8_2}$$

同样可得

$$|y_3-y_2| \leqslant \left| \int_{x_0}^{x} |f(x,y_2)-f(x,y_1)|\,\mathrm{d}x \right| \leqslant \left| \int_{x_0}^{x} N|y_2-y_1|\,\mathrm{d}x \right|$$

$$\leqslant \frac{MN^2}{1\times2}\left| \int_{x_0}^{x} (x-x_0)^2\,\mathrm{d}x \right| = \frac{MN^2}{3!}|x-x_0|^3 \tag{8_3}$$

我们要证明,下面的不等式对于一切正整数 n 全部正确

$$|y_n-y_{n-1}| \leqslant \frac{MN^{n-1}}{n!}|x-x_0|^n \tag{8_n}$$

为此,我们采用完全归纳法:假设不等式(8_n)对于 n 正确,求证它对于 $n+1$ 也正确。我们有

$$|y_{n+1}-y_n| \leqslant \left| \int_{x_0}^{x} |f(x,y_n)-f(x,y_{n-1})|\,\mathrm{d}x \right| \leqslant N\left| \int_{x_0}^{x} |y_n-y_{n-1}|\,\mathrm{d}x \right|$$

(末一不等式得自李普希兹条件)。在最后的积分中,用不等式(8_n)的右端代 $|y_n-y_{n-1}|$(这只加强了不等式),便得

$$|y_{n+1}-y_n| \leqslant N\cdot\frac{MN^{n-1}}{n!}\left| \int_{x_0}^{x} |x-x_0|^n\,\mathrm{d}x \right| = \frac{MN^n}{(n+1)!}|x-x_0|^{n+1}$$

可见不等式(8_n)对于 $n+1$ 也正确。它既然对于 $n=2, n=3$ 正确,所以它对于一切自然数 x 全部正确。再把$|x-x_0|$换成它的最大可能值 h,我们就做出结论:级数(7)的各项的绝对值(首项 y_0 除外)对应地小于下面的正项数目级数的各项

$$Mh+M\frac{Nh^2}{2!}+M\frac{N^2h^3}{3!}+\cdots+M\frac{N^{n-1}h^n}{n!}+\cdots \tag{9}$$

对上一级数应用达朗贝尔(J. le R. D'Alembert, 1717—1783)检验法,则有

$$\lim_{n\to\infty}\frac{u_{n+1}}{u_n} = \lim_{n\to\infty}\frac{MN^nh^{n+1}n!}{(n+1)!\ MN^{n-1}h^n} = \lim_{n\to\infty}\frac{Nh}{n+1} = 0 < 1$$

因此级数(9)收敛。因为级数(7)的各项的绝对值小于数目级数(9)的各项,所以级数(7)不只收敛,而且,根据魏尔斯拉特斯(K. Weirstrass, 1815—1897)准则,对于一切适合条件

$$|x-x_0| \leqslant h$$

的 x 均匀收敛。级数(7)的各项是 x 的连续函数,因为积分是上限的连续函数。因此

$$Y = \lim_{n \to \infty} y_n$$

存在,而且是 x 的连续函数。

我们要证明这样得到的函数 $Y(x)$ 适合所给方程(它显然适合原始条件,因为 $Y(x_0) = \lim_{n \to \infty} y_n(x_0) = y_0$)。

取等式(5_n)

$$y_n(x) = y_0 + \int_{x_0}^{x} f(x, y_{n-1}) \, \mathrm{d}x$$

令 $n \to \infty$ 而取极限。

根据函数 $f(x, y)$ 的均匀连续性,对于任何预先选定的正数 ε,我们能找到这样的 $\delta > 0$,使 R 的任何两点 (x, y') 和 (x, y'') 如果满足不等式 $|y' - y''| < \delta$ 就满足不等式

$$|f(x, y') - f(x, y'')| < \varepsilon$$

(依李普希兹条件,取 $\delta = \dfrac{\varepsilon}{N}$ 即可)。由于序列 y_n 均匀收敛于极限,对于已经选定的 δ 可以选择这样的自然数 n_0,使得当 $n-1 > n_0$ 时,对于区间 $(x_0 - h, x_0 + h)$ 内的一切 x 值有不等式

$$|y_{n-1}(x) - Y(x)| < \delta$$

合并这两个不等式,我们得到,当 $n-1 > n_0$ 时

$$|f[x, y_{n-1}(x)] - f[x, Y(x)]| < \varepsilon$$

由此可得

$$\left| \int_{x_0}^{x} f(x, y_{n-1}) \, \mathrm{d}x - \int_{x_0}^{x} f(x, Y) \, \mathrm{d}x \right| \leqslant \left| \int_{x_0}^{x} |f(x, y_{n-1}) - f(x, Y)| \, \mathrm{d}x \right| < \varepsilon h$$

由于 ε 的任意性,我们得到

$$\lim_{n \to \infty} \int_{x_0}^{x} f(x, y_{n-1}) \, \mathrm{d}x = \int_{x_0}^{x} f(x, Y) \, \mathrm{d}x$$

据此,对等式(5_n)取极限,我们便得恒等式

$$Y = y_0 + \int_{x_0}^{x} f(x, Y) \, \mathrm{d}x \tag{10}$$

可见函数 $Y(x)$ 满足积分方程(4)。函数 Y 可对 x 导微,因为在恒等式(10)右端出现连续函数的积分,它是对上限可导微的。微分式(10),即得

$$\frac{\mathrm{d}Y}{\mathrm{d}x}=f(x,Y)$$

可见,$Y(x)$ 满足所给方程(1)。定理的第一部分于此得证。

注 1 在证明的过程中,我们用积分方程(4)代替了微分方程(1),代替的目的是明显的,均匀收敛的条件对于积分序列来说是远较导数序列的简单。

注 2 微分方程(1)的解案存在的证明,以上是用逐次逼近法在假设方程的右端对于 y 适合李普希兹条件之下进行的。用其他的方法,可以在更广泛的条件下,证明定理:只需假定 $f(x,y)$ 是连续函数,就可以证明解案的存在。但是如果不对 $f(x,y)$ 加补充条件,一般来说,原始值不止确定一个解,即是说,唯一性定理不成立。

2. 现在我们进而证明以上所得满足原始条件的解案的唯一性。

假设于解案 $Y(x)$ 之外,存在另一解案 $Z(x)$,满足同一原始条件 $Z(x_0)=y_0$。无伤于一般性,我们可以假设在 x_0 右方任意邻近之处,有 x 的值使得 $Y(x) \neq Z(x)$(如果原来不是如此,我们可以取这样一点,在它的任意邻近处 $Y(x)$ 和 $Z(x)$ 不尽相等,作为 x_0,必要时以 $-x$ 代 x)。

我们要证明这个假设引出矛盾。取一小常数 $\varepsilon>0$。按照假设,在闭区间 $x_0 \leqslant x \leqslant x_0+\varepsilon$ 内并不处处有 $Y=Z$,因此,正值函数 $|Y(x)-Z(x)|$ 在这个区间的某一点 ξ 达到其最大值 $\theta>0$。并且不能有 $\xi=x_0$,因为当 $x=x_0$ 时,函数 Y 和 Z 彼此相等。我们有

$$Y(x)=y_0+\int_{x_0}^x f(x,Y)\mathrm{d}x, \quad Z(x)=y_0+\int_{x_0}^x f(x,Z)\mathrm{d}x$$

将这两个恒等式相减,给 x 以数值 ξ,并用李普希兹条件估计差数

$$|Y(\xi)-Z(\xi)|=\theta \leqslant \int_{x_0}^{\xi}|f(x,Y)-f(x,Z)|\mathrm{d}x \leqslant N\int_{x_0}^{\xi}|Y(x)-Z(x)|\mathrm{d}x$$

上一不等式只是加强了,如果我们将积分号下的 $|Y(x)-Z(x)|$ 换成它的最大值 θ,将积分区间 (x_0,ξ) 换成 $(x_0,x_0+\varepsilon)$,于是我们得到 $\theta<N\varepsilon\theta$。因 $\theta \neq 0$,所以 $1<N\varepsilon$。这是一个矛盾,因为 ε 可以取得任意小,例如 $\varepsilon<\dfrac{1}{N}$。因此,假设有与 Y 满足同一原始条件的第二解 Z 存在,就会引出矛盾。

这样看来,在条件(A)(B)之下,微分方程(1)有唯一解案符合原始条件 (x_0,y_0)。于此,我们完全证明了柯西定理。

3. 我们只在区间

$$I: x_0 - h \leqslant x \leqslant x_0 + h$$

内,证明了解的存在。然而,如果函数 $f(x, y)$ 在它的全部定义域 D 内连续且适合对 y 的李普希兹条件,我们就可以延拓解案。设已得的解在 $x = x_0 + h$ 时的值为 $y_0^{(1)}$,而且坐标为 $x_0^{(1)} = x_0 + h, y_0^{(1)}$ 的点是 D 内的点,那么,我们能够找到一个完全含于 D 内的矩形 $R_1: |x - x_0^{(1)}| \leqslant a_1, |y - y_0^{(1)}| \leqslant b_1$①。用 M_1 记 $|f(x, y)|$ 在矩形 R_1 内的极大值,并取 $x_0^{(1)}$ 和 $y_0^{(1)}$ 为原始值。根据以前所证的结果,我们断定微分方程(1)在区间

$$I_1: x_0^{(1)} - h_1 \leqslant x \leqslant x_0^{(1)} + h_1$$

内有解存在,其中 $h_1 = \min\left\{a_1, \dfrac{b_1}{M_1}\right\}$;区间 I_1 的中心和区间 I 的端点重合。在这一点我们所做的两个解取同一值 $y_0^{(1)}$。因此,由于唯一性,这两个解在 I 和 I_1 的共同部分重合。但是区间 I_1 的一半 $(x_0^{(1)}, x_0^{(1)} + h)$ 处于 I 之外,于是我们说,在这一半部分所求得的解是在区间 I 内的解的延拓。如果当 $x = x_0^{(1)} + h$ 时解案的值是 $y_0^{(2)}$,而且坐标为 $x_0^{(2)} = x_0^{(1)} + h_1, y_0^{(2)}$ 的点仍然是区域 D 内的点,那么我们可以就原始数据 $(x_0^{(2)}, y_0^{(2)})$ 在区间 I_2 内确定一个解,区间 I_2 有一半在 I_1 内,而在这个共同部分内新解与原解重合。在区间 I_2 的另一半我们得到了解案的延拓。类似的造法也适用于 x 减小其值的情形,下面证明,用这样的延拓能够任意接近 D 域的边界。

设 D_1 是任一与其边界都在区域 D 内的有界闭域。我们证明:应用上述的"解案延拓"法,我们能够达到 D_1 域的边界。实际上,因为 D 的边界同 D_1 没有公共点,所以这两个闭集的各点间最短距离 $\geqslant d > 0$(如果 D 是整个平面,就可以取任何整数为 d)。如果围绕 D_1 的边界的每一点作半径为 $\dfrac{d}{2}$ 的圆,并用 D_2 来记这些圆区同 D_1 所组成的闭域,那么,显然 D_2 包含在 D 内。以 D_1 内任一点为中心,$\dfrac{d\sqrt{2}}{2}$ 为边长的正方形是在 D_2 内。在闭域 D_2 内连续函数 $f(x, y)$ 的绝对值有界。设 $|f(x, y)| \leqslant M_2$。因此,对于 D_1 的一切点,我们取 $a = \dfrac{d\sqrt{2}}{4}, b = \dfrac{d\sqrt{2}}{4}$,$M = M_2$,于是,按照已证的结果,经过 D_1 域内任何一点 (x_0, y_0) 的积分曲线确定

---

① 按照内点的定义,它的某一邻域完全含在区域 D 内,我们可以取充分小的矩形作为这个邻域。

在区间 (x_0-h_2, x_0+h_2) 内，其中 $h_2 = \min\left\{\dfrac{d\sqrt{2}}{4}, \dfrac{d\sqrt{2}}{4M_2}\right\}$。由于区域 D_1 的有界性在延拓积分曲线时，我们应用有限次以后就达到这个区域的边界。

做出一个包含一个，而以区域 D 为极限的区域 $D_1, D_2, \cdots, D_n, \cdots$，我们就能达到 D 的边界的任意邻近。

特别地，设 D 域是 xOy 全平面。那么作为域 $D_1, D_2, \cdots, D_n, \cdots$，可以取一个包含一个，而四边平行于坐标轴且边长无限增大的矩形。在 x 增值的一面延拓由原始数据 (x_0, y_0) 所确定的解案时，只有两种情形可能发生：

（1）不论矩形 D_n 向右伸展到如何远，总可以把 D_n 顺 Oy 方向的尺度取得这样大，使所考查的积分曲线在延拓过程中穿过 D_n 右面的纵边。这样，对于 x 的无论多大的正值，解案是确定的，也就是说，在 Ox 轴上，解案 $y = \varphi(x)$ 的定义区间伸至 $+\infty$。

（2）能够找到这样的值 $x = \bar{x}$，不论所取矩形 D_n（其右面一边的方程是 $x = \bar{x}$）顺 Oy 方向是如何的大，积分曲线在其按 x 增值方向的延拓过程中，总是穿过上边或下边越出 D_n。设 $\overline{X}$ 是具有上述特性的数 $\bar{x}$ 的下界。根据下界的定义，对于任何 $\varepsilon > 0$，可以找到顺 Oy 方向充分大的矩形 D_n，使积分曲线交于直线 $x = \overline{X} - \varepsilon$，也就是说，对于一切 $x < \overline{X}$ 的值，解案 $y = \varphi(x)$ 是确定的。另外，对于 $x > \overline{X}$ 的值，我们的解案不能延拓，此时当 x 自左趋向 $\overline{X}$ 时，$|\varphi(x)|$ 不能保持有界。于此，我们要证明

$$\lim_{\substack{x < \overline{X} \\ x \to \overline{X}}} \varphi(x) = +\infty \text{ 或} \lim_{\substack{x < \overline{X} \\ x \to \overline{X}}} \varphi(x) = -\infty$$

事实上，如果假设其不然，那么，当 $x \to \overline{X}$ 时，$\varphi(x)$ 就不能趋向任何极限，因而我们能够找到这样两个数 $A, B(B > A)$，使 $\varphi(x)$ 在区间 $(\overline{X} - \varepsilon, \overline{X})$ 内，不但取小于 A 的值无数多次，也取超过 B 的值无数多次（$\varepsilon > 0$ 是任意小数）。由于 $\varphi(x)$ 于 $x < \overline{X}$ 的连续性（连续函数取所有的中介值），我们可以找到一序列的数偶 (x_n', x_n'')，$x_1' < x_1'' < x_2' < x_2'' < \cdots < x_n' < x_n'' < \cdots$，使

$$\lim_{n \to \infty} x_n' = \lim_{n \to \infty} x_n'' = \overline{X} \tag{α}$$

而

$$\varphi(x_n') = A, \varphi(x_n'') = B, A < \varphi(x) < B \quad (\text{当 } x_n' < x < x_n'')$$

按照有限增量的定理，我们有

$$\frac{\varphi(x_n'') - \varphi(x_n')}{x_n'' - x_n'} = \frac{B - A}{x_n'' - x_n'} = \varphi'(\xi_n) \tag{β}$$

其中 ξ_n 介于 x_n' 与 x_n'' 间。设 $\varphi(\xi_n) = \eta_n$，于是 $A < \eta_n < B$，而点 (ξ, η) 位于由直线

$x = \overline{X} - \varepsilon, x = \overline{X}, y = A, y = B$ 所界成的矩形 $\overline{R}$ 内。据微分方程（1），我们有

$$\varphi'(\xi_n) = f(\xi_n, \eta_n) \tag{γ}$$

由于条件（α），我们能选取这样大的 n，使 $x''_n - x'_n < \dfrac{B-A}{M}$，$M$ 是任意大的正数，于是由等式（β）和（γ）得到

$$f(\xi_n, \eta_n) > M$$

这样函数 $f(x, y)$ 在闭矩形 $\overline{R}$ 内成为无界，违反了它在全平面连续的假设，我们的断言于此得到证明。

综括以上结果，我们陈述下面的定理：如果 $f(x, y)$ 定义而连续于全平面，并且在这个平面上的一切有界域内，适合李普希兹条件，那么，当 x 增值时，每一积分曲线或者可以无限制地延拓到 $x = +\infty$，或者在某一有限值 $x = \overline{x}$ 处有垂直渐近线。

在 x 减值下，对于积分曲线的类似结论也是正确的。

实现第二种情况的最简单的例子是方程 $y' = y^2 + 1$。由原始值 $(0,0)$ 确定的解是 $y = \tan x$，积分曲线在 $x = \pm\dfrac{\pi}{2}$ 处有垂直渐近线。

4. 柯西定理证明由原始条件确定的特解存在（和它的唯一性）。但是不难从这个特解造出通解，至少在某个有界区域之内是可以的。

和以前一样，我们取区域 $R: |x - x_0| \leqslant a, |y - y_0| \leqslant b$。我们仍然假定原始值 x_0 是常数，却将未知函数的原始值 $\overline{y}_0$ 当作参数，它可以取某一区间，例如区间 $\left(y_0 - \dfrac{b}{2}, y_0 + \dfrac{b}{2}\right)$ 内的一切值。那么，无论 $\overline{y}_0$ 在上述区间内取什么值，变数 y 不会越出区域 R，如果它的变化受下面不等式的限制

$$\overline{y}_0 - \frac{b}{2} \leqslant y \leqslant \overline{y}_0 + \frac{b}{2}$$

因此，对于一切被考虑的原始值 $(x_0, \overline{y}_0)$，当 x 变化于区间 $(x_0 - h', x_0 + h')$ $\left(\text{其中 } h' = \min\left\{a, \dfrac{b}{2M}\right\}\right)$ 之内时，存在着方程（1）的解。这样，我们就得到了依赖一个参数的解案族

$$y = \varphi(x, \overline{y}_0) \tag{11}$$

也就是得到了通解。

定义近似序列 $y_1, y_2, \cdots, y_n, \cdots$ 的公式表明这些近似是原始值的连续函数，而在目前考虑的情形中，原始值是 $\overline{y}_0$。因此，解案（11），作为均匀收敛的连续

函数序列的极限是参数 $\bar{y}_0$ 的连续函数。

我们把两个原始值 $\bar{x}_0, \bar{y}_0$ 一齐当作可变参数,限定它们的变化区域是 R 内部某一区域 R',例如 $|\bar{x}_0 - x_0| \leqslant \dfrac{h}{4}$,$|\bar{y}_0 - y_0| \leqslant \dfrac{b}{2}$,那么方程(1)的对应原始数据 $\bar{x}_0, \bar{y}_0$ 的解案全部确定在区间 $|x - \bar{x}_0| \leqslant \dfrac{h}{4}$ 内,这些解案我们用

$$y = \Phi(x, \bar{x}_0, \bar{y}_0) \tag{12}$$

来表达。用了与前面类似的论证,可以推出在等式(12)右端的函数对于变数 $x, \bar{x}_0, \bar{y}_0$ 各为连续。

现在,如果我们取一个合乎公式(12)而属于区域 R' 的点 (x, y) 作为原始值,那么,由于唯一性,沿着积分曲线我们又回到点 $(\bar{x}_0, \bar{y}_0)$。因为在这个公式中,就整个区域 R' 来说,函数 Φ 说明函数的值对变元的值及原始参数的关系,所以我们可以写下

$$\bar{y}_0 = \Phi(\bar{x}_0, x, y)$$

在这个等式中再将 $\bar{x}_0$ 看作常数,将 $\bar{y}_0$ 看作参数(任意常数),我们便得关系式

$$\psi(x, y) = C \tag{12_1}$$

联系着积分曲线上变点 (x, y) 的坐标,这也就是方程(1)解出任意常数的通积分。

以后我们有必要将等式(12_1)的左端对 x 和对 y 微分。要证明这一运算的合法性,只需证明微分方程(1)的解案(12)是原始值的可微函数。但这个事实的证明是复杂的,我们要在第 7 章方始把它作出来。

5. 具有连续右端函数的微分方程的解案存在的证明。 如果在微分方程

$$\frac{\mathrm{d}y}{\mathrm{d}x} = f(x, y)$$

中,只要求 $f(x, y)$ 是关于两个变元 x, y 的连续函数,那么,可以证明,对于原始数据 x_0, y_0 至少存在一个解案。这条定理首先被皮亚诺(G. Peano,1858—1932)所证明。

皮亚诺定理 设函数 $f(x, y)$ 在区域 $|x - x_0| \leqslant a$,$|y - y_0| \leqslant b$ 内连续。以 M 记 $|f(x, y)|$ 在这个域内的极大值,以 h 记 $a, \dfrac{b}{M}$ 二数中的最小数。那么,在区间 $|x - x_0| \leqslant h$ 内,至少存在方程(1)的一个解案 $y = \varphi(x)$,满足原始条件 $\varphi(x_0) = y_0$。

为了证明这条定理,我们应用阿尔泽拉(C. Arzela,1847—1912)-阿斯科利

（G. Ascoli,1843—1896）定理。我们先给出下面的定义。函数序列

$$f_1(x),f_2(x),\cdots,f_n(x),\cdots \qquad (A)$$

在闭区间(a,b)内称为均匀有界的,如果有这样的正数 M 存在,使得对于一切自然数 n 和 $a\leqslant x\leqslant b$,不等式

$$|f_n(x)|\leqslant M$$

成立。连续于闭区间(a,b)的函数序列（A）称为等度连续的,如果对于每一$\varepsilon>0$可以找到这样的$\delta>0$,使得在条件$|x'-x''|<\delta$之下,对于一切 n,不等式

$$|f_n(x')-f_n(x'')|<\varepsilon$$

成立。

阿尔泽拉–阿斯科利定理　从任何均匀有界和等度连续的函数序列中,可以选出均匀收敛的子序列。

我们在区间(a,b)内取一可数而且处处稠密的点序列$\{x_n\}$,例如,按照下面的规律

$$x_1=a+\frac{b-a}{2},x_2=a+\frac{b-a}{4},x_3=a+3\frac{b-a}{4},\cdots$$

$$\vdots$$

$$x_{2k}=a+\frac{b-a}{2^{k+1}},x_{2k+1}=a+3\frac{b-a}{2^{k+1}},\cdots$$

$$\vdots$$

$$x_{2^{k+1}-1}=a+(2^{k+1}-1)\frac{b-a}{2^{k+1}},\cdots$$

现在我们来考查数集$\{f_n(x_1)\}$。由于序列（A）的均匀有界性,所有的数值$f_n(x_1)$分布于有限区间$(-M,+M)$之内,因此至少有一个限点。所以从数列$\{f_n(x_1)\}$中可以选出收敛子序列

$$f_{n_1}(x_1),f_{n_2}(x_1),\cdots,f_{n_k}(x_1),\cdots \qquad (1\leqslant n_1<n_2<n_3<\cdots)$$

将那些对应的函数重新编号,置$f_{n_k}(x)=f_k^{(1)}(x),k=1,2,3,\cdots$。我们指出,$n_k\geqslant k$。函数序列

$$f_1^{(1)}(x),f_2^{(1)}(x),\cdots,f_n^{(1)}(x),\cdots \qquad (A_1)$$

具有这一特征,它们在点 x_1 的值组成一收敛序列。

我们考查序列（A$_1$）在点 x_2 所取的值

$$f_1^{(1)}(x_2),f_2^{(1)}(x_2),\cdots,f_n^{(1)}(x_2),\cdots$$

这一序列的数值仍然介于$-M$与$+M$之间,因此,存在着收敛子序列

$$f_{n_1'}^{(1)}(x),f_{n_2'}^{(1)}(x),\cdots,f_{n_k'}^{(1)}(x),\cdots$$

将那些对应的函数重新编号,置 $f_{n_k^{(1)}}(x) = f_k^{(2)}(x)$,$k = 1, 2, 3, \cdots$,于是我们得到子序列

$$f_1^{(2)}(x), f_2^{(2)}(x), \cdots, f_n^{(2)}(x), \cdots \qquad (\mathrm{A}_2)$$

我们指出,因为新序列是由序列 (A_1) 的一部分组成的,而 (A_1) 是序列 (A) 的一部分,所以函数 $f_k^{(2)}(x)$ 在最初的序列 (A) 中有指标 $\geq k$。按同样的方法无限制地继续进行,我们在第 m 步得到子序列

$$f_1^{(m)}(x), f_2^{(m)}(x), \cdots, f_n^{(m)}(x), \cdots \qquad (\mathrm{A}_m)$$

它所具有的特性是 $\lim\limits_{n \to \infty} f_n^{(m)}(x_m)$ 存在。因为序列 (A_m) 是序列 $(\mathrm{A}_{m-1})(\mathrm{A}_{m-2})\cdots$ (A_1) 的一部分,所以对于它也存在下列极限

$$\lim\limits_{n \to \infty} f_n^{(m)}(x_i) \quad (i = 1, 2, \cdots, m-1)$$

因为序列 (A_m) 是序列 (A) 的一部分,而且在重新编号时各项的先后次序不变,所以函数 $f_k^{(m)}(x)$ 在 (A) 中的最初指标 $\geq k$。

现在,我们从这些序列 (A_m) 作出"对角线"序列

$$f_1^{(1)}(x), f_2^{(2)}(x), \cdots, f_n^{(n)}(x), \cdots \qquad (\mathrm{B})$$

序列 (B) 在任何点 $x_p(p = 1, 2, 3, \cdots)$ 收敛,因为它的每项,从第 p 项算起,属于序列 (A_p),而 (A_p) 在 $x = x_p$ 时收敛。函数序列 (B) 的号数在最初的序列中趋向 ∞,因为函数 $f_n^{(n)}(x)$ 在最初的序列 (A) 中有号数 $\geq n$。

我们肯定说序列 (B) 在整个闭区间 (a, b) 内均匀收敛。事实上,设 $\varepsilon > 0$ 任意给定。由于序列 (B) 的等度连续性,存在这样的 $\delta > 0$,使得对于这个序列的任何函数,由不等式 $|x' - x''| < \delta$ 能得到不等式 $|f_n^{(n)}(x') - f_n^{(n)}(x'')| < \dfrac{\varepsilon}{3}$。我们选出这样的自然数 P,使得在 $a, b, x_1, x_2, \cdots, x_p$ 诸点间的区间的最大长度小于已得的 δ。选这样的 N,使下列不等式成立

$$|f_{n+m}^{(n+m)}(x_i) - f_n^{(n)}(x_i)| < \frac{\varepsilon}{3} \quad (\text{对于 } n \geq N, m \geq 1, i = 1, 2, \cdots, P)$$

现在设 x 是闭区间 (a, b) 的任何一点。由于整数 P 的选法,我们能够找出这样的点 $x_r, r \leq P$,使 $|x - x_r| < \delta$。于是我们得到

$$|f_n^{(n)}(x) - f_{n+m}^{(n+m)}(x)| \leq |f_n^{(n)}(x) - f_n^{(n)}(x_r)| + |f_n^{(n)}(x_r) - f_{n+m}^{(n+m)}(x_r)| +$$

$$|f_{n+m}^{(n+m)}(x_r) - f_{n+m}^{(n+m)}(x)|$$

$$< \frac{\varepsilon}{3} + \frac{\varepsilon}{3} + \frac{\varepsilon}{3} = \varepsilon$$

由此,根据柯西准则,可见序列 (B) 为均匀收敛。阿尔泽拉–阿斯科利定理得到证明。

现在回来证明皮亚诺定理。我们将用折线来接近所求的积分曲线。为了以后方便,我们把一个在几何上明显的命题,提出来作为一条辅助定理。

辅助定理 如果 $y=\varphi(x)$ 是定义在区间 (x_0,x_n) 的函数,其图形为一折线,折线的各节顺序以 $(x_0,x_1),(x_1,x_2),\cdots,(x_{n-1},x_n)$ 为射影,而各节的斜率 k_1, $k_2,\cdots,k_n$ 都介于二数 X 和 K 之间,$X\leq k_i\leq K$,那么任何一弦的斜率 k,$k=\dfrac{\varphi(x'')-\varphi(x')}{x''-x'}$,都适合不等式 $X\leq k\leq K$。

证 设 x' 与 x'' 两点之间有点 $x_i,x_{i+1},\cdots,x_{i+l}$,那么我们有

$$\frac{\varphi(x_i)-\varphi(x')}{x_i-x'}=k_i,\frac{\varphi(x_{i+1})-\varphi(x_i)}{x_{i+1}-x_i}=k_{i+1},\cdots,\frac{\varphi(x'')-\varphi(x_{i+l})}{x''-x_{i+l}}=k_{i+l+1}$$

根据比例的特性,前项之和对后项之和的比值介于 $k_i,k_{i+1},\cdots,k_{i+l+1}$ 各数的最大者与最小者之间,因而介于 X 与 K 之间而证明了辅助定理。

在证明皮亚诺定理时,我们只需考虑区间 (x_0,x_0+h);对于区间 (x_0-h,x_0),造法和证明都是类似的。以 D 记闭域 $x_0\leq x\leq x_0+h$,$|y-y_0|\leq b$。我们造一折线 $y=\varphi_n(x)$ 作为积分曲线的第 n 次近似,作法如下。用点 $x_1,x_2,\cdots,x_{n-1},x_n=x_0+h$ 将线段 (x_0,x_0+h) 分成 n 等份。在区间 (x_0,x_1) 内,我们定义 $\varphi_n(x)$ 是经过原始点 (x_0,y_0) 而具有斜率 $f(x_0,y_0)$ 的直线的纵标

$$\varphi_n(x)=y_0+(x-x_0)f(x_0,y_0)\quad(x_0\leq x\leq x_1)$$

以 y_1 记这个函数在 $x=x_1$ 时所取的值

$$y_1=y_0+(x_1-x_0)f(x_0,y_0)$$

所作线段全部处于区域 D 内,因为 $|y-y_0|\leq M(x-x_0)\leq Mh\leq b$。在区间 (x_1,x_2) 内,我们将 $\varphi_n(x)$ 定义为经过 (x_1,y_1) 而具有斜率 $f(x_1,y_1)$ 的直线的纵标

$$\varphi_n(x)=y_1+(x-x_1)f(x_1,y_1)\quad(x_1\leq x\leq x_2)$$

我们记

$$y_2=y_1+(x_2-x_1)f(x_1,y_1)$$

容易断定,所做的这一节完全处于区域 D 内。一般地,如果于 $x=x_k$ 我们得到 $\varphi_n(x_k)=y_k$,那么,在区间 (x_k,x_{k+1}) 内,函数 $\varphi_n(x)$ 由方程

$$\varphi_n(x)=y_k+(x-x_k)f(x_k,y_k)\quad(x_k\leq x\leq x_{k+1})$$

定义。在整个区间 (x_0,x_0+h) 这样做出折线 $y=\varphi_n(x)$ 之后,我们断定它完全在区域 D 内,因为,根据辅助定理,对于 $x_0\leq x\leq x_0+h$,我们有

$$|\varphi_n(x)-y_0|=|\varphi_n(x)-\varphi_n(x_0)|\leq M(x-x_0)\leq Mh$$

令 n 等于 $1,2,3,\cdots$,我们得到函数序列

$$\varphi_1(x),\varphi_2(x),\cdots,\varphi_n(x),\cdots\qquad(C)$$

这些函数在区间 (x_0, x_0+h) 内均匀有界,因为对于任何 n 都有

$$|\varphi_n(x)| \leqslant |y_0| + Mh$$

这些函数是等度连续的,因为任一函数的斜率介于 $-M$ 与 M 二数之间。由于辅助定理,对于区间 (x_0, x_0+h) 的任意两点 x', x'',我们有

$$|\varphi_n(x'') - \varphi_n(x')| \leqslant M|x'' - x'|$$

因此,如果对于 $\varepsilon > 0$ 取 $\delta = \dfrac{\varepsilon}{M}$,那么,从不等式 $|x' - x''| < \delta$,对于任何 n 我们都有

$$|\varphi_n(x') - \varphi_n(x'')| < \varepsilon$$

按照阿尔泽拉-阿斯科利定理,从序列(C)可以选出在区间 (x_0, x_0+h) 内为均匀收敛的序列

$$\varphi_{n_1}(x), \varphi_{n_2}(x), \varphi_{n_3}(x), \cdots, \varphi_{n_k}(x), \cdots \qquad (C')$$

设序列(C')的极限函数是 $\varphi(x)$。我们要证明 $y = \varphi(x)$ 是所求的微分方程(1)的一个解。实际上,我们有 $\varphi_n(x_0) = y_0$,因此 $\varphi(x_0) = y_0$。我们证明,在区间 (x_0, x_0+h) 的任何一点 $x = \bar{x}$,$\varphi(x)$ 有导数等于 $f(\bar{x}, \bar{y})$,其中 $\bar{y} = \varphi(\bar{x})$。设任意给定了 $\varepsilon > 0$。由于函数 $f(x, y)$ 在点 $(\bar{x}, \bar{y})$ 的连续性,可以找到区域 $D_1: |x - \bar{x}| \leqslant \delta$,$|y - \bar{y}| \leqslant \delta$,使域内一切的 (x, y) 适合不等式

$$|f(x, y) - f(\bar{x}, \bar{y})| < \frac{\varepsilon}{2}$$

设 $h_1 = \min\left\{\dfrac{\delta}{2}, \dfrac{\delta}{2M}\right\}$。取适合不等式 $0 < |\Delta x| < h_1$ 的增量 Δx,并将它看作常数。选取这样的 N_1,使得当 $k \geqslant N_1$ 时不等式

$$|\varphi(x) - \varphi_{n_k}(x)| < \frac{\delta}{4}$$

成立(由于序列(C')的均匀收敛性,这样的选取是可能的)。并且折线 $y = \varphi_{n_k}(x)$ 的角点的横标间距离小于 $\dfrac{h_1}{2}$(如果 $n_k > \dfrac{2h}{h_1}$,这就能成立)。现在我们估计比值

$$\frac{\varphi_{n_k}(\bar{x} + \Delta x) - \varphi_{n_k}(\bar{x})}{\Delta x}$$

根据假设,在 $k > N_1$ 时,折线 $y = \varphi_{n_k}(x)$ 的节段,凡其射影遮盖 $\bar{x}$ 与 $\bar{x} + \Delta x$ 之间的区间者,其角点必在区域 D_1 内。事实上,根据 Δx 的选法,在上述的区间内我们有

$$|\varphi(x) - \varphi(\bar{x})| = |\varphi(x) - \bar{y}| \leqslant h_1 M < \frac{\delta}{2}, \quad |\varphi_{n_k}(x) - \bar{y}| < \frac{3\delta}{4}$$

（如果增量 $\Delta x<0$，那么区间 $(\bar{x}+\Delta x,\bar{x})$ 的左方为节段 (x_i,x_{i+1}) 的射影所盖，其中 $x_i\leqslant\bar{x}+\Delta x<x_{i+1}$。因为 $x_{i+1}-x_i<\dfrac{h_1}{2}$，所以 $|\varphi_{n_k}(x_i)-\varphi_{n_k}(\bar{x}+\Delta x)|<\dfrac{\delta}{4M}M=\dfrac{\delta}{4}$，因此 $|\varphi_{n_k}(x_i)-\bar{y}|<\delta$，$|x_i-\bar{x}|<h_1+\dfrac{h_1}{2}<\delta$）。由此看来，在 $\bar{x}$ 与 $\bar{x}+\Delta x$ 之间的折线的各个节段的斜率都包含在 $f(\bar{x},\bar{y})-\dfrac{\varepsilon}{2}$ 与 $f(\bar{x},\bar{y})+\dfrac{\varepsilon}{2}$ 二数之间。因此，根据辅助定理我们得到

$$f(\bar{x},\bar{y})-\frac{\varepsilon}{2}<\frac{\varphi_{n_k}(\bar{x}+\Delta x)-\varphi_{n_k}(\bar{x})}{\Delta x}<f(\bar{x},\bar{y})+\frac{\varepsilon}{2}$$

我们选这样的数 $N_2>N_1$，使得当 $k\geqslant N_2$ 时有

$$|\varphi_{n_k}(x)-\varphi(x)|<|\Delta x|\frac{\varepsilon}{4}$$

（这样的选取是可能的，因为序列（C）均匀收敛）。最后，我们估计差数 $\dfrac{\varphi(\bar{x}+\Delta x)-\varphi(\bar{x})}{\Delta x}$。在 $k\geqslant N_2$ 时，我们有

$$\left|\frac{\varphi(\bar{x}+\Delta x)-\varphi(\bar{x})}{\Delta x}-f(\bar{x},\bar{y})\right|\leqslant\left|\frac{\varphi(\bar{x}+\Delta x)-\varphi(\bar{x})}{\Delta x}-\frac{\varphi_{n_k}(\bar{x}+\Delta x)-\varphi_{n_k}(\bar{x})}{\Delta x}\right|+$$
$$\left|\frac{\varphi_{n_k}(\bar{x}+\Delta x)-\varphi_{n_k}(\bar{x})}{\Delta x}-f(\bar{x},\bar{y})\right|$$
$$\leqslant\left|\frac{\varphi(\bar{x}+\Delta x)-\varphi_{n_k}(\bar{x}+\Delta x)}{\Delta x}\right|+$$
$$\left|\frac{\varphi(\bar{x})-\varphi_{n_k}(\bar{x})}{\Delta x}\right|+\frac{\varepsilon}{2}<\varepsilon$$

所得不等式

$$\left|\frac{\varphi(\bar{x}+\Delta x)-\varphi(\bar{x})}{\Delta x}-f(\bar{x},\bar{y})\right|<\varepsilon$$

对于充分小的 Δx 正确，表明了 $\varphi(x)$ 在点 $\bar{x}$ 的导数存在，而且等于 $f(\bar{x},\bar{y})$。因为 $\bar{x}$ 是区间 (x_0,x_0+h) 的任意一点，所以对于一切 $x,x_0\leqslant x\leqslant x_0+h$，我们有

$$\varphi'(x)=f(x,y)$$

于是定理得到证明。

我们再度指出，没有对于函数 $f(x,y)$ 的补充限制（例如李普希兹条件）就不可能证明所得的解有唯一性。

例 1　方程 $\dfrac{\mathrm{d}y}{\mathrm{d}x}=x^2+y^2$。

原始值:$x=0,y=0$;区域 $R:-1\leqslant x\leqslant 1,-1\leqslant y\leqslant 1$。

在这个区域内 $|f(x,y)|\leqslant 2$,因此 $M=2$。又因 h 是 $a=1$ 及 $\dfrac{b}{M}=\dfrac{1}{2}$ 二数之中的最小者,所以 $h=\dfrac{1}{2}$。逐次近似的序列在区间 $|x|\leqslant\dfrac{1}{2}$ 内收敛,作前几个近似如下

$$y_0=0$$

$$y_1=\int_0^x(x^2+y_0^2)\,\mathrm{d}x=\frac{x^3}{3}$$

$$y_2=\int_0^x(x^2+y_1^2)\,\mathrm{d}x=\frac{x^3}{3}+\frac{x^7}{63}$$

$$y_3=\int_0^x(x^2+y_2^2)\,\mathrm{d}x=\int_0^x\left(x^2+\frac{x^6}{9}+\frac{2x^{10}}{189}+\frac{x^{14}}{3\,969}\right)\mathrm{d}x=\frac{x^3}{3}+\frac{x^7}{63}+\frac{2x^{11}}{2\,079}+\frac{x^{15}}{59\,535}$$

在 $x=\dfrac{1}{2}$ 时,我们有 $y_2=0.041\,79$。如果限于五位小数,y_3 并不供给更精确的答案。

6. 逐次逼近法也可以在复数域中应用。设给定的方程为

$$\frac{\mathrm{d}y}{\mathrm{d}x}=f(x,y)$$

其中 $f(x,y)$ 是在区域

$$|x-x_0|<r,\quad|y-y_0|<\rho$$

内的两复变解析函数,并在相应的圆周 $|x-x_0|=r,|y-y_0|=\rho$ 上连续。

设在这个区域内 $|f(x,y)|\leqslant M$,并置

$$R=\min\left\{r,\frac{\rho}{M}\right\}$$

现在我们可以断定:存在方程(1)的解案,它在圆

$$|x-x_0|<R \tag{A}$$

是全纯函数,并且在 $x=x_0$ 处取值 y。

证明如下:在现在的情形下,所给的微分方程仍然可以换成积分方程

$$y(x)=y_0+\int_{x_0}^x f(x,y)\,\mathrm{d}x \tag{13}$$

其中的积分(与积分途径无关)是施行于联结 x_0 与 x_1 二点而在圆 $|x-x_0|<R$ 内的任何简弧,我们假定它是直线段 $\overline{x_0x}$。在§1 第一段中所做的一切估计都仍然正确(以 R 代 h,ρ 代 b)。$y_0(x)$ 在 $|x-x_0|\leqslant R$ 时,逐次地近似 $y_n(x)$ 全都在圆 $|y_n-y_0|\leqslant\rho$ 内。估计式(8)表明了 x 的解析函数的级数(7)对于 $|x-x_0|\leqslant R$ 均匀收

敛,因此,依魏尔斯特拉斯定理,它的和 $y(x)$ 在圆 $|x-x_0|<R$ 内全纯。但同时 $y(x)$ 是方程(1)的解,由此上述断语得到证明。

对于微分方程(1)的总和而言,在下述意义上(A)是最优良的结果:可以构造一序列的微分方程,使它们的解案的真正的全纯半径任意接近公式(A)所定义的数值。我们举下面的序列为例

$$\frac{\mathrm{d}y}{\mathrm{d}x}=(y+2^{\frac{1}{m}})^{\frac{1}{m+1}} \quad (m=1,2,3,\cdots)$$

原始值是 $x=0, y=0$。

右端根式的定值法:当 $y=0$ 时它的值等于实数 $\dfrac{1}{2^{m(m+1)}}$。因为 x 不明显地出现于方程,我们可以认为 $r=\infty$。二项式 $(y+2^{\frac{1}{m}})^{\frac{1}{m+1}}$ 于 $|y|<2^{\frac{1}{m}}$ 为全纯,且于 $|y|=2^{\frac{1}{m}}$ 为连续,因此 $\rho=2^{\frac{1}{m}}$。当 $|y|\leqslant2^{\frac{1}{m}}$ 时,右端的极大值是

$$M=(2^{\frac{1}{m}}+2^{\frac{1}{m}})^{\frac{1}{m+1}}=2^{\frac{1}{m}}$$

由此,按照公式(A)对于序列中的每一方程 $R=1$。以 $x=0, y=0$ 为原始值的实际解案是

$$y=-2^{\frac{1}{m}}+\left[\frac{m}{m+1}x+2^{\frac{1}{m+1}}\right]^{\frac{m+1}{m}}$$

其全纯圆是 $|x|<2^{\frac{1}{m+1}},\dfrac{m+1}{m}=R_m$。因为 $\lim\limits_{m\to\infty}R_m=1$,可见对于充分大的 m,全纯圆的真正半径任意接近公式(A)所定义的数值。

问　题

51. 用逐次逼近法求方程

$$\frac{\mathrm{d}y}{\mathrm{d}x}=y^2-x^2$$

的近似解(于 y_0 之外求三个近似)如果:

(a)原始点是 $x=0, y=0$,原始区域是 $|x|\leqslant1, |y|\leqslant1$。(在什么区间内保证收敛)

(b)原始条件是 $x=0, y=1$,原始区域是 $-1\leqslant x\leqslant1, 0<y\leqslant2$。($h$ 等于什么)

§2　奇　点

1. 如果条件(A)和(B)不被满足,那么,前节的论证就不适用。在本节中,

我们要考查不满足条件(A)时的情况。设函数 $f(x,y)$ 在某一点 (x_0,y_0) 的邻域内无界。现在考查下列两种情形：

第一种情形：当 $(x,y)\to(x_0,y_0)$ 时，$f(x,y)\to\infty$，那么函数 $\dfrac{1}{f(x,y)}$ 趋向零。我们令它在点 (x_0,y_0) 的值等于零。

假定对于方程

$$\frac{\mathrm{d}x}{\mathrm{d}y}=\frac{1}{f(x,y)}$$

柯西定理的条件在点 (x_0,y_0) 的邻域内得到满足，那么，我们得经过点 (x_0,y_0) 的积分曲线，它的方程的形式是

$$x=\varphi(y)$$

在 $x=x_0,y=y_0$ 处有 $\dfrac{\mathrm{d}x}{\mathrm{d}y}=0$。这样，积分曲线在点 (x_0,y_0) 有垂直切线。

对于积分曲线族来说，点 (x_0,y_0) 没有任何其他的几何特点。

例 2 $\dfrac{\mathrm{d}y}{\mathrm{d}x}=\dfrac{1}{y}$ 在 $x=x_0,y=0$ 处函数无界，但是在方程 $\dfrac{\mathrm{d}x}{\mathrm{d}y}=y$ 中，右端在这个原始点上等于零。

所求的解是 $y^2=2(x-x_0)$，它是在点 $(x_0,0)$ 有垂直切线的抛物线。

第二种情形：在点 (x_0,y_0) 的邻域内无界的 $f(x,y)$ 当点 (x,y) 趋向 (x_0,y_0) 时并无唯一的极限 ∞，同时在这个邻域的其余各点上，不是 $f(x,y)$ 就是 $\dfrac{1}{f(x,y)}$ 是连续的。例如函数 $\dfrac{ax+by}{cx+dy}$ 在点 $x=0,y=0$ 的邻域内就是这样。实际上，当点 (x,y) 沿着直线 $ax+by=0$ 趋向 $(0,0)$ 时，这个函数等于零。如果点 (x,y) 在直线 $cx+dy=0$ 上，那么函数不确定(分母为零)，而在这条线附近它却是无限大。沿着其他的方向，函数就有其他的极限值。这时我们说在点 $(0,0)$ 处，这个函数有 $\dfrac{0}{0}$ 型的孤立奇点。

2. 我们试就简单的方程①

$$\frac{\mathrm{d}y}{\mathrm{d}x}=\frac{ax+by}{cx+dy} \tag{14}$$

---

① 方程(14)是齐次的，可以借初等函数将它积出，但是提出奇点附近的积分曲线流的问题以后，我们在这里给出解案的定性分析，而不去理会变数沿每一条积分曲线的具体数值。

来考查在刚才所说的那种奇点附近的积分曲线流。假定 $ad-bc \neq 0$。我们用具有常系数及非零行列式的线性代换

$$\xi = \alpha x + \beta y, \eta = \gamma x + \delta y \qquad (15)$$

来变换方程,设法选择常数 $\alpha, \beta, \gamma, \delta$ 以使新方程具有最简单的形式,即分子是单项式 $\lambda \eta$,分母是单项式 $\mu \xi$(λ 和 μ 是某些常数)。

由变换(15)我们得到

$$d\xi = \alpha dx + \beta dy, d\eta = \gamma dx + \delta dy$$

组成导数 $\dfrac{d\eta}{d\xi}$ 之后,在它的表达式中将 dx 与 dy 换成方程(14)中与之成比例的 $cx+dy$ 与 $ax+by$。于是得到

$$\frac{d\eta}{d\xi} = \frac{\gamma(cx+dy)+\delta(ax+by)}{\alpha(cx+dy)+\beta(ax+by)} \qquad (14')$$

我们用变换(15)的目的就是要使分子具有 $\lambda \eta$ 的形式,即是说,要有下面恒等式

$$\gamma(cx+dy)+\delta(ax+by) = \lambda \eta = \lambda(\gamma x + \delta y)$$

我们得到关于 γ 与 δ 的方程组

$$\begin{cases} \gamma(c-\lambda)+\delta a = 0 \\ \gamma d + \delta(b-\lambda) = 0 \end{cases} \qquad (16)$$

要这两个齐次线性方程有非零解,其行列式必须等于零,即

$$\begin{vmatrix} c-\lambda & a \\ d & b-\lambda \end{vmatrix} = 0$$

或

$$\lambda^2 - (b+c)\lambda + bc - ad = 0 \qquad (17)$$

同样,在方程(14′)中使右端的分母等于 $\mu \xi$,然后在所得的恒等式中比较 x 和 y 的关系,我们便得到对于 α 与 β 的方程组

$$\begin{cases} \alpha(c-\mu)+\beta a = 0 \\ \alpha d + \beta(b-\mu) = 0 \end{cases} \qquad (16')$$

要从这组方程得出 α 与 β 的非零值,其行列式又必须等于零,即

$$\mu^2 - (b+c)\mu + bc - ad = 0 \qquad (17')$$

可见 λ 和 μ 应该是同一方程(17)或(17′)的根。

我们先假定这个方程有相异二根 $\lambda_1 \neq \lambda_2$。将其中一个,例如 λ_1 代入方程(16),将另一个 λ_2 代入方程(16′),就可以从第一组求出(精确到只有一个比例因子的差别)γ 和 δ,从第二组求出 α 和 β。于此,不难证明行列式

$$\begin{vmatrix} \alpha & \beta \\ \gamma & \delta \end{vmatrix} \neq 0$$

实际上,如果 $\alpha \neq 0$,那么,从方程组(16)中第一个方程得到 $\dfrac{\delta}{\gamma} = -\dfrac{c-\lambda_1}{a}$,从方程组(16′)中第一个方程得到 $\dfrac{\beta}{\alpha} = -\dfrac{c-\lambda_2}{a}$,因此

$$\frac{\delta}{\gamma} \neq \frac{\beta}{\alpha}$$

亦即 $\alpha\delta - \beta\gamma \neq 0$。变换(15)中,$\alpha, \beta, \gamma, \delta$ 已经确定,将方程(14)变为

$$\frac{\mathrm{d}\eta}{\mathrm{d}\xi} = \frac{\lambda_1 \eta}{\lambda_2 \xi} \tag{18}$$

从解析几何中大家知道,变换(15)(齐次仿射变换)的几何意义是 x, y 轴变为新轴 ξ, η(一般说来是斜交轴),及轴上尺度的更改。但是对于我们,重要的只是图形的性质,所以我们不去计算新轴的位置与尺度,并把它当作正交轴而绘制下列各图。

用分离变数法,容易将方程(18)积出

$$\frac{\mathrm{d}\eta}{\eta} = \frac{\lambda_1}{\lambda_2} \frac{\mathrm{d}\xi}{\xi}$$

由此

$$\ln|\eta| = \frac{\lambda_1}{\lambda_2}\ln|\xi| + \ln|C|$$

$$\eta = C|\xi|^{\frac{\lambda_1}{\lambda_2}} \tag{19}$$

现在我们按方程(17)的二根 λ_1 与 λ_2 的各种不同情况研究解案(19)。

(1)二根 λ_1 与 λ_2 为实数且有同号,并不失一般性,我们可以假定 $\lambda_1 > \lambda_2 > 0$。一切积分曲线(19)经过原点 $\xi = \eta = 0$,它们都与 ξ 轴相切于原点,因为

$$\frac{\mathrm{d}\eta}{\mathrm{d}\xi}\bigg|_{\xi=0} = \pm \frac{\lambda_1}{\lambda_2} C|\xi|^{\frac{\lambda_1}{\lambda_2}-1}\bigg|_{\xi=0} = 0$$

但是除了曲线族(19),还有通过原点的积分曲线,它对应于解案 $\xi = 0$(在第1章§2讲过。在研究几何图形时,必须考虑到这样的解)。

图6显示原点附近的曲线分布状态。凡是微分方程的奇点,在其附近有积分曲线是这样分布的,称为结点。经过结点有无穷多个积分曲线。

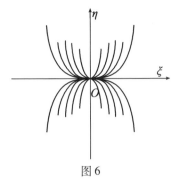

图 6

例 3 $\dfrac{\mathrm{d}\eta}{\mathrm{d}\xi}=\dfrac{2\eta}{\xi}$，$\eta=C\xi^2$（顶点在奇点且有纵轴线的抛物线族，$O\xi$ 轴（$\eta=0$）以及解案 $\xi=0-O\eta$ 轴）。

（2）二根 λ_1 与 λ_2 为实数且有异号。此时 $\dfrac{\lambda_1}{\lambda_2}=-k<0$。积分曲线得方程

$$\frac{\mathrm{d}\eta}{\mathrm{d}\xi}=-k\,\frac{\eta}{\xi}$$

其解为

$$\eta=C\,|\xi|^{-k}$$

经过原点的两个解是 $\xi=0,\eta=0$。其余的积分曲线不经过奇点，曲线流显示如图 7。这一类型的奇点称为鞍点。

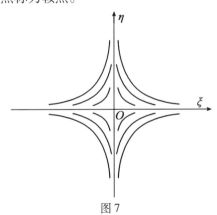

图 7

例 4 $\dfrac{\mathrm{d}\eta}{\mathrm{d}\xi}=-\dfrac{\eta}{\xi}$。通积分是 $\xi\eta=C$（渐近于坐标轴的变曲线族及两条渐近线）。

（3）二根 λ_1 与 λ_2 为共轭复数

$$\lambda_1=p+q\mathrm{i},\quad \lambda_2=p-q\mathrm{i}$$

用方程组（16）定 γ,δ，用方程组（16'）定 α,β 的时候，可以选取适当的比例因子

使得 λ, δ 分别称为 α, β 的共轭复数。以 $\bar{z}$ 记 z 的共轭数就得到代换

$$\begin{cases} \xi = \alpha x + \beta y \\ \eta = \bar{\alpha} x + \bar{\beta} y \end{cases}$$

变数 ξ, η 是不适用的,因为当 x, y 为实数时,它们取(共轭)复数值。因此,我们再作一次线性变换(其行列式不等于零)

$$u = \frac{\xi + \eta}{2}, v = \frac{\xi - \eta}{2i}$$

或

$$\xi = u + iv, \eta = u - iv$$

容易看出,u 和 v 以仿射变换联系于 x 和 y,而且当 x, y 为实数时,变数 u, v 也取实数为值。将变数 u, v 引入方程(18)便得

$$\frac{du - idv}{du + idv} = \frac{(p + qi)(u - iv)}{(p - qi)(u + iv)}$$

或

$$du(pv - qu) = dv(pu + qv) \qquad (20)$$

下面是积出方程(20)的最简单的方法:将它改写为

$$q(udu + vdv) = p(vdu - udv)$$

如果以 $u^2 + v^2$ 除两端

$$q \frac{udu + vdv}{u^2 + v^2} = p \frac{vdu - udv}{u^2 + v^2}$$

显然便有

$$\frac{1}{2} d\ln(u^2 + v^2) + \frac{p}{q} d\arctan \frac{v}{u} = 0$$

由此

$$\ln \sqrt{u^2 + v^2} + \frac{p}{q} \arctan \frac{v}{u} = \ln C$$

或

$$\sqrt{u^2 + v^2} = C e^{-\frac{p}{q} \arctan \frac{v}{u}}$$

最后,在 u, v 平面上引入极坐标:$u = r \cos \varphi, v = r \sin \varphi$,我们得到

$$r = C e^{-\frac{p}{q} \varphi}$$

这是以原点为渐近点的一族对数螺线。所有的曲线都通过原点,但是都没有固定的极限切线——它们围绕着点 $(0, 0)$ 旋转无穷多次。这样的奇点称为焦点。曲线族在这一点附近的形状显示于图8。

(4)二根 λ_1 和 λ_2 为纯(共轭)虚数:$\lambda_1 = qi, \lambda_2 = -qi$。用情形(3)中的变换,同样得到方程(20),但是其中 $p = 0$。因此,我们有

$$udu + vdv = 0$$

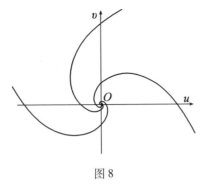

图 8

积出以后,得到

$$u^2 + v^2 = C$$

积分曲线族是围绕奇点的一族闭曲线(对于坐标 u, v 来说是圆),没有一个积分曲线经过奇点。这样的点称为中心点(图9)。

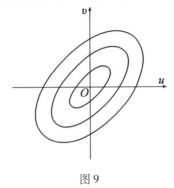

图 9

现在我们研究相等(实)根的情形:$\lambda_1 = \lambda_2 = \lambda$。此时,由方程(17)我们有

$$2\lambda = b + c, \quad \lambda = \frac{b+c}{2}$$

将这个值代入方程组(16′)。得到

$$\begin{cases} -\dfrac{b-c}{2}\alpha + a\beta = 0 \\ d\alpha + \dfrac{b-c}{2}\beta = 0 \end{cases} \quad (16'')$$

共有两种情形可能发生。

(5)在方程组(16″)中 α 和 β 的系数不全等于零。在方程组(16″)的两个方程中只有一个是独立的,因为系数的行列式等于零。实际上,这个行列式等于 $\dfrac{1}{4}\big[(b-c)^2 + 4ad\big]$,但是方括号内的表达式是方程(17)的判别式。因此,根据

69

这个方程有等根的条件,它必须等于零。再根据方程组(16″)中至少有一个不是恒等式的条件,假定这是第一个方程,我们就得到它的一个解,例如 $\alpha=a,\beta=\dfrac{b-c}{2}$。因而我们也就得到了一个新变数

$$\xi=ax+\frac{b-c}{2}y \tag{15'}$$

以下就不能再用以上的办法去求 η,因为要是那样做的话,我们所得到的只可能是同一个表达式(只差一常数乘数),而变换的行列式便等于零。因此我们取

$$\eta=y \tag{15''}$$

为第二个变数。代换(15′)(15″)的行列式是 a,它不等于零。事实上,方程(17)的判别式

$$D=(b+c)^2-4(bc-ad)=(b-c)^2+4ad$$

等于零(等根的条件)。如果 $a=0$,那么 $b-c=0$,而方程组(16″)的第一个方程为恒等式,与假设矛盾。因此表达式(15′)(15″)确定一个仿射变换。在方程(14)中引入变数 ξ,η。在公式

$$\frac{\mathrm{d}\eta}{\mathrm{d}\xi}=\frac{\gamma(cx+dy)+\delta(ax+by)}{\alpha(cx+dy)+\beta(ax+by)}$$

中,依表达式(15″)有 $\gamma=0,\delta=1$,所以分子等于 $ax+by$。在选定 ξ 的表达式(15′)时,我们的目的在于将分母变为形式(18),所以分母等于 $\lambda\xi$,其中 λ 是方程(17)的重根。因此我们得到

$$\frac{\mathrm{d}\eta}{\mathrm{d}\xi}=\frac{ax+by}{\lambda\xi}$$

在分子中引入变数 ξ,η,便得

$$\frac{\mathrm{d}\eta}{\mathrm{d}\xi}=\frac{\xi+\dfrac{b+c}{2}\eta}{\lambda\xi}\text{或}\frac{\mathrm{d}\eta}{\mathrm{d}\xi}=\frac{\xi+\lambda\eta}{\lambda\xi}$$

或,最后

$$\frac{\mathrm{d}\eta}{\mathrm{d}\xi}=\frac{\eta}{\xi}+\frac{1}{\lambda}$$

这是一个齐次方程(同时是线性的),它的通解是

$$\eta=\frac{1}{\lambda}\xi\ln|\xi|+C\xi$$

除此,还有积分曲线 $\xi=0$。所有的曲线都经过原点,它们在原点的切线的斜率是

$$\lim_{\Delta\xi\to 0}\frac{\Delta\eta}{\Delta\xi}=\lim_{\Delta\xi\to 0}\left\{\frac{1}{\lambda}\ln|\Delta\xi|+C\right\}=\pm\infty$$

其正负号依 λ 的符号而定。所有的积分曲线都有一条固定的切线——$O\eta$ 轴。这仍然是结点(它与情形(1)的结点的区别:在情形(1)中,有一条积分曲线的切线与任一条其他的曲线的切线不同)。在奇点附近的曲线形状显示于图 10(假定 $\lambda>0$)。

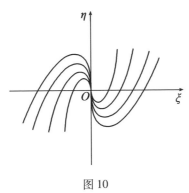

图 10

(6)方程组(16″)的系数全等于零,即 $a=d=0$,$b=c=\lambda$。此时方程(14)成为

$$\frac{\mathrm{d}y}{\mathrm{d}x}=\frac{y}{x}$$

它的通解是

$$y=Cx$$

所有的曲线仍然经过原点,在此点也有固定的切线方向,与前一情形相反的是这些切线的斜率可以等于任何数值(图 11)。这个点也叫作结点(临界结点)。

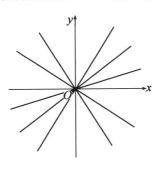

图 11

3. 积分曲线在奇点附近的以上各种类型,虽然是就方程(13)整理出来的,但是对于更广泛的一类方程也是这样。

71

以下,我们就最简单的情形将结果讲述一番。

设方程的形式为

$$\frac{\mathrm{d}y}{\mathrm{d}x} = \frac{P(x,y)}{Q(x,y)} \qquad (21)$$

其中,P,Q 在点 (x_0,y_0) 的邻域内连续,并且 $P(x_0,y_0)=Q(x_0,y_0)=0$。无伤于一般性,我们可以假定奇点在原点,因为通过代换

$$x = x_0 + x',\ y = y_0 + y'$$

一般情形总可化为这个情形,假定已经作过这个代换了,将变数仍记作 x,y,我们便有

$$P(0,0) = Q(0,0) = 0 \qquad (22)$$

此外,又假定函数 P 和 Q 在原点的某一邻域内,除 $x=0,y=0$ 外没有其他公共零点,并且它们在这个邻域内(包括点 $(0,0)$)有对 x 与对 y 的连续偏导数。根据这些条件,在上述的邻域内,凡是 $Q(x,y) \neq 0$ 的点,都存在方程(21)的以这个点为原始点的唯一解 $y = \varphi(x)$。在 $Q(x,y)=0$ 但 $P(x,y) \neq 0$ 的各点,就存在着方程 $\dfrac{\mathrm{d}x}{\mathrm{d}y} = \dfrac{Q}{P}$ 的唯一解 $x = \psi(y)$。因此在原点的邻域内,每一点(奇点除外)都经过唯一的积分曲线。

由 $P(x,y)$ 与 $Q(x,y)$ 的偏导数的连续性,可知 P 与 Q 在点 $(0,0)$ 的邻域内可表达为

$$P(x,y) = ax + by + \varphi(x,y),\ Q(x,y) = cx + dy + \psi(x,y) \qquad (23)$$

其中 φ 与 ψ,当 x 和 y 为一阶无穷小时是高阶无穷小,即

$$\lim_{\substack{x \to 0 \\ y \to 0}} \frac{\varphi(x,y)}{\sqrt{x^2+y^2}} = 0,\ \lim_{\substack{x \to 0 \\ y \to 0}} \frac{\psi(x,y)}{\sqrt{x^2+y^2}} = 0 \qquad (24)$$

显然,条件(23)和(24)表示 P 和 Q 在点 $(0,0)$ 有全微分。当 P 和 Q 是多项式时,情形最为简单,φ 和 ψ 是不低于二阶的无穷小。最后我们指出,由条件(24)可知 φ 和 ψ 的偏导数在点 $(0,0)$ 都等于零。这是因为,例如

$$\varphi_y'(0,0) = \lim_{y \to 0} \frac{\varphi(0,y)}{y} = 0,\ \psi_y'(0,0) = 0 \qquad (24')$$

假定 $ad-bc \neq 0$,我们将以前的线性代换式用于方程(21),使式(23)中的一次项变为最简单的形式。我们重新得到方程(17)以定代换式的系数。现在我们只能应用实系数的代换,因为,一般说来,函数 P 和 Q 对于变元的虚值是没有定义的。我们分别考查下列各种不同的情形。

(1)方程(17)的二根为实数,不相等且不等于零。设二根为 λ_1 与 λ_2。借

着具有实系数及非零行列式的代换(15),我们可以将方程(21)变为这样的形式,其中 P 与 Q 的一次项是 $\lambda_1\eta$ 与 $\lambda_2\xi$。这样仍用记号 x 和 y 表示新变数 ξ 和 η,我们可将方程(21)写成下面的形式

$$\frac{dy}{dx}=\frac{\lambda_1 y+\varphi_1(x,y)}{\lambda_2 x+\psi_1(x,y)} \tag{21'}$$

其中 φ_1 与 ψ_1 是 φ 与 ψ 在线性代换以后的常系数线性组合,因此仍然适合极限关系(24)。

假定方程(21)有积分曲线向奇点逼近,同时它的切线趋向一固定位置。设这个切线在原点的极限位置有斜率等于 k。改写方程(21)如下

$$\frac{dy}{dx}=\frac{a+b\,\dfrac{y}{x}+\dfrac{\varphi(x,y)}{x}}{c+d\,\dfrac{y}{x}+\dfrac{\psi(x,y)}{x}}$$

当 x 沿上述的积分曲线趋向零时,割线的斜率 $\dfrac{y}{x}$ 以 k 为极限。由于关系(24) $\dfrac{\varphi}{x}$ 和 $\dfrac{\psi}{x}$ 趋向零,而依条件 $\dfrac{dy}{dx}$ 趋向 k。这样看来,k 的数值须适合二次方程

$$k=\frac{a+bk}{c+dk} \tag{25}$$

或

$$dk^2+(c-b)k-a=0 \tag{26}$$

因此,斜率 k 最多只可能存在两个值。这两个值为实数的条件,亦即要有带定切线向奇点逼近的积分曲线的必要条件是二次方程(26)的判别式不为负数

$$(b-c)^2+4ad\geqslant 0$$

但这也是方程(17)有实根的条件。在我们的情形,这个条件中大于 0 的部分成立。对于形式如(21')的方程,二次方程(26)的二根分别成为 0 及 ∞。因此,如果方程(21)具有带定切线的积分曲线向奇点逼近,那么这些积分曲线应当在原点切于 Ox 轴或 Oy 轴。

我们先在 Ox 轴附近考查积分曲线。作等腰三角形 OAB(图12),其角分线重合于 Ox 轴的正向,其顶角为 2α,其高为 h(α 的值在 0 与 $\dfrac{\pi}{2}$ 之间,h 的值可以取得任意小)。在 OA 与 OB 二边上,我们比较方程(21')所定的方向 $\dfrac{dy}{dx}$,与二边的斜率 $\dfrac{y}{x}$。作差

$$\frac{\mathrm{d}y}{\mathrm{d}x} - \frac{y}{x} = \frac{\lambda_1 y + \varphi_1}{\lambda_2 x + \psi_1} - \frac{y}{x} = \frac{(\lambda_1 - \lambda_2) yx + (x\varphi_1 - y\psi_1)}{\lambda_2 x^2 + x\psi_1}$$

$$= \frac{\left(\frac{\lambda_1}{\lambda_2} - 1\right)\frac{y}{x} + \left(\frac{\varphi_1}{\lambda_2 x} - \frac{y\psi_1}{\lambda_2 x^2}\right)}{1 + \frac{\psi_1}{\lambda_2 x}} \tag{27}$$

由于条件(24),如果 h 取得充分小,上式最右端的分子与分母的第二项的绝对值可以任意小,因而最右端的符号由 $\left(\frac{\lambda_1}{\lambda_2} - 1\right)\frac{y}{x}$ 决定。现在分别讨论两种可能性:(a) $\frac{\lambda_1}{\lambda_2} - 1 > 0$ 和(b) $\frac{\lambda_1}{\lambda_2} - 1 < 0$(除掉等号,因为我们假定方程(17)的两根不等)。

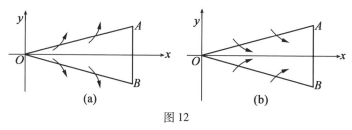

图 12

(a) $\frac{\lambda_1}{\lambda_2} - 1 > 0$。在这种情形下,居于等式(27)左端的表达式在 OA 边上(此处 $\frac{y}{x} > 0$)为正,在 OB 边上为负。此外,显然在 OA 上 $\frac{\mathrm{d}y}{\mathrm{d}x} > 0$,在 OB 上 $\frac{\mathrm{d}y}{\mathrm{d}x} < 0$。因此所有积分曲线的切线倾角的正切在 OA 边上大于 $\tan\alpha$,在 OB 边上小于 $-\tan\alpha$(图12(a))。经过三角形 OAB 的周界的点的积分曲线不能在 x 减值之下越出三角形 OAB,因为从 OA 与 OB 二边上的方向场可知这种曲线不能再与二边相交而从三角形的里面走出。这种积分曲线既然总在三角形 OAB 的内部,依照前节第三段所证的结果,它们可以延拓到边界的任意邻近,也就是说,一直延拓到奇点 O。自点 O 至这样一条积分曲线的割线有斜率等于 $\frac{y(x)}{x}$,其绝对值小于 $\tan\alpha$。因为 α 可以取得任意小,所以我们有

$$\left(\frac{\mathrm{d}y}{\mathrm{d}x}\right)_{x=0} = \lim_{x \to 0}\frac{y(x)}{x} = 0$$

这即是说,所得到的积分曲线全体在原点与 Ox 轴相切。

(b) $\frac{\lambda_1}{\lambda_2} - 1 < 0$。现在,对于充分小的 h,我们有

$$\frac{\mathrm{d}y}{\mathrm{d}x} - \frac{y}{x} < 0 \text{ 在 } OA \text{ 上}, \frac{\mathrm{d}y}{\mathrm{d}x} - \frac{y}{x} > 0 \text{ 在 } OB \text{ 上}$$

微分方程的方向场的分布显示在图 12(b)上。显然,经过点 A 的积分曲线全在三角形 OAB 之外。在 x 增值下经过 OA 边上一点进入三角形 OAB 的曲线当 x 再增大时,不能再与 OA 或 OB 相交(否则便违反了方向场在二边上的情况),因此它们必须与 AB 相交。又因积分曲线连续地单值地依赖于原始条件,当原始点自 A 移至 O 时,出口点沿 AB 单调地自 A 下降。设出口点的极限位置是 A',其坐标为 (h, y_0)。在 x 减值下经过点 A' 的积分曲线不能与 AO 相交,因为倘若它交 AO 于某一点 C,那么过线段 OC 上近 C 之点的积分曲线将与 AB 交于 A' 的下面,而 A' 就不是极限点了。同样,经过 A' 的积分曲线不能与线段 OB 相交,因为否则过线段 AA' 上近 A' 之点的曲线也将与 OB 相交,然而根据点 A' 的定义,这些曲线却与 OA 相交,且于相交处(在 x 减值下)构成三角形 OAB。这样看来,经过点 A' 的曲线于 x 减小时不能走出三角形 OAB,因此它可以一直延拓到点 O。在情形(a)中所做的推演,证明这条曲线当其到达点 O 时与 Ox 轴相切。同样,在 AB 边上还可以找到一个点 $B'(h, \bar{y}_0)$,使得凡经过 BB' 的点的积分曲线在 x 减值下与 OB 相交,且于相交处构成三角形 OAB,而经过点 B' 的曲线则走至奇点,并在此处与 Ox 轴相切。显然,$y_0 \geqslant \bar{y}_0$。

最后,我们证明点 A' 与点 B' 重合,或即 $y_0 = \bar{y}_0$,也就是说,在现在的情形中,只有一条曲线走至奇点且在此处与 Ox 轴相切。为了这个目的,我们在方程(21′)中引入变数 $x, u = \frac{y}{x}$,于是方程成为

$$x \frac{\mathrm{d}u}{\mathrm{d}x} = \frac{\left(\dfrac{\lambda_1}{\lambda_2} - 1\right) u + \dfrac{\varphi_1(x, ux) - u\psi_1(x, ux)}{\lambda_2 x}}{1 + \dfrac{\psi_1(x, ux)}{\lambda_2 x}} \equiv \Phi(x, u) \tag{21″}$$

施行变换之后,三角形 OAB(图 12(b))变为矩形 $0 \leqslant x \leqslant h, -\tan \alpha \leqslant u \leqslant \tan \alpha$。在 (x, y) 坐标系中走至原点切于 Ox 轴的积分曲线,在 (x, u) 坐标系中成为通过点 $(0, 0)$ 的曲线(因为 $\lim\limits_{x \to 0} \dfrac{y}{x} = \lim\limits_{x \to 0} u = 0$)。在三角形 OAB 的 AB 边上的两点 A' 和 B' 成为 (x, u) 平面上的矩形的边 $x = h$ 上的两点 $\bar{A}'$ 和 $\bar{B}'$,其纵标分别为 $u_0 = \dfrac{y_0}{h}$ 和 $\bar{u}_0 = \dfrac{\bar{y}_0}{h}$。要证明 A' 和 B' 重合,只需证明 $u_0 = \bar{u}_0$。

因而,我们假设方程(21″)有两个解 $u(x)$ 和 $\bar{u}(x)$ 适合下列条件

$$\lim_{x \to 0} u = \lim_{x \to 0} \bar{u} = 0, \quad u(h) = u_0, \quad \bar{u}(h) = \bar{u}_0 \quad (u_0 > \bar{u}_0) \tag{A}$$

我们有两个恒等式

$$x\frac{\mathrm{d}u}{\mathrm{d}x}=\varPhi(x,u),\ x\frac{\mathrm{d}\bar{u}}{\mathrm{d}x}=\varPhi(x,\bar{u})$$

按项相减,便得

$$x\frac{\mathrm{d}(u-\bar{u})}{\mathrm{d}x}=\varPhi(x,u)-\varPhi(x,\bar{u})=(u-\bar{u})\varPhi'_u(x,\bar{\bar{u}})\quad(u>\bar{\bar{u}}>\bar{u})\quad(28)$$

导数 $\varPhi'_u(x,u)$ 是

$$\varPhi'_u(x,u)=\left[1+\frac{\psi_1(x,ux)}{\lambda_2 x}\right]^{-2}\cdot$$

$$\left\{\left[\frac{\lambda_1}{\lambda_2}-1+\frac{\varphi'_{1y}(x,ux)}{\lambda_2}-\frac{\psi_1(x,ux)}{\lambda_2 x}-\frac{u\psi'_{1y}(x,ux)}{\lambda_2}\right]\cdot\right.$$

$$\left.\left[1+\frac{\psi_1(x,ux)}{\lambda_2 x}\right]-\frac{\psi_{1y}(x,ux)}{\lambda_2}\left[\left(\frac{\lambda_1}{\lambda_2}-1\right)u+\frac{\varphi_1(x,ux)-u\psi_1(x,ux)}{\lambda_2 x}\right]\right\}$$

根据加之于函数 φ 和 ψ 的条件(存在连续导数,关系式(24)及(24′)),这个导数是连续函数。于 $x=0$ 时我们有

$$\varPhi'_u(0,u)=\frac{\lambda_1}{\lambda_2}-1<0$$

(末一不等式相应于所考查的情形(b))。如果将 h 选得充分小,那么,由于 $\varPhi'_u$ 的连续性,对于所有的 x 值,$0\leqslant x\leqslant h$ 就有

$$\varPhi'_u(x,u)<-\rho$$

其中 ρ 是常数,$0<\rho<1-\dfrac{\lambda_1}{\lambda_2}$。

因而由恒等式(28)得到不等式

$$x\frac{\mathrm{d}(u-\bar{u})}{\mathrm{d}x}<-\rho(u-\bar{u})\ \text{或}\ \frac{\mathrm{d}(u-\bar{u})}{u-\bar{u}}<-\rho\frac{\mathrm{d}x}{x}$$

(左端的分母不等于零,因为方程(21″)的两个积分曲线除去点 $x=0,u=0$ 外不能有公共点)。将上面的不等式在 x 和 $h(0<x<h)$ 间积分,就得到

$$\ln\frac{u_0-\bar{u}_0}{u(x)-\bar{u}(x)}<-\rho\ \ln\frac{h}{x}$$

或

$$u(x)-\bar{u}(x)>(u_0-\bar{u}_0)\left(\frac{h}{x}\right)^\rho$$

这个不等式表明,如果 $u_0-\bar{u}_0>0$,那么,当 x 趋向零时,左端的差数无限制地增大,和(A)中第一个假设相抵触,我们的断言因此得到证明。

现在我们容易弄明白,在所讨论的情形(方程(17)有两个相异实根)下积

分曲线的分布状况。在奇点附近,积分曲线的分布有两个类型,依 λ_1 与 λ_2 的符号而定。

第一类型。λ_1 和 λ_2 同号。无伤于一般性,我们可以假定

$$\lambda_1 > \lambda_2 > 0$$

作对称于正 Ox 半轴并以 $2a = \dfrac{\pi}{2}$ 为顶角的等腰三角形 OAB(图 13)。如果这个三角形的高度 h 充分的小,那么,因为 $\dfrac{\lambda_1}{\lambda_2} - 1 > 0$,所有进入这个三角形的积分曲线走到奇点,并在此处与正 Ox 半轴相切。同样,考查在负半轴一面的对称三角形 OA_1B_1,我们的结论是,所有进入这个三角形的积分曲线走到原点,并在此处与横轴相切。其次,将方程(21′)改写为

$$\frac{\mathrm{d}x}{\mathrm{d}y} = \frac{\lambda_2 x + \psi_1(x,y)}{\lambda_1 y + \varphi_1(x,y)} \tag{21′′′}$$

并考查三角形 OAA_1。因为 $\dfrac{\lambda_2}{\lambda_1} - 1 < 0$,所以只存在一条与 Oy 轴相切的积分曲线。所有其余的积分曲线经过 OA 和 OA_1 构成三角形 OAA_1,进入三角形 OAB 和 OA_1B_1,然后又走到原点,并在此处与 Ox 轴相切。在三角形 OBB_1 内,情形也是如此。这样看来,在奇点充分小的邻域内,所有的积分曲线都走到奇点,并在此处有确定的切线。所以奇点是结点(图 13)。

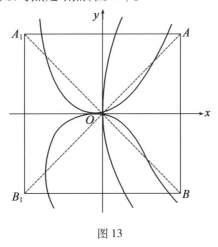

图 13

第二类型。λ_1 和 λ_2 异号。假定

$$\lambda_1 > 0 > \lambda_2$$

仍作三角形 OAB,OA_1B_1,OAA_1,OBB_1(图 14)。对于方程(21′)我们有不等式

77

$\dfrac{\lambda_1}{\lambda_2}-1<0$。因此,在三角形 OAB 和 OA_1B_1 内,都只有一条积分曲线走到奇点并在此处与 Ox 轴相切。同样,对于方程$(21''')$,我们有 $\dfrac{\lambda_2}{\lambda_1}-1<0$。因此,在三角形 OAA_1 和 OBB_1 之内,又都只有一条积分曲线走到原点,这两条曲线与 Oy 轴相切。这样看来,只有四条积分曲线走到原点。所以奇点是鞍点。

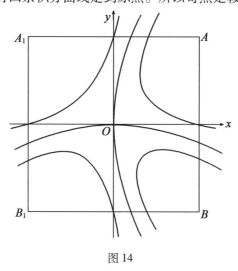

图 14

（2）方程(17)的二根为共轭复数:$\lambda_1=p+\mathrm{i}q$,$\lambda_2=p-\mathrm{i}q$,$p\neq0$,$q>0$。我们已经看到,方程(14)在这种情形之下可以通过实系数代换而变为

$$\frac{\mathrm{d}v}{\mathrm{d}u}=\frac{pv-qu}{pu+qv}$$

应用同一代换于方程(21),我们便将一次项变为如方程(20)的右端的形式。将新变数仍旧记作 x,y,就可以把现在的情形看作是方程(21)具有形式

$$\frac{\mathrm{d}y}{\mathrm{d}x}=\frac{py-qx+\varphi_2(x,y)}{px+qy+\psi_2(x,y)}\equiv\frac{P_1(x,y)}{Q_1(x,y)} \tag{29}$$

其中 φ_2 和 ψ_2,对于无穷小 x 和 y 来说,仍然是高于一阶的无穷小。为要研究方程(29)的积分曲线,宜乎采用极坐标

$$x=r\cos\varphi,y=r\sin\varphi$$

我们得到

$$\frac{\mathrm{d}r}{\mathrm{d}\varphi}=\frac{r(P_1\sin\varphi+Q_1\cos\varphi)}{P_1\cos\varphi-Q_1\sin\varphi}$$

或者取其展式（并用 r 除分子分母）

$$\frac{\mathrm{d}r}{\mathrm{d}\varphi} = \frac{pr + \varphi_2 \sin \varphi + \psi_2 \cos \varphi}{-q + \dfrac{\varphi_2 \cos \varphi - \psi_2 \sin \varphi}{r}} \equiv -\frac{pr}{q} \frac{1 + \omega(r, \varphi)}{1 + \omega_1(r, \varphi)} \tag{30}$$

其中

$$\omega = \frac{\varphi_2 \sin \varphi + \psi_2 \cos \varphi}{pr}, \omega_1 = \frac{\varphi_2 \cos \varphi - \psi_2 \sin \varphi}{-qr}$$

由于条件(24)，当 $r \to 0$ 时，ω 与 ω_1 趋向零。取一充分小数 r_0，使得当 $r \leqslant r_0$ 时，式(30)的最右端的第二因子介于 $1 - \alpha$ 和 $1 + \alpha$ 之间($\alpha < 1$ 是任意的正数)。于是式(30)右端的符号与 $-\dfrac{p}{q}$ 的符号相同。为固定起见，我们假定 $-\dfrac{p}{q} < 0$，并在 φ 增值之下考查由原始值(r_0, φ_0)确定的积分曲线流。矢径是单调减小的，因为 $\dfrac{\mathrm{d}r}{\mathrm{d}\varphi} < 0$。由于 r_0 的选法，我们有不等式

$$-\frac{p}{q}(1 + \alpha) r < \frac{\mathrm{d}r}{\mathrm{d}\varphi} < -\frac{p}{q}(1 - \alpha) r$$

由此

$$-\frac{p}{q}(1 + \alpha) \mathrm{d}\varphi < \frac{\mathrm{d}r}{r} < -\frac{p}{q}(1 - \alpha) \mathrm{d}\varphi$$

将上面的不等式自 φ_0 到 $\varphi > \varphi_0$ 积分，便得

$$-\frac{p}{q}(1 + \alpha)(\varphi - \varphi_0) < \ln \frac{r}{r_0} < -\frac{p}{q}(1 - \alpha)(\varphi - \varphi_0)$$

或

$$r_0 e^{-\frac{q}{p}(1 + \alpha)(\varphi - \varphi_0)} < r < r_0 e^{-\frac{p}{q}(1 - \alpha)(\varphi - \varphi_0)}$$

当 φ 从 φ_0 变化到 $+\infty$ 时，积分曲线包含在两个对数螺线之间，对它作无穷多次的旋转以向奇点逼近。所以奇点是焦点。

我们还要研究等根 $\lambda_1 = \lambda_2$ 的情形。设一次的部分，当其经过变换而化为最简单的形式之后，其形式和前面的情形(6)一样。于是方程成为

$$\frac{\mathrm{d}y}{\mathrm{d}x} = \frac{y + \varphi(x, y)}{x + \psi(x, y)} \tag{31}$$

现在我们对于 φ 和 ψ 作较前更强的假定：我们假定

$$\frac{\varphi(x, ux)}{x^2} = \Phi(x, u) \text{ 和 } \frac{\psi(x, ux)}{x^2} = \Psi(x, u)$$

对于 $0 \leqslant x \leqslant \delta$(其中 δ 是整数)①是两个变元的连续函数，而且在同一区域内它们有对 u 的连续导数(合乎这些条件的特例是 $\varphi(x, y)$ 具有形式如 $Ax^2 +$

---

① 我们这样地选择 δ，使得(x, u)平面上的区域 $0 < x \leqslant \delta$，$-\infty < u < +\infty$ 以内没有变换后的方程的奇点。

$2Bxy+Cy^2+\overline{\varphi}(x,y)$，其中 A,B,C 是常数，$\overline{\varphi}(x,y)$ 对于无穷小的 x,y 来说是高于二阶的无穷小，其对 y 的偏导数是高于一阶的无穷小，此时 $\Phi(x,u)=A+2Bu+Cu^2+\dfrac{\overline{\varphi}(x,ux)}{x^2}$，$\dfrac{\partial\Phi}{\partial u}=2B+2Cu+\dfrac{\overline{\varphi}'_y(x,ux)}{x}$。容易看出，对于充分小的 x 值，包括 $x=0$ 在内，这两个函数是连续的，对于 $\psi(x,y)$ 也是如此）。在方程（31）中用代换 $y=ux$，方程即

$$u+x\frac{\mathrm{d}u}{\mathrm{d}x}=\frac{ux+\varphi(x,ux)}{x+\psi(x,ux)}$$

或

$$\frac{\mathrm{d}u}{\mathrm{d}x}=\frac{\dfrac{\varphi(x,ux)}{x^2}-u\dfrac{\psi(x,ux)}{x^2}}{1+\dfrac{\psi(x,ux)}{x}}\equiv\frac{\Phi(x,u)-u\Psi(x,u)}{1+x\Psi(x,u)} \tag{32}$$

当 x 的值充分小时，分母显然不等于零；当 $x=0$ 时分子是连续函数。由于 Φ'_u 和 Ψ'_u 的连续性，右端在任何有界域 $0\leqslant x\leqslant\delta,-M\leqslant u\leqslant M$ 内适合对于 u 的李普希兹条件。因此，u 轴上的一切点 $x=0,u=u_0$ 对于方程（32）是寻常点，每一点都有唯一的积分曲线经过。回到方程（31），我们看到，在 $x=0,y=0$ 这个点，有无穷多个积分曲线经过，而且对于每一个值 $u_0,-\infty<u_0<+\infty$，存在唯一的积分曲线，它在原点处以 $y=u_0x$ 为其切线。所以奇点是临界结点。

二根相等的另一种情形我们没有考查，就是一次项经过变换后，其形式和前面的情形（5）一样，可以证明，此时原点对于方程（21）仍是结点。我们不研究 λ_1 和 λ_2 为纯虚数的情形，此时奇点既可以是中心点又可以是焦点；方程（21）的一次项不能确定奇点的性质，这需要做进一步的研究。我们也不去考查零根的情形，以及在奇点附近 P 与 Q 的主要项对 x 与 y 为高于一阶的一切情形。

例5 求雅可比方程

$$(-6x+9y)\mathrm{d}x+(6x-6y)\mathrm{d}y+(-4x+5y)(x\mathrm{d}y-y\mathrm{d}x)=0$$

的奇点的位置及其性质。

从方程解出导数

$$\frac{\mathrm{d}y}{\mathrm{d}x}=\frac{6x-9y-4xy+5y^2}{6x-6y-4x^2+5xy}$$

可得出奇点 $(0,0)$。为要确定它的性质，作方程（17）

$$\begin{vmatrix}6-\lambda & 6\\-6 & -9-\lambda\end{vmatrix}=0$$

或 $\lambda^2+3\lambda-18=0$，由此 $\lambda=-\dfrac{3\pm\sqrt{81}}{2}$，$\lambda_1=3>0,\lambda_2=-6<0$。二根是实数且异号，

所以奇点是鞍点。求积分曲线的切线方向如下

$$k = \frac{6-9k}{6-6k}$$

$$2k^2 - 5k + 2 = 0$$

$$k_1 = 2, \quad k_2 = \frac{1}{2}$$

（根据雅可比方程的理论，我们可以预见三条积分直线中有两条顺着这两个方向走到原点）。

为求其余的奇点，令方程右端的分子与分母等于零

$$6x - 9y - 4xy + 5y^2 = 0$$

$$6x - 6y - 4x^2 + 5xy = 0$$

除去 $x=0, y=0$，这组方程的解：$x=1, y=2, x=2, y=1$。为要考查奇点$(1,2)$的性质，我们引入新变数：$x = x_1 + 1, y = y_1 + 2$，于是方程为

$$\frac{dy_1}{dx_1} = \frac{-2x_1 + 7y_1 - 4x_1 y_1 + 5y_1^2}{8x_1 - y_1 - 4x_1^2 + 5x_1 y_1}$$

它有奇点 $x_1 = 0, y_1 = 0$。

要确定这一点的性质，我们写下方程（17）

$$0 = \begin{vmatrix} 8-\lambda & -2 \\ -1 & 7-\lambda \end{vmatrix} = \lambda^2 - 15\lambda + 54, \quad \lambda = \frac{15}{2} \pm \sqrt{\frac{9}{4}}, \quad \lambda_1 = 9, \quad \lambda_2 = 6$$

两根同号，所以奇点是结点。求积分曲线的切线斜率如下

$$k = \frac{-2+7k}{8-k}, \quad k^2 - k - 2 = 0, \quad k_1 = 2, \quad k_2 = -1$$

奇点$(2,1)$也是结点，这留给读者去证明。积分曲线的进程大致如图 15 所示。

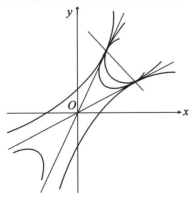

图 15

§3 积 分 因 子

1. 任何解出导数的一阶方程

$$\frac{\mathrm{d}y}{\mathrm{d}x}=f(x,y)$$

可以写成微分的形式

$$\mathrm{d}y-f(x,y)\,\mathrm{d}x=0$$

以某一函数 $N(x,y)$ 乘其两端,便有更对称的形式

$$M(x,y)\,\mathrm{d}x+N(x,y)\,\mathrm{d}y=0 \tag{33}$$

我们考查一个特殊情形,即方程(33)的左端是某一函数 $U(x,y)$ 的全微分

$$M\mathrm{d}x+N\mathrm{d}y\equiv\mathrm{d}U\equiv\frac{\partial U}{\partial x}\mathrm{d}x+\frac{\partial U}{\partial y}\mathrm{d}y$$

在这种情形下,方程(33)叫作全(恰当)微分方程。上式等价于两个恒等式

$$M=\frac{\partial U}{\partial x},\ N=\frac{\partial U}{\partial y} \tag{34}$$

如果在方程(33)中,用方程(1)的解案代 y,我们就有 $\mathrm{d}U=0$,因此对于符合这个解案的 x 与 y 的值我们有

$$U(x,y)=C \tag{35}$$

其中 C 是常数。反之,由方程(35)所确定的函数 y,我们也有 $\mathrm{d}U=0$。因此,含有任意常数的方程(35)是全微分方程(33)的积分。

(1)有一个解案 $y(x)$ 在 $x=x_0$ 时取值 y_0,它的充分条件是方程(35)确定 y 为 x 的隐函数,即是说,在点 (x_0,y_0) 我们有

$$\left(\frac{\partial U}{\partial y}\right)_{x_0,y_0}=N(x_0,y_0)\neq0$$

在这种情形下,经过点 (x_0,y_0) 的解案 $y(x)$ 由下面的方程确定

$$U(x,y)=U(x_0,y_0)$$

如果 $N(x_0,y_0)=0$,而 $M(x_0,y_0)\neq0$,那么方程(35)确定 x 为 y 的函数。就解案的存在与唯一性的意义上来说,成为例外是使 $M(x_0,y_0)=N(x_0,y_0)=0$ 的那些点,它们是方程(33)的奇点(参看前节)。

我们要寻找一个能据以判断所给方程(33)是否属于恰当微分类的准则,由等式(34),假定相应的导数都存在,我们得到 $\dfrac{\partial^2 U}{\partial x\partial y}$ 的两个表达式,将二者等

连起来，就得到必要条件

$$\frac{\partial M}{\partial y} = \frac{\partial N}{\partial x} \tag{36}$$

现在证明条件(36)也是充分的，即是说，如果满足了它，我们就能找到函数 $U(x,y)$ 适合关系(34)。我们有 $\frac{\partial U}{\partial x} = M(x,y)$。由此，自 x_0 到 x 对 x 积分，将 y 看作常数，我们得到

$$U(x,y) = \int_{x_0}^{x} M(x,y)\,\mathrm{d}x + \varphi(y) \tag{34'}$$

对于任何一个 φ 所造的函数(34')，都适合式(34)中第一个关系。我们要证明，如果满足了可积条件(36)，就可以找到这样的函数 $\varphi(y)$，使式(34)中第二个关系也被适合。由函数(34')，应用把积分对参数微分的法则，我们得到

$$\frac{\partial U}{\partial y} = \int_{x_0}^{x} \frac{\partial M(x,y)}{\partial y}\mathrm{d}x + \varphi'(y)$$

由恒等式(36)，便得

$$\frac{\partial U}{\partial y} = \int_{x_0}^{x} \frac{\partial M(x,y)}{\partial y}\mathrm{d}x + \varphi'(y) = N(x,y) - N(x_0,y) + \varphi'(y)$$

要这个表达式等于 $N(x,y)$，只需置

$$\varphi'(y) = N(x_0,y)$$

由此，我们可以取

$$\varphi(y) = \int_{y_0}^{y} N(x_0,y)\,\mathrm{d}y$$

这样，就找到了函数 $U(x,y)$，令它等于任何常数，我们得到方程(33)的通积分

$$U(x,y) \equiv \int_{x_0}^{x} M(x,y)\,\mathrm{d}x + \int_{y_0}^{y} N(x_0,y)\,\mathrm{d}y = C \tag{37}$$

注 在实践上，比较简单的办法是将等式(34')对 y 微分，将 $\frac{\partial U}{\partial y}$ 换成已知函数 $N(x,y)$，由所得方程定出 $\varphi'(y)$，然后用求积将 φ 求出。

例6 $(3x^2+6xy^2)\mathrm{d}x+(6x^2y+4y^3)\mathrm{d}y=0$。此处 $M=3x^2+6xy^2$，$N=6x^2y+4y^3$，$\frac{\partial M}{\partial y}=12xy=\frac{\partial N}{\partial x}$。满足了条件(36)。$\frac{\partial U}{\partial x}=3x^2+6xy^2$，$U=x^3+3x^2y^2+\varphi(y)$。计算 $\varphi'(y)$

$$\varphi'(y) = \frac{\partial U}{\partial y} - 6x^2y = N - 6x^2y = 4y^3,\ \varphi(y) = y^4$$

通积分是 $U \equiv x^3+3x^2x^2+y^4=C$。

问　题

验证下列方程的左端是全微分,并解出这些方程:

52. $\dfrac{x\mathrm{d}x+y\mathrm{d}y}{\sqrt{1+x^2+y^2}}+\dfrac{y\mathrm{d}x-x\mathrm{d}y}{x^2+y^2}=0$。

53. $\dfrac{2x\mathrm{d}x}{y^3}+\dfrac{y^2-3x^2}{y^4}\mathrm{d}y=0$。

54. $\left(\dfrac{1}{y}\sin\dfrac{x}{y}-\dfrac{y}{x^2}\cos\dfrac{y}{x}+1\right)\mathrm{d}x+\left(\dfrac{1}{x}\cos\dfrac{y}{x}-\dfrac{x}{y^2}\sin\dfrac{x}{y}+\dfrac{1}{y^2}\right)\mathrm{d}y=0$。

55. $\left(\dfrac{1}{x}-\dfrac{y^2}{(x-y)^2}\right)\mathrm{d}x+\left(\dfrac{x^2}{(x-y)^2}-\dfrac{1}{y}\right)\mathrm{d}y=0$。

2. 如果方程(33)的左端不是全微分,那么就会引出下面的问题——能否找出这样的函数 $\mu(x,y)$,使得方程(33)的左端乘上它之后成为某一函数 $U(x,y)$ 的全微分。这样的函数 μ 称为积分因子。所以如 μ 是积分因子,我们就有

$$\mu(M\,\mathrm{d}x+N\,\mathrm{d}y)=\mathrm{d}U,\mu M=\frac{\partial U}{\partial x},\mu N=\frac{\partial U}{\partial y} \tag{38}$$

第一个问题:是否对于一切一阶微分方程都存在积分因子? 由存在定理我们知道,在一定的条件下,方程(1)有通积分

$$U(x,y)=C$$

将 y 看作 x 的函数,而将这个等式对 x 微分,这样我们就消去了 C 而得到微分方程

$$\frac{\partial U}{\partial x}\mathrm{d}x+\frac{\partial U}{\partial y}\mathrm{d}y=0 \ \text{或}\frac{\mathrm{d}y}{\mathrm{d}x}=-\frac{\partial U}{\partial x}\Big/\frac{\partial U}{\partial y}$$

这个方程应当与原来的方程(33)完全相同。将方程(33)写为

$$\frac{\mathrm{d}y}{\mathrm{d}x}=-\frac{M}{N}$$

比较同一微分方程的两个形式,我们得到等式

$$-\frac{M}{N}=-\frac{\partial U}{\partial x}\Big/\frac{\partial U}{\partial y}\text{或}\frac{\dfrac{\partial U}{\partial x}}{M}=\frac{\dfrac{\partial U}{\partial y}}{N}=\mu$$

(我们用 μ 记最后两个比值的公共值)。

由最后的等式得到

$$\mu M=\frac{\partial U}{\partial x},\mu N=\frac{\partial N}{\partial y}$$

可见 μ 是积分因子。因此,一切一阶微分方程在满足某些条件之时都有积分因子。

一个给定的微分方程有无穷多个积分因子。设 μ 是方程(33)的一个积分因子,$U(x,y)=C$ 是这个方程的积分。那么 $\mu_1=\varphi(U)\mu$,其中 φ 是任何可微函数,也是积分因子。事实上,表达式

$$\mu_1(M\mathrm{d}x+N\mathrm{d}y)=\varphi(U)\mu(M\mathrm{d}x+N\mathrm{d}y)=\varphi(U)\mathrm{d}U$$

是函数

$$\varPhi(U)=\int\varphi(U)\mathrm{d}U$$

的全微分。因此

$$\mu_1=\varphi(U)\mu \tag{39}$$

是方程(33)的积分因子。

现在要证明,方程(33)的一切积分因子都由公式(39)给出。

实际上,如果除去积分因子 μ,还有某一积分因子 μ_1。那么我们有

$$\mu(M\mathrm{d}x+N\mathrm{d}y)=\mathrm{d}U$$

$$\mu_1(M\mathrm{d}x+N\mathrm{d}y)=\mathrm{d}V \tag{38'}$$

其中 V 是 x,y 的某一函数。展开这两个恒等式,我们有

$$\mu M=\frac{\partial U}{\partial x},\mu N=\frac{\partial U}{\partial y},\mu_1 M=\frac{\partial V}{\partial x},\mu_1 N=\frac{\partial V}{\partial y}$$

因而

$$\frac{\partial U}{\partial x}:\frac{\partial U}{\partial y}=\frac{\partial V}{\partial x}:\frac{\partial V}{\partial y} \text{ 或 } \begin{vmatrix} \dfrac{\partial U}{\partial x} & \dfrac{\partial U}{\partial y} \\[2mm] \dfrac{\partial V}{\partial x} & \dfrac{\partial V}{\partial y} \end{vmatrix}=0$$

这样,函数 U 和 V 的雅可比式恒等于零,但是 $\dfrac{\partial U}{\partial y}\not\equiv 0$,所以它们之间存在着函数关系

$$V=\psi(U)$$

于是由等式(38′)得到

$$\mu_1(M\mathrm{d}x+N\mathrm{d}y)=\psi'(U)\mathrm{d}U=\psi'(U)\mu(M\mathrm{d}x+N\mathrm{d}y)$$

因而 $$\mu_1=\psi'(U)\mu$$

这就是所要证明的。

系 如果已经知道方程(33)的两个实质上不同(就是说,不只相差一个常数因子)的积分因子 μ 和 μ_1,那么,无须求积就能得出通积分,而形式是

$$\frac{\mu_1}{\mu} = 常数$$

事实上,根据已证的结果,上一等式乃是 $\Phi(U) = C$,而这正是方程(33)的通积分。

3. 积分因子的求法。由积分因子的定义,我们有

$$\frac{\partial(\mu M)}{\partial y} = \frac{\partial(\mu N)}{\partial x}$$

或

$$N\frac{\partial\mu}{\partial x} - M\frac{\partial\mu}{\partial y} = \left(\frac{\partial M}{\partial y} - \frac{\partial N}{\partial x}\right)\mu \tag{40}$$

或者,以 μ 除等式(40)两端

$$N\frac{\partial\ln\mu}{\partial x} - M\frac{\partial\ln\mu}{\partial y} = \frac{\partial M}{\partial y} - \frac{\partial N}{\partial x} \tag{40'}$$

我们得到了确定未知函数 μ 的偏微分方程(40)或(40′)。这个方程的积分问题一般说来并不比解方程(33)的问题容易。当然,我们只要知道方程(40)的一个特解。有时,由于方程(40)的某种特点,能够找到这样一个特解,使得方程(33)的积分问题成为求积的问题。

例如,我们来考查存在一个仅为 x 的函数的积分因子的情形。在这种情形下,$\frac{\partial\mu}{\partial y} = 0$,而方程(40′)成为

$$\frac{\mathrm{d}\ln\mu}{\mathrm{d}x} = \frac{\frac{\partial M}{\partial y} - \frac{\partial N}{\partial x}}{N} \tag{41}$$

显然,要有不依赖 y 的积分因子存在,必要且充分的条件是右端仅只是 x 的函数。在这种情形下,$\ln\mu$ 可以由求积得出。

例 7

$$\left(2xy + x^2y + \frac{y^3}{3}\right)\mathrm{d}x + (x^2 + y^2)\mathrm{d}y = 0$$

此处

$$\frac{\frac{\partial M}{\partial y} - \frac{\partial N}{\partial x}}{N} = \frac{2x + x^2 + y^2 - 2x}{x^2 + y^2} = 1$$

因此

$$\frac{\mathrm{d}\ln\mu}{\mathrm{d}x} = 1, \mu = \mathrm{e}^x$$

方程

$$e^x\left(2xy+x^2y+\frac{y^3}{3}\right)dx+e^x\left(x^2+y^2\right)dy=0$$

是恰当微分方程。它的积分是

$$U=\int e^x\left(2xy+x^2y+\frac{y^3}{3}\right)dx+\varphi(y)$$

$$=y\int e^x\left(2x+x^2\right)dx+\frac{y^3}{3}e^x+\varphi(y)$$

$$=ye^x\left(x^2+\frac{y^2}{3}\right)+\varphi(y)$$

为求 $\varphi(y)$,我们算出$\frac{\partial U}{\partial y}$,并令它等于 μN

$$e^x(x^2+y^2)+\varphi'(y)=e^x(x^2+y^2)$$

由此 $$\varphi'(y)=0$$

而所给方程的通积分是

$$ye^x\left(x^2+\frac{y^2}{3}\right)=C$$

现在我们考查 $N=1$ 而积分因子仅是 x 的函数的情形,这时方程的形式是

$$dy-f(x,y)dx=0 \tag{42}$$

方程(41)成为$\frac{d\ln\mu}{dx}=-\frac{\partial f(x,y)}{\partial y}$,因而$\frac{\partial f}{\partial y}$仅是 x 的函数

$$\frac{\partial f(x,y)}{\partial y}=\varphi(x)$$

因此 $f(x,y)$ 的形式是

$$f(x,y)=\varphi(x)y+\psi(x)$$

这就是说,如果方程(42)有仅依赖 x 的积分因子,那么它是线性方程。

由方程(41),我们有

$$\frac{d\ln\mu}{dx}=-\varphi(x),\mu=e^{-\int\varphi(x)dx}$$

回到在第 1 章内对于线性方程所用的记号,我们做出下面的结论:

线性方程$\frac{dy}{dx}+Py=Q$ 有积分因子 $\mu=e^{\int Pdx}$。

这里,我们又得到了一个积线性方程的方法。同样地,可以得到微分方程具有仅依赖 y 的积分因子的条件,以及这个因子的表达式。

例 8 方程$\frac{dy}{dx}-y\tan x=\cos x$ 有积分因子 $e^{-\int\tan x\,dx}=\cos x$,用它乘方程两端,

便有

$$\cos x \mathrm{d}y - y\sin x \mathrm{d}x - \cos^2 x \mathrm{d}x = 0$$

其中左端是全微分,积分后得到

$$y\cos x - \int \cos^2 x \mathrm{d}x = C$$

或

$$y\cos x - \frac{x}{2} - \frac{1}{2}\sin x\cos x = C$$

即通积分。

我们指出,变数分离也就是乘上一个积分因子的问题。

实际上,如果给定方程为

$$M(x)N(y)\mathrm{d}x + P(x)Q(y)\mathrm{d}y = 0$$

那么,为要分离变数,我们用 $\mu = \dfrac{1}{N(y)P(x)}$ 乘两端,乘过之后,方程的左端显然

成为全微分,可见 μ 是积分因子。

我们利用这个看法去求齐次方程

$$M(x,y)\mathrm{d}x + N(x,y)\mathrm{d}y = 0 \tag{43}$$

的积分因子,其中 M 和 N 是 m 次齐次函数。我们知道,引入新函数 $u = \dfrac{y}{x}$,就能

把方程中的变数分离,实际上,我们有

$$M(x,y) = M(x,xu) = x^m M(1,u)$$

(由于齐次性),同样

$$N(x,y) = x^m N(1,u)$$

将这些表达式和 $\mathrm{d}y = x\mathrm{d}u + u\mathrm{d}x$ 代入方程(43),便得

$$x^m \{ [M(1,u) + N(1,u) \cdot u]\mathrm{d}x + xN(1,u)\mathrm{d}u \} = 0$$

要分离变数,两端必须乘以如下的积分因子

$$\mu = \frac{1}{x^{m+1}[M(1,u) + N(1,u)u]}$$

回到原来的变数 x,y,就有

$$\mu = \frac{1}{xM(x,y) + yN(x,y)}$$

这是齐次方程(43)的积分因子。只有在 $xM + yN \equiv 0$,或 $\dfrac{M}{N} = -\dfrac{y}{x}$,亦即方程是

$y\mathrm{d}x - x\mathrm{d}y = 0$ 时,它才不存在。

例 9

$$(x-y)\,dx+(x+y)\,dy=0$$

$$\mu=\frac{1}{x(x-y)+y(x+y)}=\frac{1}{x^2+y^2}$$

用这个因子乘方程两端,并将各项分为两组,便得

$$\frac{x\,dx+y\,dy}{x^2+y^2}+\frac{x\,dy-y\,dx}{x^2+y^2}=0$$

或

$$\frac{1}{2}\,d\ln(x^2+y^2)+d\arctan\frac{y}{x}=0$$

因而

$$\sqrt{x^2+y^2}=Ce^{-\arctan\frac{y}{x}}$$

实践中常用下面的方法求积分因子:将方程各项分为这样两组,使得每一组都很容易看出积分因子;然后把各组最普遍的积分因子的表达式写出来;再看,出现于这些表达式中的任意函数能否这样地选取,使得两个积分因子能够相等;如果可能,就找到了积分因子。

例 10 (第 1 章,问题 40)

$$(x-y^2)\,dx+2xy\,dy=0$$

分成二组

$$(x\,dx)+(-y^2\,dx+2xy\,dy)=0$$

第一个括弧显然有积分因子 1,因而积分因子的一般表达式是 $\mu_1=\varphi(x)$;第二个括弧显然有积分因子 $\dfrac{1}{xy^2}$(变数得以分离);将它乘入之后,便有

$$-\frac{dx}{x}+\frac{2y\,dy}{y^2}=0$$

通积分是

$$U_2\equiv\frac{y^2}{x}=C$$

因而,第二个括弧的积分因子的一般表达式是

$$\mu_2=\frac{1}{xy^2}\psi\left(\frac{y^2}{x}\right)$$

现在试图选取这样的 ψ,使 μ_2 和 μ_1 的形式相同,即仅是 x 的函数。显然,取 $\psi(U_2)=U_2$ 即可。因此,最后结果是 $\mu=\dfrac{1}{x^2}$。用 μ 乘所给方程,就得到

$$\frac{dx}{x}+\frac{2xy\,dy-y^2\,dx}{x^2}=0$$

89

由此
$$\ln x + \frac{y^2}{x} = C$$

问　题

56. $y^3 dx + 2(x^2 - xy^2) dy = 0$。

57. $(x^2 y^2 - 1) dy + 2xy^3 dx = 0$。

58. $ax dy + by dx + x^m y^n (\alpha x dy + \beta y dx) = 0$。

59. $(2xy^2 - y) dx + (y^2 + x + y) dy = 0$。

60. 用积分因子法解问题 34
$$\frac{dy}{dx} = 2xy - x^3 + x$$

61. 同上对于问题 37
$$x dy + y dx - xy^2 \ln x dx = 0$$

62. 导出伯努利方程的积分因子。

63. 求方程 $(2x^3 + 3x^2 y + y^2 - y^3) dx + (2y^3 + 3xy^2 + x^2 - x^3) dy = 0$ 的具有形式如 $f(x+y)$ 的积分因子。

64. 假定方程
$$\frac{dy}{dx} = f(x, y)$$

有一积分因子其形式为 XY，其中 X 仅是 x 的函数，Y 仅是 y 的函数。求函数 f 的一般形式。

未解出导数的一阶方程

第 3 章

§1 n 次一阶方程

1. 在第 1 章，我们看到一阶微分方程的一般形式是

$$F(x,y,y') = 0 \qquad\qquad (1)$$

在本章中，我们常常假设方程(1)的左端是 y' 的 n 次多项式，它的系数在 xy 平面的某一区域 D 内是 x 和 y 的连续函数，且有着对 y 的连续偏导数

$$F(x,y,y') \equiv A_n(x,y){y'}^n + A_{n-1}(x,y){y'}^{n-1} + \cdots + A_0(x,y) = 0$$

$$(1')$$

形式为式($1'$)的方程称为 n 次一阶方程。我们又假设 y' 的最高次项的系数即 $A_n(x,y)$ 在区域 D 内处处不等于零。于是，根据高等代数的基本定理，对于区域 D 内任何一对值 x,y，方程($1'$)有 n 个根 y'（实数或复数）。如果对于所考虑的 (x,y,y') 有 $\dfrac{\partial F}{\partial y'} \neq 0$（即如果方程($1'$)对于 y' 没有重根，重根的情形我们要在奇解的理论中研究），那么根据隐函数的定理，每一个实根都是 x 和 y 的连续函数，且具有偏导数 $\dfrac{\partial y'}{\partial y}$。如果在任何区域内

$\left|\dfrac{\partial F}{\partial y'}\right| \geqslant \alpha > 0$，那么由方程（1′）解出的 y' 适合李普希兹条件①。

至于 y' 的虚根就不在我们考虑之内，因为我们在全部课程中要研究的，只限于自变数与函数（从而导数）都是实值的微分方程。我们只想指出：（1）虚根是成对共轭的，因此虚根的个数永远是偶数。（2）在 x 和 y 的连续变化下，一对共轭虚根在变为实数时就成为相等的实根。因为，设这一对虚根是

$$y_1' = \alpha(x,y) + \mathrm{i}\beta(x,y),\ y_2' = \alpha(x,y) - \mathrm{i}\beta(x,y)$$

如果在 x 和 y 的连续变化下，这两个根在点 (x_0, y_0) 变成实数，我们就有

$$\lim_{\substack{x \to x_0 \\ y \to y_0}} \beta(x,y) = 0$$

可见在点 (x_0, y_0) 有 $y_1' = y_2' = \alpha(x_0, y_0)$，即两个相等实根。因此，如果我们假设区域 D 的任何一点 (x,y) 都不使方程（1′）有重根，那么，在全部区域内，由方程（1′）定出的 y' 的实值与虚值的个数就保持不变。

据此，我们假设在区域 D 内方程（1）有 k 个实根（$k \leqslant n$）

$$y' = f_1(x,y),\ y' = f_2(x,y),\ y' = f_3(x,y),\cdots,\ y' = f_k(x,y) \tag{2}$$

对于式（2）中的每一个方程在第 2 章中都证明了经过定点 (x_0, y_0) 的唯一解案的存在（柯西定理）；因此，方程（1）恰有 k 个积分曲线经过区域 D 的一个已给点 (x_0, y_0)。

例 1 $y'^2 + yy' - x^2 - xy = 0$。解出 y'，就得到两个方程：（1）$y' = x$。（2）$y' = -y - x$。两个方程的右端都是在整个 xy 平面内的单值连续函数；对应的两个

---

① 要证明由方程（1′）确定的函数 y' 对 y 满足李普希兹条件，只需假定，在被考虑的区域内，系数 $A_i(x,y)$ 满足对 y 的李普希兹条件，而且 $\left|\dfrac{\partial F}{\partial y'}\right| \geqslant \alpha > 0$。事实上，如果对于 (x, y_1) 与 (x, y_2) 两点，y' 的值分别是 y_1' 与 y_2'，我们就有 $F(x, y_1, y_1') = 0, F(x, y_2, y_2') = 0$。因此，把这些等式按项相减，再加上和减去 $F(x, y_1, y_2')$ 就有

$$0 = F(x, y_1, y_1') - F(x, y_2, y_2')$$
$$= [F(x, y_1, y_1') - F(x, y_1, y_2')] + [F(x, y_1, y_2') - F(x, y_2, y_2')]$$

对于 y' 的增量再应用拉格朗日定理，我们得到

$$(y_1' - y_2')\left(\dfrac{\partial F}{\partial y'}\right)_{y_1, y_2' + \theta(y_1' - y_2')} + [F(x, y_1, y_2') - F(x, y_2, y_2')] = 0$$

因为系数 A_i 满足对 y 的李普希兹条件，所以函数 F 满足同样的条件即 $|F(x, y_1, y_2') - F(x, y_2, y_2')| \leqslant L|y_1 - y_2|$。因此，由上面的等式和条件 $\left|\dfrac{\partial F}{\partial y'}\right| \geqslant \alpha > 0$，可以得到 $|y_1' - y_2'| \leqslant \dfrac{L}{\alpha} \cdot |y_1 - y_2|$；亦即 y' 满足对 y 的李普希兹条件，其中的常数是 $\dfrac{L}{\alpha}$。

解案：

（1）$y = \dfrac{x^2}{2} + C$。

（2）$y = Ce^{-x} - x + 1$。

例 2 $y'^2 + y^2 - 1 = 0$。解出 y' 得到 $y' = \pm\sqrt{1 - y^2}$；在 xOy 平面的区域 $-1 < y < 1$ 内，y' 的以上二值都是实数而且不相等。当 $|y| > 1$ 时二值都是虚数，当 $y = \pm 1$ 时二值相等。现在来看区域 $-1 < y < 1$；经过点 (x_0, y_0) 有两个解案 y，它们在这一点的导数分别是 $+\sqrt{1 - y_0^2}$ 与 $-\sqrt{1 - y_0^2}$，再写下方程：

（1）$\dfrac{dy}{\sqrt{1 - y^2}} = dx$。

（2）$\dfrac{dy}{\sqrt{1 - y^2}} = -dx$。

它们的通解：（1）$\arcsin y = x + C$。（2）$\arcsin y = -x + C$（限定 $-\dfrac{\pi}{2} < \arcsin y < \dfrac{\pi}{2}$）。

因此，我们得到两族解案

$$y = \sin(x + C) \quad \left(-\frac{\pi}{2} < x + C < \frac{\pi}{2}\right)$$

$$y = \sin(-x + C) \quad \left(-\frac{\pi}{2} < -x + C < \frac{\pi}{2}\right)$$

取 $x = x_0, y = y_0$，为原始条件；定任意常数 C 如下

$$y_0 = \sin(\pm x_0 + C), \ \pm x_0 + C = \arcsin y_0, \ C = \pm x_0 + \arcsin y_0$$

据此，适合原始条件的解是

$$y = \sin[(x - x_0) + \arcsin y_0] \quad \left(-\frac{\pi}{2} < x - x_0 + \arcsin y_0 < \frac{\pi}{2}\right)$$

$$y = \sin[-(x - x_0) + \arcsin y_0] \quad \left(-\frac{\pi}{2} < -x - x_0 + \arcsin y_0 < \frac{\pi}{2}\right)$$

第一族解是由极小值点到极大值点（不包括端点）的正弦曲线弧族，族内每一曲线都可以由平移其中的一个，例如

$$y = \sin x \quad \left(-\frac{\pi}{2} < x < \frac{\pi}{2}\right)$$

而得到。类似地，第二族是由极大值点到极小值点的正弦曲线弧族，族内每一曲线可以由平移曲线

$$y = \sin(-x) \quad \left(-\frac{\pi}{2} < x < \frac{\pi}{2}\right)$$

而得到。二族各有唯一曲线经过区域 $-1<y<1$ 的每一点——上升曲线属于第一族,下降曲线属于第二族。

现在我们把考查曲线的区域扩大就是把两条边界直线 $y=\pm1$ 加进去。在这些直线上,不满足李普希兹条件 $\left(\right.$ 这里 $f(x,y)=\pm1\sqrt{1-y^2}$, $\dfrac{\partial f}{\partial y}=\pm\dfrac{y}{\sqrt{1-y^2}}$ 当 $y\to\pm1$ 时成为无穷大$)$,但是方程的右端保持连续,这里我们没有限制变元在 $\left(-\dfrac{\pi}{2},\dfrac{\pi}{2}\right)$ 范围内变化的必要。又因 $\sin(-x+C)=\sin(x+\pi+C)$,我们可以用一个公式

$$y=\sin(x+C) \quad (-\infty<x<+\infty)$$

表示通解。这是一族完整的正弦曲线,全体曲线可以由其中的一个沿 x 轴平移而得到。如果要使每一条曲线只得到一次,就必须限制任意常数 C 的变化区域,例如 $0\leqslant C<2\pi$ 。在一条完整的正弦曲线的极大值点处,第一族内的曲线转为第二族内的曲线,在极小值点处发生相反的转变(见图 16 上曲线的虚线部分)。但是这种转变是在直线 $y=\pm1$ 上完成的,而在这些直线上李普希兹条件不得满足。因此,要应用柯西定理,就不能把正弦的升弧和降弧联成一条积分曲线。从存在定理可得,经过区域的每一点,都有互异的两个支(图 16 上的实线)。

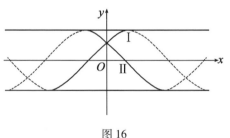

图 16

在例 1 与例 2 之间有着显著的区别,如果不是局部地,即不是在存在定理的条件得以满足的各点的邻域内来考查曲线,而是全面地考查。在第一例中,两个微分方程定出两个毫无共同之处的曲线族(一是代数的,一是超越的),它们是机械地联成一个方程的。一般地,我们能从两个全然任意的如下方程

$$y'-f(x,y)=0,\ y'-\varphi(x,y)=0$$

出发,将其左端相乘而得到含有 y' 的平方的一阶方程

$$y'^2-[f(x,y)+\varphi(x,y)]y'+f(x,y)\cdot\varphi(x,y)=0$$

它与两个原给的方程等价。它的积分曲线族是上述两个方程的积分曲线族的单纯叠合,而且这两个族,一般来说,是彼此无关的。在第二例中情形就不同

了:经过某一区域的每点仍然有两条积分曲线,但是它们可以看作是属于同一族的曲线。用我们现有的方法不可能说明这种深刻的区别,还必须取用解析函数论的工具(微分方程的解析理论)。我们只拟说出最后的结果:设方程(1)的左端是 y' 的多项式,其系数对于 y 为有理。如果他对 y' 分解为最低次的因子,要这些因子在整个定义域内对 y 有理而对 x 单值(在这种情形下,我们说,方程(1)的左端在变数 y 的有理场中是 y' 的可约多项式),那么方程(1)就是令每个不可约因子等于零后所得的哪些方程的机械联合;如果 y' 是 y 的无理(代数)函数,换言之,如果 $F(x,y,y')$ 在 y 的有理场中是 y' 的不可约多项式就发生第二种情形。

2. 积分一阶 n 次方程的一般方法如下:如果左端可约,我们就得到若干最低次的方程;如果所有不可约因子是一次的,那么就得到 n 个只含 y' 的一次方的方程,而问题就化为到 n 个不同的问题,它们有时可以用前面的方法解决;如果有对于 y' 的不可约方程,那么有时可以用根式解出 y';如果所得对于 y' 的无理方程可以显明地积分出来,那么通解通常含有原方程所含的根式;在这个解案里给根式以它们的一切值,我们就得到原方程的 n 个解,再如果消除掉根号,就得到一族积分曲线把经过任何一点的 n 条曲线全都包括在内。

例3 $xy'^2 - 2yy' + 4x = 0$。解出 y',$y' = \dfrac{y \pm \sqrt{y^2 - 4x^2}}{x}$ 我们得到带有一个根号的一个公式所表达的两个方程(所给方程的左端为不可约),这是齐次方程,用下面的代换容易求出它的积分

$$\frac{y}{x} = u, \quad u + x\frac{du}{dx} = u \pm \sqrt{u^2 - 4}$$

$$\frac{du}{\pm\sqrt{u^2 - 4}} = \frac{dx}{x}$$

$$\ln(u \pm \sqrt{u^2 - 4}) = \ln x - \ln C$$

$$u \pm \sqrt{u^2 - 4} = \frac{x}{C}$$

去根号

$$\frac{4C}{x} = \frac{4}{u \pm \sqrt{u^2 - 4}} = u \pm \sqrt{u^2 - 4}$$

由此

$$2u = \frac{x}{C} + \frac{4C}{x}$$

或者,回到最初的变数,$x^2 = 2C(y - 2C)$。容易看出,得到的是一族抛物线,而且

经过区域 $y^2-4x^2>0$（即 y' 有两个不同实值的地方）的每点有两条积分曲线（图17）。

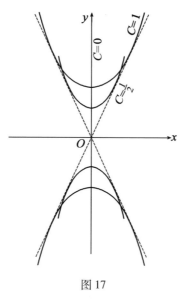

图 17

问　题

积分下列方程（这里我们引入记号 $p=\dfrac{\mathrm{d}y}{\mathrm{d}x}$）：

65. $p^2 y + p(x-y) - x = 0$。

66. $x^2 p^2 - 2xyp + y^2 = x^2 y^2 + x^4$。

67. $p^3 - (x^2 + xy + y^2)p^2 + (x^3 y + x^2 y^2 + xy^3)p - x^3 y^3 = 0$。

68. $xp^2 + 2xp - y = 0$。

提示：当左端可约时，就把所得到的方程各自分开来解；在不可约的情形下，就求包括所有积分曲线的通解的公式。

§2　不显含一个变数的方程

1. 如果一个未解出导数 $y' \equiv p$ 的方程不显含未知函数 y，那么它的形式是

$$F(x,p) = 0 \tag{3}$$

如果方程（3）的左端满足隐函数的存在的条件，那么在 x_0 的某一区间内，它定出一个或数个表达 p 为 x 的函数的解

$$p = f_1(x), p = f_2(x), \cdots \tag{4}$$

不显含 y 的方程(4)可用求积来积分

$$y = \int f_1(x)\,\mathrm{d}x + C$$

$$y = \int f_2(x)\,\mathrm{d}x + C$$

然而,实际上由方程(3)解 p 的时候,有时引出过于复杂的函数,只靠初等函数来解往往是不可能的。下面提出的方法,使我们能够在更多的情形中显明地表达方程(3)的解。

（A）从方程(3)可以解出 x（为初等函数）。设此时我们得到方程

$$x = \varphi(p) \tag{5}$$

将 p 看作参数,我们想办法使 y 也用这个参数表出。我们有

$$\frac{\mathrm{d}y}{\mathrm{d}x} = p$$

或

$$\mathrm{d}y = p\,\mathrm{d}x \tag{6}$$

由方程(5)得到 $\mathrm{d}x = \varphi'(p)\,\mathrm{d}p$；代入式(6),就有 $\mathrm{d}y = p\varphi'(p)\,\mathrm{d}p$,因此

$$y = \int p\varphi'(p)\,\mathrm{d}p + C \tag{7}$$

方程(5)和(7)是所给方程的积分曲线族的参数方程,这个曲线族依赖着一个任意常数 C。有时可从这两个方程消去 p 而将通解表成

$$\Phi(x, y, C) = 0$$

例4 $\mathrm{e}^{y'} + y' = x$。在初等函数的范围内,这个方程是不能解出 y',但是能解出 x,$x = \mathrm{e}^p + p$。我们有

$$\mathrm{d}y = p\,\mathrm{d}x = p(\mathrm{e}^p + 1)\,\mathrm{d}p$$

$$y = \int p(\mathrm{e}^p + 1)\,\mathrm{d}p = \mathrm{e}^p(p-1) + \frac{p^2}{2} + C$$

这样,我们就将 x 和 y 表成 p 的函数。

（B）被方程(3)联系着的 x 和 p 可以表示成一个辅助参数 t 的初等函数:$x = \psi(t), p = \chi(t)$。此时我们有

$$\frac{\mathrm{d}y}{\mathrm{d}x} = p = \chi(t), \mathrm{d}y = \chi(t)\,\mathrm{d}x = \chi(t)\psi'(t)\,\mathrm{d}t$$

因而 y 也可用同一参数 t 的函数表出

$$y = \int \chi(t)\psi'(t)\,\mathrm{d}t + C$$

这个方程与方程 $x=\psi(t)$ 给出所求积分曲线族的参数表示。

例 5 $x^3+p^3-3xp=0$。为求出 x 与 p 的参数表达式，置 $p=tx$；将此式代入原方程并消去 x^2，就得到

$$x(1+t^3)=3t,\ x=\frac{3t}{1+t^3}$$

因而

$$p=\frac{3t^2}{1+t^3}$$

写出下列关系

$$dy=pdx=\frac{3t^2}{1+t^3}\cdot\frac{3(1-2t^3)}{(1+t^3)^2}dt$$

$$y=3\int\frac{(1-2t^3)3t^2dt}{(1+t^3)^3}$$

用变换 $u=1+t^3$ 算出末一积分

$$y=3\int\frac{(3-2u)}{u^3}du=9\int\frac{du}{u^3}-6\int\frac{du}{u^2}$$

$$=-\frac{9}{2(1+t^3)^2}+\frac{6}{1+t^3}+C$$

2. 形式为

$$F(y,y')=0 \tag{8}$$

的方程可以还原到已经研究过的类型，如果将 y 当作自变数，而将 x 当作函数，因为 $\dfrac{dy}{dx}=\dfrac{1}{\dfrac{dx}{dy}}$。如果能从方程(8)解出 $y:y=\varphi(p)$，那么，由 $\dfrac{dy}{dx}=p$，我们得到

$$dx=\frac{dy}{p}=\frac{\varphi'(p)dp}{p}$$

因而就能用求积将 x 表成参数 p 的函数

$$x=\int\frac{\varphi'(p)dp}{p}+C$$

如果我们能用两个参数方程：$y=\chi(t)$，$p=\psi(t)$ 代替关系(8)，那么 x 仍然可由求积得到

$$dx=\frac{dy}{p}=\frac{\chi'(t)dt}{\psi(t)},\ x=\int\frac{\chi'(t)dt}{\psi(t)}+C$$

例 6 $y=p+\ln p$。我们有

$$dx=\frac{dy}{p}=\frac{1}{p}\left(1+\frac{1}{p}\right)dp=\frac{dp}{p}+\frac{dp}{p^2},\ x=\ln p-\frac{1}{p}+C$$

例7 $p^3 - y^2(a-p) = 0$。置 $y = pt$，由所给方程得到 $p = \dfrac{at^2}{1+t^2}$，因而 $y = \dfrac{at^3}{1+t^2}$。

由 $\mathrm{d}x = \dfrac{\mathrm{d}y}{p}$ 得到

$$\mathrm{d}x = \frac{1+t^2}{at^2} \cdot \frac{a(3t^2+t^4)}{(1+t^2)^2}\mathrm{d}t = \frac{3+t^2}{1+t^2}\mathrm{d}t$$

$$x = \int \frac{3+t^2}{1+t^2}\mathrm{d}t = \int \mathrm{d}t + 2\int \frac{\mathrm{d}t}{1+t^2} = t + 2\arctan t + C$$

方程
$$x = t + 2\arctan t + C, \quad y = \frac{at^2}{1+t^2}$$

将所给方程的解案表成参数形式。

问 题

求下列方程的通积分：

69. $xy'^3 = 1 + y'$。

70. $p^3 - x^3(1-p) = 0$。

71. $p^3 + y^3 - 3py = 0$。

72. $y = \mathrm{e}^{y'}y'^2$。

73. $y^2(y'-1) = (2-y')^2$。

提示：用代换 $2-y' = yt$，可将 y 和 y' 表成 t 的有理函数。

74. $y(1+y'^2) = 2a$（宜用代换 $y' = \tan\varphi$）。

§3 引入参数的一般方法

1. 设给定方程
$$F(x, y, p) = 0$$

如果我们将 x, y, p 看作空间笛卡儿坐标，那么方程(1)就确定一个曲面。大家知道，曲面上各点的坐标可以用两个参数 u, v 的函数表达；设我们已经知道曲面(1)如下的参数表示

$$x = \varphi(u, v), \quad y = \psi(u, v), \quad p = \chi(u, v) \tag{9}$$

方程组(9)等价于方程(1)。现在我们记着方程(1)是微分方程，而且 $p = \dfrac{\mathrm{d}y}{\mathrm{d}x}$，或 $\mathrm{d}y = p\mathrm{d}x$。将得自方程组(9)的 $p, \mathrm{d}y, \mathrm{d}x$ 代入 $\mathrm{d}y = p\mathrm{d}x$，我们得到

$$\frac{\partial \psi}{\partial u}\mathrm{d}u+\frac{\partial \psi}{\partial v}\mathrm{d}v=\chi(u,v)\left[\frac{\partial \psi}{\partial u}\mathrm{d}u+\frac{\partial \varphi}{\partial v}\mathrm{d}v\right]$$

这是 u 与 v 之间的一阶微分方程。取 u 为自变数，v 为未知函数，就可以将它写成

$$\frac{\mathrm{d}v}{\mathrm{d}u}=\frac{\chi\frac{\partial \varphi}{\partial u}-\frac{\partial \psi}{\partial u}}{\frac{\partial \psi}{\partial v}-\chi\frac{\partial \varphi}{\partial v}}$$

这时已解出导数的一阶方程；如果它的通解是

$$v=\omega(u,C)$$

那么方程(9)中的前两个方程成为

$$x=\varphi\{u,\omega(u,C)\},y=\Psi\{u,\omega(u,C)\}$$

即方程(1)的参数形式的通解(u 是参数，C 是任意常数)。在方程(1)容易就 x 或 y 解出的时候，通常是应用变换(9)；这时，在表达式(9)中自然地就取 y 和 p 或 x 和 p 作为参数。

考查方程

$$y=f(x,p) \tag{10}$$

如果取 x 和 p 为参数，那么从关系 $\mathrm{d}y=p\mathrm{d}x$ 得到 $\frac{\partial f}{\partial x}\mathrm{d}x+\frac{\partial f}{\partial p}\mathrm{d}p=p\mathrm{d}x$，或

$$\frac{\partial f}{\partial x}+\frac{\partial f}{\partial p}\frac{\mathrm{d}p}{\mathrm{d}x}=p$$

$$\tag{11}$$

这是 x 和 p 之间的方程，其中 $\frac{\mathrm{d}p}{\mathrm{d}x}$ 已经解出；设它的通解是

$$p=\varphi(x,C) \tag{12}$$

将这个表达式代入方程(10)，我们得到通解

$$y=f\{x,\varphi(x,C)\}$$

注1 如果将 p 看作 x 的函数，把方程(10)的两端对 x 微分，然后以 p 代替 $\frac{\mathrm{d}y}{\mathrm{d}x}$，就同样地得到方程(11)。这样通过微分，我们得到新的方法使方程(10)化为更简单的方程(11)。

注2 得到方程(11)的通积分后，我们必须记住式(12)中的 p 是个辅助变数；从(12)与(10)两式消去它，那么无须再作任何积分就得到方程的通解。把等式(12)看作微分方程，于其中置 $p=\frac{\mathrm{d}y}{\mathrm{d}x}$ 是错误的，因为积分这个方程之后，在

解案中就会出现第二个任意常数,所得的并不是方程(10)的解,而是在方程(11)中设想 $p=\dfrac{\mathrm{d}y}{\mathrm{d}x}$ 而得到的二阶方程

$$\frac{\partial f}{\partial x}+\frac{\partial f}{\partial y'}y''=y'$$

的解。

2. 我们现在考查方程

$$x=f(y,p) \qquad\qquad (13)$$

一个方法是将 y 和 p 看作辅助参数而利用关系式 $\mathrm{d}y=p\mathrm{d}x$。另一个方法是将方程(13)的两端对 y 微分,记住 $\dfrac{\mathrm{d}y}{\mathrm{d}x}=p$,即 $\dfrac{\mathrm{d}x}{\mathrm{d}y}=\dfrac{1}{p}$,便得到就未知函数的导数解出的方程

$$\frac{1}{p}=\frac{\partial f}{\partial y}+\frac{\partial f}{\partial p}\frac{\mathrm{d}p}{\mathrm{d}y}$$

这是 y 和 p 之间的微分方程。求出它的通解 $p=\varphi(y,C)$,再把这个表达式代替所给方程(13)中的 p,就得到通积分 $x=f\{y,\varphi(y,C)\}$。还可以指出,如果交换变数 x 和 y 的作用,方程(13)就变为方程(10)的形式。

例8 $p^3-4xyp+8y^2=0$,这是 x 的一次方程;解出它,$x=\dfrac{p^2}{4y}+\dfrac{2y}{p}$。把 p 看作 y 的函数,再两端对 y 微分,然后以 p 代替 $\dfrac{\mathrm{d}y}{\mathrm{d}x}$,就得到

$$\frac{1}{p}=\left(\frac{p}{2y}-\frac{2y}{p^2}\right)\frac{\mathrm{d}p}{\mathrm{d}y}-\frac{p^2}{4y^2}+\frac{2}{p}$$

整理后

$$\frac{\mathrm{d}p}{\mathrm{d}y}\frac{p^3-4y^2}{2y\,p^2}=\frac{p^3-4y^2}{4y^2p}$$

消去公因子 $p^3-4y^2$①,我们就得到变数分离的方程 $\dfrac{\mathrm{d}p}{p}=\dfrac{\mathrm{d}y}{2y}$;积分后,有 $p=Cy^{\frac{1}{2}}$,将此式代入所给方程便得

$$C^3y^{\frac{3}{2}}-4Cxy^{\frac{3}{2}}+8y^2=0$$

由此,除去特解 $y=0$,我们得到

$$64y=(4Cx-C^3)^2$$

---

① 令这个因子等于零,再从这样得到的方程与原方程消去 p,我们就得到一个奇解。

或者,引入新常数

$$C_1 = \frac{C^2}{4}$$

$$y = C_1(x - C_1)^2$$

例 9 $y = p^2 - px + \dfrac{x^2}{2}$。设想 p 是 x 的函数,而对 x 微分以 p 代 $\dfrac{\mathrm{d}y}{\mathrm{d}x}$ 就得到 $p = -p + x + (2p - x)\dfrac{\mathrm{d}p}{\mathrm{d}x}, \dfrac{\mathrm{d}p}{\mathrm{d}x}(2p - x) = 2p - x$。消去公因子 $2p - x$,就得到微分方程 $\dfrac{\mathrm{d}p}{\mathrm{d}x} = 1$,

$p = x + C$。代入原方程,便得 $y = (x + C)^2 - x(x + C) + \dfrac{x^2}{2}$,或 $y = \dfrac{x^2}{2} + Cx + C^2$——通解

(倘若将 $p = x + C$ 看作新的微分方程,我们就将得到 $y = \dfrac{x^2}{2} + Cx + C_1$,这是 $y'' = 1$ 的

通解)。

3. 拉格朗日方程。 上述的变换能将未解出导数的方程变为已解出导数的新方程;但是这个新方程,一般说来,是不能用求积来积分的。现在我们要研究一类方程,其中导数未被解出,但是用微分的方法能将它变为可由求积来积分的方程。这就是拉格朗日方程。它对于 x 和 y 是线性方程,即是说,它的形式是

$$A(p)y + B(p)x = C(p)$$

其中系数 A, B, C 是 $p = \dfrac{\mathrm{d}y}{\mathrm{d}x}$ 的可微函数,解出 y 之后(我们假设 $A(p) \neq 0$),方程的形式为

$$y = \varphi(p)x + \psi(p) \tag{14}$$

对于方程(14)应用微分的方法(因为这是形式如(10)的方程),就得到

$$p = \varphi(p) + [\varphi'(p)x + \psi'(p)]\frac{\mathrm{d}p}{\mathrm{d}x} \tag{14'}$$

如果在这个方程中将 x 看作未知函数,将 p 看作自变量,那么我们得到线性方程

$$\frac{\mathrm{d}x}{\mathrm{d}p} + \frac{\varphi'(p)}{\varphi(p) - p}x = \frac{\psi'(p)}{p - \varphi(p)} \tag{14''}$$

它可由求积来积分,解案的形式是

$$x = C\omega(p) + \chi(p)$$

其中 $\omega(p) = \mathrm{e}^{-\int \frac{\varphi'(p)}{\varphi(p) - p}\mathrm{d}p}$。将这个表达式代入原方程,便得

$$y = [C\omega(p) + \chi(p)]\varphi(p) + \psi(p)$$

微分方程理论

这样,两个变数都表成了参数 p 的函数;如果消去这个参数,就得到拉格朗日方程的通积分 $\Phi(x,y,C)=0$。

注 如果 $\varphi(p)-p=0$,就不能将方程$(14')$写为$(14'')$。$\varphi(p)-p\equiv0$ 的情形要在下一段中讨论。现在假设对于某一个值 $p=C_0$,我们有 $\varphi(C_0)-C_0=0$。那么,显然方程$(14')$有解 $p=C_0$。将 p 的这个值代入方程(14),就得到

$$y=\varphi(C_0)x+\psi(C_0)$$

容易验算这是方程(14)的解。还可以证明它不包括在通解的公式里面。

例 10 $y=2px+p^2$。将 p 和 y 看作 x 的函数,对 x 微分,然后以 p 代 $\dfrac{\mathrm{d}y}{\mathrm{d}x}$,我们得到

$$p=2p+2(x+p)\frac{\mathrm{d}p}{\mathrm{d}x}$$

解出 $\dfrac{\mathrm{d}x}{\mathrm{d}p}$,得 $\dfrac{\mathrm{d}x}{\mathrm{d}p}=-\dfrac{2x}{p}-2$。这个方程的解是 $x=\dfrac{C}{p^2}-\dfrac{2p}{3}$。代入原方程,便得

$$y=\frac{2C}{p}-\frac{p^2}{3}$$

这样,我们通过参数 p 的函数与任意常数 C 表示出了 x 和 y,从而得到了参数形式的通解。在这个通解之外,还有解案 $y=0$。

4. 克莱罗(A. C. Clairaut,1713—1765)方程是拉格朗日的特殊情形,它的形式是

$$y=px+\varphi(p) \tag{15}$$

其中 φ 是已知(可微)函数。应用前段的方法,将两端对 x 微分,我们得到

$$p=p+[x+\varphi'(p)]\frac{\mathrm{d}p}{\mathrm{d}x}\text{或}\frac{\mathrm{d}p}{\mathrm{d}x}[x+\varphi'(p)]=0$$

我们考查末一方程左端的两个因子。第一个因子给出微分方程

$$\frac{\mathrm{d}p}{\mathrm{d}x}=0$$

由此,$p=C$,而方程(15)的通解是

$$y=Cx+\varphi(C) \tag{16}$$

因此,将任意常数 C 代方程(15)中的 p,就可以得到克莱罗微分方程的通解。在几何上,解案(16)表示单参数的直线族。现在令第二个因子等于零,$x+\varphi'(p)=0$。这个方程确定 p 为 x 的函数,$p=\omega(x)$。将 p 的这个值代入方程(15),就得到

$$y=x\omega(x)+\varphi[\omega(x)] \tag{17}$$

也可以将 $x = -\varphi'(p)$ 代入方程 (15)，而得到表示成参数形式的同一曲线

$$x = -\varphi'(p), y = -p\varphi'(p) + \varphi(p) \tag{17'}$$

容易验算曲线 (17) 或 (17′) 是方程 (15) 的积分曲线。实际上，如果用参数表示曲线 (17′) 就有

$$dx = -\varphi''(p)dp$$

$$dy = [-p\varphi''(p) + \varphi'(p) - \varphi'(p)]dp = -p\varphi''(p)dp$$

由此 $\dfrac{dy}{dx} = p$，将 x, y, y' 的值代入方程 (15)，就得到了恒等式

$$-p\varphi'(p) + \varphi(p) = -p\varphi'(p) + \varphi(p)$$

解案 (17) 或 (17′) 不含任意常数，用任何数值代通解 (16) 中的 C 都不能得到它，实际上方程 (16) 的右端对于任何常数 C 是 x 的线性函数。设 $x\omega(x) + \varphi[\omega(x)] = ax + b$（$a$ 和 b 是常数），将它微分，就得到

$$\omega(x) + x\omega'(x) + \varphi'[\omega(x)]\omega'(x) = a$$

但是按照函数 $\omega(x)$ 的定义，我们有 $\varphi'[\omega(x)] = -x$，而上面的等式成为

$$\omega(x) = a$$

和定义 $\omega(x)$ 的方程相矛盾。

现在我们考查解案 (17) 的几何意义。解案 (17) 是从方程

$$y = px + \varphi(p), 0 = x + \varphi'(p)$$

消去 p 而得到的；将 p 换成 C（这样并不改变结果），那么它也是从方程

$$y = px + \varphi(p), 0 = x + \varphi'(C)$$

消去 C 而得到的。第二个方程是将第一个方程对 C 微分的结果。从微分几何我们知道，这个手续给出表示通解的直线族 (16) 的包线。我们说，该包线即解案 (17) 是克莱罗方程 (15) 的奇解。

所以克莱罗方程的通解是直线族，奇解是包线。

注 1 在证明奇解适合克莱罗方程的时候，我们作了 $\varphi(p)$ 可微二次的假定。用比较复杂的证明，只需假定 $\varphi(p)$ 可微一次，就可以得到同样的结论。

注 2 如果 $\varphi'(p) =$ 常数，亦即 $\varphi(p) = ap + b$（a, b 是常数），就不能应用以上导出奇解的推演。这时方程的形式是

$$y = xy' + ay' + b$$

由此

$$y' = \frac{y-b}{x+a}, \frac{dy}{y-b} = \frac{dx}{x+a}$$

在这里我们没有奇解而有奇点 $x = -a, y = b$，所有积分曲线 $y = b + c(x+a)$，都经过这一点。

注 3 任何含有一个参数的直线族(除去平行直线族)在消除参数之后都得到克莱罗方程。实际上,设给定直线族为

$$y = k(t)x + b(t)$$

因为$\dfrac{\mathrm{d}p}{\mathrm{d}t} \neq 0$(否则将有$k =$常数,因而族内直线互相平行),从方程$k(t) = C$(其中$C$是新参数)可以解出$t, t = f(C)$。于是直线族成为

$$y = Cx + b[f(C)] \equiv Cx + \Phi(C)$$

即克莱罗方程的通解的形式。

按照曲线的切线的某种特性来确定曲线的几何问题,也要引出克莱罗方程。

例 11 求一曲线,它的切线与直角坐标轴所构成的三角形的面积等于常数 2。将切线的方程写成截距式$\dfrac{x}{a} + \dfrac{y}{b} = 1$;依条件有$ab = 4$,即$b = \dfrac{4}{a}$,因而得到直线族$\dfrac{x}{a} + \dfrac{ay}{4} = 1$。将上一方程对$x$微分并消去$a$,就求出这个直线族的微分方程

$$\frac{1}{a} + \frac{ay'}{4} = 0, \quad a^2 = \frac{-4}{y'}, \quad a = 2\sqrt{-\frac{1}{y'}}, \quad \frac{x\sqrt{-y'}}{2} + \frac{y}{2\sqrt{-y'}} = 1$$

或

$$y = xy' + 2\sqrt{-y'}$$

这是克莱罗方程;它的通解是$y = Cx + 2\sqrt{-C}$,但是我们所关心的却是奇解,因为它给出所求的曲线。为了求奇解,将上式对C微分,并消去C

$$0 = x - \frac{1}{\sqrt{-C}}, \quad C = -\frac{1}{x^2}$$

由此,$y = -\dfrac{1}{x} + \dfrac{2}{x}$,或$xy = 1$——等轴双曲线。

问 题

求下列方程的通解,对于克莱罗方程兼求奇解$\left(p \text{ 记 } \dfrac{\mathrm{d}y}{\mathrm{d}x}\right)$。

75. $p^4 = 4y(xp - 2y)^2$。

提示:解出x,并对y微分(变换未知函数可以简化方程)。

76. $y = 2px + \dfrac{x^2}{2} + p^2$。

77. $y = \dfrac{k(x+yp)}{\sqrt{1+p^2}}$。

78. $x = py + ap^2$。

79. $y = xp^2 + p^3$。

80. $y = xy' + y' - y'^2$。

81. $y = 2px + y^2 p^3$。

提示:以 y 乘方程,并置 $y^2 = z$。

82. $p^2(x^2-1) - 2pxy + y^2 - 1 = 0$。（解出 y,或用极坐标。）

83. $y'^2 + 2xy' + 2y = 0$。

84. 求一曲线,它的切线在坐标轴间的线段长等于常数 a。

§4　奇　　解

1. 在研究克莱罗方程时,我们遇到了奇解。在本节中,我们要对于相当广泛的一类方程研究奇解的存在问题,并且说明两种求法。

我们已经知道,按照柯西定理,如果微分方程

$$\frac{\mathrm{d}y}{\mathrm{d}x} = f(x,y) \tag{18}$$

的右端在某一区域内连续,并且这个区域内对 y 的导数有界,那么,经过区域内的每一点 (x_0, y_0) 有唯一的积分曲线(唯一性);这条曲线属于一个单参数曲线族(我们取 y_0 的值为参数),并且可以通过给予参数确定的数值,而从族内得出。曲线族构成通解,每一条积分曲线表示一个特解。由于唯一性定理,在这种情形下,没有任何其他的解,因此没有奇解。例如,如果方程(18)的右端的是 y 的多项式

$$\frac{\mathrm{d}y}{\mathrm{d}x} = A_n(x)y^n + A_{n-1}(x)y^{n-1} + \cdots + A_1(x)y + A_0(x)$$

那么,在系数连续而 y 有界的区域内(即在矩形 $a \leqslant x \leqslant b$, $-k \leqslant y \leqslant k$ 内,其中系数在区间 $a \leqslant x \leqslant b$ 内连续,而 k 是任意大的正数), $\dfrac{\partial f}{\partial y}$ 也是有界的,因而这个方程没有奇解(例如, $n=1$ 时的线性方程; $n=2$ 时的黎卡提方程,就是如此)。如果右端是 x 和 y 的有理函数

$$f(x,y) = \frac{P(x,y)}{Q(x,y)}$$

其中 P 和 Q 没有公因子的多项式,那么只在 $Q(x_0, y_0) = 0$ 的点 (x_0, y_0) $\dfrac{\partial f}{\partial y}$ 趋向

无穷大;但是方程 $\dfrac{\mathrm{d}x}{\mathrm{d}y}=\dfrac{Q}{P}$ 的右端(如果 $P(x_0,y_0)\neq0$)及其对 x 的导数在这些点是连续的,因而根据柯西定理,经过这种点的积分曲线 $x=\varphi(y)$ 仍然是唯一的,也仍然包含在一个参数的曲线族内(亦即寻常特解)。最后,如果 $P(x_0,y_0)=Q(x_0,y_0)=0$(这只能在孤立点上发生)。我们就得到奇点,它的各种类型已经在第 2 章研究过了;在这种情形之下仍然没有奇解。

微分方程的一个解案叫作奇解,如果在它的每一点上唯一性不成立,也就是说,经过奇解的每一点 (x,y) 至少有两个积分曲线。柯西定理给出了在某一区域内不存在奇解的充分条件,所以要有奇解存在,就必须不满足柯西定理的条件。由此看来,我们只能在 xOy 平面上不满足柯西定理的条件的地方去找奇解。特别地,如果方程(18)的右端在全部被考虑的区域内连续,那么奇解只能经过李普希兹条件不满足的各点。如果 $f(x,y)$ 处处具有有限的或无穷大的对 y 的导数,那么在 $\dfrac{\partial f}{\partial y}$ 成为无穷大的各点,李普希兹条件就不满足。函数 f 为连续而 $\dfrac{\partial f}{\partial y}$ 为无穷大的情形。举例来说,对于无理函数就能发生。

例 12 考查方程

$$y'=y^{\frac{2}{3}} \tag{19}$$

右端 $f=y^{\frac{2}{3}}$ 对于 y 的一切值,不但有定义,而且是连续的,但是导数 $\dfrac{\partial f}{\partial y}=\dfrac{2}{3}y^{-\frac{1}{3}}$ 在 $y=0$ 处即在 Ox 轴上趋向无穷大。所给方程的通解是 $27y=(x+C)^3$,亦即立方抛物线族;此外,方程还有通过李普希兹条件不满足的一切点的显然解 $y=0$;因为在 Ox 轴上的每一点,不但有立方抛物线通过,而且又有这条直线经过,这就不符合唯一性(图 18)。

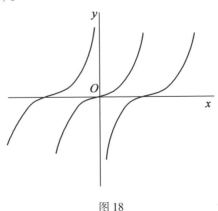

图 18

例 13 我们且再考查方程

$$y'^2 + y^2 = 1$$

或

$$y' = \pm\sqrt{1-y^2}$$

（图 16）。y' 的两个值在右端的定义域 $-1 \leqslant y \leqslant 1$ 内都是连续函数。导数是 $\dfrac{\partial f}{\partial y} = \dfrac{\pm y}{\sqrt{1-y^2}}$。在直线 $y = \pm 1$ 上，$\dfrac{\partial f}{\partial y} = \infty$，违反了柯西定理的条件。这两条直线可能是奇解。容易看出，$y=1$，$y=-1$ 是这个方程的解，并且这两条直线是正弦曲线族 $y = \sin(x+C)$（通解）的包线。直线 $y = \pm 1$ 的各点破坏了唯一性：例如直线 $y = 1$ 上的每一点都有两个积分曲线经过，即直线 $y = 1$ 本身和与它相切的正弦曲线的（上升或下降的）一支；它对于两个方程 $y' = +\sqrt{1-y^2}$ 和 $y' = -\sqrt{1-y^2}$ 都是奇解。

注 我们已经指出，从柯西定理只能得出奇解存在的必要条件。破坏李普希兹条件的点的轨迹，如果是一曲线，它可能是奇解，也可能不是奇解，因为这条曲线一般说来并不是方程的解。例如，如果把方程（19）改为

$$\frac{\mathrm{d}y}{\mathrm{d}x} = y^{\frac{2}{3}} + a \quad (a \neq 0)$$

那么 $y=0$ 仍然是破坏李普希兹条件的点的轨迹，但是这条直线不是方程的解，这只要直接代入方程就可以知道。

所以，要求出方程（18）的奇解，必须寻找破坏李普希兹条件的点的轨迹（在右端为初等函数时，这是使 $\dfrac{\partial f}{\partial y}$ 成无穷大的点的轨迹）；如果这个轨迹是一条或数条曲线，就要验算这些曲线是否是方程（18）的积分曲线，在这个轨迹的每一点是否违反了唯一性。如果这两个条件都具备了，所得的曲线就是奇解。

问　题

求破坏李普希兹条件的点的轨迹，并考查它是否奇解（兼求通解）。

85. $\dfrac{\mathrm{d}y}{\mathrm{d}x} = \sqrt{y-x}$。

86. $\dfrac{\mathrm{d}y}{\mathrm{d}x} = \sqrt{y-x} + 1$（画积分曲线族，取根式：(1) $+\sqrt{y-x}$。(2) $\pm\sqrt{y-x}$。）。

87. $\dfrac{\mathrm{d}y}{\mathrm{d}x} = +\sqrt{|y|}$，$\dfrac{\mathrm{d}y}{\mathrm{d}x} = \pm\sqrt{y}$（画曲线族）。

88. $\dfrac{dy}{dx} = y\ln y\,[\,y \geqslant 0$，于 $y = 0$ 处按照洛必达（G. F. A. de l'Hopital,1661—1704）法则将右端补成连续函数。]。

89. $\dfrac{dy}{dx} = y(\ln y)^2$（如上补足右端）。

90. $\dfrac{dy}{dx} = -x \pm \sqrt{x^2 + 2y}$（画曲线族）。

对于方程

$$y' = f(y) \tag{A}$$

有判断奇解存在的必要而充分的准则。在第 1 章 §2 我们看到，如果 $f(y_0) \neq 0$，那么原始值 (x_0, y_0) 确定唯一的积分曲线，即使右端不满足李普希兹条件；对应的解是寻常的特解。如果 $f(C) = 0$，那么

$$y = C \tag{B}$$

是方程（A）的解。我们要研究在什么条件下，在解案（B）的各点有唯一性，在什么条件下没有。

我们取原始值 (x_0, y_0)，$y_0 < C$，并且假设当 $y_0 \leqslant y < C$ 时，$f(y) > 0$（对于 $y > C$ 的情形，可将 y 换成 $-y$ 而化成这个情形；对于 $f(y) < 0$ 的情形，就将 x 换成 $-x$）。我们在区域 $y_0 \leqslant y \leqslant C$ 之内考查解案 $y = C$ 的唯一性。经过点 (x_0, y_0) 的积分曲线是由公式

$$x - x_0 = \int_{y_0}^{y} \frac{dy}{f(y)} \tag{C}$$

给出的。在公式（C）中令 y 趋向 C，则右端称为广义积分；两种可能的情形：(1) $\displaystyle\int_{y_0}^{C} \frac{dy}{f(y)}$ 发散。(2) $\displaystyle\int_{y_0}^{C} \frac{dy}{f(y)}$ 收敛。

在情形（1）中，公式（C）表明，当 y 趋向 C 时，x 无限制地增大；积分曲线于 x 无限增大时渐进地趋近直线 $y = C$，但在 x 为任何有限值时与这条直线无交。因为有区域 $y_0 \leqslant y < C$ 内的一切积分曲线可以由曲线（C）对 Ox 轴平行移动而得到，所以它们之中没有一个与直线 $y = C$ 有公共点；因此在解案 $y = C$ 上的一切点适合唯一性。可见，如果 $\displaystyle\int_{y_0}^{C} \frac{dy}{f(y)}$ 发散，那么 $y = C$ 是寻常解。方程 $y' = y^k$，$k \geqslant 1$，和问题 88 中的方程的解 $y = 0$（对于后者，在这里破坏了李普希兹条件）就是这种情形的范例。

现在讨论情形（2）。设 $\displaystyle\int_{y_0}^{C} \frac{dy}{f(y)} = l < \infty$。当 $x = x_0 + 1 = \bar{x}$ 时，曲线（C）经过坐标为 $(\bar{x}, C)$ 的点 M，而这点又在解案 $y = C$ 上，所以在点 M 唯一性破坏了。改

变原始点 x（即将曲线（C）对 x 轴平行移动），我们能使点 M 与直线 $y = C$ 的任何一点重合，所以在解案 $y = C$ 上没有一点是适合唯一性的。

可见，如果 $\int_{y_0}^{C} \dfrac{\mathrm{d}y}{f(y)}$ 收敛，那么 $y = C$ 是奇解。方程 $y' = y^k, 0 < k < 1$，和问题 89 中的方程都是这样的范例。

对于变数分离一般的方程的解案 $y = C$，以及齐次方程的解案 $y = Cx$，可以导出类似的判别准则；对于拉格朗日方程的解案 $y = \varphi(C_0)x + \psi(C_0)$ 研究起来就比较复杂。

2. 我们已经看到，方程 $\dfrac{\mathrm{d}y}{\mathrm{d}x} = f(x, y)$ 的右端为连续，而 $\dfrac{\partial f}{\partial y}$ 为无限的最简单的情形，就是 f 是 y 的无理函数。消除掉无理性，我们就得到含 y' 一次以上的代数方程，其系数是 y 的有理函数。我们自然地提出求这种方程的奇解的问题。这里可以得到相当普遍的结果，我们立刻就要叙述这些结果。

设微分方程

$$F(x, y, y') = 0$$

对于 y' 是 n 次代数方程，即是说，具有形式

$$A_n(x, y)y'^n + \cdots + A_1(x, y)y' + A_0(x, y) = 0$$

其左端是 y' 的不可约多项式。我们假设系数 $A_k(x, y)$ 是 x 和 y 的多项式（其实只需假设 $A_k(x, y)$ 在某一区域 D 内连续，具有对 x 和对 y 的偏导数）。在本章开始时，已经说明方程 $(1')$ 确定一个多值函数的 n 个支

$$y_i' = f_i(x, y) \quad (i = 1, 2, \cdots, n)$$

我们只考虑函数（2）中的实支。对于不使 $A_n(x, y)$ 等于零的 x, y 值，这些支是 x, y 的连续函数[①]。

我们且看，对于这些函数支，李普希兹条件是怎样的。用方程（1）及隐函数的微分法则来计算导数 $\dfrac{\partial f}{\partial y} \equiv \dfrac{\partial y'}{\partial y}$，我们得到

$$\frac{\partial y'}{\partial y} = -\frac{\partial F}{\partial y} \Big/ \frac{\partial F}{\partial y'} \tag{20}$$

因为所有的系数 $A_k(x, y)$ 对 y 可微，所以导数（20）在 $A_n \neq 0$ 和分母不等于零处

[①] 在平面 xOy 上 $A_n(x, y) = 0$ 的各点，函数（2）之中有一个或数个成为无穷大；如果我们使 x 为未知函数，y 为自变数，那么在这些点上 $\dfrac{\mathrm{d}x}{\mathrm{d}y}$ 等于零，可是 $\dfrac{\mathrm{d}x}{\mathrm{d}y}$ 在 $A_0(x, y) = 0$ 的各点却成为无穷大。

是有限且连续的,可见使李普希兹条件不满足的 x,y 必须适合方程

$$\frac{\partial F(x,y,y')}{\partial y'}=0 \qquad\qquad (21)$$

在微分之后,在左端中须以方程(1)所确定的各函数 $f_i(x,y)$ 之一代替 y'。换言之,要得到李普希兹条件不满足的点的轨迹的方程,必须从方程(1)和(21)消去 y'。在高等代数中有用有理算法来从两个代数方程消去一个变数的过程,这样就得到所谓这些方程的结式,两个方程有公根的条件就是结式等于零。在我们的情形中,方程(21)的左端是方程(1)的左端对 y' 的导数;这两个方程的结式就是方程(1)对于 y' 的判别式。判别式等于零就是所给多项式与它的导数有公共零点的条件,也就是方程(1),其中以 y' 作为未知数,有重根的条件。从方程(1)和(21)消去 y',我们得到一个方程

$$\Phi(x,y)=0 \qquad\qquad (22)$$

一般说来,它确定一个或数个曲线(方程(1)的判别曲线)。

判别曲线(或它们的总和)将 xy 平面分成几个区域。在每一个这样的区域 G 的内部,n 个函数支(2)之中有某 $k(k\geqslant 0)$ 个是实值的,个数 k 在全区域 G 内不变。在任何含于 G 的内部的闭区域内,导数(20)右端的分母的绝对值大于某一正数,因此 $\frac{\partial y'}{\partial y}$ 有界,所以这 k 个支,在 G 内适合李普希兹条件。据此,按照存在定理,经过区域 G 的每一点有 k 个积分曲线,这里没有奇解。(我们指出,所有 k 个积分曲线在点 x,y 有不同的切线,因为由函数(2)给出的 y' 值彼此不等。)

按照判别式的定义,在判别曲线的各点上,函数(2)中各支有两个或两个以上成为相等。此外,由于公式(20),在判别曲线上,一般说来,李普希兹条件不满足。现在我们将区域 G 的边界加进去,这边界是各判别曲线或其部分所组成的;在这样得到的闭区域 G 内,函数(2)中的每一支仍然是 x,y 的连续函数,但是在边界上不满足李普希兹条件。于是我们发现了一个存在奇解的条件:设得自判别曲线方程(22)的函数

$$y=\varphi(x) \qquad\qquad (23)$$

本身微分方程(1)的解,再设被考查的各支方程(2)在区域 G 内的解案全体可以延拓到 G 的边界,即是说,延拓到曲线(23)的每一点;那么,经过曲线(23)的每一点有每支方程的两个解:第一个是自 G 内延拓过来的积分曲线——寻常解,第二个是解案(23)。因此解案(23)是奇解。

据此,只有方程(22)所确定的函数

$$y = \varphi(x)$$

才可能是方程(1)的奇解。但是,一般说来,这个函数不满足所给微分方程,它根本不是方程的解。究竟是不是解,容易直接验算出来。有时也可能在解案(23)上的每一点都适合了唯一性(对于某一支来说)。如果确定在 G 内的解不能达到边界,就是这种情形:这时我们得到的是一个特解。可以证明这是例外的情形;在一般情形下,如果由判别曲线(22)得到的函数(23)适合微分方程(1'),它就是奇解。据此,我们得到一个求奇解的法则如下:

设给定了方程

$$F(x, y, p) = 0, p = \frac{\mathrm{d}y}{\mathrm{d}x}$$

其左端是 p 的多项式。作方程

$$\frac{\partial F(x, y, p)}{\partial p} = 0 \tag{$21'$}$$

从方程(1)和(21')消去 p,就得到确定判别曲线的方程(22)。如果方程(22)所确定的函数(23)是微分方程(1)的解,这个解(一般说来)是奇解。

现在我们从应用这个方法的观点来考查一些旧例和新例。

例 14 $F \equiv y'^2 + y^2 - 1 = 0$(例 2);$\dfrac{\partial F}{\partial y'} = 2y' = 0$。

从这两个方程得到 $y^2 = 1$,即 $y = \pm 1$。显然这两个函数是所给方程的解。它们是奇解,因为这是正弦曲线族的包线,在它们上面的每一点,对于方程的每一支来说,唯一性都被破坏了。例如,经过 $x = x_0, y = 1$,有方程 $y' = +\sqrt{1 - y^2}$ 的两个解,直线 $y = 1$ 和正弦曲线的一支

$$y = \sin\left(x - x_0 + \frac{\pi}{2}\right) \quad \left(x_0 - \frac{\pi}{2} \leqslant x \leqslant x_0 + \frac{\pi}{2}\right)$$

例 15 $F \equiv xp^2 - 2yp + 4x = 0$(例 3)。作方程 $\dfrac{1}{2} \dfrac{\partial F}{\partial p} \equiv xp - y = 0$。将第二方程所定的 p 代入第一方程,就消去了 p

$$p = \frac{y}{x}, \quad x \frac{y^2}{x^2} - 2y \frac{y}{x} + 4x = 0 \text{ 或 } y^2 - 4x^2 = 0$$

$$y = 2x \text{ 或 } y = -2x$$

从图 17 可见这两条直线是表示通解的抛物线族的包线。还要指出,在 §1 我们解出 y' 时,在根号下得到了 $y^2 - 4x^2$。这是意料得到的,因为在二次方程的解中,根号下的表达式就是判别式。

例 16 $x - y = \dfrac{4}{9} p^2 - \dfrac{8}{27} p^3$。用对 x 微分的方法可以求出通积分

$$(y-C)^2 = (x-C)^3$$

为要获得判别曲线,将所给方程对 p 微分

$$\frac{8}{9}(p-p^2) = 0$$

以 $p=0$ 和 $p=1$ 代入原方程,得到

$$x-y = 0$$

或

$$x-y = \frac{4}{27}$$

几何解释:通积分是半立方抛物线族(图 19);直线 $x-y=\frac{4}{27}$ 是包线,即奇解;直线 $y=x$ 是歧点轨迹,而不是解。

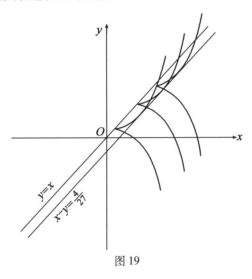

图 19

例 17 $p^2-y^3=0$。通解 $y=\frac{4}{(x+C)^2}$;由判别式 $y^3=0$ 得到解案 $y=0$。这是特解,因为在 Ox 轴上的每一点都适合唯一性(确定在区域 $G, y>0$ 解达不到判别曲线)。

注 1 为了确定从判别曲线得到的函数(23)是否是方程(1)的解,我们会建议将这个函数直接代入方程(1)。现在提供另一种验算方法。假设得自判别曲线的函数 $y=\varphi(x)$ 是方程(1)的解,将它代入方程后就得到恒等式。将这个恒等式对 x 微分,就有

$$\frac{\partial F}{\partial x} + \frac{\partial F}{\partial y}y' + \frac{\partial F}{\partial y'}y'' = 0$$

但是由于方程(21)(它是与方程(1)共同决定函数(23)的),我们有 $\dfrac{\partial F}{\partial y'}=0$。因此,如果(23)是方程(1)的解,那么它也适合方程

$$\frac{\partial F}{\partial x}+\frac{\partial F}{\partial y}y'=0 \tag{24}$$

所以奇解必须同时适合方程(1)(21)(24)。由此可见,在"一般情形"下方程(1)没有奇解:如果这三个方程是独立的,那么它们仅定出个别的数值组($x,y,$ y')。只当三个方程之一,例如(24),是其他两个的后果时,奇解才有可能存在。在这一种情形之下,我们将方程(1)和(12)写为

$$F(x,y,p)=0,\ \frac{\partial F(x,y,p)}{\partial p}=0$$

它们定出函数 $y=\varphi(x),p=\psi(x)$。代入方程(1)并对 x 微分,得到

$$\frac{\partial F}{\partial x}+\frac{\partial F}{\partial y}\varphi'(x)+\frac{\partial F}{\partial p}\psi'(x)=0$$

由此,用方程(21)

$$\frac{\partial F}{\partial x}+\frac{\partial F}{\partial y}\varphi'(x)=0$$

依假定为前两个方程的后果的第三个方程(24),用现在的记号写出来是

$$\frac{\partial F}{\partial x}+\frac{\partial F}{\partial y}p=0$$

将它与再上面的恒等式比较,我们得到

$$p=\varphi'(x)=y'$$

可见 $y=\varphi(x)$ 确实是方程(1)的解。

现在将这个判别准则应用于克莱罗方程

$$y=px+\varphi(p)$$

这时方程(21)和(24)各为

$$0=x+\varphi'(p),\ p-p=0$$

三个方程果真归结到两个独立方程。

注2 在§1已经说明,如果方程(1)两个共轭复根 y' 在 x,y 连续变化下变成实数,那么在转变的过程中它们就成为相等;所以,使这种等根发生的那一部分判别曲线把平面隔成上两个区域,在一个区域内方程(2)中有 k 个实支,在另一区域内则有 $k\pm2$ 个。例如对于方程 $y'^2+y^2=1$(图16),判别直线 $y=\pm1$ 把方程有实根 $y'=\pm\sqrt{1-y^2}$ 的平面部分($|y|<1$)和两个都是虚根 $y'=\pm\mathrm{i}\sqrt{y^2-1}$ 的部分($|y|>1$)分开。在例16(图19)中,我们可见两支判别曲线 $y-x=0$ 和 $y-$

$x=\dfrac{-4}{27}$ 将平面分成三个区域；在中间的那个区域内，每一点都有曲线族中的三条曲线经过，而在两旁的区域内都只有一条。

注 3 如果判别曲线是奇解，那么它是通解的包线（按定义，包线在其每点与曲线族中一线相切）。通常包线也是族内无限相近两曲线的交点的极限位置。在这种情形下，在包线的一边，无论与它多么相近的地方，在每一点有两条积分曲线相交，而且前面的推演表明了这两条曲线属于不同的两支方程(2)；在包线的另一边，这两支就没有了；由此可见，在这种情形下，在穿过奇解的时候，方程(1)的实支减少两个。

但是例(16)表明判别曲线也可以是歧点轨迹。在微分方程的解析理论中证明，如果从任意的方程(1)出发，这个情形是一般的；例如对于拉格朗日方程，判别曲线一般是歧点轨迹；对于特殊情形——克莱罗方程——它是包线。最后，还可以发生这种情形：对于方程(1)的某些支(2)，表达式(20)在一条判别曲线上有分子与分母同时等于零，但是保持为 x,y 的连续函数；这时所论的各支在这条判别曲线上并无任何特异之处。在这种情形下，判别曲线乃是不同的方程支(2)的积分曲线的相切点的轨迹。

例 18 考查方程

$$p^2\left[(x-y)^2-1\right]-2p+\left[(x-y)^2-1\right]=0$$

解出 y 并对 x 微分，就可以求出通解 $(x-C)^2+(y-C)^2=1$。再求判别曲线；方程 $\dfrac{\partial F}{\partial p}=0$ 给出

$$p\left[(x-y)^2-1\right]-1=0$$

由此定 p，代入方程并消去分母，我们得到

$$1-2+\left[(x-y)^2-1\right]^2=0$$

或

$$\left[(x-y)^2-2\right](x-y)^2=0$$

判别曲线分裂为三条直线：$x-y=\pm\sqrt{2}$ 是(奇)解，$y=x$ 不是解。

几何解释：通解是中心在直线 $y=x$ 上和半径为 1 的圆族（图20）；直线 $y=x\pm\sqrt{2}$ 是曲线族的包线；直线 $y=x$ 是族内两个不同曲线的切点轨迹；它也是判别曲线的一部分，因为既然两个不同的曲线的切线重合，对于 p 的方程必有重根。

我们指出，但不证明，要曲线 $\varphi(x,y)=0$，能充任切点轨迹，$\varphi(x,y)$ 必须在判别式内至少出现二次；在本例中，$y-x$ 在判别式内出现两次。

所以综括说来，对于形式如方程(1)的方程，奇解只能由判别曲线的点组成，然而判别曲线也可以是积分曲线的歧点轨迹和不同积分曲线的切点轨迹。

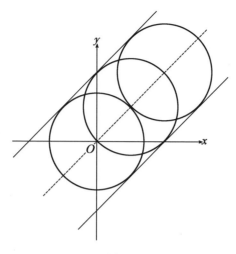

图 20

注 4 在大多数教程中,奇解被形式地定义为,不论任意常数有什么数值都不能由通解得到的解案。但是只有在 xOy 平面上使柯西定理的条件得以满足的区域内,我们方能证明通解的存在(第 2 章 §1)。因此,既然讨论的对象是处处破坏那些条件的解案,我们不能没有更多的说明就同意通解的存在。从另一方面来说,有时候某些解案处处都使柯西定理的条件得以满足,在一切观点上都应当看作是寻常解,但是并不包括在通解的公式里面(例如拉格朗日方程的积分直线)。因此我们认为通常的定义不够确切,而代之以本书所规定的定义。同时有些解案从形式的观点看来是寻常解,而从我们的观点看来却是奇解。

例 19 再看例 8 中的方程

$$p^3 - 4xyp + 8y^2 = 0$$

对 p 微分,$3p^2 - 4xy = 0$,从两个方程消去 p 就得到判别曲线 $4x^3y^3 - 27y^4 = 0$,或 $y = 0$,$y = \dfrac{4}{27}x^3$。通解是 $y = C(x-C)^2$。两条判别曲线是这族抛物线的包线,并且都是奇解,但是第一条可以在通解的公式内令 $C = 0$ 而得到。

3. 前段所讲的奇解求法可以归结为代数运算,即(多项式的)微分与消元。如果所给方程是 x, y, y' 的代数函数,那么奇解也是代数函数。即使不能积出方程(1),我们也能够求出它来。现在所要讲的第二个求法,必须知道微分方程的通积分方始能用。设方程(1)的通积分是

$$\Phi(x, y, C) = 0 \tag{25}$$

如果方程(25)所表示的曲线族有一包线,我们就有以下的结论:

(1)包线是微分方程的解,实际上,在包线上的每一点,线素 (x, y, y') 与积

分曲线族(25)内某一曲线的线素重合。既然积分曲线族(25)是方程(1)的解，可见包线上所有的线素也满足这个方程，亦即包线是解。

(2)包线是奇解。我们在每条曲线上取一段弧，这段弧的端点是积分曲线与包线的相切点(例2中正弦曲线的升支就是这样的弧)。经过包线的某一邻域的每一点有这样一段弧；这些弧对应于方程(1)的一支(2)所确定的方向场。在包线上各点唯一性破坏了，因为它的每一点都有两条相切的积分曲线经过，亦即包线本身与它所切的曲线弧经过。

这样看来，如果知道了通积分(25)，求奇解的规则就与求包线的规则一样：将方程(25)对参数 C 微分

$$\frac{\partial \Phi(x,y,C)}{\partial C}=0 \tag{26}$$

从方程(25)和(26)消去 C 所得的关系式

$$\varphi(x,y)=0 \tag{27}$$

就是奇解(如果它是解)。

注1 从微分几何我们知道，如果在曲线(27)上我们有

$$\frac{\partial \Phi}{\partial x}=0, \frac{\partial \Phi}{\partial y}=0 \tag{28}$$

那么，方程(27)不仅给出包线，而且还给出曲线族(25)的重点(结点，歧点等)的轨迹。

注2 在前段的终了，我们已经指出，对于方程(1)，有奇解存在是例外的情形，依本段的推演，仿佛可以得到相反的结论。"一般说来"方程(1)是有奇解的，因为在具有相应的导数与可能消去 C 的条件下，除掉下面"例外的"情形，就是随着方程(25)与(26)同时又有 $\frac{\partial \Phi}{\partial x}=0, \frac{\partial \Phi}{\partial y}=0$ 外，方程(25)(26)是给出包线的。只有在上述例外情形下，我们所得到的才不是包线而是奇点的轨迹。这个表面的矛盾是这样解释的：对于"一般的"方程(1)来说，积分曲线族(25)恰好是这样一类的特殊曲线族，从方程(25)与(26)消去 C 之后，所得的不是包线而是歧点的轨迹。

注3 可以证明，包线永远是判别曲线(22)的一部分。实际上，设经过点 (x_0,y_0) 有曲线族(25)的曲线 $y=\psi(x)$ 和包线 $Y=\Psi(x)$。如果将这两个函数代入方程(1)，那么根据以前所证结果我们得到两个恒等式

$$F(x,y,y')=0, F(x,Y,Y')=0 \tag{29}$$

将这些恒等式对 x 微分，就得到

$$\begin{cases} \dfrac{\partial F(x,y,y')}{\partial x}+\dfrac{\partial F}{\partial y}y'+\dfrac{\partial F}{\partial y'}y''=0 \\[2mm] \dfrac{\partial F(x,Y,Y')}{\partial x}+\dfrac{\partial F}{\partial Y}Y'+\dfrac{\partial F}{\partial Y'}Y''=0 \end{cases} \tag{30}$$

考查恒等式(30)在点(x_0,y_0)的情形。根据假定,我们有$y'_0=\psi'(x_0)=Y'_0=\Psi'(x_0)$。因此,在恒等式(30)中置$x=x_0$,我们得到

$$\left(\frac{\partial F}{\partial y'}\right)_{x_0,y_0,y'_0}(y''_0-Y''_0)=0$$

如果$y''_0\neq Y''_0$,就有$\dfrac{\partial F}{\partial y'}=0$。这个推演对于包线的一切线素都是正确的,即是说,沿着包线我们处处有等式(21)。因为方程(21)与(1)共同确定判别曲线,可见包线是一判别曲线的一部分。如果

$$y''_0=Y''_0,\cdots,y_0^{(n-1)}=Y_0^{(n-1)},\text{但是}y_0^{(n)}\neq Y_0^{(n)}$$

那么,将恒等式(29)微分$n-1$次,并将两式相减,我们仍然得到$\dfrac{\partial F}{\partial y'}=0$。

例20 我们再看例2,$y'^2+y^2=1$。通解是$y=\sin(x+C)$;包线可以由这个方程和方程$0=\cos(x+C)$得到。消去C之后,就得到包线$y^2=1$,与例14的答案一致。

例21 例18的方程:通解是$(x-C)^2+(y-C)^2=1$;对C微分,$x-C+y-C=0$,$C=\dfrac{x+y}{2}$;代入通解,就得到包线$(x-y)^2=2$,它是两条直线。

例22 例16的方程:通积分是

$$(y-C)^2=(x-C)^3$$

两端取对数后对C微分

$$\frac{2}{y-C}=\frac{3}{x-C}$$

由此,$C=3y-2x$;代入通解,得到

$$4(y-x)^2+27(y-x)^3=0$$

直线$y=x$是歧点轨迹;$x-y=\dfrac{4}{27}$是包线(图19)。

例23 $(2xy'-y)^2-4x^3=0$。

解出y',就得到线性方程$y'=\dfrac{y}{2x}+x^{\frac{1}{2}}$;通解是$y^2=x(x-C)^2$;对$C$微分,$x(x-C)=0$;将$C=x$代入通解,得到$y^2=0$。这不是包线,亦即不是奇解,而是奇点轨迹(节点;对于$C<0$的孤立点$x=C,y=0$可以不必考虑,因为当$x<0$时方程没有

意义,图 21)。

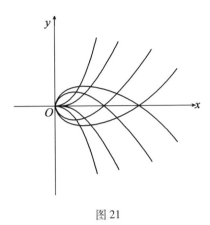

图 21

问　题

先由微分方程出发再由通积分出发求奇解:

91. $xp^2-2yp+4x=0$。

92. $xp^2+2xp-y=0$。

93. $y^2(p-1)=(2-p)^2$。

94. $p^4=4y(xp-2y)^2$。

95. $x^2p^2-2xyp+2xy=0$。

96. $y=p^2-px+\dfrac{x^2}{2}$。

97. $y=2px+\dfrac{x^2}{2}+p^2$。

98. $p^2-py+\mathrm{e}^x=0$。

§5　轨　线　问　题

这个问题是一阶微分方程在几何上的重要应用。

1. 设给定平面曲线族

$$F(x,y,a)=0 \tag{31}$$

依赖于一个参数 a;如果一条曲线与曲线族(31)的各个曲线交于定角 α,那么它叫作曲线族(31)的等角轨迹;如果 $\alpha=\dfrac{\pi}{2}$,就叫作正交轨线。现在我们根据给定的曲线族(31)求出它的等角轨线。

我们用 x_1, y_1 记轨线的流动坐标。先设 $\alpha \neq \dfrac{\pi}{2}$,并记 $\tan \alpha = k$。在轨线上任何一点我们有 $\varphi_1 - \varphi = \alpha$,其中 φ 是族内曲线的切线与 x 轴的交角,φ_1 是轨线的切线与 x 轴的交角(图22)。因此

$$\tan(\varphi_1 - \varphi) = k \ \text{或} \ \frac{\dfrac{\mathrm{d}y_1}{\mathrm{d}x_1} - \dfrac{\mathrm{d}y}{\mathrm{d}x}}{1 + \dfrac{\mathrm{d}y_1}{\mathrm{d}x_1} \dfrac{\mathrm{d}y}{\mathrm{d}x}} = k \tag{32}$$

等式(32)对于轨线任何点 (x_1, y_1) 全部成立;族内经过这一点的曲线的切线斜率 $\dfrac{\mathrm{d}y}{\mathrm{d}x}$ 可以由公式(31)算出

$$\frac{\partial F}{\partial x} + \frac{\partial F}{\partial y} \frac{\mathrm{d}y}{\mathrm{d}x} = 0$$

其中 x, y 须以 x_1, y_1 代替。

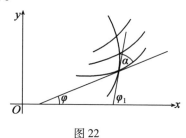

图22

将所得 $\dfrac{\mathrm{d}y}{\mathrm{d}x}$ 的值代入方程(32),我们就得到

$$\frac{\dfrac{\partial F(x_1, y_1, a)}{\partial y_1} \dfrac{\mathrm{d}y_1}{\mathrm{d}x_1} + \dfrac{\partial F(x_1, y_1, a)}{\partial x_1}}{\dfrac{\partial F(x_1, y_1, a)}{\partial y_1} - \dfrac{\partial F(x_1, y_1, a)}{\partial x_1} \dfrac{\mathrm{d}y_1}{\mathrm{d}x_1}} = k \tag{33}$$

在这个方程中出现了参数 a,它随着轨线上点的移动而变更,表征着轨线在该点所交的族内曲线。对于点 (x_1, y_1),a 的值可以通过在方程(31)中置 $x = x_1$,$y = y_1$ 而求出,即

$$F(x_1, y_1, a) = 0 \tag{$31'$}$$

从方程($31'$)与(33)消去 a,我们得到一个关系式

$$\varphi\left(x_1, y_1, \frac{\mathrm{d}y_1}{\mathrm{d}x_1}\right) = 0 \tag{34}$$

它把轨线上点的坐标和切线斜率联系起来,因此方程(34)是曲线族(31)的等

角轨线的微分方程。方程(34)的通积分

$$\Psi(x_1, y_1, C) = 0$$

是给出依赖着一个参数的等角轨线族。

如果 $\alpha = \dfrac{\pi}{2}$,我们就有

$$\varphi_1 - \varphi = \frac{\pi}{2}$$

$$\tan \varphi_1 = -\cot \varphi$$

$$\frac{\mathrm{d}y_1}{\mathrm{d}x_1} = -\frac{1}{\dfrac{\mathrm{d}y}{\mathrm{d}x}}$$

因此我们得到

$$\frac{\mathrm{d}y_1}{\mathrm{d}x_1} \frac{\partial F(x_1, y_1, a)}{\partial x_1} - \frac{\partial F(x_1, y_1, a)}{\partial y_1} = 0 \qquad (33')$$

从方程(31′)与(33′)消去参数 a,就得到正交轨线的微分方程。

2. 如果从曲线族的微分方程

$$\Phi_1\left(x, y, \frac{\mathrm{d}y}{\mathrm{d}x}\right) = 0 \qquad (34')$$

出发,那么推演和计算就要简单一些。对于每一点 (x, y),方程(34′)给出一个或数个 $\dfrac{\mathrm{d}y}{\mathrm{d}x}$ 的值,确定着曲线族的方向场。在 $x = x_1, y = y_1$ 的点上,等角轨线的方向与族内曲线的方向适合关系(32),从这个关系解出 $\dfrac{\mathrm{d}y}{\mathrm{d}x}$,就得到

$$\frac{\mathrm{d}y}{\mathrm{d}x} = \frac{\dfrac{\mathrm{d}y_1}{\mathrm{d}x_1} - k}{k \dfrac{\mathrm{d}y_1}{\mathrm{d}x_1} + 1}$$

把这个表达式代入方程(34′),同时以 x_1, y_1 代替 x, y,我们就得到等角轨线族的方向场的方程,亦即这族的微分方程

$$\Phi_1\left(x_1, y_1, \frac{\dfrac{\mathrm{d}y_1}{\mathrm{d}x_1} - k}{k \dfrac{\mathrm{d}y_1}{\mathrm{d}x_1} + 1}\right) = 0 \qquad (35)$$

在正交轨线的情形下,$\dfrac{\mathrm{d}y}{\mathrm{d}x}$ 和 $\dfrac{\mathrm{d}y_1}{\mathrm{d}x_1}$ 的关系是

$$\frac{\mathrm{d}y}{\mathrm{d}x} = -\frac{1}{\dfrac{\mathrm{d}y_1}{\mathrm{d}x_1}}$$

因此正交轨线的微分方程是

$$\Phi_1\left(x_1, y_1, -\frac{1}{\dfrac{\mathrm{d}y_1}{\mathrm{d}x_1}}\right) = 0 \tag{35'}$$

注 以后,凡在不致引起混淆的地方,我们就去掉指标而用 x,y 记轨线上点的坐标。

例 24 求直线束 $y = ax$ 的等角轨线。设交角 $\alpha \neq \dfrac{\pi}{2}$,$\tan \alpha = k$。我们有

$$\frac{\mathrm{d}y}{\mathrm{d}x} = a, \quad \frac{\dfrac{\mathrm{d}y_1}{\mathrm{d}x_1} - \dfrac{\mathrm{d}y}{\mathrm{d}x}}{1 + \dfrac{\mathrm{d}y_1}{\mathrm{d}x_1}\dfrac{\mathrm{d}y}{\mathrm{d}x}} = k$$

以 a 代 $\dfrac{\mathrm{d}y}{\mathrm{d}x}$,又由曲线族的方程知道 $a = \dfrac{y_1}{x_1}$,因此得到(略去指标)

$$\frac{\dfrac{\mathrm{d}y}{\mathrm{d}x} - \dfrac{y}{x}}{1 + \dfrac{y}{x}\dfrac{\mathrm{d}y}{\mathrm{d}x}} = k \quad \text{或} \frac{\mathrm{d}y}{\mathrm{d}x} = \frac{y + kx}{x - ky}$$

这是齐次方程,但是用积分因子法更容易将它积出

$$x\mathrm{d}y - y\mathrm{d}x = k(x\mathrm{d}x + y\mathrm{d}y)$$

$$\frac{x\mathrm{d}x + y\mathrm{d}y}{x^2 + y^2} = \frac{1}{k}\frac{x\mathrm{d}y - y\mathrm{d}x}{x^2 + y^2}$$

由此

$$\frac{1}{2}\ln(x^2 + y^2) = \frac{1}{k}\arctan\frac{y}{x} + \ln C$$

或

$$\sqrt{x^2 + y^2} = Ce^{\frac{1}{k}\arctan\frac{y}{x}}$$

最后,换成极坐标就有 $\gamma = Ce^{\frac{\varphi}{k}}$(对数螺线族)。

如果 $\alpha = \dfrac{\pi}{2}$,就有

$$\frac{\mathrm{d}y_1}{\mathrm{d}x_1} = -\frac{1}{\dfrac{\mathrm{d}y}{\mathrm{d}x}} = -\frac{1}{a} = -\frac{1}{\dfrac{y_1}{x_1}} \text{或} x_1\mathrm{d}x_1 + y_1\mathrm{d}y_1 = 0$$

由此,我们得到圆族 $x_1^2 + y_1^2 = C$。

例 25 现在以 $x = \pm 1, y = 0$ 为焦点的共焦椭圆族

$$\frac{x^2}{1+\lambda}+\frac{y^2}{\lambda}=1 \quad (\lambda>0)$$

它的微分方程是(第 1 章,问题 6)

$$(xy'-y)(x+yy')=y'$$

或

$$xyy'^2+(x^2-y^2-1)y'-xy=0$$

要得到正交轨线的微分方程,只需将 y' 换成 $-\dfrac{1}{y'}$,于是得到

$$\frac{xy}{y'^2}-\frac{x^2-y^2-1}{y'}-xy=0$$

或

$$xyy'^2+(x^2-y^2-1)y'-xy=0$$

亦即同一方程。这是因为所给方程对于 λ 是二次的;经过每一点有两条曲线——其中的一条是椭圆(对应于 $\lambda>0$),另一条是共焦点的变曲线($-1<\lambda<0$),而这族共焦双曲线族恰好是共焦椭圆的正交轨线(图 23)。

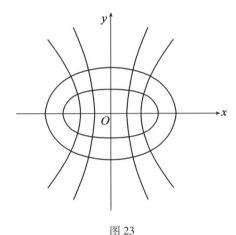

图 23

问　题

99. 求抛物线族 $y=ax^2$ 的正交轨线(作图)。

100. 求圆族 $x^2+y^2=a^2$ 的等角(定角为 α,$\tan\alpha=k$)轨线。

101. 求相似二次曲线族 $x^2+ny^2=a$(n 是常数)的正交轨线。

102. 求双纽线族

$$(x^2+y^2)^2-2a^2(x^2-y^2)=0$$

的正交轨线。

103. 求与心脏线族 $\rho = \alpha(1 + \cos\theta)$ 交于 α 角的曲线族。

提示：导出在极坐标中的等角轨线的方程。

104. 求共焦抛物线族的正交轨线。

105. 用极坐标解问题 102。

高阶微分方程

§1 存在定理

1. 我们仍以 x 记自变数，y 记未知函数。n 阶 $(n>1)$ 微分方程的形式是

$$F(x,y,y',\cdots,y^{(n)})=0 \tag{1}$$

其中 F 是所有变元的连续函数，永远依赖着最高阶导数 $y^{(n)}$。如果原始值 $x_0,y_0,y_0',\cdots,y_0^{(n)}$ 适合条件

$$F(x_0,y_0,y_0',\cdots,y_0^{(n)})=0,\left(\frac{\partial F}{\partial y^{(n)}}\right)_{x=x_0,y=y_0,\cdots,y^{(n)}=y_0^{(n)}}\neq 0$$

那么根据隐函数存在定理，在这些数值的附近，能从方程(1)解出 $y^{(n)}$ 而将它表如

$$y^{(n)}=f(x,y,y',\cdots,y^{(n-1)}) \tag{1$'$}$$

我们要证明方程(1$'$)的适合下列原始条件的解案的存在性和(在某些条件之下)唯一性，就是当 $x=x_0$ 时，这个解必须有

$$y=y_0,y'=y_0',\cdots,y^{(n-1)}=y_0^{(n-1)} \tag{2}$$

其中，$x_0,y_0,y_0',\cdots,y_0^{(n-1)}$ 是给定的数①。

进行存在的证明时，宜于把方程(1$'$)换成含 n 个未知函数的 n 个一阶微分方程。为实现这种代换，在未知函数 y 之外我们再引入 $n-1$ 个辅助未知函数

---

① 求方程(1$'$)的适合条件(2)的解称为柯西问题。这个名称也适用于 $n=1$ 的情形(一阶方程)。

$$y_1, y_2, \cdots, y_{n-1}$$

它们和 y 以及它们彼此之间的关系是

$$\frac{\mathrm{d}y}{\mathrm{d}x} = y_1, \frac{\mathrm{d}y_1}{\mathrm{d}x} = y_2, \cdots, \frac{\mathrm{d}y_{n-2}}{\mathrm{d}x} = y_{n-1} \tag{3}$$

由关系(3)可知函数 y_k 是函数 y 的 k 阶导数

$$y_k = \frac{\mathrm{d}^k y}{\mathrm{d}x^k} = y^{(k)} \quad (k = 1, 2, \cdots, n-1)$$

因此, $y^{(n)} = \dfrac{\mathrm{d}y_{n-1}}{\mathrm{d}x}$, 而方程(1′)成为

$$\frac{\mathrm{d}y_{n-1}}{\mathrm{d}x} = f(x, y, y_1, \cdots, y_{n-1}) \tag{3′}$$

方程(3)和(3′)是一组含 n 个未知函数 $y, y_1, \cdots, y_{n-2}, y_{n-1}$ 的 n 个一阶微分方程。在这些方程中,左端是未知函数的导数,右端依赖于自变数与未知函数(而不依赖于导数)这样的一组方程称为标准型的微分方程组。

但是方程(3)和(3′)有一个特点:仅只末一个方程的右端是 $x, y, y_1, \cdots, y_{n-1}$ 的普通形式的函数;在方程(3)中,右端都有特殊形式。为了达到最大的对称性,又因为微分方程组本身便是我们的研究对象(第7章),我们将在最普遍的形式上证明,关于标准型的一阶微分方程组的存在定理;同时,为了在记号上能完全对称,我们把对于未知函数的记号 $y, y_1, \cdots, y_{n-1}$ 改为

$$y_1, y_2, y_3, \cdots, y_n$$

于是我们要研究如下的方程组

$$\begin{cases} \dfrac{\mathrm{d}y_1}{\mathrm{d}x} = f_1(x, y_1, y_2, \cdots, y_n) \\[2mm] \dfrac{\mathrm{d}y_2}{\mathrm{d}x} = f_2(x, y_1, y_2, \cdots, y_n) \\[1mm] \qquad\qquad \vdots \\[1mm] \dfrac{\mathrm{d}y_n}{\mathrm{d}x} = f_n(x, y_1, y_2, \cdots, y_n) \end{cases} \tag{4}$$

2. 为了证明标准型微分方程组(4)的解存在,我们应用毕卡的逐次逼近法,这是第2章中对一个一阶方程的证明的直接推广。

设对于方程组给定了一组原始值 $x_0, y_1^{(0)}, y_2^{(0)}, \cdots, y_n^{(0)}$。关于方程组(4)的右端我们作下列假设:

(1)函数 $f_i(i = 1, 2, \cdots, n)$ 在闭区域

$$D: x_0 - a \leqslant x \leqslant x_0 + a, \ y_i^{(0)} - b \leqslant y_i \leqslant y_i^{(0)} + b \quad (i = 1, 2, \cdots, n)$$

内连续。由函数 f_i 的连续性推出它们的有界性,即是说,存在这样的正数 M,使得对于变元在 D 内的一切值有 $|f_i| \leqslant M (i=1,2,\cdots,n)$。

(2)在区域 D 内,这些函数对于变元 $y_1, y_2, \cdots, y_n$ 适合李普希兹条件:如果 $x, y'_1, y'_2, \cdots, y'_n$ 和 $x, y''_1, y''_2, \cdots, y''_n$ 是属于区域 D 的任何两组值,就有下面的不等式

$$
\begin{gathered}
|f_i(x, y'_1, y'_2, \cdots, y'_n) - f_i(x, y''_1, y''_2, \cdots, y''_n)| \\
\leqslant k\{|y'_1 - y''_1| + |y'_2 - y''_2| + \cdots + |y'_n - y''_n|\} \\
(i = 1, 2, \cdots, n)
\end{gathered}
\tag{5}
$$

其中 k 是某一正常数。

我们指出,如果函数 f_i 在区域 D 内对 $y_1, y_2, \cdots, y_n$ 有连续偏导数,那么根据有限增量的定理,我们有

$$
\begin{gathered}
f_i(x, y'_1, y'_2, \cdots, y'_n) - f_i(x, y''_1, y''_2, \cdots, y''_n) \\
= \left(\frac{\partial f_i}{\partial y_1}\right)_{\bar{y}_1} (y'_1 - y''_1) + \cdots + \left(\frac{\partial f_i}{\partial y_n}\right)_{\bar{y}_n} (y'_n - y''_n)
\end{gathered}
\tag{5'}
$$

其中符号 $(\quad)_{\bar{y}_k}$ 指明要用 $\bar{y}_k = y'_k + \theta(y''_k - y'_k)$ $(0 < \theta < 1)$ 代替变元 $y_k (k=1,2,\cdots, n)$。由于连续性,这些偏导数有界。我们可以取所有这些导数 $\frac{\partial f_i}{\partial y_k} (i,k=1,2,\cdots,n)$ 在区域 D 内的绝对值的最大值作为常数 K 而由式$(5')$得到不等式(5)。所以,如果偏导数 $\frac{\partial f_i}{\partial y_k} (i,k=1,2,\cdots,n)$ 在 D 内存在而且连续,那么适合李普希兹条件。

我们要证明,在上述的假设(1)和(2)之下,方程组(4)有一组而且只有一组解案

$$
y_1 = y_1(x), y_2 = y_2(x), \cdots, y_n = y_n(x)
$$

确定于区间 $x_0 - h \leqslant x \leqslant x_0 + h$,其中 $h = \min\left\{a, \dfrac{b}{M}\right\}$,并于 $x = x_0$ 时取给定的原始值

$$
y_1(x_0) = y_1^{(0)}, y_2(x_0) = y_2^{(0)}, \cdots, y_n(x_0) = y_n^{(0)}
\tag{6}
$$

我们同时计算各个未知函数的逐次近似。取常数 $y_i^{(0)}$ 为零次近似;一次近似是

$$
\begin{cases}
y_1^{(1)}(x) = y_1^{(0)} + \displaystyle\int_{x_0}^{x} f_1(x, y_1^{(0)}, \cdots, y_n^{(0)}) \, \mathrm{d}x \\
\quad\quad\quad\quad\quad \vdots \\
y_n^{(1)}(x) = y_n^{(0)} + \displaystyle\int_{x_0}^{x} f_n(x, y_1^{(0)}, y_2^{(0)}, \cdots, y_n^{(0)}) \, \mathrm{d}x
\end{cases}
\tag{7_1}
$$

显然,所作函数是连续的。再证明当$|x-x_0|\leqslant h$时,一次近似不越出区域D。事实上

$$|y_i^{(1)} - y_i^{(0)}| = \left| \int_{x_0}^x f_i(x,y_1^{(0)},y_2^{(0)},\cdots,y_n^{(0)})\mathrm{d}x \right| \leqslant M|x-x_0| \leqslant Mh \leqslant b$$
$$(i=1,2,\cdots,n)$$

(由于h的定义)。

定义二次近似为

$$\begin{cases} y_1^{(2)}(x) = y_1^{(0)} + \int_{x_0}^x f_1(x,y_1^{(1)},\cdots,y_n^{(1)})\mathrm{d}x \\ \qquad\qquad \vdots \\ y_n^{(2)}(x) = y_n^{(0)} + \int_{x_0}^x f_n(x,y_1^{(1)},\cdots,y_n^{(1)})\mathrm{d}x \end{cases} \tag{7_2}$$

一般地,m次近似是由$m-1$次接近用下面的公式定义的

$$\begin{cases} y_1^{(m)}(x) = y_1^{(0)} + \int_{x_0}^x f_1(x,y_1^{(m-1)},\cdots,y_n^{(m-1)})\mathrm{d}x \\ \qquad\qquad \vdots \\ y_n^{(m)}(x) = y_n^{(0)} + \int_{x_0}^x f_n(x,y_1^{(m-1)},\cdots,y_n^{(m-1)})\mathrm{d}x \end{cases} \tag{7_m}$$

假定$m-1$次近似为x的连续函数,则作为连续函数的不定积分的m次近似也是连续函数。容易证明,如果$m-1$次近似当$|x-x_0|\leqslant h$时不越出区域D,那么m次接近也不越出区域D。事实上,根据关于$m-1$次近似的假设,我们有

$$|f_i(x,y_1^{(m-1)},\cdots,y_n^{(m-1)})| \leqslant M, \text{当}|x-x_0|\leqslant h \quad (i=1,2,\cdots,n)$$

因此,公式(7_m)给出

$$|y_i^{(m)}-y_i^{(0)}| = \left| \int_{x_0}^x f_i(x,y^{(m-1)},\cdots,y_n^{(m-1)})\mathrm{d}x \right| \leqslant M|x-x_0| \leqslant Mh < b$$

这个不等式对于$m=1$已经证过了,所以它对于任何自然数m全都正确。这样看来,当x变化于区间$x_0-h \leqslant x \leqslant x_0+h$时,所有的近似$(7_m)$属于区域$D$。

我们进而证明,这些近似序列是收敛序列,即$\lim\limits_{m\to\infty} y_i^{(m)}(x)$存在$(i=1,2,\cdots,n)$。

为此,仿照以前对于一个函数的办法,我们考查下列级数

$$y_i^{(0)} + [y_i^{(1)}(x) - y_i^{(0)}] + [y_i^{(2)}(x) - y_i^{(1)}(x)] + \cdots + \tag{8}$$
$$[y_i^{(m)}(x) - y_i^{(m-1)}(x)] + \cdots \quad (i=1,2,\cdots,n)$$

我们应用李普希兹条件估计上列级数的各项的绝对值,从第二项开始。我们有

$$|y_i^{(1)}(x) - y_i^{(0)}| = \left| \int_{x_0}^x f_i(x,y_1^{(0)},\cdots,y_n^{(0)})\mathrm{d}x \right| \leqslant M|x-x_0|$$

又有

$$|y_i^{(2)}(x)-y_i^{(1)}(x)|=\left|\int_{x_0}^x [f_i(x,y_1^{(1)},\cdots,y_n^{(1)})-f_i(x,y_1^{(0)},\cdots,y_n^{(0)})]\mathrm{d}x\right| \tag{8_1}$$

$$\leqslant\left|\int_{x_0}^x |f_i(x,y_1^{(1)},\cdots,y_n^{(1)})-f_i(x,y_1^{(0)},\cdots,y_n^{(0)})|\mathrm{d}x\right|$$

根据李普希兹条件和已得的对于 $|y_i^{(1)}-y_i^{(0)}|$ 的估计,我们得到

$$|y_i^{(2)}(x)-y_i^{(1)}(x)|\leqslant\left|\int_{x_0}^x K\{|y_1^{(1)}-y_1^{(0)}|+\cdots+|y_n^{(1)}-y_n^{(0)}|\}\mathrm{d}y\right|$$

$$\leqslant\left|\int_{x_0}^x MnK|x-x_0|\mathrm{d}x\right|=MnK\frac{|x-x_0|^2}{2}\quad(i=1,2,\cdots,n)$$

$$\tag{8_2}$$

假设对于 $y_i^{(m-1)}(x)-y_i^{(m-2)}(x)$ 这项我们已经得到估计

$$|y_i^{(m-1)}(x)-y_i^{(m-2)}(x)|\leqslant M(nK)^{m-2}\frac{|x-x_0|^{m-1}}{(m-1)!} \tag{8_{m-1}}$$

$$(i=1,2,\cdots,n)$$

我们要证明,如上的估计,如果 m 代替 $m-1$,对于次一项也是正确的。实际上

$$|y_i^{(m)}(x)-y_i^{(m-1)}(n)|=$$

$$\left|\int_{x_0}^x [f_i(x,y_1^{(m-1)},\cdots,y_n^{(m-1)})-f_i(x,y_1^{(m-2)},\cdots,y_2^{(m-2)})]\mathrm{d}x\right|\leqslant$$

$$\left|\int_{x_0}^x |f_i(x,y_1^{(m-1)},\cdots,y_n^{(m-1)})-f_i(x,y_1^{(m-2)},\cdots,y_n^{(m-2)})|\mathrm{d}x\right|\leqslant$$

$$K\left|\int_{x_0}^x \sum_{l=1}^n |y_l^{(m-1)}-y_l^{(m-2)}|\mathrm{d}x\right|\leqslant \tag{8_m}$$

$$M(nK)^{(m-1)}\left|\int_{x_0}^x \frac{|x-x_0|^{m-1}}{(m-1)!}\mathrm{d}x\right|=$$

$$M(nK)^{m-1}\frac{|x-x_0|^m}{m!}$$

这样,我们证明了估计式 (8_m),对于任何自然数 m 的正确性,再注意到 $|x-x_0|\leqslant h$,就可以看出,级数(8)的各项从第二项开始有绝对值小于下一正项数目级数的对应项

$$\sum_{m=1}^{\infty} M(nK)^{m-1}\frac{h^m}{m!}$$

容易证明这个级数是收敛的。因此,级数(8)在区间 $x_0-h\leqslant x\leqslant x_0+h$ 内均匀收敛。又因这些级数的各项是连续函数,所以它们的和也是连续函数。以 $Y_i(x)$

$(i=1,2,\cdots,n)$记这些和函数。

我们有

$$Y_i(x)=y_i^{(0)}+\sum_{l=1}^{\infty}(y_i^{(l)}-y_i^{(l-1)})=\lim_{m\to\infty}y_i^{(m)}(x)$$

我们要证明函数$Y_1(x),Y_2(x),\cdots,Y_n(x)$即是微分方程组(4)的一组适合原始条件的解案。

根据$y_i^{(m)}(x)$的定义(见式(7_m))我们有$y_i^{(m)}(x_0)=y_i^{(0)}$,因此

$$\lim_{m\to\infty}y_i^{(m)}(x_0)=Y_i(x_0)=y_i^{(0)}$$

可见极限函数$Y_i(x)$适合原始条件。

下面证明这些函数适合方程组(4)。依等式(7_m),可写

$$y_i^{(m)}(x)=y_i^{(0)}+\int_{x_0}^{x}\{f_i[x,y_1^{(m-1)}(x),\cdots,y_n^{(m-1)}(x)]-$$

$$f_i[x,Y_1(x),\cdots,Y_n(x)]\}\,\mathrm{d}x+\int_{x_0}^{x}f_i[x,Y_1(x),\cdots,Y_n(x)]\,\mathrm{d}x$$

$$(i=1,2,\cdots,n) \tag{9}$$

我们估计第一个积分的绝对值

$$\left|\int_{x_0}^{x}\{f_i(x,y_1^{(m-1)},\cdots,y_n^{(m-1)})-f_i(x,Y_1,\cdots,Y_n)\}\,\mathrm{d}x\right|\leqslant$$

$$\left|\int_{x_0}^{x}\{f_i(x,y_1^{(m-1)},\cdots,y_n^{(m-1)})-f_i(x,Y_1,\cdots,Y_n)\}\,\mathrm{d}x\right|\leqslant \tag{9'}$$

$$K\left|\int_{x_0}^{x}\{|y_1^{(m-1)}-Y_1|+\cdots+|y_n^{(m-1)}-Y_n|\}\,\mathrm{d}x\right|$$

因为函数$y_i^{(m-1)}(x)$$(m=1,2,\cdots)$在区间$(x_0-h,x_0+h)$内均匀收敛至$Y_i(x)$$(i=1,2,\cdots,n)$,所以对于任何预先给定的$\varepsilon$,可以找到这样的$N$,使得当$m-1>N$时,对于在被考虑的区间内的任何$x$有下面的不等式

$$|y_i^{(m-1)}(x)-Y_i(x)|<\frac{\varepsilon}{nKh} \quad (i=1,2,\cdots,n)$$

于此再用不等式$(9')$,便可得到当$|x-x_0|\leqslant h$时对于公式(9)中第一个积分的估计

$$\left|\int_{x_0}^{x}\{f_i(x,y_1^{(m-1)},\cdots,y_n^{(m-1)})-f_i(x,Y_1,\cdots,Y_n)\}\,\mathrm{d}x\right|<\frac{\varepsilon}{nKh}hnK=\varepsilon$$

因此,当$m\to\infty$时,这个积分的极限等于零。另一方面,以前已经证明$\lim_{m\to\infty}y_i^{(m)}(x)=Y_i(x)$。所以由等式(9)取极限便得

$$Y_i(x)=y_i^{(0)}+\int_{x_0}^{x}f_i(x,Y_1,\cdots,Y_n)\,\mathrm{d}x \quad (i=1,2,\cdots,n)$$

将两端对 x 微分(左端有导数,因为右端有导数,即连续函数的积分对于上限的导数),我们得到恒等式

$$\frac{\mathrm{d}Y_i}{\mathrm{d}x} = f_i[x, Y_1(x), \cdots, Y_n(x)] \quad (i = 1, 2, \cdots, n)$$

可见函数 $Y_i(x)$ 确实适合方程组(4)[1]。

我们进而证明,满足原始条件的解是唯一的。设在 $Y_1(x), \cdots, Y_n(x)$ 这一组解之外,又有另一组解 $Z_1(x), \cdots, Z_n(x)$,而且 $Y_i(x_0) = Z_i(x_0) = y_i^{(0)}$ ($i = 1, 2, \cdots, n$),但不是所有的 Z_i 恒等于 Y_i。根据这些假设,连续函数

$$\Phi(x) \equiv |Y_1(x) - Z_1(x)| + |Y_2(x) - Z_2(x)| + \cdots + |Y_n(x) - Z_n(x)| \quad (10)$$

在区间 $(x_0 - h, x_0 + h)$ 内不恒等于零。无伤于一般性,我们可以假设在任意接近 x_0 而(例如)大于 x_0 的地方,存在 x 的值使 $\Phi(x) \neq 0$。(如果对于 $x_0 \leqslant x \leqslant x_1$ 有 $\Phi(x) = 0$,而在大于 x_1 但任意接近 x_1 处有 x 的值使 $\Phi(x) \neq 0$,那么在下面以 x_1 代 x_0 即可)[2]

考虑区间 $[x_0, x_0 + h_1]$,其中 h_1 是任何小于 h 的正数。由于假定,无论 h_1 怎样的小, $\Phi(x)$ 在区间 $[x_0, x_0 + h_1]$ 内有不等于零的值,因而有正值。根据连续函数的一个熟知的特性,函数(10)在区间 $[x_0, x_0 + h_1]$ 的某一点 $x = \xi$ 达到正极大值 θ,其中 $x_0 < \xi \leqslant x_0 + h_1$。既然函数 $Y_i(x)$ 和 $Z_i(x)$ 适合方程组(4),那么我们有下面的恒等式

$$\frac{\mathrm{d}Y_i}{\mathrm{d}x} = f_i(x, Y_1, \cdots, Y_n), \frac{\mathrm{d}Z_i}{\mathrm{d}x} = f_i(x, Z_1, \cdots, Z_n)$$

因此

$$\frac{\mathrm{d}(Y_i - Z_i)}{\mathrm{d}x} = f_i(x, Y_1, \cdots, Y_n) - f_i(x, Z_1, \cdots, Z_n) \quad (11)$$

$$(i = 1, 2, \cdots, n)$$

在区间 (x_0, x) 上积分式(11)的两端,其中 x 是在区间 $[x_0, x_0 + h_1]$ 内变化的点,

---

① 在这一部分证明里面,用李普希兹条件只是为了可以简单地做出对公式(9)中积分的估计;其实这个积分趋向零(当 $m \to \infty$),是可以从函数 f_i 的连续性及 $y_i^{(m-1)}(x)$ 趋向极限函数 $Y_i(x)$ 的均匀性推出来;在第2章中,对于一个微分方程的情形,我们做出了不用李普希兹条件的证明。

② 在闭区间 $[x_0 - h, x_0 + h]$ 内使连续函数 $\Phi(x)$ 等于零的点 x 组成一个闭集合 E。我们可以取一点,它既属于 E 又是余集的极限点作为 x_1。如果 E 不是整个区间 $[x_0 - h, x_0 + h]$,这样的点一定存在;如果是整个区间,唯一性就没有问题。

我们得到

$$Y_i(x) - Z_i(x) = \int_{x_0}^{x} \{ f_i(x, Y_1, \cdots, Y_n) - f_i(x, Z_1, \cdots, Z_n) \} \, dx$$
$$(i = 1, 2, \cdots, n)$$

由此,利用李普希兹条件及函数(10)在区间 $[x_0, x_0 + h_1]$ 内不超过 θ 的事实,我们得到对于左端差数的估计

$$|Y_i(x) - Z_i(x)| \leq \int_{x_0}^{x} K \{ |Y_1(x) - Z_1(x)| + \cdots + |Y_n(x) - Z_n(x)| \} \, dx$$

$$\leq \int_{x_0}^{x} K\theta \, dx = K\theta(x - x_0) \quad (i = 1, 2, \cdots, n)$$

将上面的不等式对于 $i = 1, 2, \cdots, n$ 相加,就有

$$|Y_1(x) - Z_1(x)| + \cdots + |Y_n(x) - Z_n(x)| \leq nK\theta(x - x_0) \leq nK\theta h_1 \qquad (12)$$

只要 x 满足不等式

$$x_0 \leq x \leq x_0 + h_1$$

特别地,如果 $x = \xi$,式(12)的左端即等于 θ,因而我们得到不等式 $\theta \leq nK\theta h_1$。这是一个矛盾,因为 h_1 可以取得任意小;取 $h_1 < \dfrac{1}{nK}$,则右端成为 $<\theta$,而有 $\theta < \theta$。这个矛盾证明了解案的唯一性。

我们所得到的解只在区间 $(x_0 - h, x_0 + h)$ 内确定。用多维空间几何的语言,我们可以说:$x, y_1, y_2, \cdots, y_n$ 是 $n+1$ 维空间的点的直角坐标,D 是空间内的平行多面体,解案 $y_i = y_i(x)(i = 1, 2, \cdots, n)$ 是在空间内经过点 $(x_0, y_1^{(0)}, y_2^{(0)}, \cdots, y_n^{(0)})$ 的积分曲线①。我们所得到的一段积分曲线有两个端点,分别对应于 x 的值 $x_0 - h$ 与 $x_0 + h$。如果一端,例如对应于 $x_0 + h$ 的那一端仍在函数 f_i 适合条件(1)与(2)的区域的内部,那么我们取 $x_0^{(1)} = x_0 + h, y_i^{(1)} = y_i(x_0 + h), i = 1, 2, \cdots, n$,作为新的原始点,由这一点出发又可以对于 x 在某一区间 $(x_0^{(1)} - h^{(1)}, x_0^{(1)} + h^{(1)})$ 内的值确定一段积分曲线。由于唯一性定理,两段曲线在两个区间

$$[x_0 - h, x_0 + h] \text{ 和 } [x_0^{(1)} - h^{(1)}, x_0^{(1)} + h^{(1)}]$$

的公共部分重合。这样,我们延拓了解案,使它确定在更大的区间内;继续这种延拓,我们可以任意接近函数 f_i 适合条件(1)和(2)的区域的边界。我们就是这样逐步地确定积分曲线。

现在,我们追想,一个如下的 n 阶微分方程

---

① 当 $n = 2$ 时,就有平常的三维空间和空间曲线。

$$\frac{\mathrm{d}^n y}{\mathrm{d}x^n} = f\left(x, y, \frac{\mathrm{d}y}{\mathrm{d}x}, \cdots, \frac{\mathrm{d}^{n-1}y}{\mathrm{d}x^{n-1}}\right)$$

可以化为方程组(4)的特殊类型(3)(3′)

$$\frac{\mathrm{d}y}{\mathrm{d}x} = y_1, \frac{\mathrm{d}y_1}{\mathrm{d}x} = y_2, \cdots, \frac{\mathrm{d}y_{n-1}}{\mathrm{d}x} = y_{n-1}$$

$$\frac{\mathrm{d}y_{n-1}}{\mathrm{d}x} = f(x, y, y_1, \cdots, y_{n-1})$$

把已证明过的存在定理应用于这个方程组,并注意 y_i 与 y 的导数之间的关系,我们可以说出对于方程(1′)的存在(和唯一性)定理,即

已解出最高阶导数的 n 阶方程,如果它的右端对于所有的变元连续,而且适合对于变元 $y, \frac{\mathrm{d}y}{\mathrm{d}x}, \cdots, \frac{\mathrm{d}^{n-1}y}{\mathrm{d}x^{n-1}}$ 的李普希兹条件,那么有唯一的解案适合原始条件:当 $x = x_0$ 时 $y = y_0, \frac{\mathrm{d}y}{\mathrm{d}x} = y_0', \cdots, \frac{\mathrm{d}^{n-1}y}{\mathrm{d}x^{n-1}} = y_0^{(n-1)}$(柯西问题)①。

(3)柯西定理断定常微分方程组的特解存在,就是适合给定原始条件的解存在。在几何上,这意味着有积分曲线经过点 $(x_0, y_1^{(0)}, y_2^{(0)}, \cdots, y_n^{(n)})$。

但是根据这条定理我们也能缔造通解。我们将 x_0 看作定数,而将 $y_1^{(0)}, y_2^{(0)}, \cdots, y_n^{(0)}$ 看作参变数,它们可以取各个不同的数值,但不能越出区域 D。

对于每一组这样的原始值,都有相应的一条积分曲线。$n+1$ 维空间的距"超平面" $x = x_0$ 充分近的每一点,都有我们方程组的一条积分曲线经过。事实上,我们考查某一点 $P(\bar{x}_0, \bar{y}_1^{(0)}, \cdots, \bar{y}_n^{(0)})$ 与经过它的积分曲线。如果 $|x_0 - \bar{x}_0|$ 充分小,这条积分曲线就可以延拓到 $x = x_0$,而当 $x = x_0$ 时 $y_1, y_2, \cdots, y_n$ 取某一组值 $y_1^{(0)}, y_2^{(0)}, \cdots, y_n^{(0)}$。于是原始值 $(x_0, y_1^{(0)}, y_2^{(0)}, \cdots, y_n^{(0)})$ 所确定的曲线经过点 P,而我们的断语得到证明。据此,在区域 D 内有这样一个区域 D',经过它的各点的积分曲线都由对于 $x = x_0$ 的原始值 $y_1^{(0)}, y_2^{(0)}, \cdots, y_n^{(0)}$ 所确定。由于唯一性,经过 D' 的各点只有一条这样的积分曲线。公式 $(7_1)(7_2)\cdots(7_m)$ 表明逐次的近似 $y_i^{(m)}$ 是参数 $y_1^{(0)}, y_2^{(0)}, \cdots, y_n^{(0)}$ 的连续函数;其后所作的估计,表明 $y_i^{(m)}(x)$ 不仅对于 x,而且对于这些参数均匀收敛。所以极限函数 $Y_i(x)$ 也是这些参数的连续函数

———————————

① 如果 n 阶微分方程的右端在某一区域内是所有变元的连续函数,但不适合李普希兹条件,那么可以证明解案存在,但不能证明它的唯一性。

$$\begin{cases} y_1 = \varphi_1(x, y_1^{(0)}, y_2^{(0)}, \cdots, y_n^{(0)}) \\ y_2 = \varphi_2(x, y_1^{(0)}, y_2^{(0)}, \cdots, y_n^{(0)}) \\ \vdots \\ y_n = \varphi_n(x, y_1^{(0)}, y_2^{(0)}, \cdots, y_n^{(0)}) \end{cases} \tag{13}$$

公式(13)给出方程组(4)在区域 D' 内的通解的表达式。由此可见,通解是 n 个任意常数,即参数 $y_i^{(0)}$ 的连续函数。

回到我们本章中所关心的情形,即一个 n 阶微分方程的情形,我们指出,问题中的未知函数是 y,函数 $y_1, y_2, \cdots, y_{n-1}$ 不过是辅助性的。因此,在全体公式(13)之中我们所注意的只是 y 的表达式,其中出现的辅助函数的原始值现在是 y 的导数的原始值。

这样,方程 $(1')$ 的通解的形式是

$$y = \varphi(x, y_0, y_0', \cdots, y_n^{(n-1)}) \tag{14}$$

注意到原始值 $y_0, y_0', \cdots, y_0^{(n-1)}$ 是参数,亦即是任意常数,我们得到下面的结论:

n 阶微分方程的通解含有 n 个任意常数,它的形式是

$$y = \varphi(x, C_1, C_2, \cdots, C_n) \tag{14'}$$

如果联系 x, y 和 n 个任意常数的关系式具有未解出 y 的形式

$$\Phi(x, y, C_1, C_2, \cdots, C_n) = 0 \tag{15}$$

我们称它为方程(1)或 $(1')$ 的通积分。

在存在定理中,我们得到了函数及其 $n-1$ 个导数的原始值作为任意常数;通常在实行积分 n 阶方程时我们会得到别种任意常数;但是如果它们的个数等于 n,那么在某种条件之下,我们能够从方程(14)或(15)得到(在某一区域内)任何一个特解,亦即符合柯西原始条件的解;如果满足了上述条件,我们也称公式 $(14')$ 为方程(1)或 $(1')$ 的通解,称公式(15)为通积分,这时常数 $C_1, C_2, \cdots, C_n$ 不一定是 $y, y', \cdots, y^{(n-1)}$ 的原始值。

现在我们说明怎样由已知的通解 $(14')$ 去解决柯西问题。将等式 $(14')$ 逐次对 x 微分后,以 x 的原始值 x_0 和 $y, y', \cdots, y^{(n-1)}$ 的原始值代入,我们就得到等式

$$\begin{cases} \varphi(x_0, C_1, C_2, \cdots, C_n) = y_0 \\ \varphi'(x_0, C_1, C_2, \cdots, C_n) = y_0' \\ \vdots \\ \varphi^{(n-1)}(x_0, C_1, C_2, \cdots, C_n) = y_0^{(n-1)} \end{cases} \tag{16}$$

将等式(16)看作含 n 个未知数 $C_1, C_2, \cdots, C_n$ 的 n 个方程,一般说来,我们就得

到这样一组 $C_1, C_2, \cdots, C_n$ 的数值,它们对应于适合所给原始条件(2)的特解。同样,如果已知通积分(15),那么,将 y 解出,便得方程(1)的解(14′),再将公式(14′)代入方程(15),结果是一个恒等式;将它对 x 微分,注意着 y 是 x 的函数,然后将原始值(2)代入所得等式,我们得到

$$\begin{cases} \Phi(x_0, y_0, C_1, C_2, \cdots, C_n) = 0 \\ \left(\dfrac{\partial \Phi}{\partial x}\right)_0 + \left(\dfrac{\partial \Phi}{\partial y}\right)_0 y_0' = 0 \\ \left(\dfrac{\partial^2 \Phi}{\partial x^2}\right)_0 + 2\left(\dfrac{\partial^2 \Phi}{\partial x \partial y}\right)_0 y_0' + \left(\dfrac{\partial^2 \Phi}{\partial x^2}\right)_0 y_0'^2 + \left(\dfrac{\partial \Phi}{\partial y}\right)_0 y_0'' = 0 \qquad (16') \\ \qquad\qquad\qquad \vdots \\ \left(\dfrac{\partial^{n-1} \Phi}{\partial x^{n-1}}\right)_0 + \cdots + \left(\dfrac{\partial \Phi}{\partial y}\right)_0 y_0^{(n-1)} = 0 \end{cases}$$

(符号 $(\quad)_0$ 表示在表达式中须以 x_0 和 y_0 代替 x 和 y)。我们仍然得到 n 个方程以定 n 个未知数 $C_1, C_2, \cdots, C_n$,所以,一般说来,在这种情形下我们也能解决柯西问题。

注 1 根据隐函数的定理,只有在适合下列条件的数值 $\bar{x}_0, \bar{y}_0, \bar{y}_0', \cdots,$ $\bar{y}_0^{(n-1)}, \bar{C}_1, \bar{C}_2, \cdots, \bar{C}_n$ 的附近,才能保证方程组(16)或(16′)对于 $C_1, C_2, \cdots, C_n$ 可解:这组数值适合方程组(16)或(16′),并使方程组(16)或(16′)左端对于 $C_1, C_2, \cdots, C_n$ 的雅可比式不等于零。如果雅可比式恒等于零,就不能对于任意的原始值 $y_0, y_0', \cdots, y_0^{(n-1)}$(即使在小区域内)定出 $C_1, C_2, \cdots, C_n$,因而不能解决柯西问题。这时我们说,表达式(14′)或(15)所含的 n 个常数不是实质的,这些表达式不能表示通解。

注 2 如一阶方程那样,也有这种情形,就是含有 n 个任意常数的公式(14′)不包括所有由柯西原始条件确定的特解。

例 1 方程 $y(1-\ln y)y'' + (1+\ln y)y'^2 = 0$,当 $y \neq 0, y \neq e$ 时,可以变为方程(1′)的形式,其中右端连续且有对 y 与 y' 的连续导数。因此,在 $y_0 \neq 0, y \neq e$ 的条件下,由原始数据 x_0, y_0, y_0' 确定的解是寻常解。含有两个任意常数 a, b 的解是由(容易验证)公式 $\ln y = \dfrac{x+a}{y+b}$ 表出。但是从这个解案得不到由原始条件 $x = x_0, y = y_0(\neq 0, \neq e), y_0' = 0$ 确定的特解。这些特解是由 $y = C$ 给出(容易看出 y 是常数时适合方程)。在这种情形下,我们不得不说,通解是由两个方程:$\ln y = \dfrac{x+a}{x+b}, y = C$ 给出的。

注 3 形式如方程(1)的方程在数值 $x_0, y_0, y'_0, \cdots, y_0^{(n)}$ 的附近可以通过解出 $y^{(n)}$ 而变为方程(1'),如果

$$F(x_0, y_0, y'_0, \cdots, y_0^{(n)}) = 0$$

而且对于这组数值 $\dfrac{\partial F}{\partial y^{(n)}} \neq 0$。只在这个假定之下,以上一切的推演才保持正确。研究使导数 $\dfrac{\partial F}{\partial y^{(n)}}$ 成为零的数值,就要牵涉 n 阶方程的奇解的理论。在这个理论上我们不想讨论。

本章以后的目的在于建立若干情形,其中方程(1)或(1')可以借求积积分到底,或则至少它的积分问题可以归结到低于 n 阶的微分方程的积分问题。

§2 可借求积解出的 n 阶方程的类型

1. 方程

$$y^{(n)} = f(x) \tag{17}$$

是容易用求积来积分的。事实上,通过逐次积分,我们可以由方程(17)得到

$$y^{(n-1)} = \int_{x_0}^{x} f(x)\, \mathrm{d}x + C_1$$

$$y^{(n-2)} = \int_{x_0}^{x} \mathrm{d}x \int_{x_0}^{x} f(x)\, \mathrm{d}x + C_1(x-x_0) + C_2$$

$$y^{(n-3)} = \int_{x_0}^{x} \mathrm{d}x \int_{x_0}^{x} \mathrm{d}x \int_{x_0}^{x} f(x)\, \mathrm{d}x + \frac{C_1(x-x_0)^2}{2} + C_2(x-x_0) + C_3$$

$$\vdots$$

最后的结果是

$$y = \underbrace{\int_{x_0}^{x} \mathrm{d}x \int_{x_0}^{x} \mathrm{d}x \cdots \int_{x_0}^{x}}_{n \text{次}} f(x)\, \mathrm{d}x + \frac{C_1(x-x_0)^{n-1}}{(n-1)!} + $$

$$\frac{C_2(x-x_0)^{n-2}}{(n-2)!} + \cdots + C_{n-1}(x-x_0) + C_n \tag{18}$$

公式(18)就是方程(17)的通解。由中介公式显而易见,公式(18)是这样的柯西问题的解,就是求方程(17)满足下列原始条件的解:当 $x = x_0$ 时

$$y_0 = C_n, y'_0 = C_{n-1}, \cdots, y_0^{(n-2)} = C_2, y_0^{(n-1)} = C_1$$

因此,在公式(18)右端的第一项

$$y = \int_{x_0}^{x} dx \int_{x_0}^{x} dx \cdots \int_{x_0}^{x} f(x)\, dx \qquad (19)$$

是方程(17)的特解,它与它的 1 阶至 $n-1$ 阶的各个导数在 $x=x_0$ 时都成为零。

含有对 x 的 n 次求积的表达式(19)可以变为对参数的一次求积。首先处理 $n=2$ 的情形。为清楚起见,我们用两个不同的字母记两个积分中的变数,于是

$$y = \int_{x_0}^{x} dx \int_{x_0}^{x} f(z)\, dz$$

将上式中右端看作在 xOz 平面上的重积分,那么积分域是具有阴影的三角区(图 24)。我们可以调换积分的次序,以自 z 至 x 为 x 的界限,以自 x_0 至 x 为 z 的界限,于是有

$$y = \int_{x_0}^{x} dz \int_{z}^{x} f(z)\, dx = \int_{x_0}^{x} f(z)\, dz \int_{z}^{x} dx = \int_{x_0}^{x} (x-z) f(z)\, dz$$

其次,研究 $n=3$ 的情形

$$y = \int_{x_0}^{x} dx \int_{x_0}^{x} dx \int_{x_0}^{x} f(x)\, dx$$

如前,我们可以将二次内积分换成对参数 z 的一次积分,因此

$$y = \int_{x_0}^{x} dx \int_{x_0}^{x} (x-z) f(z)\, dz$$

此时积分域仍然是前面的三角区。调换积分次序并改变上下限后,便得

$$y = \int_{x_0}^{x} dz \int_{z}^{x} (x-z) f(z)\, dx = \int_{x_0}^{x} f(z)\, dz \int_{z}^{x} (x-z)\, dx$$

$$= \int_{x_0}^{x} f(z) \left[\frac{(x-z)^2}{2} \right]_{x=z}^{x=x} dz = \frac{1}{2} \int_{x_0}^{x} (x-z)^2 f(z)\, dz$$

现在来看任意数 n 的情形,假设下式对于 $n-1$ 正确

$$\underbrace{\int_{x}^{x} dx \int_{x}^{x} dx \cdots \int_{x_0}^{x}}_{n-1\text{次}} f(x)\, dx = \frac{1}{(n-2)!} \int_{x_0}^{x} (x-z)^{n-2} f(z)\, dz$$

那么我们得到

$$\underbrace{\int_{x_0}^{x} dx \int_{x_0}^{x} dx \cdots \int_{x_0}^{x}}_{n\text{次}} f(x)\, dx = \frac{1}{(n-2)!} \int_{x_0}^{x} dx \int_{x_0}^{x} (x-z)^{n-2} f(z)\, dz$$

$$= \frac{1}{(n-2)!} \int_{x_0}^{x} f(z)\, dz \int_{z}^{x} (x-z)^{n-2}\, dx$$

$$= \frac{1}{(n-1)!} \int_{x_0}^{x} (x-z)^{n-1} f(z)\, dz$$

即同一公式对于 n 也正确。所以对于任何自然数 n,我们最后有

$$y = \frac{1}{(n-1)!} \int_{x_0}^x (x-z)^{n-1} f(z)\,dz \qquad (19')$$

（柯西公式）。公式($19'$)是方程(17)的适合原始条件

当 $x = x_0$ 时，$y = 0, y' = 0, \cdots, y^{(n-1)} = 0$

的解。通过微分亦可直接证出这些论断。

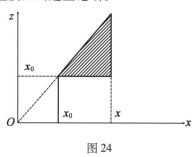

图 24

例 2 $\dfrac{d^3 y}{dx^3} = \ln x$，原始值 $x_0 = 1, y_0, y_0', y_0''$ 为任何数值我们有

$$y = y_0 + \frac{(x-1)}{1} y_0' + \frac{(x-1)^2}{1 \cdot 2} y_0'' + Y$$

其中 $$Y = \frac{1}{2} \int_1^x (x-z)^2 \ln z\,dz$$

用分布积分法，得到

$$Y = \frac{1}{2} \left[-\frac{(x-z)^3}{3} \ln z \right]_{z=1}^{z=x} + \frac{1}{6} \int_1^x \frac{(x-z)^3}{z}\,dz$$

$$= \frac{1}{6} \int_1^x \left(\frac{x^3}{z} - 3x^2 + 3xz - z^2 \right) dz$$

$$= \frac{1}{6} \left[x^3 \ln x - 3x^2(x-1) + \frac{3}{2} x(x^2-1) - \frac{x^3-1}{3} \right]$$

$$= \frac{1}{6} x^3 \ln x - \frac{11}{36} x^3 + \frac{1}{2} x^2 - \frac{1}{4} x + \frac{1}{18}$$

这样，我们得到了适合原始条件；当 $x = 1$ 时，$Y = 0, Y' = 0, Y'' = 0$ 的特解。要得到联系柯西问题的通解，须附加 $x - x_0$ 的二次三项式，于是得到

$$y = y_0 + \frac{x-1}{1} y_0' + \frac{(x-1)^2}{1 \cdot 2} y_0'' + \frac{1}{6} x^3 \ln x - \frac{11}{36} x^3 + \frac{1}{2} x^2 - \frac{1}{4} x + \frac{1}{18}$$

如果我们只需获得（含三个任意常数的）通解，那么需要注意由于数值 y_0, y_0'，y_0'' 可以任意选取，上式中 x^2, x 的系数以及自由项是全然任意的，因而所求通解可以写为

$$y = \frac{1}{6}x^3 \ln x - \frac{11}{36}x^3 + C_2 x^2 + C_1 x + C_0$$

其中,C_0, C_1, C_2 是任意常数。

如果所给方程具有形式

$$F(y^{(n)}, x) = 0 \qquad (17')$$

那么从它解出 $y^{(n)}$ 就成为方程(17)的形式,而前面的推演仍然全部有效。但是有些时候,通过初等函数只能从这个方程解出 x 来,或者,在更普遍的情形下,将 $x, y^{(n)}$ 表为参数 t 的函数;这时,方程(17')的积分仍可还原到明显表出的求积。设等价于方程(17')的参数方程是

$$x = \varphi(t), \quad y^{(n)} = \psi(t) \qquad (17'')$$

根据定义,$dy^{(n-1)} = y^{(n)} dx$,因此,对于目前的情况有,$dy^{(n-1)} = \psi(t)\varphi'(t)dt$,从而

$$y^{(n-1)} = \int \psi(t)\varphi'(t)dt$$

$y^{(n-2)} = \int y^{(n-1)} dx = \int \varphi'(t)dt \int \psi(t)\varphi'(t)dt$,依次类推。(我们不写出任意常数,而将它们包括在不定积分符号里面;如果要明显地写出它们,那么在 $y^{(n-1)}$ 的表达式中有 C_1 一项出现,在 $y^{(n-2)}$ 的表达式中有 C_2 与 $C_1 x$ 或 $C_1\varphi(t)$ 二项出现,依次类推。)

最后我们有

$$x = \varphi(t), \quad y = \Phi(t, C_1, C_2, \cdots, C_n)$$

如果从这两个关系式消去 t,就得到方程(17')的通积分。

注 以上导出的公式包含 n 次求积。在这里,类似于公式(19'),我们又能获得含有一次求积的特解以解决下述的柯西问题:求方程(17')或(17'')的解案,要它同它的 $n-1$ 个历次导数当 $x = x_0$ 时全等于零。为此,我们指出,方程(17'')的第一公式其实就是自变数的变换公式;所以,我们应当在式(19')中将 x 换成 $\varphi(t)$,将 z 换成 $\varphi(u)$,u 是新参数。由方程(17')我们有 $y^{(n)} = f(x) = f[\varphi(t)]$,而按照方程(17'')的第二公式,这即是 $\psi(t)$。设参数 t 的值 t_0 对应于原始值 x_0。我们得到

$$y = \frac{1}{(n-1)!} \int_{t_0}^{t} [\varphi(t) - \varphi(u)]^{n-1} \psi(u)\varphi'(u)du \qquad (19'')$$

例3 $e^{y''} + y'' = x$。在这里不可能借初等函数解出 y''。以 y'' 为参数 t,即得参数方程 $x = e^t + t, y'' = t$,由此

$$dy' = y'' dx = t(e^t + 1)dt = (te^t + t)dt$$

$$y' = \int (te^t + t) \, dt = (t-1)e^t + \frac{t^2}{2} + C_1$$

又由

$$dy = y' dx = \left[(t-1)e^t + \frac{t^2}{2} + C_1 \right](e^t + 1) \, dt$$

$$y = \int y' dx + C_2$$

$$= \int \left\{ (t-1)e^{2t} + \left(\frac{t^2}{2} + t - 1 + C_1 \right)e^t + \frac{t^2}{2} + C_1 \right\} dt + C_2$$

或

$$y = \left(\frac{t}{2} - \frac{3}{4} \right)e^{2t} + \left(\frac{t^2}{2} - 1 + C_1 \right)e^t + \frac{t^3}{6} + C_1 t + C_2$$

此式与公式 $x = e^t + t$ 合而为所给方程的通解用的参数表示。

2. 形式为

$$F(y^{(n)}, y^{(n-1)}) = 0 \tag{20}$$

的方程,不论 n 是任何自然数,都可以化为求积。

先设方程(20)对于 $y^{(n)}$ 可解

$$y^{(n)} = f(y^{(n-1)}) \tag{20'}$$

引入新函数 $z: z = y^{(n-1)}$。方程(20′)成为

$$z' = f(z)$$

用分离变数法求出这个方程的通积分

$$x + C_1 = \int \frac{dz}{f(z)}$$

现在假设从上式能解出 z

$$z = \varphi(x, C_1)$$

将 z 换成 $y^{(n-1)}$,即得 $n-1$ 阶方程

$$y^{(n-1)} = \varphi(x, C_1)$$

这已经在本节第一段处理过了;在把它积分时,还要出现 $n-1$ 个任意常数,我们便得方程(20)的通解

$$y = \underbrace{\int dx \int dx \cdots \int}_{n-1\text{次}} \varphi(x, C_1) \, dx + C_2 x^{n-2} + C_3 x^{n-3} + \cdots + C_{n-1} x + C_n$$

如果用初等函数不能把方程(20)就 $y^{(n)}$ 解出,但能用参数 t 来表达 $y^{(n)}$ 和 $y^{(n-1)}$

$$y^{(n)} = \varphi(t), \quad y^{(n-1)} = \psi(t) \tag{20''}$$

那么,关系式 $dy^{(n-1)} = y^{(n)} dx$,或 $dx = \dfrac{dy^{(n-1)}}{y^{(n)}}$,给出 $dx = \dfrac{\psi'(t) \, dt}{\varphi(t)}$。因此可由求积

获得 x

$$x = \int \frac{\psi'(t)}{\varphi(t)} dt + C_1$$

依次求出

$$dy^{(n-2)} = y^{(n-1)} dx = \frac{\psi(t)\psi'(t)}{\varphi(t)} dt$$

$$y^{(n-2)} = \int \frac{\psi(t)\psi'(t) dt}{\varphi(t)} + C_2$$

$$dy^{(n-3)} = y^{(n-2)} dx, \cdots, dy = y' dx$$

便有

$$y = \int y' dx + C_n$$

这里,我们又将 x 和 y 表成了参数 t 与 n 个任意常数 $C_1, C_2, \cdots, C_n$ 的函数,因此得到了通解。

例4 $ay'' = -(1+y'^2)^{\frac{3}{2}}$。根据上述理论,置 $y' = z$,得到一阶方程

$$a \frac{dz}{dx} = -\left(\sqrt{1+z^2}\right)^3 \quad 或 \quad dx = -\frac{a dz}{(1+z^2)^{\frac{3}{2}}}$$

因此

$$x - C_1 = -a \frac{z}{\sqrt{1+z^2}}$$

再从这里继续积分,那就用参数较为简便

$$z = y' = \tan \varphi, x - C_1 = -a \frac{\tan \varphi}{1+\tan^2 \varphi} = -a \sin \varphi$$

由此我们得到

$$dy = y' dx = \tan \varphi(-a\cos \varphi d\varphi) = -a\sin \varphi d\varphi, y = a\cos \varphi + C_2$$

消去参数 φ,便得通积分

$$(x-C_1)^2 + (y-C_2)^2 = a^2$$

这是平面上所有以 a 为半径的圆族的方程。

3. 形式为

$$F(y^{(n)}, y^{(n-2)}) = 0 \qquad (21)$$

的方程也可以用求积积分。引入新变数 $z = y^{(n-2)}$,便将方程(21)变为二阶方程

$$F(z'', z) = 0 \qquad (22)$$

如果方程(22)就 z'' 解出,也就是具有形式

$$z'' = f(z) \qquad (22')$$

那么积分方法之一就是以 $2z'$ 乘两端得到 $2z'z'' = 2f(z)z'$,写成微分形状

$$d(z'^2) = 2f(z)\,dz$$

由此
$$z'^2 = 2\int f(z)\,dz + C_1$$

从这个方程解出导数而后分离变数，就有

$$\frac{dz}{\sqrt{2\int f(z)\,dz + C_1}} = dx$$

由此，得到方程（22′）的通积分

$$\int \frac{dz}{\sqrt{2\int f(z)\,dz + C_1}} = x + C_2$$

在上式中将 z 换成 $y^{(n-2)}$，就得到如下的方程

$$\Phi(y^{(n-2)}, x, C_1, C_2) = 0$$

其形式如方程（17′）；已经讲过，可以用求积将它积分出来，在这个积分过程中还要出现 $n-2$ 个任意常数。于是我们得到方程（21）的通解。

如果我们不能从方程（21）解出 $y^{(n)}$，但是已经知道它的参数表达式

$$y^{(n)} = \varphi(t), \ y^{(n-2)} = \psi(t) \tag{21′}$$

那么可以用下面的方法完成积分。我们有两个等式

$$dy^{(n-1)} = y^{(n)}\,dx, \ dy^{(n-2)} = y^{(n-1)}\,dx$$

它们联系着 t 的两个未知函数 x 和 y；用除法消去 dx，就得到对于 $y^{(n-1)}$ 的微分方程

$$y^{(n-1)}\,dy^{(n-1)} = y^{(n)}\,dy^{(n-2)}$$

于此应用表达式（21′），便得

$$y^{(n-1)}\,dy^{(n-1)} = \varphi(t)\psi'(t)\,dt$$

由此，用求积求出 $(y^{(n-1)})^2$，得到

$$y^{(n-1)} = \sqrt{2\int \varphi(t)\psi'(t)\,dt + C}$$

现在既有 $y^{(n-1)}$ 和 $y^{(n-2)}$ 的参数表示，问题就化为（20″）的类型，而在本节第二段内处理过了。在以后的求积中还有 $n-1$ 个新的任意常数出现。

例 5 $a^2 \dfrac{d^4 y}{dx^4} = \dfrac{d^2 y}{dx^2}$。置 $y'' = z$，将方程变为 $a^2 z'' = z$，以 $2z'$ 乘两端

$$2a^2 z' z'' = 2zz' \ 或 \ 2a^2 z'\,dz' = 2z\,dz$$

做出积分

$$a^2 z'^2 = z^2 + C_1$$

因此

$$\frac{\mathrm{d}z}{\sqrt{z^2+C_1}}=\frac{\mathrm{d}x}{a}$$

再积分,便得

$$\ln\left(z+\sqrt{z^2+C_1}\right)=\frac{x}{a}+\ln C_2 \text{ 或 } z+\sqrt{z^2+C_1}=C_2\mathrm{e}^{\frac{x}{a}}$$

要从末一等式解出 z,用下法较为方便:以等式的两端除 1

$$\frac{1}{z+\sqrt{z^2+C_1}}=\frac{1}{C_2}\mathrm{e}^{-\frac{x}{a}}$$

将左端分母有理化后,再用 $-C_1$ 乘两端,则得

$$z-\sqrt{z^2+C_1}=-\frac{C_1}{C_2}\mathrm{e}^{-\frac{x}{a}}$$

将此方程与原方程相加,再除以 2,便得

$$z=\frac{C_2}{2}\mathrm{e}^{\frac{x}{a}}-\frac{C_1}{2C_2}\mathrm{e}^{-\frac{x}{a}}$$

以 y'' 代 z 并积分两次,即得

$$y=A\mathrm{e}^{\frac{x}{a}}+B\mathrm{e}^{-\frac{x}{a}}+Cx+D$$

其中,A,B,C,D 是任意常数。

问　题

积分下列各方程。

106. $y'''^2+x^2=1$。

提示:宜用参数表示法。

107. $y''=\dfrac{1}{\sqrt{y}}$。

108. $a^3y'''y''=\left(1+C^2y''^2\right)^{\frac{1}{2}}$。

109. $y'''=\sqrt{1+y''^2}$。

4. 在质点动力学上的应用。在动力学的问题中,我们曾遇到属于上述类型的二阶方程。它们对应于质点在力的作用之下所产生的一维运动,其中作用力仅依赖于质点的位置。以 x 记质点的变动坐标,t 记时间,假定力是函数 $f(x)$,并为简单起见,将质点的质量算作一,我们就有运动方程

$$\frac{\mathrm{d}^2x}{\mathrm{d}t^2}=f(x) \tag{A}$$

它属于类型（22'）。我们假定函数 $f(x)$ 连续。以 $\frac{\mathrm{d}x}{\mathrm{d}t}\mathrm{d}t = \mathrm{d}x$ 乘两端然后积分，便得

$$\frac{1}{2}\left(\frac{\mathrm{d}x}{\mathrm{d}t}\right)^2 = \int_{x_0}^{x} f(x)\,\mathrm{d}x + C \qquad\qquad (\text{B})$$

这个关系式在力学上称为动能积分。如果在开始瞬间 $t=0$，质点有始位 x_0 与初速 v_0，那么积分常数是 $C = \frac{1}{2}v_0^2$。

为了继续积分，我们就常数 C 的已定值，可以把方程（B）写为

$$\left(\frac{\mathrm{d}x}{\mathrm{d}t}\right)^2 = F(x) \qquad\qquad (\text{B}')$$

并研究适合方程（B'）的函数的性质。首先，考查方程（A）的对应于静止状态的解案 $x = x_0$。这时 $\frac{\mathrm{d}x}{\mathrm{d}t} = 0$，因此在公式（B）中就有 $C=0$。其次，因为 $\frac{\mathrm{d}^2 x}{\mathrm{d}t^2} = 0$，所以 $f(x_0) = 0$。这个结论是可以预见的，因为平衡只能发生在作用力等于零的位置。我们指出另外一个结果：对应于解案 $x = x_0$，方程

$$F(x) = 0 \qquad\qquad (\text{C})$$

有次数 $\geqslant 2$ 的重根 x_0，因为 $F(x_0) = 2\int_{x_0}^{x} f(x)\,\mathrm{d}x = 0$，$F'(x_0) = f(x_0) = 0$；反之，如果 x_1 是方程（C）的重根，那么 $x = x_1$ 显然是方程（A）的解。

实在而不徒为静止的运动只能对于常数 C 的正值时实现。对于给定的 $C>0$，对应于原始值 x_0 有两个运动，因为方程（B'）确定二值函数 $\frac{\mathrm{d}x}{\mathrm{d}t}$

$$\frac{\mathrm{d}x}{\mathrm{d}t} = +\sqrt{F(x)},\ \frac{\mathrm{d}x}{\mathrm{d}t} = -\sqrt{F(x)} \qquad\qquad (\text{B}'')$$

这两个运动对应于初速是在正方向或负方向。我们研究（例如）第一个运动。如果 $F(x)$ 对于 $x_0 < x < +\infty$ 不等于零，那么式（B''）的第一个方程的解可由公式

$$\int_{x_0}^{x} \frac{\mathrm{d}x}{+\sqrt{F(x)}} = t \qquad\qquad (\text{D})$$

得到，而且左端的积分对于任意大的 x 值存在，所以作为 t 的函数 x 无限制地增大。

现在，设对于某一值 $x_1 > x_0$，我们有

$$F(x_1) = 0$$

此处有两种可能的情形：

（a）x_1 是方程（C）的单根，即 $F(x_1) = 0$，$F'(x_1) < 0$（符号 $<$ 成立，因为在 x 增

值下函数 F 由正值转变到零）。函数 F 的形式是

$$F(x) = (x_1-x)\varphi(x), \varphi(x_1)>0$$

公式（D）中的积分在自 x_0 到 x_1 的界限内收敛

$$\int_{x_0}^{x_1} \frac{\mathrm{d}x}{+\sqrt{F(x)}} = \int_{x_0}^{x_1} \frac{\mathrm{d}x}{(x_1-x)^{\frac{1}{2}}\sqrt{\varphi(x)}} = t_1$$

所以，在时程 t_1 完毕之际，质点走到 x_1 的位置；$x=x_1$ 是方程（B′）的解（奇解）；但是这解不对应于任何运动，这就是说，它不是方程（A）的解，因为前面已经证明，运动 $x=$ 常数，对应于方程（C）的重根。在瞬间 t_1 运动的速度等于零

$$\left(\frac{\mathrm{d}x}{\mathrm{d}t}\right)_{t_1} = \sqrt{F(x)} = 0$$

计算加速度

$$\left(\frac{\mathrm{d}^2 x}{\mathrm{d}t^2}\right)_{t_1} = f(x_1) = \frac{1}{2}F'(x_1) = -\frac{1}{2}\varphi(x_1)<0$$

负加速度使得质点在当 $t>t_1$ 时有负速度，因此在 $t>t_1$ 时运动是由（式 B″）的第二个方程约制的，$\frac{\mathrm{d}x}{\mathrm{d}t} = -\sqrt{F(x)}$。在 $t=t_1$ 的瞬间，运动点的坐标 x 开始减小。

（b）x_1 是方程（C）的重根，$F(x_1)=F'(x_1)=0$。函数 F 的形式是

$$F(x) = (x_1-x)^2\psi(x), \psi(x)>0, \text{当} x_0<x<x_1, \psi(x_1) \geqslant 0$$

积分 $\qquad \int_{x_0}^{x_1} \frac{\mathrm{d}x}{+\sqrt{F(x)}} = \int_{x_0}^{x_1} \frac{\mathrm{d}x}{(x_1-x)\sqrt{\psi(x)}}$

发散。因此，由公式（D）我们知道：当 x 自小而大地趋向 x_1 时，t 无限制地增大。由此可见当 $t\to+\infty$ 时质点渐进地趋向位置 $x=x_1$，这是平衡位置。将 t 换成 $-t$，就可以从以前的方程得到方程 $\frac{\mathrm{d}x}{\mathrm{d}t} = -\sqrt{F(x)}$。因此，对应于始位 x_0 的运动当 $t\to-\infty$ 时渐进地趋向静止位置 x_1。从运动点接近位置 x_1（无论多近）的瞬间开始，在 t 的增值下考查轨线，我们看到，运动点将在某一瞬间占据位置 x_0，即是说，与 x_1 的距离超过某一正量——平衡位置是不稳定的（在已给常数 C 的条件下）。

现在设 x_0 位于方程（C）的两根之间

$$x_2<x_0<x_1, F(x_1)=F(x_2)=0, F(x)>0, \text{当} x_2<x<x_1$$

最有趣的是两个单根的情形

$$F'(x_2)>0, F'(x_1)<0$$

我们已经看到，由原始条件 $x_0, \left(\frac{\mathrm{d}x_0}{\mathrm{d}t}\right)_0 = +\sqrt{F(x_0)}$ 所确定的运动中，质点在时程

t_1 完毕之际占据位置 x_1，此后 x 开始减小。在时程

$$T = \int_{x_1}^{x_2} \frac{\mathrm{d}x}{-\sqrt{F(x)}} = \int_{x_2}^{x_1} \frac{\mathrm{d}x}{\sqrt{F(x)}}$$

以内 x 继续减小，在这个时程完毕之际质点占据位置 x_2；类似于前的论证表明在瞬间 $t_1 + T$ 又发生速度的变号；x 在达到 x_1 以前增大，也就是在时程

$$\int_{x_2}^{x_1} \frac{\mathrm{d}x}{\sqrt{F(x)}} = T$$

以内增大，而且质点在瞬间

$$t_1 + T + \int_{x_2}^{x_0} \frac{\mathrm{d}x}{\sqrt{F(x)}} = t_1 + 2T - \int_{x_1}^{x_0} \frac{\mathrm{d}x}{\sqrt{F(x)}} = t_1 + 2T - t_1 = 2T$$

占据始位 x_0。在这时，速度仍然是 $+\sqrt{F(x_0)}$。将 $2T$ 看作起始瞬间，由于方程（B′）的右端与 t 无关，我们重新得到完全相同的运动。因此，在所论的情形中方程（A）的解是时间 t 的周期函数，其周期为

$$2T = 2 \int_{x_2}^{x_1} \frac{\mathrm{d}x}{\sqrt{F(x)}}$$

这个命题是魏尔斯特拉斯关于"条件周期"运动的一般理论的特殊（一维）情形。

方程（C）有两个根的其他情形，容易在以上的基础上解决。如果 $x_2 < x_0 < x_1$，而且 x_1 和 x_2 是重根，那么当 $t \to \infty$ 运动渐进地趋向 x_1，当 $t \to -\infty$ 运动渐进地趋向 x_2，若 $\left(\dfrac{\mathrm{d}x}{\mathrm{d}t}\right)_0 > 0$；而 $\lim\limits_{t \to +\infty} x = x_2$，$\lim\limits_{t \to -\infty} x = x_1$，若 $\left(\dfrac{\mathrm{d}x}{\mathrm{d}t}\right)_0 < 0$。如果 x_1 是重根而 x_2 是单根，那么每一种运动都于 $t \to \pm\infty$ 时以 x_1 为极限，而坐标 x 在时程内一度取极小值 x_2。

我们指出，如果 $\int_{x_0}^{x} f(x)\,\mathrm{d}x = (x - x_0)^2 \psi(x)$，其中 $\psi(x) < 0$，那么在 $C = 0$ 的情形下唯一可能的运动是静止，$x = x_0$。如果 C 有一小正值，方程（B）的右端

$$\int_{x_0}^{x} f(x)\,\mathrm{d}x + C = (x - x_0)^2 \psi(x) + C$$

仅对于 $|x - x_0|$ 的小值为正；所以，对于稍大于零的 C，质点在其运动中只能稍离位置 $x = x_0$，由此可见 $x = x_0$ 是稳定平衡位置。把函数 $-\int_{x_0}^{x} f(x)\,\mathrm{d}x - C = -\dfrac{1}{2}F(x)$ 叫作位能，我们就做出结论：极大位能对应于不稳定平衡位置，极小位能对应于稳定平衡位置。

例6 数学摆的方程 $\dfrac{\mathrm{d}^2\varphi}{\mathrm{d}t^2} = -\dfrac{g}{l}\sin\varphi$。条件 $\sin\varphi = 0$，即 $\varphi = 0$，$\varphi = \pi$ 给出平衡

位置。位能 $V=-\dfrac{g}{l}\cos\varphi-C$ 在 $\varphi=0$ 处为极小——稳定平衡,在 $\varphi=\pi$ 处为极大——不稳定平衡。为简便起见,我们取 $\varphi_0=0$ 作为始位,于是有动能积分

$$\frac{1}{2}\left(\frac{\mathrm{d}\varphi}{\mathrm{d}t}\right)^2=\frac{g}{l}(\cos\varphi-1)+C$$

如果 $C>\dfrac{2g}{l}$,那么右端为恒正,因而角度 φ 在全部运动时间内是单调增大或单调减小。如果 $C=\dfrac{2g}{l}$,那么右端等于 $\dfrac{g}{l}(1+\cos\varphi)=\dfrac{2g}{l}\cos^2\dfrac{\varphi}{2}$;它有两个二重根 $\varphi=\pm\pi$,对应于平衡位置;当 $t\to\pm\infty$ 时,运动渐进地趋向(不稳定)平衡。设 $0<C<2\dfrac{g}{l}$,我们可以置 $C=\dfrac{g}{l}(1-\cos\varphi_1),0<\varphi_1<\pi$。动能积分成为 $\dfrac{1}{2}\left(\dfrac{\mathrm{d}\varphi}{\mathrm{d}t}\right)^2=\dfrac{g}{l}(\cos\varphi-\cos\varphi_1)$。右端有单根 $\varphi=\pm\varphi_1$。此摆将作振幅为 φ_1 的摆动性周期运动,$-\varphi_1\leqslant\varphi\leqslant\varphi_1$。一次摆动的时间是

$$T=\sqrt{\frac{1}{2g}}\int_{-\varphi_1}^{\varphi_1}\frac{\mathrm{d}\varphi}{\sqrt{\cos\varphi-\cos\varphi_1}}$$

$C=0$ 对应于稳定平衡位置 $\varphi=0$。对于 $C<0$ 运动是不可能的。

§3 中介积分、可降阶的方程

1. 中介积分。设有 n 阶方程

$$F(x,y,y',\cdots,y^{(n)})=0$$

前面已经说过,如果关系式

$$\Phi(x,y,C_1,C_2,\cdots,C_n)=0$$

确定一个解案,并且含有 n 个实质的任意常数,那么它叫作方程(1)的通积分。通积分的另一个定义:关系式(15)叫作方程(1)的通积分,如果从它以及将它对 x 逐次微分所得的方程(作微分时将 y 看作 x 的函数)消去任意常数 C_1,$C_2,\cdots,C_n$,我们就得到方程(1)(第 1 章,§1)。

设现在有关系式

$$\psi(x,y,y',\cdots,y^{(k)},C_{k+1},C_{k+2},\cdots,C_n)=0 \tag{23}$$

其中出现 1 阶到 k 阶的导数(导数 $y^{(k)}$ 必须出现)和 $n-k$ 个任意常数。

将这个方程对 x 微分 $n-k$ 次,于微分时将 y 看作 x 的函数,就有

$$\begin{cases} \dfrac{\partial \psi}{\partial x} + \dfrac{\partial \psi}{\partial y} y' + \cdots + \dfrac{\partial \psi}{\partial y^{(k)}} y^{k+1} = 0 \\ \qquad\qquad\vdots \\ \dfrac{\partial^{n-k} \psi}{\partial x^{n-k}} + \cdots + \dfrac{\partial \psi}{\partial y^{(k)}} y^{(n)} = 0 \end{cases} \qquad (23')$$

如果从 $n-k+1$ 个方程(23)和(23′)消去 $n-k$ 个常数 $C_i(i=k+1,\cdots,n)$ 之后我们得到方程(1),那么,关系式(23)叫作方程(1)的中介积分。其中,如果方程(23)只含一个任意常数,即具有形式

$$\psi(x,y,y',y'',\cdots,y^{(n-1)},C) = 0$$

它就叫作方程(1)的首次积分。

如果将 y 看作未知函数,那么中介积分(23)是 k 阶微分方程,其中 $k<n$。容易看出,凡是方程(23)的解都是方程(1)的解。实际上,如果 $y=\varphi(x)$ 是方程(23)的解,那么将 y 的这个值代入方程(23)和(23′),它们就变成恒等式,因而来自方程(23)和(23′)的方程(1)也成为恒等式。如果我们求出方程(23)的通解,它一定含有 k 个新任意常数 $C_1,C_2,\cdots,C_k$;添上原有的参数 $C_{k+1},\cdots,C_n$,我们就得到方程(1)的含 n 个任意常数的解,即方程(1)的通解。所以,知道一个中介积分(23),就能将 n 阶方程的积分问题归结到 $k<n$ 阶方程的积分问题,亦即较简单的问题。

在前一节中我们已经遇到过中介积分。例如,在第一段中解方程(17)的时候,我们写出一系列含有 1 个,2 个,$\cdots$,$n-1$ 个任意常数的中介积分,差一步就能获得通积分(18);在第二段中,对于方程(20′)我们求出了含一个任意常数的中介积分(首次积分)$z=\varphi(x,C_1)$,其中 $z=y^{(n-1)}$;对于方程(21),我们有首次积分 $(y^{(n-1)})^2 = 2\int f(z)\,\mathrm{d}z + C_1$,其后又有含两个任意常数的中介积分。在本节以下各段中,我们将 n 阶微分方程的积分分成两个步骤:(1)求中介积分。(2)积出中介积分所表示的方程。

注 如果我们知道方程(1)的两个不同的首次积分

$$\psi_1(x,y,y',\cdots,y^{(n-1)},C_1) = 0,\ \psi_2(x,y,y',\cdots,y^{(n-1)},C_2) = 0$$

那么从这两个等式消去导数 $y^{(n-1)}$,就得到含有两个任意常数的中介积分。对于 3 个,4 个,$\cdots$,$n-1$ 个一次积分,可以得到类似的结果。如果我们知道方程(1)的 n 个不同的首次积分,那么从其中消去 $y',y'',\cdots,y^{(n-1)}$,我们就得到联系 $x,y,C_1,C_2,\cdots,C_n$ 的关系式,亦即得到所给方程的通积分。所以,如果知道 n 个(不同的)首次积分,那么不用积分就能借消元法得到方程的通解。

2. 不显含未知函数或自变数的方程。设有不显含未知函数 y 的 n 阶方程，为了一般性，我们假定它也不含 $y', \cdots, y^{(k-1)}$，方程所显含的最低阶导数是 $y^{(k)}$ $(1 \leqslant k \leqslant n-1)$。

方程的形式是

$$F(x, y^{(k)}, y^{(k+1)}, \cdots, y^{(n)}) = 0 \tag{24}$$

置 $y^{(k)} = z$，方程 (24) 就成为 $n-k$ 阶方程

$$F(x, z, z', \cdots, z^{(n-k)}) = 0 \tag{24'}$$

与 §2 中所考虑的情形相反，这里我们不能断定方程 $(24')$ 可借求积积分。但是我们欲将 n 阶方程换成了 $n > n-k$ 阶的方程。假设我们能求出方程 $(24')$ 的通积分

$$\Phi(x, z, C_1, C_2, \cdots, C_{n-k}) = 0$$

或

$$\Phi(x, y^{(k)}, C_1, C_2, \cdots, C_{n-k}) = 0 \tag{25}$$

方程 (25) 是方程 (24) 的中介积分，含有 $n-k$ 个常数。方程 (25) 本身属于 §2 中的类型 $(17')$，因而可用求积积分把它解出，就得到方程 (24) 的通积分。如果 $k=n$，那么这就是前面就已经研究过的方程 $(17')$。

设方程 (1) 不显含 x，亦即具有形式

$$F(y, y', y'', \cdots, y^{(n)}) = 0 \tag{26}$$

在这里，我们作如下的变数变换：以 $p = \dfrac{dy}{dx}$ 当作新未知函数，以 y 当作自变数。在这样的假定下，我们计算各阶导数

$$y'' = \frac{dp}{dx} = \frac{dp}{dy}\frac{dy}{dx} = p\frac{dp}{dy}$$

$$y''' = \frac{dy''}{dx} = \frac{d\left(p\dfrac{dp}{dy}\right)}{dy}\frac{dy}{dx} = p\left[p\frac{d^2p}{dy^2} + \left(\frac{dp}{dy}\right)^2\right] = p^2\frac{d^2p}{dy^2} + p\left(\frac{dp}{dy}\right)^2$$

这样，y 对于 x 的二阶导数可由 p 和 $\dfrac{dp}{dy}$ 表达，三阶导数可由 p 及其不超过二阶的导数表达。用完全归纳法容易证明，$\dfrac{d^k y}{dx^k}$ 可由 $p, \dfrac{dp}{dy}, \cdots, \dfrac{d^{k-1}p}{dy^{k-1}}$ 表达。将 $y'', \cdots,$ $y^{(n)}$ 的这些表达式代入方程 (26)，我们得到 $n-1$ 阶的新微分方程

$$F_1\left(y, P, \frac{dp}{dy}, \cdots, \frac{d^{n-1}p}{dy^{n-1}}\right) = 0$$

如果能将它积分，那么它的通积分

$$\Phi(y, p, C_1, \cdots, C_{n-1}) = 0 \quad \text{或} \quad \Phi\left(y, \frac{\mathrm{d}y}{\mathrm{d}x}, C_1, \cdots, C_{n-1}\right) = 0$$

是方程(26)的中介积分,本身又是可由求积积分的一阶微分方程。

例7 (追线)我们研究一个运动学的问题。在 Ox 轴上有点 P 以常速度 a 顺着正方向移动;在 xOy 平面上有点 M 以常速度 v 移动,它的速度矢量永远指向点 P;求点 M 的轨线(图25)。

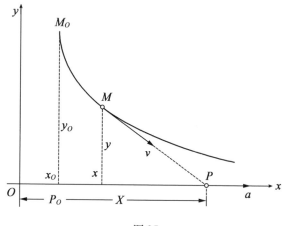

图25

以 (x, y) 记点 M 的笛卡儿直角坐标,以 X 记点 P 的横标。依题中的条件我们有

$$X = X_0 + at \tag{A}$$

$$\mathrm{d}x^2 + \mathrm{d}y^2 = v^2 \mathrm{d}t^2 \tag{B}$$

$$\frac{\mathrm{d}y}{\mathrm{d}x} = -\frac{y}{X-x} \tag{C}$$

由式(A)得到 $X-x = X_0 - x + at$,而后由式(C)得到

$$X_0 - x + at = -\frac{y}{\dfrac{\mathrm{d}y}{\mathrm{d}x}} \tag{D}$$

我们取 x 为自变数(用撇记 y 对 x 的导数),并设法消去 t。由方程(B),我们有

$$\frac{\mathrm{d}t}{\mathrm{d}x} = \frac{1}{v}\sqrt{1 + y'^2}$$

将方程(D)对 X 微分,便得

$$-1 + a\frac{\mathrm{d}t}{\mathrm{d}x} = \frac{yy'' - y'^2}{y'^2} \quad \text{或} \quad \frac{\mathrm{d}t}{\mathrm{d}x} = \frac{yy''}{ay'^2}$$

令 $\dfrac{\mathrm{d}t}{\mathrm{d}x}$ 的两个表达式相等,我们得到追线的微分方程

$$y'' = \frac{a}{v}\frac{y'^2}{y}\sqrt{1+y'^2}$$

这个方程不含自变数。按照上述的一般方法，我们引入新变数 $y'=p$，由此 $y''=p\dfrac{\mathrm{d}p}{\mathrm{d}y}$，于是得到

$$p\frac{\mathrm{d}p}{\mathrm{d}y}=\frac{a}{v}\frac{p^2}{y}\sqrt{1+p^2} \text{ 或} \frac{\mathrm{d}p}{\mathrm{d}y}=\frac{a}{v}\frac{p}{y}\sqrt{1+p^2} \quad ①$$

分离变数

$$\frac{\mathrm{d}p}{p\sqrt{1+p^2}}=\frac{a}{v}\frac{\mathrm{d}y}{y}$$

进行积分如下（注意 p 是负的）

$$\frac{\mathrm{d}p}{p\sqrt{1+p^2}}=-\frac{\dfrac{\mathrm{d}p}{p^2}}{\sqrt{1+\left(\dfrac{1}{p}\right)^2}}$$

$$\ln\left[\frac{1}{p}+\sqrt{\left(\frac{1}{p}\right)^2+1}\right]=\frac{a}{v}(\ln y+\ln C)$$

由此

$$\frac{1}{p}+\sqrt{\left(\frac{1}{p}\right)^2+1}=(Cy)^{\frac{a}{v}}$$

为了简化任意常数，我们假设当点 P 和点 M 同在一条平行于 y 轴的直线上时，点 M 的纵标等于 y_0（这就是说，在 M_0P_0 的位置追逐开始）；显然，在这一瞬间 $\dfrac{1}{p}=0$，因此 $C=\dfrac{1}{y_0}$，于是中介积分可以写成

$$\frac{1}{p}+\sqrt{\left(\frac{1}{p}\right)^2+1}=\left(\frac{y}{y_0}\right)^{\frac{a}{v}}$$

仿照例 5 的办法消去根号，我们得到

$$-\frac{1}{p}+\sqrt{\left(\frac{1}{p}\right)^2+1}=\left(\frac{y}{y_0}\right)^{-\frac{a}{v}}$$

由此

$$\frac{2}{p}=\left(\frac{y}{y_0}\right)^{\frac{a}{v}}-\frac{y}{y_0}^{-\frac{a}{v}} \text{ 或 } \mathrm{d}x=\frac{1}{2}\left\{\left(\frac{y}{y_0}\right)^{\frac{a}{v}}-\left(\frac{y}{y_0}\right)^{-\frac{a}{v}}\right\}\mathrm{d}y$$

假定 $a\neq v$（后来我们又算作 $a<v$，即点 M 追得上点 P），借第二次求积，我们得到所求的追线方程

---

① 由于方程（C）解案 $p=0$ 给出结果 $y=0$，亦即沿着直线 Ox 轴的运动。

$$x = \frac{y_0}{2\left(1+\frac{a}{v}\right)}\left(\frac{y}{y_0}\right)^{1+\frac{a}{v}} - \frac{y_0}{2\left(1-\frac{a}{v}\right)}\left(\frac{y}{y_0}\right)^{1-\frac{a}{v}} + C_1$$

其中的常数 C_1 容易通过对于 $y=y_0$ 的原始横标 x_0 定出。最后我们有

$$x = \frac{y_0}{2\left(1+\frac{a}{v}\right)}\left[\left(\frac{y}{y_0}\right)^{1+\frac{a}{v}} - 1\right] - \frac{y_0}{2\left(1-\frac{a}{v}\right)}\left[\left(\frac{y}{y_0}\right)^{1-\frac{a}{v}} - 1\right] + x_0$$

置 $y=0$,便得相遇点的坐标,它的值是

$$x_1 = x_0 + \frac{ay_0}{v\left(1-\frac{a^2}{v^2}\right)} = x_0 + y_0\frac{av}{v^2-a^2}$$

追逐的时间是

$$T = \frac{x_1-x_0}{a} = \frac{y_0 v}{v^2-a^2}$$

问　题

110. 在 $v=a$ 的情形下将追线方程积分到底。

积分下列方程:

111. $2(2a-y)y'' = 1+y'^2$。

112. $y'' - xy''' + y'''^3 = 0$。

113. $yy'' + y'^2 = y^2\ln y$。

3. 各种齐次方程的降阶。

（A）设方程（1）的左端是变元 $y, y', y'', \cdots, y^{(n)}$ 的齐次函数,即对于任何 k 有恒等式

$$F(x, ky, ky', \cdots, ky^{(n)}) = k^m F(x, y, y', \cdots, y^{(n)}) \tag{27}$$

其中 m 是齐次指数。

我们指出,如果 $y_1(x)$ 是这样一个方程的阶,那么 $Cy_1(x)$ 也是解（C 是任何常数）。事实上,在方程（1）的左端以 $Cy_1(x)$ 代 y 的结果,等于以 $y_1(x)$ 代 y 的结果再乘上 C^m,而后者依假定恒等于零。如果我们引入新未知函数

$$u = \ln y$$

那么,根据刚才的结果,如果 $u_1(x)$ 是变后方程的阶,$u_1+\ln C = u_1(x)+C_1$ 也是它的解。换言之,方程接受变换群 $x_1=x, u_1=u+C$。类似第 1 章（§3）中所做的论证在这里表明未知函数 u 不明显地出现于变后方程。于是我们知道,因变数的

变换

$$u' = z$$

能够导出 $u-1$ 阶方程。消去中介变数 u，我们得到 y 与 z 之间的关系

$$y = e^{\int z \, dx} \tag{28}$$

所以，借关系式 (28) 引入新未知函数 z，能将所考虑的方程降低一阶。

这个论断也可以用直接计算来验证。将等式 (28) 对 x 逐次微分，我们有

$$y' = z e^{\int z \, dx}, \quad y'' = (z' + z^2) e^{\int z \, dx}, \quad y''' = (z'' + 3zz' + z^3) e^{\int z \, dx}, \cdots$$

一般地，$y^{(k)}$ 等于一个含 $z, z', \cdots, z^{(k-1)}$ 的表达式与 $e^{\int z \, dx}$ 的乘积①。将这些表达式代入原方程，根据恒等式 (27) 我们得到

$$F\left[x, e^{\int z \, dx}, z e^{\int z \, dx}, (z' + z^2) e^{\int z \, dx}, \cdots\right] \equiv e^{m \int z \, dx} F(x, 1, z, z' + z^2, \cdots) = 0$$

（m 是齐次指数）。去掉因子 $e^{m \int z \, dx}$，便得 $n-1$ 阶方程

$$F(x, 1, z, z' + z^2, \cdots) = 0$$

如果能解这个方程，我们就得到方程 (1) 的中介积分，它含有 $n-1$ 个常数

$$\Phi(z, x, C_1, C_2, \cdots, C_{n-1}) = 0 \quad \text{或} \quad \Phi\left(\frac{y'}{y} x, C_1, C_2, \cdots, C_{n-1}\right) = 0$$

有了函数 z 的表达式之后，即可按照等式 (28) 借求积得到 y，这时又出现了新常数 C_n

$$y = e^{\int z \, dx + \ln C_n} = C_n e^{\int z \, dx}$$

例 8 $x^2 y \, y'' = (y - xy')^2$。这是对于 y, y', y'' 的二次齐次方程。代换 $y = e^{\int z \, dx}$ 给出方程 $x^2(z' + z^2) = (1 - xz)^2$ 或 $x^2 z' + 2xz - 1 = 0$，这是线性方程。将它解出

$$z = \frac{C_1}{x^2} + \frac{1}{x}$$

由此

$$y = e^{\int \left(\frac{c_1}{x^2} + \frac{1}{x}\right) dx} \quad \text{或} \quad y = C_2 x e^{-\frac{c_1}{x}}$$

问　题

解下列方程：

---

① 这个事实容易用完全归纳法证明。

114. $yy''-y'^2=0$。

115. $xyy''+xy'^2-yy'=0$。

（B）另外一种可降阶的齐次方程是对于 $x,y,dx,dy,d^2y,\cdots,d^ny$ 为齐次的方程。为了验证是否有这种齐性，我们将方程（1）写成

$$\varPhi(x,y,dx,dy,d^2y,\cdots,d^ny)=0 \tag{29}$$

方程属于所论类型，如果公式（29）中的函数 $\varPhi$ 对于所有变元是（m 次）齐次的，即下面的恒等式成立

$$\varPhi(kx,ky,kdx,kdy,kd^2y,\cdots,kd^ny)\equiv k^m\varPhi(x,y,dx,dy,d^2y,\cdots,d^ny)$$

方程的形式表明，如果用 Cx 代 x，Cy 代 y（C 是常数），方程保持不变。如果引入变数 $u=\dfrac{y}{x}$ 和 x，那么变后方程接受变换群 $u_1=u,x_1=Cx$。如果再引入新自变数 $\xi=\ln x$，那么联系 u 和 ξ 的方程接受变换群

$$u_1=u,\xi_1=\xi+C$$

由此可知最后所得的方程不显含 ξ（参看第 1 章，§3）。因此，正如本节第二段中所证明的，它可以降低一阶。我们写下由变数 x,y 转到变数 ξ,u 的变换公式

$$x=e^\xi,y=ue^\xi \tag{30}$$

并用直接计算来验证这个变换的结果。

计算逐次的微分，我们首先有

$$dx=e^\xi d\xi,dy=e^\xi(du+ud\xi)$$

$$\frac{dy}{dx}=\frac{du}{d\xi}+u$$

而后

$$\frac{d^2y}{dx^2}=\frac{d}{d\xi}\left(\frac{du}{d\xi}+u\right)\frac{d\xi}{dx}=e^{-\xi}\left(\frac{d^2u}{d\xi^2}+\frac{du}{d\xi}\right)$$

$$\frac{d^3y}{dx^3}=\frac{d}{d\xi}\left[e^{-\xi}\left(\frac{d^2u}{d\xi^2}+\frac{du}{d\xi}\right)\right]\frac{d\xi}{dx}=e^{-2\xi}\left(\frac{d^3u}{d\xi^3}-\frac{du}{d\xi}\right)$$

等。据此，我们得到

$$\begin{cases}x=e^\xi,y=ue^\xi,dx=e^\xi d\xi,dy=e^\xi(du+ud\xi)\\d^2y=e^\xi(d^2u+dud\xi),d^3y=e^\xi(d^3u-dud\xi^2)\\\qquad\vdots\end{cases} \tag{30'}$$

（其中 $d^2y,d^3y,\cdots$ 是假定自变数为 x 而取的，$d^2u,d^3u,\cdots$ 是假定自变数为 ξ 而取的）。将式（30′）代入方程（29），则由于齐次性，可将因子 $e^{m\xi}$ 提到函数 $\varPhi$ 号之外而后将它约去，于是得到

$$\varPhi(1,u,d\xi,du+ud\xi,d^2u+dud\xi,\cdots,d^nu+\cdots)=0$$

这是不显含自变数 ξ 的 n 阶方程,它属于在本节第二段中研究过的类型,因而可以降低一阶。

例 9 方程

$$x^4\frac{\mathrm{d}^2y}{\mathrm{d}x^2}-x^3\left(\frac{\mathrm{d}y}{\mathrm{d}x}\right)^3+3x^2y\left(\frac{\mathrm{d}y}{\mathrm{d}x}\right)^2-(3xy^2+2x^3)\frac{\mathrm{d}y}{\mathrm{d}x}+2x^2y+y^3=0$$

这是对于 $x,y,\mathrm{d}x,\mathrm{d}y,\mathrm{d}^2y$ 的三次齐次方程。作代换 $x=\mathrm{e}^\xi,y=u\mathrm{e}^\xi$,就有

$$\frac{\mathrm{d}y}{\mathrm{d}x}=\frac{\mathrm{d}u}{\mathrm{d}\xi}+u,\frac{\mathrm{d}^2y}{\mathrm{d}x^2}=\mathrm{e}^{-\xi}\left(\frac{\mathrm{d}^2u}{\mathrm{d}\xi^2}+\frac{\mathrm{d}u}{\mathrm{d}\xi}\right)$$

代入原方程,并消去 $\mathrm{e}^{3\xi}$

$$u''+u'-(u'+u)^3+3u(u'+u)^2-(3u^2+2)(u'+u)+2u+u^3=0$$

展开并化简后,得到

$$u''-u'-u'^3=0$$

新方程即不含 ξ,亦不含 u。置 $u'=p$,并以 u 为自变数,便得

$$p\frac{\mathrm{d}p}{\mathrm{d}u}-p-p^3=0$$

暂将方程 $p=0$ 放在一边,我们有 $\mathrm{d}u=\dfrac{\mathrm{d}p}{1+p^2},p=\tan(u+C_1)$,即 $\dfrac{\mathrm{d}u}{\mathrm{d}\xi}=\tan(u+C_1)$,因此 $\dfrac{\mathrm{d}u}{\tan(u+C_1)}=\mathrm{d}\xi,\ln\sin(u+C_1)=\xi+\ln C_2,\sin(u+C_1)=C_2\mathrm{e}^\xi$,或者回到原来的变数,$\sin\left(\dfrac{y}{x}+C_1\right)=C_2x$,或 $y=-C_1x+x\arcsin(C_2x)$。方程 $p=0$ 给出 $u=C$,或 $y=Cx$。这个解案可以由通解得到,如果置 $C_2=0$。

(C)现在考查更广泛的一类齐次方程,这种方程写成形式(29)之后,如果将 $x,\mathrm{d}x$ 算作一次,将 $y,\mathrm{d}y,\mathrm{d}^2y,\cdots$ 算作 m 次,那么函数 $\varPhi$ 对于它的变元成为齐次的。这时 $\dfrac{\mathrm{d}y}{\mathrm{d}x}$ 是 $m-1$ 次的,$\dfrac{\mathrm{d}^2y}{\mathrm{d}x^2}$ 是 $m-2$ 次的,依次类推。为要降低阶数,作代换

$$x=\mathrm{e}^\xi,y=u\mathrm{e}^{m\xi}$$

我们有

$$\frac{\mathrm{d}y}{\mathrm{d}x}=\mathrm{e}^{m\xi}\left(\frac{\mathrm{d}u}{\mathrm{d}\xi}+mu\right)\frac{\mathrm{d}\xi}{\mathrm{d}x}=\mathrm{e}^{(m-1)\xi}\left(\frac{\mathrm{d}u}{\mathrm{d}\xi}+mu\right)$$

$$\frac{\mathrm{d}^2y}{\mathrm{d}x^2}=\frac{\mathrm{d}}{\mathrm{d}\xi}\left[\mathrm{e}^{(m-1)\xi}\left(\frac{\mathrm{d}u}{\mathrm{d}\xi}+mu\right)\right]\frac{\mathrm{d}\xi}{\mathrm{d}x}$$

$$=\mathrm{e}^{(m-2)\xi}\left[\frac{\mathrm{d}^2u}{\mathrm{d}\xi^2}+(2m-1)\frac{\mathrm{d}u}{\mathrm{d}\xi}+m(m-1)u\right]$$

$$\vdots$$

每个导数所含因子 e^ξ 的幂数等于这个导数在函数 F 中的次数。因此 e^ξ 的某一乘幂可以提到函数 Φ 号之外而约去。于是 u 和 ξ 间的微分方程不显含 ξ，因而可以降低一阶。

例 10　方程

$$x^4 \frac{\mathrm{d}^2 y}{\mathrm{d}x^2} - (x^3 + 2xy)\frac{\mathrm{d}y}{\mathrm{d}x} + 4y^2 = 0$$

如果将 x 和 $\mathrm{d}x$ 算作一次，将 $y, \mathrm{d}y, \mathrm{d}^2 y$ 算作二次，那么所给方程是四次齐次的。根据上述理论，作变换 $x = e^\xi, y = ue^{2\xi}$。我们有

$$\frac{\mathrm{d}y}{\mathrm{d}x} = e^\xi \left(\frac{\mathrm{d}u}{\mathrm{d}\xi} + 2u \right), \frac{\mathrm{d}^2 y}{\mathrm{d}x^2} = \frac{\mathrm{d}^2 u}{\mathrm{d}\xi^2} + 3\frac{\mathrm{d}u}{\mathrm{d}\xi} + 2u$$

代入原方程并消去因子 $e^{4\xi}$，便得

$$\frac{\mathrm{d}^2 u}{\mathrm{d}\xi^2} + 3\frac{\mathrm{d}u}{\mathrm{d}\xi} + 2u - (1 + 2u)\left(\frac{\mathrm{d}u}{\mathrm{d}\xi} + 2u \right) + 4u^2 = 0$$

或

$$\frac{\mathrm{d}^2 u}{\mathrm{d}\xi^2} + 2(1 - u)\frac{\mathrm{d}u}{\mathrm{d}\xi} = 0$$

按照本节第二段中的办法，置 $\dfrac{\mathrm{d}u}{\mathrm{d}\xi} = p$，从而 $\dfrac{\mathrm{d}^2 u}{\mathrm{d}\xi^2} = p\dfrac{\mathrm{d}p}{\mathrm{d}u}$。于是得到

$$p\frac{\mathrm{d}p}{\mathrm{d}u} + 2(1 - u)p = 0$$

暂将方程 $p = 0$ 放在一边，先看方程

$$\frac{\mathrm{d}p}{\mathrm{d}u} + 2(1 + u) = 0$$

我们有

$$\mathrm{d}p = 2(u - 1)\mathrm{d}u, p = u^2 - 2u + C_1, \frac{\mathrm{d}u}{u^2 - 2u + C_1} = \mathrm{d}\xi$$

我们来积出末一方程，假定在分母上的三项式有两个相异实根，亦即 $C_1 = 1 - \alpha^2$，其中 $\alpha \neq 0$ 是新任意常数

$$\frac{\mathrm{d}u}{(u - 1)^2 - \alpha^2} = \mathrm{d}\xi, \frac{\mathrm{d}u}{u - 1 - \alpha} - \frac{\mathrm{d}u}{u - 1 + \alpha} = 2\alpha \mathrm{d}\xi$$

$$\ln \frac{u - 1 - \alpha}{u - 1 + \alpha} = 2\alpha\xi + \ln C_2$$

回到原来的变数并去对数，我们得到

$$\frac{y - (1 + \alpha)x^2}{y - (1 - \alpha)x^2} = C_2 x^{2\alpha}$$

由此
$$y = \frac{(1+\alpha)x^2 - C_2(1-\alpha)x^{2\alpha+2}}{1 - C_2 x^{2\alpha}}$$

方程 $p=0$ 给出 $y=Cx^2$,这是在通解中置 $C_2=0$ 而得到的一族解案。

注 在某些情形之下,各种降阶法的连续施用使我们能够完成高阶方程的积分。但是必须记住,降阶的可能性,尤其是还原到求积的可能性,对于一般的 n 阶方程来说是特殊情形。如果为了实际需要而必须积分一个不能以求积解出的 n 阶方程,那么就不得不依靠数值法或图解法。一般说来,因为阶数愈高问题便愈加困难,所以在进行数值积分之前,我们应该尽力设法降阶,即使它并不能将方程引到求积,也这样做。

问　题

积分下列方程:

116. $nx^3 y'' = (y - xy')^2$ 。

117. $y^2(x^2 y'' - xy' + y) = x^3$ 。

118. $x^2 y^2 y'' - 3xy^2 y' + 4y^3 + x^6 = 0$ 。

§4　左端为恰当导数的方程

如果我们能够断定方程(1)的左端是某一 $n-1$ 阶微分表达式对 x 的全导数,这就是说,如果对于 $x, y, y', \cdots, y^{(n)}$ 有下面的恒等式关系

$$F(x, y, y', \cdots, y^{(n)}) = \frac{\mathrm{d}}{\mathrm{d}x} \Phi(x, y, y', \cdots, y^{(n-1)})$$

或

$$F(x, y, y', \cdots, y^{(n)}) = \frac{\partial \Phi}{\partial x} + \frac{\partial \Phi}{\partial y} y' + \cdots + \frac{\partial \Phi}{\partial y^{(n-1)}} y^{(n)} \qquad (31)$$

那么显而易见,方程(1)每一个解都是微分方程

$$\Phi(x, y, y', \cdots, y^{(n-1)}) = C \qquad (32)$$

的解,反之,方程(32)的每一个解也是方程(1)的解。这样看来,关系式(32)是方程(1)的首次积分,这样就把方程降低了一阶。

例 11 $y'' - xy' - y = 0$ 。显然左端是微分表达式 $y' - xy$ 对 x 的全导数。因此,我们有首次积分 $y' - xy = C$ 。在这里通解容易由求积得到,因为所得方程是一阶

线性的。我们有

$$y = e^{\frac{x^2}{2}}\left(C_1 \int e^{-\frac{x^2}{2}} dx + C_2 \right)$$

在某些情形下,方程(1)的左端虽然不是恰当导数,但是可以变换已给方程,使新方程的左端成为恰当导数。不讲这个问题的一般理论,我们且看这个方法在实际上是怎样运用的。解方程(22′)的时候。我们就用过一次这个方法:方程乘上未知函数的导数后,两端变为恰当导数。我们再考查一些例子。

例 12　$y''y + 2y^2 y'^2 + y'^2 = \dfrac{2yy'}{x}$。以 yy' 除两端,得到 $\dfrac{y''}{y'} + 2yy' + \dfrac{y'}{y} = \dfrac{2}{x}$。两端都是恰当导数。首次积分是 $\ln y' + y^2 + \ln y = 2\ln x + \ln C_1$,由此 $yy'e^{y^2} = C_1 x^2$,两端又都是恰当导数。由此得通积分

$$\frac{1}{2} e^{y^2} = \frac{C_1 x^3}{3} + C_2 \ \text{或}\ y = \sqrt{\ln\left(C_1' x^3 + C_2' \right)}$$

(C_1' 和 C_2' 是任意常数)。

例 13　方程 $yy'' = 2y'^2$ 用下面的方法积分最为简便:以 $y'y$ 除两端,得到 $\dfrac{y''}{y'} = \dfrac{2y'}{y}$——两端都是恰当导数,有

$$\ln y' = 2\ln y + \ln C_1, \frac{dy}{dx} = C_1 y^2, \frac{dy}{y^2} = C_1 dx, y = -\frac{1}{C_1 x + C_2}$$

问 题

119. 求下面方程的首次积分

$$y' y'' - x^2 yy' - xy^2 = 0$$

积分下列方程:

120. $x(x^2 y' + 2xy) y'' + 4xy'^2 + 8xyy' + 4y^2 - 1 = 0$。

121. $x(xy+1) y'' + x^2 y'^2 + (4xy+2) y' + y^2 + 1 = 0$。

122. $yy'' - y'^2 - y'^4 = 0$。

123. $a^2 y'' = 2x(1 + y'^2)^{\frac{1}{2}}$。

124. $x^2 yy'' + x^2 y'^2 - 5xyy' + 4y^2 = 0$。

125. $y(1 - \ln y) y'' + (1 + \ln y) y'^2 = 0$。

126. $5y'''^2 - 3y'' y^{\mathrm{IV}} = 0$(抛物线的微分方程)。

127. 一曲线的曲率半径正比于法线在基点 M 及其与 x 轴的交点 N 间的线段,求它的微分方程(记比例常数为 μ;考查 $\mu = 1, \mu = -1, \mu = 2$ 的情形;常数 μ 为正为负,视点 M 到曲率中心的指向与 MN 的指向是否一致而定)。

128. 积分圆锥曲线的方程

$$40y'''^3 - 45y''y'''y^{IV} + 9y''^2 y^V = 0$$

积分下列方程：

129. $y''^2 + 2xy'' - y' = 0$。

130. $y''^2 - 2xy'' - y' = 0$。

线性微分方程的一般理论

§1 定义和一般特性

1. 对于全体 $y,\dfrac{\mathrm{d}y}{\mathrm{d}x},\cdots,\dfrac{\mathrm{d}^n y}{\mathrm{d}x^n}$ 来说都是一次的 n 阶微分方程称为线性微分方程（y 是未知函数，x 是自变数）。所以 n 阶线性微分方程的形式是

$$a_0 y^{(n)}+a_1 y^{(n-1)}+\cdots+a_{n-1}y'+a_n y=F(x) \tag{1}$$

其中"系数"$a_0,a_1,\cdots,a_n$ 是 x 的已知连续函数（F 也是如此、特别，它们可以是常数或零）。如果方程确实是 n 阶的，那么系数 a_0 不能恒等于零。假设在区间

$$a<x<b \tag{2}$$

内 $a_0(x)\neq 0$，而且所有其他的系数及 $F(x)$ 在这个区间内都连续。以 $a_0(x)$ 除方程的两端，并记

$$p_i=\frac{a_i}{a_0}(i=1,2,\cdots,n),f(x)=\frac{F(x)}{a_0}$$

则方程（1）的形式成为

$$y^{(n)}+p_1 y^{(n-1)}+\cdots+p_{n-1}y'+p_n y=f(x) \tag{1'}$$

其中，$p_1,\cdots,p_n$ 和 $f(x)$ 是 x 的已知连续函数。以后我们主要是研究已经化为形式（1'）的线性方程。

方程（1）或（1'）称为非齐次线性方程或有右端的方程。如果方程的"右端"（或"自由项"）$F(x)$ 或 $f(x)$ 恒等于零，它就称为齐次线性方程

$$a_0 y^{(n)} + a_1 y^{(n-1)} + \cdots + a_{n-1} y' + a_n y = 0 \tag{3}$$

或

$$y^{(n)} + p_1 y^{(n-1)} + \cdots + p_{n-1} y' + p_n y = 0 \tag{3'}$$

如果方程(3)或(3′)与(1)或(1′)有相同的系数,那么前者称为对应于齐次线性方程(1)或(1′)的齐次方程。

2. 我们指出线性微分方程的下列一般特性。

(1)在自变数的代换下,线性方程保持其线性。事实上,我们用代换

$$x = \varphi(\xi) \tag{4}$$

变换自变数,其中 φ 是任何具有 n 阶连续导数的函数,其导数 $\varphi'(\xi)$ 在有关区间 $\alpha < \xi < \beta$ 内不等于零,这个区间对应于 x 在区间(2)的变化(这个条件是定义于区间(2)的反函数 $\xi = \psi(x)$ 的存在的充分条件。)。由等式(4),我们有 $\mathrm{d}x = \varphi'(\xi)\mathrm{d}\xi$。通过 y 对新自变数的导数以算出 y 对 x 的导数,我们得到

$$\frac{\mathrm{d}y}{\mathrm{d}x} = \frac{\mathrm{d}y}{\mathrm{d}\xi} \frac{\mathrm{d}\xi}{\mathrm{d}x} = \frac{1}{\varphi'(\xi)} \frac{\mathrm{d}y}{\mathrm{d}\xi}$$

$$\frac{\mathrm{d}^2 y}{\mathrm{d}x^2} = \frac{1}{\varphi'(\xi)} \frac{\mathrm{d}}{\mathrm{d}\xi} \left(\frac{1}{\varphi'(\xi)} \frac{\mathrm{d}y}{\mathrm{d}\xi} \right) = \frac{1}{\varphi'^2(\xi)} \frac{\mathrm{d}^2 y}{\mathrm{d}\xi^2} - \frac{\varphi''(\xi)}{\varphi'^3(\xi)} \frac{\mathrm{d}y}{\mathrm{d}\xi}$$

$$\vdots$$

容易看出,一般地, $\dfrac{\mathrm{d}^k y}{\mathrm{d}x^k}$ 可以表为 $\dfrac{\mathrm{d}y}{\mathrm{d}\xi}, \dfrac{\mathrm{d}^2 y}{\mathrm{d}\xi^2}, \cdots, \dfrac{\mathrm{d}^k y}{\mathrm{d}\xi^k}$ 的线性组合,其系数为 ξ 的连续函数。将这些表达式代入方程(1),并对系数 a_i 及自由项 $F(x)$ 施用代换(4),我们仍然得到线性方程

$$b_0 \frac{\mathrm{d}^n y}{\mathrm{d}\xi^n} + b_1 \frac{\mathrm{d}^{n-1} y}{\mathrm{d}\xi^{n-1}} + \cdots + b_{n-1} \frac{\mathrm{d}y}{\mathrm{d}\xi} + b_n y = \Phi(\xi)$$

而且在区间 $\alpha < \xi < \beta$ 内

$$b_0(\xi) = \frac{a_0[\varphi(\xi)]}{[\varphi(\xi)]^n} \neq 0$$

注 显然,代换(4)将齐次线性方程仍旧变为齐次线性方程。

(2)在因变数的线性变换下,线性方程保持其线性。引入新函数 η,它的关系是

$$y = \upsilon(x)\eta + \gamma(x) \tag{5}$$

其中 υ, γ 有 n 阶连续导数,而且在区间(2)内 $\upsilon(x) \neq 0$。我们有

$$\frac{\mathrm{d}y}{\mathrm{d}x} = \upsilon \frac{\mathrm{d}\eta}{\mathrm{d}x} + \upsilon'\eta + \gamma'$$

$$\frac{d^2 y}{dx^2} = v\frac{d^2 \eta}{dx^2} + 2v'\frac{d\eta}{dx} + v''\eta + \gamma''$$

显然 y 对 x 的 k 阶导数可以线性地(但非齐次地)由 η 对 x 的前 k 个导数表达。将这些表达式代入方程(1),结果仍然是一个线性方程。根据所作假定,最高阶导数的系数 $a_0 v(x)$ 在区间(2)内不等于零。

容易证明,代换

$$y = v(x)\eta \tag{5'}$$

将齐次线性方程变为齐次线性方程。

我们常常利用变换(5′)使得变后方程中的 $n-1$ 阶导数的系数成为零。事实上,由方程(5′)我们得到

$$y^{(n)} = v\eta^{(n)} + nv'\eta^{(n-1)} + \cdots, y^{(n-1)} = v\eta^{(n-1)} + \cdots$$

将这些表达式代入方程(3′),便得

$$v\eta^{(n)} + (nv' + p_1 v)\eta^{(n-1)} + \cdots = 0$$

要去掉含 $\eta^{(n-1)}$ 的项,只需选择 $v(x)$ 使 $nv' + p_1 v = 0$,亦即 $v = e^{-\frac{1}{n}\int p_1 dx}$。

注 我们限定在区间(2)内系数 $a_0(x)$ 不等于零,以便应用解案的存在及唯一性定理;对于已解出最高阶导数的 n 阶方程,这个定理已经在前一章证明。我们指出,在 (a,b) 以内的任何闭区间 $[\alpha,\beta]$ 内,对于方程(1′)来说,李普希兹条件得以满足。事实上,将方程(1′)写成

$$y^{(n)} = -p_1(x)y^{(n-1)} - p_2(x)y^{(n-2)} - \cdots - p_n(x)y + f(x)$$
$$\equiv F(x,y,y',\cdots,y^{(n-1)})$$

我们有

$$\frac{\partial F}{\partial y} = -p_n(x), \frac{\partial F}{\partial y^{(i)}} = -P_{n-i}(x) \quad (i=1,2,\cdots,n-1)$$

在闭区间 $[\alpha,\beta]$ 内,连续函数 $p_i(x)(i=1,2,\cdots,n)$ 有界,因此李普希兹条件得以满足。对于同一区间的 x 及 $y,y',\cdots,y^{(n-1)}$ 的一切值,$F(x,y,y',\cdots,y^{(n-1)})$ 是连续的。因此,由于柯西定理,方程(1′)或(3′)有一个而且只有一个解案 $y(x)$,它在给定的原始值 $x = x_0(a < x_0 < b)$ 处取值 y_0,同时导数取值 $y^{(i)}(x_0) = y_0^{(i)}$ $(i=1,2,\cdots,n-1)$,其中,$y_0, y_0', \cdots, y_0^{(n-1)}$ 是任何给定的值。

在第7章中我们将要证明,线性方程的这样的解案 $y = (x)$ 存在于整个区间 (a,b)。对于一般的 n 阶方程,在前章中我们只能断定其存在于区间 $[x_0 - h, x_0 + h]$。

§2 齐次线性方程的一般理论

1. 现在考查无右端的线性方程

$$L[y] \equiv y^{(n)} + p_1 y^{(n-1)} + \cdots + p_{n-1} y' + p_n y = 0$$

我们用 $L(y)$ 简记依照方程（3′）的左端对于函数 y 施行全部运算（微分，乘上函数 $p_i(x)$，相加）的结果，并且命 $L(y)$ 叫作线性微分表达式或线性微分运算子。线性运算子有下面两个重要特性：

（1）
$$L[y_1 + y_2] = L[y_1] + L[y_2] \tag{6}$$

其中 y_1 和 y_2 是任何可微 n 次的函数。事实上，把运算子符号的意义显示出来，我们有

$$L[y_1 + y_2] = (y_1 + y_2)^{(n)} + p_1(y_1 + y_2)^{(n-1)} + \cdots + p_{n-1}(y_1 + y_2)' + p_n(y_1 + y_2)$$
$$= (y_1^{(n)} + p_1 y_1^{(n-1)} + \cdots + p_n y_1) + (y_2^{(n)} + p_1 y_2^{(n-1)} + \cdots + p_n y_2)$$
$$= L[y_1] + L[y_2]$$

和的运算子等于各项的运算子之和。这个特性是就两项之和而证明的，但是，显然它可以推广到任意多项的和。

（2）
$$L[Cy] = CL[y] \tag{7}$$

其中 y 是任何可微分 n 次的函数，C 是任何常数，即是说，常数因子可以移到线性运算子符号之外。其证明不难仿照前法做出。根据恒等式（6）和（7）所表出的线性运算子的特性，我们容易得到下列关于解齐次线性方程的定理。

定理 1 如果 y_1 和 y_2 是方程（3′）的两个（特）解，那么 $y_1 + y_2$ 也是这个方程的解。

证 因为 y_1, y_2 是解，我们有恒等式 $L[y_1] = 0, L[y_2] = 0$。但是，由于特性（6）

$$L[y_1 + y_2] = L[y_1] + L[y_2]$$

所以 $L(y_1 + y_2)$ 恒等于零。定理证完。

定理 2 如果 y_1 是方程（3′）的解，那么 Cy_1 也是这个方程的解（C 是任何常数）。

证 根据特性（7），$L[Cy_1] = CL[y_1]$，又根据条件有 $L[y_1] = 0$，由此推出定理。

系 1 如果我们有方程（3′）的特解 $y_1, y_2, \cdots, y_k$，那么，表达式 $C_1 y_1 +$

$C_2 y_2 + \cdots + C_k y_k$ 也是这个方程的解($C_1, C_2, \cdots, C_k$ 是任何常数)。

系2 如果 $y_1, y_2, \cdots, y_n$ 是 n 阶齐次线性方程的特解,那么表达式

$$y = C_1 y_1 + C_2 y_2 + \cdots + C_n y_n \tag{8}$$

是含 n 个任意常数的解。如果这些常数是实质的,表达式(8)就是通解①。

2. 特解需要满足什么条件才能使表达式(8)成为齐次方程的通解,这一问题的解答联系着函数的线性相关的概念。定义于区间 (a, b) 的函数 $\varphi_1(x)$,$\varphi_2(x), \cdots, \varphi_n(x)$ 叫作是在这个区间内线性相关的,如果存在不全等于零的常数 $\alpha_1, \alpha_2, \cdots, \alpha_n$,使得这个区间的一切 x 适合恒等式

$$\alpha_1 \varphi_1(x) + \alpha_2 \varphi_2(x) + \cdots + \alpha_n \varphi_n(x) = 0 \tag{9}$$

如果不存在这样的常数 $\alpha_1, \alpha_2, \cdots, \alpha_n$ 使等式(9)对于一切被考虑的 x 值成立(还假定着 α_i 不全等于零),那么这些函数叫作是(在所给区间内)线性无关的。在下文中,我们所讨论的区间往往是 $(-\infty, +\infty)$。

我们研究一个特殊情形和一些例子。

(1)如果函数之一,例如 φ_n 在所给区间内等于零,那么全体函数线性相关,因为我们有恒等式

$$\alpha_n \varphi_n(x) = 0$$

其中可取 $\alpha_n \neq 0$。

(2)函数

$$1, x, x^2, \cdots, x^n$$

在区间 $(-\infty, +\infty)$ 内线性无关,在任何有限区间内,也是如此。因为倘若不然,则对于考虑中的一切 x 值我们将有等式

$$\alpha_0 + \alpha_1 x + \alpha_2 x^2 + \cdots + \alpha_n x^n = 0$$

(α_i 不全为零)。而同时这是不高于 n 次的代数方程;它最多只能对于 n 个 x 值成立。

(3)设 $k_1, k_2, \cdots, k_n$ 是任何彼此不等的实数,$k_1 < k_2 < \cdots < k_n$。那么,定义于 $x > 0$ 的函数

$$x^{k_1}, k^{k_2}, \cdots, x^{k_n}$$

线性无关。假若不然,则对于所有 $x > 0$ 的值有恒等式

$$\alpha_1 x^{k_1} + \alpha_2 x^{k_2} + \cdots + \alpha_n \alpha^{k_n} = 0$$

---

① 显然 $y = 0$ 是任何齐次线性方程的特解。这叫作平凡解,在积分的理论中我们不考虑它。

用 x^{-k_1} 乘这设想的恒等式,便得恒等式

$$\alpha_1 + \alpha_2 x^{k_2 - k_1} + \cdots + \alpha_n x^{k_n - k_1} = 0$$

注意到在这里一切指数>0,我们让 $x \to 0$ 而过渡到极限,就知道一定有 $\alpha_1 = 0$。因此恒等式只能有这样的形式,即

$$\alpha_2 x^{k_2} + \alpha_3 x^{k_3} + \cdots + \alpha_n x^{k_n} = 0$$

重复同样的论证,我们依次得到 $\alpha_2 = 0, \alpha_3 = 0, \cdots, \alpha_n = 0$,这与 α_i 不全等于零的假设矛盾,从而我们的断语得到证明(同样的推演对于前例亦可应用)。

(4)函数 $\varphi_1 = \sin^2 x, \varphi_2 = \cos^2 x, \varphi_3 = 1$ 是线性相关组的例子。事实上,取 $\alpha_1 = 1, \alpha_2 = 1, \alpha_3 = -1$,我们得到恒等式(对于 $-\infty < x < +\infty$)

$$\sin^2 x + \cos^2 x - 1 = 0$$

3. 设有 n 个可微 $n-1$ 次的 x 的函数

$$y_1, y_2, \cdots, y_n$$

行列式

$$W[y_1, y_2, \cdots, y_n] \equiv W(x) \equiv \begin{vmatrix} y_1 & y_2 & \cdots & y_n \\ y_1' & y_2' & \cdots & y_n' \\ \vdots & \vdots & & \vdots \\ y_1^{(n-1)} & y_2^{(n-1)} & \cdots & y_n^{(n-1)} \end{vmatrix} \tag{10}$$

称为这些函数的伏朗斯基行列式。下面的定理容易证明。

定理 3 如果函数 $y_1, y_2, \cdots, y_n$ 线性相关,那么伏朗斯基行列式恒等于零。

设函数 $y_1, y_2, \cdots, y_n$ 线性相关即是说,存在恒等式

$$\alpha_1 y_1 + \alpha_2 y_2 + \cdots + \alpha_n y_n = 0 \tag{11}$$

其中 α_i 不全等于零。无伤于一般性,我们可以假定 $\alpha_n \neq 0$(否则我们改变函数的编号)。从恒等式(11)解出 y_n,我们得到恒等式

$$y_n = \beta_1 y_1 + \beta_2 y_2 + \cdots + \beta_{n-1} y_{n-1} \tag{11'}$$

$$\left(\beta_i = -\frac{\alpha_i}{\alpha_n}, i = 1, 2, \cdots, n-1 \right)$$

将恒等式(11')对 x 微分,便得

$$\begin{cases} y_n' = \beta_1 y_1' + \beta_2 y_2' + \cdots + \beta_{n-1} y_{n-1}' \\ \quad\quad\quad \vdots \\ y_n^{(n-1)} = \beta_1 y_1^{(n-1)} + \beta_2 y_2^{(n-1)} + \cdots + \beta_{n-1} y_{n-1}^{(n-1)} \end{cases} \tag{11''}$$

在行列式(10)内,以 $-\beta_1$ 乘第一列,$-\beta_2$ 乘第二列,……,$-\beta_{n-1}$ 乘第 $n-1$ 列并将结果加到最后一列;行列式 W 的值不变;但是由于式(11')和(11''),新行列式

的末列由零组成,由此得到 $W\equiv0$,即所求证。

如果 $y_1,y_2,\cdots,y_n$ 是齐次方程 $(3')$ 的特解,就有更强的逆定理如下。

定理4 如果解案 $y_1,y_2,\cdots,y_n$(在区间(2)内)线性无关,那么 $W[y_1,y_2,\cdots,y_n]$ 在这个区间的任何点上不等于零。

假设其不然:设 $W(x_0)=0,a<x_0<b$。我们以 y_{i0} 记 y_i 于 $x=x_0$ 处的值,以 $y_{i0}^{(k)}$ 记 $y_i^{(k)}(x_0)$ 的值,并作方程组

$$
\begin{cases}
C_1 y_{10}+C_2 y_{20}+\cdots+C_n y_{n0}=0 \\
C_1 y'_{10}+C_2 y'_{20}+\cdots+C_n y'_{n0}=0 \\
\qquad\qquad\vdots \\
C_1 y_{10}^{n-1}+C_2 y_{20}^{n-1}+\cdots+C_n y_{n0}^{n-1}=0
\end{cases}
\tag{12}
$$

将 $C_1,C_2,\cdots,C_n$ 看作未知数,则方程组(12)的行列式值为 $W(x_0)=0$。因此,含 n 个未知数的 n 个齐次方程(12)有一组解 $C_1,C_2,\cdots,C_n$,而且 C_i 不全等于零。我们作函数

$$\hat{y}(x)=C_1 y_1+C_2 y_2+\cdots+C_n y_n \tag{8'}$$

由于定理1与定理2的系1,它是方程 $(3')$ 的解;由于条件(12),当 $x=x_0$ 时我们有

$$\hat{y}(x_0)=0,\hat{y}'(x_0)=0,\cdots,\hat{y}^{(n-1)}(x_0)=0 \tag{12'}$$

根据存在定理,原始条件 $(12')$ 唯一地确定方程 $(3')$ 的解。但是平凡解 $y=0$ 显然是这样的解,因此 $\hat{y}(x)\equiv0$(在区间 $a<x<b$)。于是我们从等式 $(8')$ 得到

$$C_1 y_1+C_2 y_2+\cdots+C_n y_n=0$$

它对于区间(2)的一切 x 成立。既然 C_i 不全等于零,这就表示函数 $y_1,y_2,\cdots,y_n$ 线性相关,而违反了假设。这个矛盾证明了定理。

定理3和4可以合起来叙述如下:

由 n 阶线性方程 $(3')$ 的 n 个解组成的伏朗斯基行列式,或则恒等于零,或则在方程的系数为连续的区间内处处不等于零。

齐次线性方程 $(3')$ 的任意 n 个线性无关的特解的组称为基本组。

定理4的系 构成基本组的函数在包含于区间 (a,b) 内的任何部分区间 (α,β) 内线性无关。这可以从伏朗斯基行列式不为零的结论推出。

定理5 对于任何 n 阶齐次线性微分方程,都有基本组存在。

事实上,我们任意取 n^2 个数目 $a_{ik}(i,k=1,2,\cdots,n)$,使它们所组成行列式

$$\begin{vmatrix} a_{11} & a_{12} & \cdots & a_{1n} \\ a_{21} & a_{22} & \cdots & a_{2n} \\ \vdots & \vdots & & \vdots \\ a_{n1} & a_{n2} & \cdots & a_{nn} \end{vmatrix} \qquad (13)$$

不等于零。我们用原始条件:当 $x=x_0$ 时有 $y_i=a_{i1}$,$y_i'=a_{i2}$,$\cdots$,$y_i^{(n-1)}=a_{in}(i=1,2,\cdots,n)$ 确定方程 $(3')$ 的 n 个特解 $y_1,y_2,\cdots,y_n$。根据 §1 中最后的按语,这些函数定义于整个区间(2)。

行列式(13)是伏朗斯基行列式 $W[y_1,y_2,\cdots,y_n]$ 在 $x=x_0$ 处的值,这样,$W(x)$ 当 $x=x_0$ 时是不等于零的,从而由定理 3 可见 $y_1,y_2,\cdots,y_n$ 线性无关,亦即构成基本组。(提醒一下,$W(x)$ 在区间 (a,b) 内处处不等于零。)

注 作方阵 a_{ik} 使其行列式(13)不等于零时,按照下面的规则挑选往往是方便的:$a_{ik}=0$(当 $i\neq k$),$a_{ik}=1$(当 $i=k$)。显然在这种情形下,行列式(13)等于 1,对应的基本组 $y_1,y_2,\cdots,y_n$ 我们称之为标准基本组;构成这个组的函数适合如下的原始条件:当 $x=x_0$ 时

$$y_1=1,y_1'=0,\cdots,y_1^{(n-1)}=0$$
$$y_2=0,y_2'=1,\cdots,y_2^{(n-1)}=0$$
$$\vdots$$
$$y_n=0,y_n'=0,\cdots,y_n^{(n-1)}=1$$

定理 6 如果方程 $L[y]=0$ 的解案 $y_1,y_2,\cdots,y_n$ 构成一个基本组,它的通解就是

$$y=C_1y_1+C_2y_2+\cdots+C_ny_n$$

按照定义,含有 n 个任意常数的解,如果通过给定这些常数的值而能够从它得到任何特解,就叫作通解。前面已经说过,由于存在和唯一性的定理,任何特解都唯一地决定于原始条件:当 $x=z_0$ 时,有

$$y=y_0,y'=y_0',\cdots,y^{(n-1)}=y_0^{(n-1)} \qquad (14)$$

其中 $a<x_0<b$,而 $y_0,y_0',\cdots,y_0^{(n-1)}$ 是任何数值。因此,如果能证明在式(8)中可以这样地定出常数 $C_1,C_2,\cdots,C_n$,使它满足原始条件(14),那么我们就证明了式(8)是通解。为了定出常数 C_i,我们就得到一次方程组

$$\begin{cases} C_1y_{10}+C_2y_{20}+\cdots+C_ny_{n0}=y_0 \\ C_1y_{10}'+C_2y_{20}'+\cdots+C_ny_{n0}'=y_0' \\ \qquad\qquad \vdots \\ C_1y_{10}^{(n-1)}+C_2y_{20}^{(n-1)}+\cdots+C_ny_{n0}^{(n-1)}=y_0^{(n-1)} \end{cases} \qquad (15)$$

此处 y_{i0} 记函数 $y_i(x)$ 在 $x=x_0$ 的值;$y_{i0}^{(k)}$ 记导数 $y_i^{(k)}(x)$ 在 $x=x_0$ 的值。方程组(15)的行列式是伏朗斯基行列式在 $x=x_0$ 的值,也就是 $W(x_0)$;由于定理 4,$W(x_0)\neq 0$。因此方程组(15)总归有一组解 $C_1,C_2,\cdots,C_n$,而且它还是唯一的一组解。如果表达式(8)中 C_i 有这样的值,那么它显然适合原始条件(14)。于是定理证完。

注 如果 $y_1(x),y_2(x),\cdots,y_n(x)$ 是标准基本组,那么适合原始条件(14)的解的形式就特别简单,即

$$y=y_0 y_1(x)+y_0' y_2(x)+\cdots+y_0^{(n-1)} y_n(x)$$

在上一表达式及其历次的导数内置 $x=x_0$,就能证明这个断语。

例 1 容易验证方程 $y''-y=0$ 有两个特解:$y_1=\mathrm{e}^x$,$y_2=\mathrm{e}^{-x}$。为要看出它们是线性相关或无关,我们作伏朗斯基行列式

$$W[y_1,y_2]=\begin{vmatrix} \mathrm{e}^x & \mathrm{e}^{-x} \\ \mathrm{e}^x & -\mathrm{e}^{-x} \end{vmatrix}=-2\neq 0$$

因此,e^x 和 e^{-x} 形成基本组,而通解可以写成 $y=C_1\mathrm{e}^x+C_2\mathrm{e}^{-x}$。现在我们来构造标准基本组 $\bar{y}_1(x),\bar{y}_2(x)$,对应于原始条件:$\bar{y}_1(0)=1,\bar{y}_1'(0)=0;\bar{y}_2(0)=0$,$\bar{y}_2'(0)=1$。显然,$\bar{y}_1$ 和 $\bar{y}_2$ 是 e^x 和 e^{-x} 的线性组合:$\bar{y}_1(x)=a\mathrm{e}^x+b\mathrm{e}^{-x},\bar{y}_2(x)=c\mathrm{e}^x+d\mathrm{e}^{-x}$。为了确定系数 a,b,c,d,我们应用解案 $\bar{y}_1$ 和 $\bar{y}_2$ 的原始条件:$1=a+b,0=a-b,0=c+d,1=c-d$。由此

$$a=\frac{1}{2},b=\frac{1}{2},c=\frac{1}{2},d=-\frac{1}{2}$$

$$\bar{y}_1(x)=\frac{\mathrm{e}^x+\mathrm{e}^{-x}}{2}=\mathrm{ch}\ x,\quad \bar{y}_2(x)=\frac{\mathrm{e}^x-\mathrm{e}^{-x}}{2}=\mathrm{sh}\ x$$

用函数 $\bar{y}_1$ 和 $\bar{y}_2$,我们可以立刻写出适合柯西条件:当 $x=x_0$ 时,$y=y_0$,$y'=y_0'$ 的解。这是

$$y=y_0\,\mathrm{ch}\ x+y_0'\,\mathrm{sh}\ x$$

4. 我们看到,公式(8)能给出 n 阶线性方程的任何解,如果函数 $y_1,y_2,\cdots,y_n$ 线性无关。因此容易证明下面的定理。

定理 7 如果我们有方程(3′)的 $n+1$ 个特解

$$y_1,y_2,\cdots,y_{n+1}$$

那么,它们之间一定存在线性相关性。

证 我们考虑前 n 个函数,$y_1,y_2,\cdots,y_n$,共有两种可能的情形:

(1)函数 $y_1,y_2,\cdots,y_n$ 线性相关。那么定理正确,因为 n 个函数间的线性关系式是 $n+1$ 个函数间的线性关系式当 y_{n+1} 的系数等于零的特殊情形。

（2）函数 $y_1,y_2,\cdots,y_n$ 线性无关。这时它们构成基本组,任何特解都可以用它们的常系数线性型表达。特别地,对于 y_{n+1} 我们有

$$y_{n+1}=A_1y_1+A_2y_2+\cdots+A_ny_n$$

这就是所要找出的线性相关性。定理证完。

定理 8　如果两个齐次线性方程

$$\begin{cases}y^{(n)}+p_1y^{(n-1)}+\cdots+p_ny=0\\y^{(n)}+\bar{p}_1y^{n-1}+\cdots+\bar{p}_ny=0\end{cases}\tag{16}$$

有公共基本解组,那么它们彼此全同,即 $p_i(x)\equiv\bar{p}_i(x)(i=1,2,\cdots,n)$。

证　将方程组（16）中的方程按项相减,得到新的 $n-1$ 阶方程

$$(p_1-\bar{p}_1)y^{n-1}+(p_2-\bar{p}_2)y^{(n-2)}+\cdots+(p_n-\bar{p}_n)y=0\tag{17}$$

如果 p_1 和 $\bar{p}_1$ 不互相恒等,那么由于它们的连续性,在某一区间 $\alpha<x<\beta$ 内我们有 $p_1-\bar{p}_1\neq0$。以 $p_1-\bar{p}_1$ 除方程（17）的两端,在区间 (α,β) 内我们得到形式如（3′）的方程,即最高阶导数的系数等于 1。根据方程（17）的造法,显然方程（16）的解都是它的解,也就是说,最高阶导数的系数为 1 的 $n-1$ 阶方程有 n 个线性无关的积分（参看定理 4 的系）。这个结果与定理 7 的矛盾表明了 $p_1(x)\equiv\bar{p}_1(x)$,因此方程（17）成为

$$(p_2-\bar{p}_2)y^{(n-2)}+(p_3-\bar{p}_3)y^{(n-3)}+\cdots+(p_n-\bar{p}_n)y=0$$

和前面类似的推演可以证明 $p_2\equiv\bar{p}_2$,同样也可以证明

$$p_3\equiv\bar{p}_3,\cdots,p_n\equiv\bar{p}_n$$

系　基本组完全决定最高阶导数的系数等于 1 的线性齐次方程。

现在我们来解决下一问题:

已知基本组（在区间 $a<x<b$ 内）: $y_1,y_2,\cdots,y_n$ 造出对应的微分方程。

为了这个目的,我们令下面的行列式等于零,其中 y 是未知函数

$$W[y_1,y_2,\cdots,y_n,y]\equiv\begin{vmatrix}y_1&y_2&\cdots&y_n&y\\y_1'&y_2'&\cdots&y_n'&y'\\\vdots&\vdots&&\vdots&\vdots\\y_1^{(n)}&y_2^{(n)}&\cdots&y_n^{(n)}&y^{(n)}\end{vmatrix}=0\tag{18}$$

按最后一列的元素展开,便知式（18）是函数 y 的 n 阶齐次微分方程。以函数 $y_i(i=1,2,\cdots,n)$ 代 y 时,我们得到有两列相等的行列式。它恒等于零,因此方程（18）有特解 $y_1,y_2,\cdots,y_n$。

$y^{(n)}$ 的系数是 $W[y_1,y_2,\cdots,y_n]$,我们知道它在区间 (a,b) 不等于零。用它

除方程(18)两端,我们就得到最高阶导数的系数等于1的 n 阶方程,而按照前面证明的结果,这样的方程是由基本组唯一解决的。所以问题解决了。

我们将方程(18)写成展开的形式,即

$$y^{(n)} \begin{vmatrix} y_1 & y_2 & \cdots & y_n \\ y_1' & y_2' & \cdots & y_n' \\ \vdots & \vdots & & \vdots \\ y_1^{(n-1)} & y_2^{(n-1)} & \cdots & y_n^{(n-1)} \end{vmatrix} -$$

$$y^{(n-1)} \begin{vmatrix} y_1 & y_2 & \cdots & y_n \\ y_1' & y_2' & \cdots & y_n' \\ \vdots & \vdots & & \vdots \\ y_1^{(n-2)} & y_2^{(n-2)} & \cdots & y_n^{(n-2)} \\ y_1^{(n)} & y_2^{(n)} & \cdots & y_n^{(n)} \end{vmatrix} + \cdots +$$

$$(-1)^n y \begin{vmatrix} y_1' & y_2' & \cdots & y_n' \\ y_1'' & y_2'' & \cdots & y_n'' \\ \vdots & \vdots & & \vdots \\ y_1^{(n)} & y_2^{(n)} & \cdots & y_n^{(n)} \end{vmatrix} = 0$$

如果将原方程写为

$$y^{(n)} + p_1 y^{(n-1)} + \cdots + p_n y = 0$$

那么,比较系数可得恒等式

$$p_1 = - \frac{\begin{vmatrix} y_1 & y_2 & \cdots & y_n \\ y_1' & y_2' & \cdots & y_n' \\ \vdots & \vdots & & \vdots \\ y_1^{(n-2)} & y_2^{(n-2)} & \cdots & y_n^{(n-2)} \\ y_1^{(n)} & y_2^{(n)} & \cdots & y_n^{(n)} \end{vmatrix}}{W[y_1, y_2, \cdots, y_n]}$$

这里容易证明在分子处的行列式,就是在分母处的伏朗斯基行列式的导数。事实上,凡是由 x 的函数组成的行列式对于 x 的导数等于这样的 n 个行列式之和。在第一个里面,第一行的函数换成导数而其余不变;在第二个里面,第二行的函数换成导数;依次类推,在第 n 个里面,最后一行的函数换成导数。将这个微分法则应用于伏朗斯基行列式,所得的前 $n-1$ 个行列式都有二行相等,亦即都等于零,而最后一个不等于零的行列式恰好是 p_1 的表达式中的分子,所以我

们有

$$p_1 = -\frac{W'(x)}{W(x)}$$

因而 $W(x) = Ce^{-\int_{x_0}^{x} p_1 dx}$。以 $W(x)$ 在 $x = x_0$ 处的原始值表达常数 C，我们最后得到

$$W(x) = W(x_0) e^{-\int_{x_0}^{x} p_1 dx} \tag{19}$$

以所给方程中 $y^{(n-1)}$ 的系数决定伏朗斯基行列式（准确到一个常数因子的差别）的等式（19）叫作奥斯特洛格拉得斯基–刘维尔公式。

我们应用奥斯特洛格拉得斯基–刘维尔公式求二阶方程

$$y'' + p_1 y' + p_2 y = 0$$

的通解，假定已经知道它的一个特解 y_1，设 y 是任何不同于 y_1 的解。作 $W[y_1, y]$ 并按奥斯特洛格拉得斯基–刘维尔公式写出它的值

$$\begin{vmatrix} y_1 & y \\ y'_1 & y' \end{vmatrix} = Ce^{-\int p_1 dx}$$

我们得到了对于 y 的一阶线性方程。展开行列式，就有

$$y_1 y' - y'_1 y = Ce^{-\int p_1 dx}$$

以 y_1^2 除两端，便得

$$\frac{d}{dx}\left(\frac{y}{y_1}\right) = \frac{1}{y_1^2} Ce^{-\int p_1 dx}$$

由此，y 可以由求积定出

$$y = y_1 \left\{ \int \frac{Ce^{-\int p_1 dx}}{y_1^2} dx + C' \right\} \tag{20}$$

所得解案含有两个任意常数，因此它是通解。据此，如果知道二阶线性齐次方程的一个特解，就可以用求积求出通解。

例 2 容易证明，方程

$$(1-x^2) y'' - 2xy' + 2y = 0$$

有特解 $y_1 = x$。此处 $p_1 = \frac{-2x}{1-x^2}$，而公式（20）给出

$$y = x \left\{ \int \frac{Ce^{\int \frac{2x dx}{1-x^2}}}{x^2} dx + C' \right\} = x \left\{ C \int \frac{dx}{x^2(1-x^2)} + C' \right\}$$

$$= x \left\{ C \int \left[\frac{dx}{x^2} + \frac{1}{2} \frac{dx}{1-x} + \frac{1}{2} \frac{dx}{1+x} \right] + C' \right\}$$

$$= x \left\{ C \left[-\frac{1}{x} + \frac{1}{2} \ln \frac{1+x}{1-x} \right] + C' \right\}$$

$$= C'x + C\left(\frac{1}{2}x \ln\frac{1+x}{1-x} - 1\right)$$

这是所给方程的通解。

注 1 任一线性微分方程(3′)有无穷多个基本组。设 $y_1, y_2, \cdots, y_n$ 是这个方程的任何一个基本组。我们造一新特解组

$$\begin{cases} Y_1 = \alpha_{11}y_1 + \alpha_{12}y_2 + \cdots + \alpha_{1n}y_n \\ Y_2 = \alpha_{21}y_1 + \alpha_{22}y_2 + \cdots + \alpha_{2n}y_n \\ \qquad\qquad\qquad\qquad\vdots \\ Y_n = \alpha_{n1}y_1 + \alpha_{n2}y_2 + \cdots + \alpha_{nn}y_n \end{cases} \tag{21}$$

$Y_1, Y_2, \cdots, Y_n$ 将构成基本组,如果这些函数线性无关。而要它们线性无关,必须且只需代换(21)的行列式

$$D = \begin{vmatrix} \alpha_{11} & \alpha_{12} & \cdots & \alpha_{1n} \\ \alpha_{21} & \alpha_{22} & \cdots & \alpha_{2n} \\ \vdots & \vdots & & \vdots \\ \alpha_{n1} & \alpha_{n2} & \cdots & \alpha_{nn} \end{vmatrix}$$

不等于零。实际上,如果 $\{Y_i\}$ 是基本组,那么通过它们可以表达解案 y_1, $y_2, \cdots, y_n$,即是说,方程系(21)必然对于 $y_1, y_2, \cdots, y_n$ 可解,因而必然有 $D \neq 0$。反之,如果 $D \neq 0$,那么 y_i 可以线性地由 Y_i 表达,既然任何解案都可以由 y_1, $y_2, \cdots, y_n$ 表达,那么当然也可以由 $Y_1, Y_2, \cdots, Y_n$ 表达,因此 Y_i 构成基本组。

作伏朗斯基行列式 $W[Y_1, Y_2, \cdots, Y_n]$,容易看出,它是行列式 D 与 $W[y_1$, $y_2, \cdots, y_n]$ 的乘积,亦即

$$W[Y_1, Y_2, \cdots, Y_n] = DW[y_1, y_2, \cdots, y_n]$$

因此,由所给方程的一个基本组过渡到另一个基本组时,伏朗斯基行列式只改变一个常数因子——线性代换的行列式。

注 2 设 $y_1, y_2, \cdots, y_n$ 是任何一组可微 n 次的线性无关的函数。如果伏朗斯基行列式在区间 $a < x < b$ 内不等于零,那么方程(18)就是以这组函数为基本组的微分方程。我们指出,既然函数 $y_1, y_2, \cdots, y_n$ 是任意的,所以关于伏朗斯基行列式在所论区间内永不为零的条件应该作为新的要求而引进。

注 3 如果作一微分方程,它以预先给定的一组 n 个线性无关的函数作为它的基本组,那么使这组函数的伏朗斯基行列式等于零的各点是所作方程的奇点。在奇点处 $y^{(n)}$ 的系数等于零。

例 3 作一微分方程,以函数 x, x^2, x^3 为其基本组。按照公式(18)作方程

$$\begin{vmatrix} x & x^2 & x^3 & y \\ 1 & 2x & 3x^2 & y' \\ 0 & 2 & 6x & y'' \\ 0 & 0 & 6 & y''' \end{vmatrix} = 0$$

按最后一列的元素展开行列式,便得

$$2x^3 y''' - 6x^2 y'' + 12xy' - 12y = 0$$

此处 $W(x) = 2x^3$,在区间 $(-\infty, 0)$ 及 $(0, +\infty)$ 内它不等于零。对于这些区间我们有微分方程

$$y''' - \frac{3}{x} y'' + \frac{6}{x^2} y' - \frac{6}{x^3} y = 0$$

问　题

作方程,以下列各组函数为其基本组:

131. $\cos x, \sin x$。

132. $\cos^2 x, \sin^2 x$。

末一方程的系数在哪些区间内是连续的(如果最高项的系数$=1$)? 证明这个方程的另一基本组是 $1, \cos 2x$。

133. 求拉格朗日方程

$$(1 - x^2) y'' - 2xy' + n(n+1) y = 0$$

的伏朗斯基行列式(准确到只差一个任意常数)。

134. 积出方程 $y'' + \frac{2}{x} y' + y = 0$,已知特解 $y_1 = \frac{\sin x}{x}$。

135. 积出方程 $y'' \sin^2 x = 2y$,已知特解 $y = \cot x$。

5. 齐次线性方程降阶。齐次线性方程

$$L[y] \equiv y^{(n)} + p_1 y^{(n-1)} + \cdots + p_n y = 0$$

属于对 $y, y', y'', \cdots$ 为齐次的那一类方程。因此,代换 $y = e^{\int z dx}$ 能将它变为 $n-1$ 阶的方程(第4章,§3)。但是这个代换在大多数情形中是不方便的,因为变换后(对于 z)的方程不再是线性的,因此失去线性方程所特具的简单性。现在我们在已知若干特解的情况之下研究降阶的方法,说明每一个已知特解能使方程降低一阶,而且变后方程保持线性。这样,每个已知特解都能使觅求通解的工作推进一步。

设 $y = y_1$ 是方程$(3')$的特解。我们引入新的未知函数 z,它与 y 的关系是

$$y = y_1 z \qquad\qquad (22)$$

方程(22)在 y_1 不等于零的区间内对 z 可解;以下我们只考虑这种区间。由关系(22)计算 y 的导数,我们有

$$y' = y_1 z' + y_1' z$$

$$y'' = y_1 z'' + 2 y_1' z' + y''_1 z$$

$$\vdots$$

$$y^{(n)} = y_1 z^{(n)} + \binom{n}{1} y_1' z^{(n-1)} + \binom{n}{2} y''_1 z^{(n-2)} + \cdots + y_1^{(n)} z$$

代入方程(3′),得到

$$y_1 z^{(n)} + \left[\binom{n}{1} y_1' + p_1 y_1 \right] z^{(n-1)} + \cdots + \left[y_1^{(n)} + p_1 y_1^{(n-1)} + \cdots + p_{n-1} y_1' + p_n y_1 \right] z = 0$$

这是对于 z 的 n 阶方程。但是 z 的系数 $L[y_1]$ 是恒等于零的,因为 y_1 是方程(3′)的解。所以如果引入新未知函数 $u = z'$,就可以降低所得方程的阶数。再用 y_1 除所得方程的各项,我们便将它的形式化为

$$u^{(n-1)} + q_1 u^{(n-2)} + \cdots + q_{n-1} u = 0 \tag{23}$$

这是 $n-1$ 阶的线性方程。函数 u 的表达式显然是

$$u = z' = \frac{\mathrm{d}}{\mathrm{d}x} \left(\frac{y}{y_1} \right)$$

设我们得到方程(23)的基本组

$$u_1, u_2, \cdots, u_{n-1}$$

那么对于 z 就有一组 n 个解案

$$1[1], \int u_1 \mathrm{d}x, \int u_2 \mathrm{d}x, \cdots, \int u_{n-1} \mathrm{d}x$$

相应地,对于 y 就有一组解案

$$y_1, y_2 = y_1 \int u_1 \mathrm{d}x, y_3 = y_1 \int u_2 \mathrm{d}x, \cdots, y_n = y_1 \int u_{n-1} \mathrm{d}x$$

我们要证明这些解案构成方程(3′)的基本组。假设它们之间存在线性相关联性

$$C_1 y_1 + C_2 y_2 + \cdots + C_n y_n = 0$$

除以 y_1(按照条件,y_1 在有关区间内不等于零),我们得

---

[1]　容易证明,如果在齐次线性方程中,未知函数的系数等于零,那么常数是这个方程的特解;反之,如果方程有常数解,那么未知函数项的系数等于零。

$$C_1 + C_2 \int u_1 \, dx + C_3 \int u_2 \, dx + \cdots + C_n \int u_{n-1} \, dx = 0$$

将上面的恒等式对 x 微分,就有

$$C_2 u_1 + C_3 u_2 + \cdots + C_n u_{n-1} = 0$$

这和 $u_1, u_2, \cdots, u_{n-1}$ 为线性无关的条件相矛盾。因此 $C_2 = C_3 = \cdots = C_n = 0$。因为 $y_1 \neq 0$,所以显然 $C_1 = 0$,因此 $y_1, y_2, \cdots, y_n$ 构成基本组。

如果知道了方程 $(3')$ 的一个特解,这个方程的积分问题就还原到 $n-1$ 阶齐次线性方程的积分问题。

现在假设已经知道方程 $(3')$ 的两个线性无关的特解 y_1 和 y_2。仿前引入新的未知函数 $u = \left(\dfrac{y}{y_1} \right)'$,我们就得到对于 u 的 $n-1$ 阶方程 (23)。但是这个方程有一已知积分 $u_1 = \left(\dfrac{y_2}{y_1} \right)'$,因此它也可以降低一阶[①]。

如果知道了两个线性无关的特解,那么方程可以降低二阶。

在一般情形,假设已经知道方程 $(3')$ 的 r 个线性无关的特解 $(r < n)$

$$y_1, y_2, \cdots, y_r$$

由代换 $u = \left(\dfrac{y}{y_1} \right)'$,仍然得到方程 (23),而且我们还知道它的 $r-1$ 个特解

$$u_1 = \left(\dfrac{y_2}{y_1} \right)', u_2 = \left(\dfrac{y_3}{y_1} \right)', \cdots, u_{r-1} = \left(\dfrac{y_r}{y_1} \right)'$$

这一组解是线性无关的。事实上,如果有下列关系存在

$$\alpha_2 u_1 + \alpha_3 u_2 + \cdots + \alpha_r u_{r-1} = 0$$

那么,将它对 x 积分,我们得到

$$\alpha_2 \frac{y_2}{y_1} + \alpha_3 \frac{y_3}{y_1} + \cdots + \alpha_r \frac{y_r}{y_1} = -\alpha_1$$

$(-\alpha_1$ 是积分常数$)$,或

$$\alpha_1 y_1 + \alpha_2 y_2 + \cdots + \alpha_r y_r = 0$$

这和函数 $y_1, y_2, \cdots, y_r$ 为线性无关的假设相矛盾。

因此,方程 (23) 有 $r-1$ 个线性无关的已知特解;用代换 $v = \left(\dfrac{u}{u_1} \right)'$ $(v$ 是新未

---

① $\left(\dfrac{y_1}{y_1} \right)'$ 是平凡解;相反地,如果 y_1 和 y_2 线性无关,u_1 便不是平凡解;事实上如果 $u_1 = 0$,那么 $\dfrac{y_2}{y_1} = C$(常数),因此 $Cy_1 - y_2 = 0$,与条件相矛盾。

知函数），我们便得到对于 v 的 $n-2$ 阶线性方程，有着 $r-2$ 个线性无关的特解 $\left(\dfrac{u_2}{u_1}\right)',\left(\dfrac{u_3}{u_1}\right)',\cdots,\left(\dfrac{u_{r-1}}{u_1}\right)'$。对于这个方程也可以应用同样的推演；连续施行类似的变换，我们最后得到 $n-r$ 阶的方程。因此，如果知道了齐次线性方程的 r 个线性无关的特解，就可以将方程降低 r 阶。

注 如果知道了 $n-1$ 个特解，那么在降阶之后，我们得到可由求积积出的一阶方程；在这种情形下，通解可由求积得到。

问 题

136. 求方程 $x^3y'''-3x^2y''+6xy'-6y=0$ 的通解，已知特解 $y_1=x$，$y_2=x^2$。

137. 求方程 $xy'''-y''+xy'-y=0$ 的通解，已知特解 $y_1=x$（参看问题 131）。

138. 同上对于方程 $(1-x^2)y'''-xy''+y'=0$，特解是 $y=x^2$。

§3 非齐次线性方程

1. 一般特性。我们研究形式为

$$L[y]\equiv y^{(n)}+p_1y^{(n-1)}+\cdots+p_ny\equiv f(x)$$

的非齐次线性微分方程，其中 $f\neq0$。

具有同样系数但是右端为零的齐次线性方程

$$L[y]\equiv y^{(n)}+p_1y^{(n-1)}+\cdots+p_ny=0$$

前面已经说过，叫作对应于非齐次方程 $(1')$ 的齐次方程。显然方程 $(1')$ 和 $(3')$ 没有公共解案。

定理9 如果已经知道非齐次方程 $(1')$ 的任何一个特解 Y，那么它的通解是这个特解与对应的齐次方程的通解之和。

因为 Y 是方程 $(1')$ 的解，所以我们有恒等式

$$L[Y]=f(x) \tag{24}$$

置

$$y=Y+z \tag{25}$$

其中 z 是新的未知函数。将式（25）代入方程 $(1')$，根据线性运算子 $L[Y]$ 的特性（6），我们有

$$L[Y]+L[z]=f(x)$$

由此,注意着恒等式(24),我们得到

$$L[z] = 0$$

即对应于方程(1′)的齐次方程。

设对应于方程(1′)的齐次方程(3′)的基本组是

$$y_1, y_2, \cdots, y_n$$

那么方程(3′)的通解具有形式(§2)

$$C_1 y_1 + C_2 y_2 + \cdots + C_n y_n$$

将这个表达式代 z 于公式(25),我们得到非齐次方程(1′)的通解

$$y = C_1 y_1 + C_2 y_2 + \cdots + C_n y_n + Y \tag{26}$$

这个解案含有 n 个任意常数;为了证明这些常数是实质的,我们证明,适当地选取常数 $C_1, C_2, C_3, \cdots, C_n$ 的数值,能使所得解案适合任何柯西原始条件,即当 $x = x_0$ 时,我们有

$$y = y_0, y' = y_0', \cdots, y^{(n-1)} = y_0^{(n-1)}$$

其中 x_0 是区间(2)的任何数值,$y_0, y_0', \cdots, y_0^{(n-1)}$ 是任何 n 个给定的数目,逐次微分(26),我们得到

$$\begin{cases} y' = C_1 y_1' + C_2 y_2' + \cdots + C_n y_n' + Y' \\ y'' = C_1 y_1'' + C_2 y_2'' + \cdots + C_n y_n'' + Y'' \\ \vdots \\ y^{(n-1)} = C_1 y_1^{(n-1)} + C_2 y_2^{(n-1)} + \cdots + C_n y_n^{(n-1)} + Y^{(n-1)} \end{cases} \tag{26′}$$

在等式(26)和(26′)中,我们以 $y_0, y_0', \cdots, y_0^{(n-1)}$ 分别代替左端的 $y, y', \cdots, y^{(n-1)}$,并以 $x = x_0$ 代入右端的各个函数。这样一来,就得到含 n 个未知函数 $C_1, C_2, \cdots, C_n$ 的 n 个一次方程,这组方程的行列式是伏朗斯基行列式 $W(x)$ 在 $x = x_0$ 的值。但是 $W(x_0) \neq 0$,因为按照假定 $y_1, y_2, \cdots, y_n$ 是基本组。因此我们可以完全定出 $C_1, C_2, \cdots, C_n$ 的值,可见(26)确实是通解。定理证完。

例4 考查方程 $y'' + y = 3x$。容易看出,$y = 3x$ 是特解。对应的齐次方程 $y'' + y = 0$ 有两个线性无关的特解,$y_1 = \cos x, y_2 = \sin x$。根据上述结果,通解是 $y = C_1 \cos x + C_2 \sin x + 3x$。现在我们来解决对于所给方程的柯西问题:求适合原始条件当 $x = 0$ 时,$y = 1, y' = -1$ 的解。我们有 $y' = -C_1 \sin x + C_2 \cos x + 3$。将原始值代入,即得 $C_1 = 1, C_2 + 3 = -1$。因此 $C_2 = -4$。所求解案是

$$y = \cos x - 4\sin x + 3x$$

设已知对应于方程(1′)的齐次方程(3′)的一个特解 y_1。与齐次方程的情形一样,我们应用代换 $y = y_1 z$ 而得到一个不显含未知函数 z 的方程。置 $z' = u$,

就得到 $n-1$ 阶的(非齐次)线性方程。所以,如果已知对应的齐次方程的一个特解,那么变换 $u=\left(\dfrac{y}{y_1}\right)$ 可将非齐次方程降低一阶。仿照§2的办法,也容易得到下面的结果:如果已知对应的齐次方程的 r 个线性无关的特解,那么非齐次方程可以降低 r 阶。

现在假定已经知道非齐次方程(1′)的 m 个特解 $Y_1,Y_2,\cdots,Y_m$,我们引入新的未知函数 z,它与 y 的关系是

$$y=Y_1+z \text{ 或 } z=y-Y_1$$

前面已经证明,z 适合对应于非齐次方程(1′)的齐次方程。将函数 $Y_1,Y_2,\cdots,Y_m$ 代 y,我们于平凡解 $z=0$ 之外,得到齐次方程的 $m-1$ 个解

$$z_1=Y_2-Y_1,z_2=Y_3-Y_1,\cdots,z_{m-1}=Y_m-Y_1$$

这样,我们知道了齐次方程(3′)的 $m-1$ 个解。如果它们线性无关,这个方程就可以降低 $m-1$ 阶。因此,如果知道了非齐次线性方程的 m 个特解,那么在上述的条件下,它的积分问题成为求 $n-m+1$ 阶的齐次线性方程的积分问题。

例5 容易验证,方程 $(2x-x^2)y''+2(x-1)y'-2y=-2$ 有两个特解,$y_1=1$,$y_2=x$。因此对应的齐次线性方程有解 $z_1=x-1$。合并代换(25)与(22),我们作代换

$$y=1+(x-1)z$$

其中 z 是新的未知函数。于是

$$y'=(x-1)z'+z,y''=(x-1)z''+2z'$$

将这些表达式代入所给方程,我们得到

$$(2x-x^2)(x-1)z''+2\left[(2x-x^2)+(x-1)^2\right]z'=0$$

由此

$$\frac{z''}{z'}=-\frac{2}{x-1}+\frac{2-2x}{2x-x^2},z'=C_1\,\frac{2x-x^2}{(x-1)^2}=-C_1+\frac{C_1}{(x-1)^2}$$

$$z=-C_1x-\frac{C_1}{x-1}+C_2$$

代入 y 的表达式内,我们得到 $y=-C_1(x^2-x+1)+C_2(x-1)+1$——通解。

问 题

139. 解方程 $x^2y''-2xy'+2y=2x^3$,已知对应的齐次方程有特解 $y=x$。

2. 常数变易法。在前一段中我们讲明,要解非齐次方程,只需知道对应的

齐次方程的基本解组及非齐次方程的一个特解。在举例里面,都给出这个特解的。

现在我们证明下面的定理。

如果已知对应的齐次方程的基本组,那么非齐次方程的通解可以由求积得到。

我们提供一个解非齐次方程的方法,这个方法属于拉格朗日,叫作常数变易法。

设给定非齐次线性方程

$$y^{(n)}+p_1\,y^{(n-1)}+p_2\,y^{(n-2)}+\cdots+p_{n-1}\,y'+p_n\,y=f(x)$$

其中 $f(x)$ 不恒等于零,又设我们已经知道对应的齐次方程

$$y^{(n)}+p_1\,y^{(n-1)}+\cdots+p_{n-1}\,y'+p_n\,y=0$$

的基本组 $y_1,y_2,\cdots,y_n$。方程(3′)的通解是

$$y=C_1\,y_1+C_2\,y_2+\cdots+C_n\,y_n$$

其中,$C_1,C_2,\cdots,C_n$ 是任意常数。表达式(8)适合方程(3′),因此当 C_i 保持为常数的时候,它不能适合方程(1′)。我们的目的是在表达式(8)的形式上获得方程(1′)的解案,但是其中的 $C_1,C_2,\cdots,C_n$ 却是自变数 x 的函数。于是我们有 n 个新未知函数 C_i。要定出它们来,我们需要有 n 个方程,其中一个由表达式(8)(C_i 是变数)适合方程(1)的条件得到,其余 $n-1$ 个方程可以任意给出。我们将这样地制定这些方程,使 y 的各阶导数有最简单的形式。

将表达式(8)对 x 微分

$$y'=C_1y_1'+C_2y_2'+\cdots+C_ny_n'+y_1\frac{\mathrm{d}C_1}{\mathrm{d}x}+y_2\frac{\mathrm{d}C_2}{\mathrm{d}x}+\cdots+y_n\frac{\mathrm{d}C_n}{\mathrm{d}x}$$

在上式中,微分以后所得的各项被写成二行。令第二行等于零,以这样得到的方程作为 $n-1$ 个补充方程的第一个

$$y_1\frac{\mathrm{d}C_1}{\mathrm{d}x}+y_2\frac{\mathrm{d}C_2}{\mathrm{d}x}+\cdots+y_n\frac{\mathrm{d}C_n}{\mathrm{d}x}=0 \tag{27_1}$$

这样,对于 y' 我们得到表达式

$$y'=C_1\,y_1'+C_2\,y_2'+\cdots+C_n\,y_n' \tag{28_1}$$

它的形式和 C_i 为常数的情形一样。

为了求出 y'',我们将等式(28_1)对 x 微分;在得到的结果中,再度令含有函数 C_i 的导数的各项等于零(这是第二个补充方程)

$$y_1'\frac{\mathrm{d}C_1}{\mathrm{d}x}+y_2'\frac{\mathrm{d}C_2}{\mathrm{d}x}+\cdots+y_n'\frac{\mathrm{d}C_n}{\mathrm{d}x}=0 \tag{27_2}$$

于是对于 y'' 得到表达式

$$y'' = C_1\, y''_1 + C_2\, y''_2 + \cdots + C_n\, y''_n \tag{28_2}$$

继续这样做,在最后一步我们得到第 $n-1$ 个补充方程

$$y_1^{(n-2)}\,\frac{\mathrm{d}C_1}{\mathrm{d}x} + y_2^{(n-2)}\,\frac{\mathrm{d}C_2}{\mathrm{d}x} + \cdots + y_n^{(n-2)}\,\frac{\mathrm{d}C_n}{\mathrm{d}x} = 0 \tag{27_{n-1}}$$

与对于 $y^{(n-1)}$ 的表达式

$$y^{(n-1)} = C_1\, y_1^{(n-1)} + C_2\, y_2^{(n-1)} + \cdots + C_n\, y_n^{(n-1)} \tag{28_{n-1}}$$

最后,算出 $y^{(n)}$

$$y^{(n)} = C_1\, y_1^{(n)} + C_2\, y_2^{(n)} + \cdots + C_n\, y_n^{(n)} +$$
$$y_1^{(n-1)}\,\frac{\mathrm{d}C_1}{\mathrm{d}x} + y_2^{(n-1)}\,\frac{\mathrm{d}C_2}{\mathrm{d}x} + \cdots + y_n^{(n-1)}\,\frac{\mathrm{d}C_n}{\mathrm{d}x} \tag{28_n}$$

将 $(8)(28_1)\cdots(28_{n-1})(28_n)$ 各式代入方程 $(1')$,我们得到

$$\sum_{i=1}^{n} C_i(y_i^{(n)} + p_1\, y_i^{(n-1)} + \cdots + p_{n-1} y'_i + p_n\, y_i) +$$
$$y_1^{(n-1)}\,\frac{\mathrm{d}C_1}{\mathrm{d}x} + y_2^{(n-1)}\,\frac{\mathrm{d}C_2}{\mathrm{d}x} + \cdots + y_n^{(n-1)}\,\frac{\mathrm{d}C_n}{\mathrm{d}x} = f(x)$$

我们指出,在连加号下的括号内的表达式都等于零,因为它是将方程 $(3')$ 的解代入方程 $(3')$ 左端的结果,由是我们得到决定 C_i 的最后一个方程

$$y_1^{(n-1)}\,\frac{\mathrm{d}C_1}{\mathrm{d}x} + y_2^{(n-1)}\,\frac{\mathrm{d}C_2}{\mathrm{d}x} + \cdots + y_n^{(n-1)}\,\frac{\mathrm{d}C_n}{\mathrm{d}x} = f(x) \tag{27_n}$$

我们得到了含 n 个未知数 $\dfrac{\mathrm{d}C_i}{\mathrm{d}x}(i=1,2,\cdots,n)$ 的一组 n 个非齐次线性方程 $(27_1)(27_2)\cdots(27_{n-1})(27_n)$。这个线性组的行列式是对于基本组的伏朗斯基行列式。它不等于零。因此方程组可解,而我们得到 $\dfrac{\mathrm{d}C_i}{\mathrm{d}x}$ 为 x 的已知连续函数

$$\frac{\mathrm{d}C_i}{\mathrm{d}x} = \varphi_i(x)$$

由此,用求积得到

$$C_i = \int \varphi_i(x)\,\mathrm{d}x + \gamma_i$$

(γ_i 是新的任意常数)。

将所得 C_i 的值代入式 (8),我们就得到方程 $(1')$ 的通解

$$y = \gamma_1 y_1 + \gamma_2 y_2 + \cdots + \gamma_n y_n + \sum_{i=1}^{n} y_i \int \varphi_i(x)\,\mathrm{d}x$$

实际上,由它构成的过程本身,就表明它是所论方程的解。我们知道,含有因子 γ_i 的各项之和是齐次方程 $(3')$ 的通解,而表达式

$$\sum_{i=1}^{n} y_i \int \varphi_i(x)\,\mathrm{d}x$$

是非齐次方程 $(1')$ 的特解。所以,在已知齐次方程的基本组时,我们确实能用求积得到非齐次方程的解。

例 6 考查方程 $xy''-y'=x^2$。对应的齐次方程 $xy''-y'=0$ 容易积分

$$\frac{y''}{y'}=\frac{1}{x},\ y'=Ax,\ y=\frac{A}{2}x^2+B$$

它的基本组是 $1,x^2$。现在,在非齐次方程中置 $y=C_1+C_2x^2$。有两个方程决定 C_1,C_2

$$1\cdot\frac{\mathrm{d}C_1}{\mathrm{d}x}+x^2\frac{\mathrm{d}C_2}{\mathrm{d}x}=0,\ 0\cdot\frac{\mathrm{d}C_1}{\mathrm{d}x}+2x\frac{\mathrm{d}C_2}{\mathrm{d}x}=x$$

(方程 (27_n) 是在最高阶导数的系数等于 1 的假设之下推出来的。)我们得到

$$\frac{\mathrm{d}C_2}{\mathrm{d}x}=\frac{1}{2},\ C_2=\frac{x}{2}+\gamma_2,\ \frac{\mathrm{d}C_1}{\mathrm{d}x}=-\frac{x^2}{2},\ C_1=-\frac{x^3}{6}+\gamma_1$$

代入 y 的表达式内,我们求出通解

$$y=\gamma_1+\gamma_2x^2+\frac{x^3}{3}$$

(γ_1,γ_2 是任意常数)。

问 题

140. 求方程 $y''+\dfrac{x}{1-x}y'-\dfrac{1}{1-x}y=x-1$ 的通解,已知齐次方程的一个特解 $y=\mathrm{e}^x$。

141. $(x^2+2)y'''-2xy''+(x^2+2)y'-2xy=x^4+12$。

提示:方程 $y'''+y'=0$ 和 $y''+y=0$ 有两个公共解。

142. $\dfrac{\mathrm{d}^2y}{\mathrm{d}x^2}+\dfrac{1}{x^2\ln x}y=\mathrm{e}^x\left(\dfrac{2}{x}+\ln x\right)$,齐性方程的特解是 $y_1=\ln x$。

§4 共 轭 方 程

1. 线性式的乘子。我们提出下面的问题:给定了线性微分表达式

$$L[y]\equiv a_ny+a_{n-1}y'+a_{n-2}y''+\cdots+a_1y^{(n-1)}+a_0y^{(n)} \tag{29}$$

181

求一函数 z，使表达式 (29) 乘上它以后，无论 y 是什么（可微 n 次的）函数，它都是对 x 的恰当导数。这个函数 $z(x)$ 称为微分表达式 $L[y]$ 的乘子。

我们假定 a_i 是 x 的函数，在所论的区间内连续，并且具有以后各公式中所出现的各阶连续导数，以未知函数 z 乘表达式 (29)，并计算不定积分

$$\int z\, L[y]\, \mathrm{d}x$$

对于其中的每项施行分部积分以降低 y 的导数阶，直至积分号下只有因子 y 时为止。这样，我们有

$$\int a_n\, yz\mathrm{d}x = \int a_n\, yz\mathrm{d}x$$

$$\int a_{n-1}\, y'z\mathrm{d}x = a_{n-1}\, zy - \int y(a_{n-1}z)'\mathrm{d}x$$

$$\int a_{n-2}\, y''z\mathrm{d}x = a_{n-2}\, zy' - \int (a_{n-2}z)'y'\mathrm{d}x$$

$$= a_{n-2}zy' - (a_{n-2}z)'y + \int y(a_{n-2}z)''\mathrm{d}x$$

$$\vdots$$

$$\int a_1 y^{(n-1)}z\mathrm{d}x = a_1\, zy^{n-2} - (a_1\, z)'y^{(n-3)} + (a_1\, z)''y^{(n-4)} + \cdots +$$

$$(-1)^{n-2}(a_1\, z)^{n-2}y + (-1)^{n-1}\int y(a_1\, z)^{(n-1)}\mathrm{d}x$$

$$\int a_0 y^{(n)}z\mathrm{d}x = a_0 zy^{(n-1)} - (a_0\, z)'y^{(n-2)} + (a_0\, z)''y^{(n-3)} - \cdots +$$

$$(-1)^{n-1}(a_0\, z)^{(n-1)}y + (-1)^n \int y(a_0\, z)^{(n)}\mathrm{d}x$$

合并不含积分的各项，并将含求积的各项并于一个公共的积分号下，我们得到

$$\int z\, L[y]\mathrm{d}x = a_{n-1}zy - (a_{n-2}\, z)'y + \cdots + (-1)^{n-1}(a_0z)^{n-1}y +$$

$$a_{n-2}zy' - (a_{n-3}\, z)'y' + \cdots + (-1)^{n-2}(a_0\, z)^{n-2}y' + \cdots +$$

$$a_1\, zy^{(n-2)} - (a_0\, z)'y^{(n-2)} + a_0\, zy^{(n-1)} +$$

$$\int y\{a_n\, z - (a_{n-1}\, z)' + (a_{n-2}\, z)'' - \cdots + (-1)^n(a_0\, z)^{(n)}\}\mathrm{d}x$$

或者，将积分移至左端并采用新记号

$$\int \{zL[y] - yM[z]\}\mathrm{d}x = \Psi[y, z] \tag{30}$$

微分表达式

$$M[z] = a_n z - (a_{n-1}z)' + \cdots + (-1)^{n-1}(a_1 z)^{(n-1)} + (-1)^n (a_0 z)^{(n)} \tag{31}$$

称为 $L[y]$ 的共轭微分表达式(或运算子),$\Psi[y,z]$ 是双线性型(一方面对于 y,$y',\cdots,y^{(n-1)}$,一方面对于 $z,z',\cdots,z^{(n-1)}$)

$$\begin{aligned} \Psi[y,z] = y\{a_{n-1}z - (a_{n-2}z)' + \cdots + (-1)^{n-1}(a_0 z)^{n-1}\} + \\ y'\{a_{n-2}z - (a_{n-3}z)' + \cdots + (-1)^{n-2}(a_0 z)^{n-2}\} + \cdots + \\ y^{(n-2)}\{a_1 z - (a_0 z)'\} + y^{(n-1)} \cdot a_0 z \end{aligned} \tag{31'}$$

n 阶微分方程

$$M[z] = 0 \tag{32'}$$

称为方程

$$L[y] = 0 \tag{32}$$

的共轭方程。关系式(30)不仅是对 x 的恒等式——它对于任何函数 y 和 z 全都正确。如果现在我们取方程(32')的一个解 $z = \bar{z}$ 作为 z,那么公式(30)成为

$$\int \bar{z} L[y]\mathrm{d}x = \Psi[y,\bar{z}]$$

或者,经过微分后

$$\bar{z} L[y] = \frac{\mathrm{d}}{\mathrm{d}x}\Psi[y,\bar{z}]$$

本节开始时所提出的问题现在得到解决了:如果用共轭方程(32')的任何解案 $\bar{z}$ 乘所给的微分表达式(29),那么后者成为 $n-1$ 阶微分表达式 $\Psi[y,\bar{z}]$ 的全导数。反之,要使函数 $\bar{z}$ 乘 $L[y]$ 后,对于任何函数 y,$L[y]$ 都是恰当导数,则必须有 $M[\bar{z}] \equiv 0$。

实际上,如果 $\bar{z}$ 是表达式(29)的任何乘子,那么就有等式

$$\bar{z} L[y] = \frac{\mathrm{d}}{\mathrm{d}x}\Psi_1[y] \tag{30'}$$

其中,容易看出,Ψ_1 是对于 $y,y',\cdots,y^{(n-1)}$ 的线性型

$$\Psi_1[y] = b_{n-1}(x)y^{(n-1)} + b_{n-2}(x)y^{(n-2)} + \cdots + b_1(x)y' + b_0(x)y$$

另一方面,在恒等式(30)中用 $\bar{z}$ 代 z,并对 x 微分,便得

$$\bar{z} L[y] = \frac{\mathrm{d}}{\mathrm{d}x}\Psi[y,\bar{z}] + yM[\bar{z}] \tag{30''}$$

由等式(30')和(30'')我们得到

$$\frac{\mathrm{d}}{\mathrm{d}x}\{\Psi_1[u] - \Psi[y,\bar{z}]\} - yM[\bar{z}] = 0 \tag{30'''}$$

等式(30''')的左端是对于 y 的 n 阶线性微分表达式。既然对于任何 y 它都等于

零,那么 $y, y', \cdots, y^{(n-1)}$ 的系数全都恒等于零,否则等式 $(30'')$ 就是 y 的一个微分方程了。于是由 Ψ 的表达式 $(31')$ 我们得到

$$b_{n-1} = a_0 \bar{z}, \quad b_{n-2} = a_1 \bar{z} - (a_0 \bar{z})'$$
$$\vdots$$

$$b_0 = a_{n-1} \bar{z} - (a_{n-2} \bar{z})' + \cdots + (-1)^{(n-1)} (a_0 \bar{z})^{n-1}$$

即 $\Psi_1[y] \equiv \Psi[y, \bar{z}]$,由此,等式 $(30''')$ 给出 $M[\bar{z}] \equiv 0$。

因此,我们可以做出下面的结论:

要使函数 $\bar{z}$ 对于任何函数 $y(x)$ 都使乘积 $\bar{z}L[y]$ 成为恰当导数,必须而且只需 $\bar{z}$ 是共轭方程 $(32')$ 的解。

共轭方程 $(32')$ 的每一个解都是方程 (32) 的乘子;被它乘了之后,方程 (32) 的左端就成为恰当导数①。所以方程 (32) 有首次积分

$$\Psi[y, \bar{z}] = C \tag{33}$$

它本身是 $n-1$ 阶的(非齐次)方程。显然,如果所给的是非齐次方程 $L[y] = f(x)$,那么函数 $\bar{z}$ 也是它的乘子,而且我们得到首次积分

$$\Psi[y, \bar{z}] = \int f(x) \bar{z} \, \mathrm{d}x + C$$

如果我们有一阶线性方程 $y' + Py = Q$,那么对应的齐次方程的共轭方程是 $Pz - z' = 0$,它的解 $\bar{z} = \mathrm{e}^{\int p \mathrm{d}x}$ 是所给方程的乘子,这与第 2 章 §3 内所讲的相符。

注 1 要所给微分方程的左端本身就是恰当导数,其必要和充分的条件是共轭方程有解 $\bar{z} = 1$,亦即方程 $(32')$ 中 z 的系数等于零。展开表达式 (31),计算 z 的系数,我们就求出使方程 (32) 左端成为恰当导数的条件

$$a_n - \frac{\mathrm{d}}{\mathrm{d}x} a_{n-1} + \frac{\mathrm{d}^2}{\mathrm{d}x^2} a_{n-2} - \cdots + (-1)^n \frac{\mathrm{d}^n}{\mathrm{d}x^n} a_0 = 0 \tag{A}$$

注 2 阶数为偶数 $n = 2m$ 的运算子 $L[y]$ 称为自共轭,如果它和它的共轭运算子全同,$L[y] \equiv M[y]$。这时方程 $L[y] = 0$ 称为自共轭方程。对于二阶运算子

$$L[y] \equiv a_2 y + a_1 y' + a_0 y''$$

共轭运算子是

$$M[z] \equiv a_2 z - (a_1 z)' + (a_0 z)'' = (a_2 - a_1' + a_0'') z + (-a_1 + 2a_0') z' + a_0 z''$$

自共轭性的条件

---

① 用乘子乘左端后所得的新方程,须在这个乘子和 a_0 都不等于零的区间内考虑($§1$)。

$$-a_1+2a_0'=a_1,\ a_2-a_1'+a_0''=a_2$$

可以归结到第一个条件，$a_1=a_0'$。所以二阶自共轭运算子的形式是

$$(a_0y')'+a_2y$$

例 7 $(1+x)y''-xy'-y=2x$。此处 $a_2=-1,a_1=-x,a_0=1+x$。条件（A）成立

$$-1+\frac{\mathrm{d}}{\mathrm{d}x}x+\frac{\mathrm{d}^2}{\mathrm{d}x^2}(1+x)\equiv0$$

因此，方程左端是恰当导数，而且它有形式为（33）的首次积分，其中可以置 $\bar{z}=1$。在现在的情形中，表达式 $\Psi[y,z]$ 是 $a_1zy-(a_0z)'y+a_0zy'$。将 a_0,a_1 的值代入，并用 1 代 z，我们就得到首次积分

$$(1+x)y'+y(-x-1)=x^2+C_1\ 或\ y'-y=\frac{x^2+C_1}{x+1}$$

左端的共轭表达式是 $-z-z'$。方程 $z+z'=0$ 的解，即 $\bar{z}=\mathrm{e}^{-x}$，可以取作新方程的乘子，从而我们有

$$\mathrm{e}^{-x}y'-\mathrm{e}^{-x}y=\mathrm{e}^{-x}\frac{x^2+C_1}{x+1}$$

这个方程的左端又是全导数，而所给方程的通解可由求积得到

$$y=\mathrm{e}^x\int\frac{\mathrm{e}^{-x}(x^2+C_1)}{x+1}\mathrm{d}x+C_2\mathrm{e}^x$$

2. 共轭方程的特性。我们首先指出，两个表达式 $L[y]$ 和 $M[z]$ 的共轭关系是一个对称关系。如果 $M[z]$ 是 $L[y]$ 的共轭微分运算子，那么反之，$L[y]$ 共轭于 $M[z]$，且被 $M[z]$ 唯一地决定。这可以从公式（30）的左端对于 L 和 M 的对称性推出。如果 $\bar{y}$ 是方程（32）的解，那么由公式（30）我们有

$$\bar{y}M(z)=-\frac{\mathrm{d}}{\mathrm{d}x}\Psi[\bar{y},z]$$

即是说，方程（32）的任何解案是方程（32′）的乘子，而这表明了 $L[y]$ 是共轭于 $M[z]$ 的运算子。

我们已经看到，知道了共轭方程的一个特解，就能够不借求积而得所给方程的首次积分，亦即降低方程一阶。知道了方程（32′）的 $p<n$ 个线性无关的特解，我们就得到方程（32）的 p 个首次积分，其中消去 $y^{(n-1)},y^{(n-2)},\cdots,y^{(n-p+1)}$ 之后（可以证明，这样的消去永远可能，而且导出一个关系式），我们便得到 $n-p$ 阶的方程，亦即降低方程 p 阶。

设现在我们已经知道方程（32）的全解，即它的基本组

$$y_1,y_2,\cdots,y_n$$

185

这时 $W[y_1,y_2,\cdots,y_n]\neq 0$。我们要说明怎样去求共轭方程(32′)的通解。以未知函数 y 代伏朗斯基行列式中的 y_i,并作对于 y 的 $n-1$ 阶线性微分表达式

$$\theta_i[y]=\frac{W[y_1,y_2,\cdots,y_{i-1},y,y_{i+1},\cdots,y_n]}{W[y_1,y_2,\cdots,y_n]}$$

显然,我们有 $\theta_i[y_k]=0\,(k\neq i)$,$\theta_i(y_i)=1$。因此,$\dfrac{\mathrm{d}}{\mathrm{d}x}\theta_i[y]$ 是 n 阶线性微分表达式,于 $y=y_1,y_2,\cdots,y_n$ 时等于零。这意味着,它与 $L[y]$ 只差一个与 y 无关的因子。为求出这个因子,我们比较 $L[y]$ 和 $\dfrac{\mathrm{d}}{\mathrm{d}x}\theta_i[y]$ 两式中 $y^{(n)}$ 的系数。在 $L[y]$ 中这个系数等于 a_0,而在 $\dfrac{\mathrm{d}}{\mathrm{d}x}\theta_i[y]$ 中,$y^{(n)}$ 的系数等于 $\theta_i[y]$ 中 $y^{(n-1)}$ 的系数,这是伏朗斯基行列式中末行及第 i 列的元素所对应的余式除以这个行列式,亦即

$$(-1)^{n+i}\frac{W[y_1,y_2,\cdots,y_{i-1},y_{i+1},\cdots,y_n]}{W[y_1,y_2,\cdots,y_n]}\equiv\frac{\partial\ln W[y_1,\cdots,y_n]}{\partial y_i^{(n-1)}}$$

所以

$$\frac{\mathrm{d}\theta_i[y]}{\mathrm{d}x}=z_iL[y]\tag{34}$$

其中

$$z_i=(-1)^{n+i}\frac{1}{a_0}\frac{W[y_1,y_2,\cdots,y_{i-1},y_{i+1},\cdots,y_n]}{W[y_1,y_2,\cdots,y_n]}\tag{34′}$$

表达式 z_i 既然是方程(32)的乘子,依上述结果它是方程 $M[z]=0$ 的解。令 i 等于 $1,2,\cdots,n$,我们便借着方程(32)的基本组,不作任何积分而得到方程(32′)的 n 个特解。再证明所得各表达式是线性无关的。由函数 $z_1,z_2,\cdots,z_n$ 的定义,我们有

$$z_1y_1^{(n-1)}+z_2y_2^{(n-1)}+\cdots+z_ny_n^{(n-1)}=\frac{1}{a_0}\tag{35′}$$

实际上,根据公式(34′),公式(35′)的左端等于 $\dfrac{1}{a_0W[y_1,\cdots,y_n]}$ 乘行列式 $W[y_1,\cdots,y_n]$ 按最后一行的展开式,所以等于 $\dfrac{1}{a_0}$。如果在 $W[y_1,\cdots,y_n]$ 中依次用第一行,第二行,……,第 $n-2$ 行代替末行的 $y_1^{(n-1)},y_2^{(n-1)},\cdots,y_n^{(n-1)}$,那么我们得到若干两行相等的行列式,亦即得到零,用 $W[y_1,\cdots,y_n]$ 除这些行列式,并按最后一行的元素展开,根据函数 z_i 的定义式(34′),我们得到下面的等式

$$\begin{cases} z_1 y_1 + z_2 y_2 + \cdots + z_n y_n = 0 \\ z_1 y_1' + z_2 y_2' + \cdots + z_n y_n' = 0 \\ \qquad\qquad \vdots \\ z_1 y_1^{(n-2)} + z_2 y_2^{(n-2)} + \cdots + z_n y_n^{(n-2)} = 0 \end{cases} \qquad (35)$$

将(35)中第一个等式对 x 微分,并减去第二个等式,我们得到

$$z_1' y_1 + z_2' y_2 + \cdots + z_n' y_n = 0 \qquad (36')$$

微分第二个等式并注意第三个,微分第三个等式并注意第四个,依次类推。微分(35)中末一个等式并注意(35′),我们得到

$$\begin{cases} z_1' y_1' + z_2' y_2' + \cdots + z_n' y_n' = 0 \\ z_1' y_1'' + z_2' y_2'' + \cdots + z_n' y_n'' = 0 \\ \qquad\qquad \vdots \\ z_1' y_1^{(n-2)} + z_2' y_2^{(n-2)} + \cdots + z_n' y_n^{(n-2)} = -\dfrac{1}{a_0} \end{cases} \qquad (36)$$

同样,微分(36′)和(36)中的各等式而注意次一个,我们就得到一组等式

$$z_1'' y_1^{(i)} + z_2'' y_2^{(i)} + \cdots + z_n'' y_n^{(i)} = 0 \quad (i=0,1,2,\cdots,n-4)$$

$$z_1'' y_1^{(n-3)} + z_2'' y_2^{(n-3)} + \cdots + z_n'' y_n^{(n-3)} = \dfrac{1}{a_0}$$

继续同样的运算,我们得到下列等式

$$z_1^{(i)} y_1^{(k)} + z_2^{(i)} y_2^{(k)} + \cdots + z_n^{(i)} y_n^{(k)} = \begin{cases} 0, \text{如 } i+k<n-1 \\ \dfrac{(-1)^i}{a_0}, \text{如 } i+k=n-1 \end{cases} \qquad (37)$$

作行列式 $\Delta = W[y_1,y_2,\cdots,y_n]$ 与 $\Delta_1 = W[z_1,z_2,\cdots,z_n]$ 的乘积。由关系式(37)可见,我们得到一个行列式,在它的次对角线上的元素是 $\dfrac{(-1)^n}{a_0}, \dfrac{(-1)^{n-1}}{a_0}, \cdots, \dfrac{1}{a_0}$,而在这对角线以上的元素是 0。由此我们有 $\Delta\Delta_1 = \dfrac{1}{a_0^n}$。可见 $\Delta_1 \neq 0$,而这意味着函数 $z_1,z_2,\cdots,z_n$ 确实构成共轭方程(32)′的基本组。因此从所给方程的基本组出发,依照公式(34′)就可以不作任何积分而得到共轭方程的基本组。公式(34′)所给出的方程(32)′的解 z_i 称为 y_i 的共轭解。所以,所给方程与共轭方程的积分问题是等价的。

3. 对于非齐次方程的柯西公式,格林函数。设在方程(1′)中,各系数及右端函数在区间 $a \leqslant x \leqslant b$ 内是 x 的连续函数。假定齐次方程的基本组已知,我们作齐次方程的依赖于参数 ξ 的解 $K(x,\xi)$,要它适合下列原始条件

$$K(\xi,\xi)=0, K'_x(\xi,\xi)=0, \cdots, K_x^{(n-2)}(\xi,\xi)=0, K_x^{(n-1)}(\xi,\xi)=1 \qquad (38)$$

于是方程(1′)的特解即由下面的公式给出

$$Y(x)=\int_a^x K(x,\xi)f(\xi)\mathrm{d}\xi \qquad\qquad (38')$$

事实上,如果将等式(38′)对 x 连续微分 n 次而计及条件(38),我们得到

$$Y'(x)=\int_a^x K'_x(x,\xi)f(\xi)\mathrm{d}\xi, \cdots, Y^{(n-1)}(x)=\int_a^x K_x^{(n-1)}(x,\xi)f(\xi)\mathrm{d}\xi$$

$$Y^{(n)}(x)=\int_a^x K_x^{(n)}(x,\xi)f(\xi)\mathrm{d}\xi+f(x)$$

将这些表达式代入方程(1′)的左端,我们得到

$$\int_a^x \{K_x^{(n)}(x,\xi)+p_1(x)K_x^{(n-1)}(x,\xi)+\cdots+p_n(x)K(x,\xi)\}f(\xi)\mathrm{d}\xi+f(x)$$

但是作为 x 的函数 $K(x,\xi)$,对于任何 ξ 都是方程(3′)的解,所以在大括号内的表达式等于零,因此将式(38′)代入方程(1′)的结果是恒等式。我们的断言得到证明。

我们指出,所得的解适合原始条件

$$Y(a)=Y'(a)=\cdots=Y^{n-1}(a)=0$$

可以给公式(38′)另一形状。为此,我们定义两个变数 x,ξ(变元与参数)的格林函数

$$G(x,\xi)=\begin{cases}0, & a\leqslant x\leqslant\xi\\ K(x,\xi), & \xi\leqslant x\leqslant b\end{cases}$$

容易看出,作为 x 的函数来看,G 除去在 $x=\xi$ 一点之外处处适合齐次方程(3′),在 $x=\xi$ 处,它与它的 1 阶至 $n-2$ 阶的各阶导数保持连续,可是 $n-1$ 阶导数在这点有一个跳跃

$$G_x^{(n-1)}(\xi+0,\xi)-G_x^{(n-1)}(\xi-0,\xi)=1$$

通过格林函数,方程(1′)的解(38′)可以写成定积分的形式

$$Y(x)=\int_a^b G(x,\xi)f(\xi)\mathrm{d}\xi$$

我们就格林函数对参数 ξ 的依赖性来研究它。为此,我们作方程(1′)的共轭方程(31)(假定系数 a_0 等于1)的格林函数 $G_1(x,\xi)$,其中改变端点 a,b 的作用。确切地说,就是作方程(31)的解 $K_1(x,\xi)$,使其适合条件

$$K_1(\xi,\xi)=0, K'_{1x}(\xi,\xi)=0, \cdots, K_{1x}^{(n-2)}(\xi,\xi)=0, K_{1x}^{(n-1)}(\xi,\xi)=-1$$

然后置

$$G_1(x,\xi)=\begin{cases}K_1(x,\xi), & a\leqslant x\leqslant\xi\\ 0, & \xi\leqslant x\leqslant b_0\end{cases}$$

我们应用公式(30),在其中置 $y=G(x,\xi)$,$z=G_1(x,\eta)$。如果指出,在不包含 ξ 与 η 两点的区间内,x 的函数 G 与 G_1 各自适合有关的线性方程,那么左端等于零,在右端出现的一切函数,除去 $G_x^{(n-1)}$,$G_{1x}^{(n-1)}$ 各在 $x=\xi$ 与 $x=\eta$ 时不连续外,都是连续函数。因此,我们有(为了使情形固定而设 $\xi<\eta$)

$$0 = \int_a^b [G_1 L(G) - GM(G_1)] \, \mathrm{d}x$$

$$= \Psi[G,G_1] \Big|_{x=a}^{x=\xi-0} + \Psi[G,G_1] \Big|_{x=\xi+0}^{x=\eta-0} + \Psi[G,G_1] \Big|_{x=\eta+0}^{x=b}$$

因为在 $x=a$ 处 $G(x,\xi)$ 和它的各阶导数都等于零,$G_1(x,\eta)$ 在 $x=b$ 处也一样,所以我们有

$$\Psi[G,G_1] \Big|_{x=\xi+0}^{x=\xi-0} + \Psi[G,G_1] \Big|_{x=\eta+0}^{x=\eta-0} = 0$$

注意到 Ψ 的公式(31′)以及不超过 $n-2$ 阶的一切导数在 $x=\xi$ 与 $x=\eta$ 处连续,我们在上一等式中只保留不连续项而得到

$$G_1 G_x^{(n-1)} \Big|_{x=\xi-0}^{x=\xi+0} + (-1)^{n-1} G_{1x}^{(n-1)} G \Big|_{x=\eta+0}^{x=\eta-0} = 0$$

再根据 G 与 G_1 在 $x=\xi$ 与 $x=\eta$ 处连续,便得

$$G(\eta,\xi) = (-1)^n \cdot G_1(\xi,\eta)$$

这就是说,作为 ξ 的函数来看,$G(x,\xi)$ 是共轭方程的格林函数,其中改变了端点的作用,而参数为 x。

例8 求方程 $y''+p^2 y = f(x)$ 的解 Y,适合条件 $Y(0)=Y'(0)=0$(p 是常数)。

适合条件 $K(\xi,\xi)=0$,$K_x'(\xi,\xi)=1$ 的解案 $K(x,\xi)$ 是 $\sin p(x-\xi)$。因此,所求的解是

$$Y(x) = \int_0^x \sin p(x-\xi) f(\xi) \, \mathrm{d}\xi$$

问 题

143. 如果方程 $y''+p_1 y'+p_2 y = 0$ 有两个特解 y_1,y_2 适合关系 $y_1 y_2 = 1$,那么它的系数 p 必须适合什么条件? 在这条件成立的情形下求通解。

144. 如果已知 n 阶线性方程的两个特解 y_1 和 y_2,用什么代换就能立刻导出 $n-2$ 阶的方程?

145. 求方程 $(2x+1)y''+(4x-2)y'-8y=0$ 的通解,已知它有一个形式为 e^{mx} 的特解,其中 m 是常数。

146. 积出方程 $\sin^2 x \cdot y'' + \sin x \cdot \cos x \cdot y' = y$。

特殊形状的线性微分方程

在微分方程的理论中,线性方程是极端值得注意的一部分。因为它们的一般理论已经被研究得很清楚,而且在物理、力学等方面有着广泛的应用。线性方程包括有几类方程,对于这些方程用初等函数表达通解的问题,可以得到彻底解决。在不可能有这种初等积分的情形中,由于所给方程在理论上或者在应用上的重要性,必须研究它的解案的性质,按照数学上的习惯,就常把它的解案作为新的超越函数引入。线性方程的这种研究比较非线性方程的要简单得多,因为我们无须关心研究解案与任意常数的依凭关系,在一般理论中,这种研究是很清楚的。例如,研究二阶线性方程的通解时,就只需研究自变数为 x 的两个函数,即两个特解。

本章讨论积分问题可以彻底解决的一些方程类型,同时也讲到二阶线性方程的一些性质。

§1 常系数线性方程以及可以化为这一类型的方程

1. 常系数齐次线性方程。我们要考查最高阶导数的系数等于 1 的 n 阶齐次线性微分方程

$$L[y] = \frac{\mathrm{d}^n y}{\mathrm{d}x^n} + a_1 \frac{\mathrm{d}^{n-1} y}{\mathrm{d}x^{n-1}} + a_2 \frac{\mathrm{d}^{n-2} y}{\mathrm{d}x^{n-2}} + \cdots + a_{n-1} \frac{\mathrm{d}y}{\mathrm{d}x} + a_n y = 0$$

或

$$L[y] \equiv y^{(n)} + a_1 y^{(n-1)} + a_2 y^{(n-2)} + \cdots + a_{n-1} y' + a_n y = 0 \qquad (1)$$

在这一节里,把系数 $a_1, a_2, \cdots, a_n$ 看作(实)常数。我们将

要证明,在这样的情形下,方程(1)的积分总可以由初等函数表出,甚至无须求积,而只需代数运算。

这里要指出,由于线性方程的一般性质,我们只需求得构成基本组的,亦即 n 个线性无关的特解就够了。

我们要设法弄清楚,什么初等函数能使方程(1)变为恒等式。这样就必须在解案代入方程左端后,使左端各项成为同类项,而且这些同类项的和等于零。在微分学上,我们知道一种函数,这种函数和它的一切导数在初等代数的意义上是同类的;这种函数就是 e^{kx}(其中 k 是常数)。因而置

$$y = e^{kx} \tag{2}$$

其中 k 是可以任意选取的常数,企图使它满足我们的方程。把表达式(2)对 x 微分一次,两次,……,n 次,我们就得到下面的函数

$$y' = ke^{kx}, y'' = k^2 e^{kx}, \cdots, y^{n-1} = k^{n-1}e^{kx}, y^{(n)} = k^n e^{kx} \tag{3}$$

把表达式(2)和(3)代入方程(1)的左端,这左端由运算符号 L 所表示,这样就得到

$$L[e^{kx}] = e^{kx}(k^n + a_1 k^{n-1} + a_2 k^{n-2} + \cdots + a_{n-1}k + a_n) \tag{4}$$

在等式(4)右端的括号内是含 k 的常系数 n 次多项式。这个多项式叫作对应于运算子 L 的特征多项式,以 $F(k)$ 表示它

$$F(k) \equiv k^n + a_1 k^{n-1} + a_2 k^{n-2} + \cdots + a_{n-1}k + a_n$$

用这些记号等式(4)就简写为

$$L[e^{kx}] = e^{kx} F(k) \tag{4'}$$

我们要注意,只要把 $L[y]$ 中的各阶导数依次换成 k 的乘幂。而使乘幂的次数和所换导数的阶数相等,就得到了特征多项式。如果表达式(2)是微分方程(1)的解,那么表达式(4)就应当恒等于零。但是因子 $e^{kx} \neq 0$,因此应当令

$$F(k) \equiv k^n + a_1 k^{n-1} + a_2 k^{n-2} + \cdots + a_{n-1}k + a_n = 0 \tag{5}$$

等式(5)是以 k 为未知数的代数方程,它叫作特征方程。如果我们取特征方程(5)中的根 k_1 作为表达式(2)中的常数 k,那么表达式(4)就恒等于零,亦即 $e^{k_1 x}$ 是微分方程(1)的解。

但是特征方程是 n 次方程,因此它有 n 个根。在这一段,我们要考查这些根都不相等的情形。把它们记作

$$k_1, k_2, \cdots, k_n \tag{6}$$

(6)中的每一个根,都对应着微分方程(1)的一个特解

$$y_1 = e^{k_1 x}, y_2 = e^{k_2 x}, \cdots, y_n = e^{k_n x} \tag{7}$$

我们要证明这些解构成基本组,因此作伏朗斯基行列式

$$W[y_1, y_2, \cdots, y_n] = \begin{vmatrix} y_1 & y_2 & \cdots & y_n \\ y_1' & y_2' & \cdots & y_n' \\ \vdots & \vdots & & \vdots \\ y_1^{(n-1)} & y_2^{(n-1)} & \cdots & y_n^{(n-1)} \end{vmatrix}$$

$$= \begin{vmatrix} e^{k_1 x} & e^{k_2 x} & \cdots & e^{k_n x} \\ k_1 e^{k_1 x} & k_2 e^{k_2 x} & \cdots & k_n e^{k_n x} \\ \vdots & \vdots & & \vdots \\ k_1^{n-1} e^{k_1 x} & k_2^{n-1} e^{k_2 x} & \cdots & k_n^{n-1} e^{k_n x} \end{vmatrix}$$

$$= e^{(k_1 + k_2 + \cdots + k_n)x} \begin{vmatrix} 1 & 1 & \cdots & 1 \\ k_1 & k_2 & \cdots & k_n \\ \vdots & \vdots & & \vdots \\ k_1^{n-1} & k_2^{n-1} & \cdots & k_n^{n-1} \end{vmatrix}$$

最后一个行列式是著名的范特蒙特行列式,等于

$$(k_1 - k_2)(k_1 - k_3) \cdots (k_1 - k_n) \cdot$$
$$(k_2 - k_3) \cdots (k_2 - k_n) \cdot \cdots \cdot$$
$$(k_{n-1} - k_n)$$

如果方程(5)的根都不相等,那么这行列就不等于零。所以解(7)是基本组,且方程(1)的通解是

$$y = C_1 e^{k_1 x} + C_2 e^{k_2 x} + \cdots + C_n e^{k_n x} \tag{8}$$

其中,$C_1, C_2, \cdots, C_n$ 是任意常数。

例 1 $y'' - y = 0$。特征方程是 $k^2 - 1 = 0$。它的根不相等,并且各等于 $k_1 = 1$,$k_2 = -1$。由此可见,对应的特解是 $y_1 = e^x, y_2 = e^{-x}$。那么通解是 $y = C_1 e^x + C_2 e^{-x}$。

我们现在要研究复根的情形。在形式上,表达式(8)已经彻底解决了我们提出的问题,就是特征方程没有重根时常系数线性微分方程的积分问题。但是在本章,和全书一样,我们只考查实系数的微分方程;而同时方程(5)也是可能有复根的。我们指出(我们不久就要用这些建议),由于方程(5)的系数是实数,所以复根是共轭地出现,亦即复根 $k_1 = \alpha + \beta i$ 对应着另一个根 $k_2 = \alpha - \beta i$。如果我们将对应于根 k_1 的解写为 y_1,那么它将有形式

$$y_1 = e^{(\alpha + \beta i)x} \tag{9}$$

一般说来,表达式(9)是复数,这就牵涉实变数 x 的复值函数。

任何实变数的复值函数可以表示成形状

$$f(x) = u(x) + iv(x) \tag{10}$$

其中 $u(x)$ 和 $v(x)$ 是实变数 x 的两个实函数;反过来,两个任意的实函数 $u(x)$ 和 $v(x)$ 按照公式(10),给出实变数的复值函数。

我们要证明下面的辅助定理。

辅助定理 如果实系数(不一定是常数)线性微分方程

$$L[y] = 0 \tag{11}$$

具有形式(10)的复值解,那么函数 $u(x)$ 和 $v(x)$ 分别是方程(11)的(实)解。

事实上,由线性微分运算子 $L[y]$ 的性质可以得到

$$L[u(x) + iv(x)] = L[u(x)] + iL[v(x)] \tag{12}$$

按照辅助定理的条件,表达式(12)恒等于零,但是表达式 $L[u]$ 和 $L[v]$ 都是 x 的实函数;因此,恒等于零的表达式(12)引出两个恒等式

$$L[u(x)] = 0, \quad L[v(x)] = 0$$

于是定理得证。

我们应用这个辅助定理来改变解案(9)的形式。按照欧拉公式,把解案(9)的实部和虚部分开,我们得到

$$y_1 = e^{\alpha x} \cdot e^{i\beta x} = e^{\alpha x}(\cos \beta x + i\sin \beta x) = e^{\alpha x}\cos \beta x + ie^{\alpha x}\sin \beta x$$

根据辅助定理,我们得到结论:复根 $k_1 = \alpha + \beta i$ 对应着方程(1)的两个实解[①]

$$y_1 = e^{\alpha x}\cos \beta x, \quad y_2 = e^{\alpha x}\sin \beta x \tag{13}$$

必须注意,共轭根 $k_2 = \alpha - \beta i$ 对应着复解

$$y_2 = e^{(\alpha - \beta i)x}$$

显然,这个复解可以写成形式

$$y_2 = e^{\alpha x}\cos \beta x - ie^{\alpha x}\sin \beta x$$

亦即,同样是实解(13)的(复)线性组合。因此,我们可以说,特征方程(5)的一对共轭复根对应着方程(1)的两个形式为(13)的实特解。

例2 简谐振动的方程具有形式

$$\frac{d^2 x}{dt^2} + a^2 x = 0 \quad (a \text{ 是常数})$$

因此特征方程是 $k^2 + a^2 = 0$,而它的根是 $k = \pm ai$。从这里,我们得到,复特解具有形式 $x_1 = e^{iat}$,$x_2 = e^{-iat}$,而实特解是 $x_1 = \cos at$,$x_2 = \sin at$。

通解是 $x = C_1\cos at + C_2\sin at$。为了更明显起见,放弃从理论的观点看来是

---

① 这里很容易证明这些解线性无关。

最简单的形式,亦即通解是线性地依赖于常数的形式,而引入新的常数是有利的。就是我们要引入按关系式

$$C_1 = A\sin\delta , C_2 = A\cos\delta$$

依赖于 C_1 和 C_2 的常数 A 和 δ。如果我们引入补充的限制:$A > 0$(若等于零就意味着平凡解),$-\pi < \delta \leqslant \pi$,那么 A 和 δ 就唯一地确定。那时通解表成形式

$$x = A\sin(at+\delta)$$

在几何上很明显,积分曲线在 xOt 平面上表成正弦曲线族。方程里所给定的常数 a 称为振动的频率。当正弦的变元增加 2π,亦即 t 增加 $\dfrac{2\pi}{a}$ 时,就得到振动的周期 $T = \dfrac{2\pi}{a}$。在单位时间内的振动次数 $v = \dfrac{a}{2\pi}$,它和频率相差一个因子 $\dfrac{1}{2\pi}$。积分常数 A 表出函数 x 的最大绝对值,即振动的振幅;而积分常数 δ 是初相(在振荡运动中,正弦函数的变元的值一般称为相)。

例3 具备阻尼的自由弹性振动的方程可以化为形式

$$\dfrac{\mathrm{d}^2 x}{\mathrm{d}t^2} + 2n\dfrac{\mathrm{d}x}{\mathrm{d}t} + a^2 x = 0 \quad (n > 0)$$

我们要考查这样的情形,当 n 是小的数,且恒有 $n < a$。于是特征方程的根是

$$k_1 = -n + \mathrm{i}\sqrt{a^2 - n^2}$$
$$k_2 = -n - \mathrm{i}\sqrt{a^2 - n^2}$$

对应的实解

$$x_1 = \mathrm{e}^{-nt}\cos\sqrt{a^2 - n^2}\,t$$
$$x_2 = \mathrm{e}^{-nt}\sin\sqrt{a^2 - n^2}\,t$$

而通解是

$$x = \mathrm{e}^{-nt}(C_1\cos\sqrt{a^2 - n^2}\,t + C_2\sin\sqrt{a^2 - n^2}\,t)$$

或 $$x = A\mathrm{e}^{-nt}\sin(\sqrt{a^2 - n^2}\,t + \alpha)$$

(A 和 α 是任意常数)。

可以把这个运动看成频率为 $\sqrt{a^2 - n^2} = a\sqrt{1 - \dfrac{n^2}{a^2}}$ 的振动,若 n 和 a 相较为相当小的情形时,这个频率和无阻尼运动具有的频率 a 就相差很小;a 仍然是初相;而我们就必须将 t 的函数 $A\mathrm{e}^{-nt}$ 看成振幅了。

这个函数随时间而减小,也就是我们接触到了减幅振动。

经过一次振动,亦即半个周期 $\dfrac{T}{2} = \dfrac{\pi}{\sqrt{a^2 - n^2}}$ 后,原有的振幅便得到乘数

$e^{-\frac{n\pi}{\sqrt{a^2-n^2}}}$。这个式子的对数取异号,就是 $\frac{n\pi}{\sqrt{a^2-n^2}}$,叫作振动的对数衰减率。

例4 $y'''+y=0$。特征方程 $k^3+1=0$,它的根 $k_1=-1$,$k_2=\frac{1}{2}\pm i\frac{\sqrt{3}}{2}$。因此,通解具有形式

$$y=C_1 e^{-x}+e^{\frac{x}{2}}\left(C_2\cos x\frac{\sqrt{3}}{2}+C_3\sin x\frac{\sqrt{3}}{2}\right)$$

现在我们要考查特征方程有重根的情形,如果方程(5)有重根,那么在数列(6)中,数值不同的根的个数将$<n$,而相应的,形式(4)的线性无关的特解之个数也要小于 n。要得到通解这些特解是不够的。为补足缺少的解案起见,我们研究两个函数 uv 的乘积的线性运算子 L 的表达式。

根据莱布尼茨公式,我们有

$$(uv)^{(n)}=u^{(n)}v+\binom{n}{1}u^{(n-1)}v'+\binom{n}{2}u^{(n-2)}v''+\cdots+\binom{n}{1}u'v^{(n-1)}+uv^{(n)}$$

$$(uv)^{(n-1)}=u^{(n-1)}v+\binom{n-1}{1}u^{(n-2)}v'+\binom{n-1}{2}u^{(n-3)}v''+\cdots+uv^{(n-1)}$$

$$\vdots$$

$$(uv)''=u''v+2u'v'+uv''$$

$$(uv)'=u'v+uv'$$

$$uv=uv$$

用 1 乘第一行,a_1 乘第二行,$\cdots\cdots$,a_n 乘最后一行,然后相加,就得到

$$L[uv]=vL[u]+\frac{v'}{1!}L_1[u]+\frac{v''}{2!}L_2[u]+\cdots+$$

$$\frac{v^{(n-1)}}{(n-1)!}L_{n-1}[u]+\frac{v^{(n)}}{n!}L_n[u] \tag{14}$$

这里引入记号

$$\begin{cases}L[y]=y^{(n)}+a_1 y^{(n-1)}+\cdots+a_{n-2}y''+a_{n-1}y'+a_n y \\ L_1[y]=ny^{(n-1)}+(n-1)a_1 y^{(n-2)}+\cdots+2a_{n-2}y'+a_{n-1}y \\ L_2[y]=n(n-1)y^{(n-2)}+(n-1)(n-2)a_1 y^{(n-3)}+\cdots+2\cdot1\cdot a_{n-2}y \\ \qquad\qquad\qquad\vdots \\ L_{n-1}[y]=n(n-1)\cdots2y'+(n-1)(n-2)\cdots1\cdot a_1 y \\ L_n[y]=n(n-1)\cdots2\cdot1\cdot y\end{cases} \tag{15}$$

运算 $L_r[y]$,$r=1,2,\cdots,n$ 是由 $L[y]$ 按照类似于微分一个多项式的法则构成的,

只不过用表示导数阶数的指标代替了指数。

公式(14)可以应用到任何一个线性运算子上去。其中,如果系数 a_1, $a_2, \cdots, a_n$ 是常数,那么每一个运算子 $L_r[y]$ 对应一个特征多项式 $F_r(k)$,而且不难看出,$F_r(k)$ 是运算子 $L[y]$ 所对应的多项式 $F(k)$ 对于 k 的 r 阶导数

$$F_r(k) = F^{(r)}(k) \tag{16}$$

现在,要来计算表达式(14),如果 $u = e^{kx}$,$v = x^m$,其中 m 是非负的整数。

我们得到

$$L[x^m e^{kx}] = x^m L[e^{kx}] + \frac{m}{1} x^{m-1} L_1[e^{kx}] + \frac{m(m-1)}{1 \cdot 2} x^{m-2} L_2[e^{kx}] + \cdots +$$

$$\binom{m}{m-1} x L_{m-1}[e^{kx}] + L_m[e^{kx}]$$

由于公式(4′)和(16),我们有

$$L_r[e^{kx}] = e^{kx} F^{(r)}(k)$$

因此,就得到

$$L[x^m e^{kx}] = e^{kx} \left\{ x^m F(k) + \binom{m}{1} x^{m-1} F'(k) + \binom{m}{2} x^{m-2} F''(k) + \cdots + \right.$$

$$\left. \binom{m}{m+1} x F^{(m-1)}(k) + F^{(m)}(k) \right\} \tag{17}$$

现在设 k_1 是特征方程(5)的 m_1 重根;那么,像大家知道的

$$F(k_1) = 0, F'(k_1) = 0, \cdots, F^{(m_1-1)}(k_1) = 0, F^{(m_2)}(k_1) \neq 0$$

如果在表达式(17)中,取 x 的指数 m 小于 m_1,那么在右端括号内,每一项都等于零。因此,我们得到微分方程(1)对应于根 k_1 的 m_1 个特解

$$e^{k_1 x}, x e^{k_1 x}, x^2 e^{k_1 x}, \cdots, x^{m_1-1} e^{k_1 x} \tag{18}$$

同样,如果特征方程其他的根 $k_2, \cdots, k_p$ 的重复次数依次为 $m_2, \cdots, m_p, m_i \geqslant 1$,而且 $m_1 + m_2 + \cdots + m_p = n$,并一切 k_r 都已不相同①,那么它们所对应的特解将是

$$\begin{cases} e^{k_2 x}, x e^{k_2 x}, \cdots, x^{m_2-1} e^{k_2 x} \\ \qquad\qquad \vdots \\ e^{k_p x}, x e^{k_p x}, \cdots, x^{m_p-1} e^{k_p x} \end{cases} \tag{18′}$$

解案(18)和(18′)内的全体在有重根的一般情形给出 n 个特解。余下还要证明,它们构成基本组。

假定,在这些特解之间存在着恒等的线性关系

---

① 当然,某些根 k_r 可以是单根,那时它所对应的数 $m_r = 1$。

$$\sum_{r=1}^{p} (A_0^{(r)} + A_1^{(r)} x + \cdots + A_{m_r-1}^{(r)} x^{m_r-1}) e^{k_r x} \equiv \sum_{r=1}^{p} P_r(x) e^{k_r x} = 0 \qquad (19)$$

其中系数 $A_j^{(r)}$ 是常数。无妨于一般性,可以假定多项式 $P_p(x)$ 至少有一个系数不等于零。以 $e^{k_1 x}$ 除这个关系式的两端

$$P_1(x) + \sum_{r=2}^{p} P_r(x) e^{(k_r-k_1)x} = 0$$

把上面(假定)的恒等式对 x 微分 m_1 次,第一个多项式的地方就成了零,而带有指数乘数的一切多项式,变为次数仍然相同的新多项式,而我们就得到新的恒等式

$$\sum_{r=2}^{p} Q_r(x) e^{(k_r-k_1)x} = 0 \qquad (19')$$

显然,$Q_p(x)$ 不恒等于零。和式(19')只含有 $p-1$ 项了;继续进行同样步骤,最后得到恒等式

$$R_p(x) e^{(k_p-k_{p-1})x} = 0 \qquad (19'')$$

但是恒等式(19'')不可能成立,因为 $e^{(k_p-k_{p-1})x} \neq 0$,而和 $P_p(x)$ 次数相同的多项式 $R_p(x)$,至少有一个系数不等于零,所以它不会恒等于零。

注 同样的推理,可以应用到每一个根都不相同的情形;那时一切多项式 P_r 都是零次的;以 $e^{k_1 x}$ 除等式(19)的两端后,微分一次就足以得到具有形式(19')的等式。

对于重根的情形,在证明特解(18)和(18')线性无关后,我们就可以把方程(1)的通解写成形式

$$y = \sum_{r=1}^{p} G_r(x) e^{k_r x} \qquad (20)$$

其中 $G_r(x)$ 是具有任意系数的 m_r-1 次的多项式。表达式(20)里,任意常数的个数等于

$$m_1 + m_2 + \cdots + m_p = n$$

亦即等于方程的阶数,这正应当如此。

当特征方程有复重根时,表达式(20)并不方便,因为它成了实变数 x 的复值函数。必须注意,复根是以同一重复次数成对地共轭出现。如果根 $k_1 = \alpha + \beta i$ ($\beta \neq 0$)重复 m_1 次,那么共轭根 $k_2 = \alpha - \beta i$ 也重复 m_1 次,与根 k_1 相对应的全体解案(18)将是

$$e^{(\alpha+\beta i)x}, x e^{(\alpha+\beta i)x}, \cdots, x^{m_1-1} e^{(\alpha+\beta i)x} \qquad (18'')$$

我们将表达式(18'')中的实部和虚部分开,这样,我们就得到 $2m_1$ 个解

$$e^{\alpha x}\cos\beta x, xe^{\alpha x}\cos\beta x, \cdots, x^{m_1-1}e^{\alpha x}\cos\beta x$$
$$e^{\alpha x}\sin\beta x, xe^{\alpha x}\sin\beta x, \cdots, x^{m_1-1}e^{\alpha x}\sin\beta x$$

对于任何其他的复根,可以做出相类似的解。所以,我们总可以得到实解,而这些实解的个数等于方程的阶数。

例5 $y'''-y''-y'+y=0$。特征方程 $k^3-k^2-k+1=0$,根为 $k_1=k_2=1, k_3=-1$,通解为

$$y=e^x(C_1+C_2x)+C_3e^{-x}$$

例6 $y^{IV}+8y''+16y=0$。特征方程 $k^4+8k^2+16=0$ 或 $(k^2+4)^2=0$。它的根为

$$k_1=k_2=2i, k_3=k_4=-2i$$

通解

$$y=(C_1+C_2x)\cos 2x+(C_3+C_4x)\sin 2x$$

问 题

求方程的通解:

147. $y^{IV}-2y''=0$。

148. $y'''-3y''+3y'-y=0$。

149. $y^{IV}+4y=0$。

150. $y^{IV}-y=0$。

151. $2y''+y'-y=0$。

152. $y^{IV}+2y'''+3y''+2y'+y=0$。

2. 常系数非齐次线性方程。如果给定常系数线性微分方程

$$L[y]=V(x) \tag{21}$$

因为我们总能解对应的齐次方程,那么不论在任何情形,第 5 章中所叙述的常数变易法,总允许我们用求积去获得特解。因此,也就可以写出通解来。在这一段,我们主要是讲不用求积就能求得特解的情形。

我们先从关于任何有右端线性方程的一个命题开始。

如果我们有方程

$$L[y]=V_1(x)+V_2(x)$$

那么用 Y_1 和 Y_2 分别表示方程

$$L[y]=V_1(x), L[y]=V_2(x)$$

的特解,我们就得到形式为

$$Y=Y_1+Y_2$$

的原方程的特解。

事实上,我们有

$$L[Y_1+Y_2]=L[Y_1]+L[Y_2]$$

但是按照条件

$$L[Y_1]\equiv V_1(x),L[Y_2]\equiv V_2(x)$$

由此

$$L[Y_1+Y_2]\equiv V_1(x)+V_2(x)$$

证讫。

我们要指出一种无须求积,而用若干次有理运算来求形式为

$$L[y]=\sum_{r=1}^{k}P_r(x)\mathrm{e}^{\alpha_r x}\quad(P_r(x)\text{是多项式})$$

的常系数线性方程的特解的方法。

根据前面的命题,便只需会求得形式为

$$L[y]=P_m(x)\mathrm{e}^{\alpha x}\tag{22}$$

的方程的特解,其中 $P_m(x)=p_m x^m+\cdots+p_0$ 是次数为 $m\geqslant0$ 的多项式。

我们必须考查两种情形。

(1)α 不是特征方程的根,$F(\alpha)\neq0$。我们要证明在这种情形,有和右端同样形式的特解,就是

$$Y=Q_m(x)\mathrm{e}^{\alpha x}\tag{23}$$

其中

$$Q_m(x)=q_m x^m+q_{m-1}x^{m-1}+\cdots+q_0$$

系数 $q_m,q_{m-1},\cdots,q_0$ 是看作未知数,我们要证明,使下面对于 x 的恒等式成立,这些系数就能确定了

$$L[Q_m(x)\mathrm{e}^{\alpha x}]=P_m(x)\mathrm{e}^{\alpha x}$$

或

$$\mathrm{e}^{-\alpha x}L[Q_m(x)\mathrm{e}^{\alpha x}]=P_m(x)\tag{22'}$$

应用公式(17),我们就可以算出左端;仍然用 $F(\alpha)$ 记特征方程,我们求得

$$\mathrm{e}^{-\alpha x}L[Q_m(x)\mathrm{e}^{\alpha x}]=$$

$$q_m\left\{x^m F(\alpha)+\binom{m}{1}x^{m-1}F'(\alpha)+\binom{m}{2}x^{m-2}F''(\alpha)+\cdots+F^{(m)}(\alpha)\right\}+$$

$$q_{m-1}\left\{x^{m-1}F(\alpha)+\binom{m-1}{1}x^{m-2}F'(\alpha)+\cdots+F^{(m-1)}(\alpha)\right\}+\cdots+\tag{24}$$

$$q_1\{xF(\alpha)+F'(\alpha)\}+q_0 F(\alpha)$$

令表达式(24)等于多项式 $P_m(x)$，而且使 x 的同次幂的系数相等，我们就得到含 $m+1$ 个未知数 $q_0,q_1,\cdots,q_m$ 的 $m+1$ 个方程

$$
\begin{cases}
q_m F(\alpha) = p_m \\[2mm]
q_{m-1} F(\alpha) + q_m \binom{m}{1} F'(\alpha) = p_{m-1} \\[2mm]
q_{m-2} F(\alpha) + q_{m-1} \binom{m-1}{1} F'(\alpha) + q_m \binom{m}{2} F''(\alpha) = p_{m-2} \\[2mm]
\qquad\qquad\qquad\qquad\qquad\vdots \\[2mm]
q_{m-r} F(\alpha) + q_{m-r+1} \binom{m-r+1}{1} F'(\alpha) + \\[2mm]
q_{m-r+2} \binom{m-r+2}{2} F''(\alpha) + \cdots + q_m \binom{m}{r} F^{(r)}(\alpha) = p_{m-r} \\[2mm]
\qquad\qquad\qquad\qquad\qquad\vdots \\[2mm]
q_0 F(\alpha) + q_1 F'(\alpha) + q_2 F''(\alpha) + q_3 F'''(\alpha) + \cdots + q_m F^{(m)}(\alpha) = p_0
\end{cases}
\tag{25}
$$

因为按照条件 α 不是特征方程的根，所以 $F(\alpha) \neq 0$。方程组(25)就有可能逐步计算出 $q_m,q_{m-1},\cdots,q_0$ 来

$$
q_m = \frac{p_m}{F(\alpha)}
$$

$$
q_{m-1} = \frac{1}{F(\alpha)}\left(p_{m-1} - q_m \binom{m}{1} F'(\alpha)\right) = \frac{p_{m-1}}{F(\alpha)} - \binom{m}{1}\frac{p_m}{[F(\alpha)]^2}F'(\alpha)
$$

依次类推。所以，我们得到所求特解(23)(方程组(25)对于 $q_0,q_1,\cdots,q_m$ 的可解性，可以立刻由它的行列式等于 $[F(\alpha)]^{m+1} \neq 0$ 看出来)。

(2)现在设 α 是特征方程的 $r \geq 1$ 重根，那么

$$
F(\alpha) = F'(\alpha) = \cdots = F^{(r-1)}(\alpha) = 0, \quad F^{(r)}(\alpha) \neq 0
$$

公式(17)指出，在这种情形 $L[e^{\alpha x}x^m]$ 是 $e^{\alpha x}$ 和一个 $m-r$ 次多项式的乘积。为使代入方程左端后，得到 $e^{\alpha x}$ 和一个 m 次多项式的乘积，这时，自然要找形式如下的特解，即

$$
Y = x^r Q_m(x) e^{\alpha x} = e^{\alpha x}(q_m x^{m+r} + q_{m-1}x^{m+r-1} + \cdots + q_0 x^r) \tag{26}
$$

把这个表达式代入方程(22)，如果要求(26)是方程的解，那么我们就得到条件

$$
e^{-\alpha x} L[x^r Q_m(x) e^{\alpha x}] = P_m(x) \tag{26'}
$$

应用公式(17)，并注意

$$
F(\alpha) = F'(\alpha) = \cdots = F^{(r-1)}(\alpha) = 0, \quad F^{(r)}(\alpha) \neq 0
$$

再计算左端。我们有

$$e^{-\alpha x} L[x^r Q_m(x) e^{\alpha x}] =$$

$$q_m \left\{ \binom{m+r}{r} x^m F^{(r)}(\alpha) + \binom{m+r}{r+1} x^{m-1} F^{(r+1)}(\alpha) + \cdots + F^{(m+r)}(\alpha) \right\} +$$

$$q_{m-1} \left\{ \binom{m+r-1}{r} x^{m-1} F^{(r)}(\alpha) + \binom{m+r-1}{r+1} x^{m-2} F^{(r+1)}(\alpha) + \cdots + F^{(m+r-1)}(\alpha) \right\} + \cdots + \tag{27}$$

$$q_1 \left\{ \binom{r+1}{r} x F^{(r)}(\alpha) + F^{(r+1)}(\alpha) \right\} + q_0 F^{(r)}(\alpha)$$

把表达式(27)代入等式(26′),再使等式(26′)两端中 x 同次幂的系数相等,我们就又得到一组决定 $q_0, q_1, q_2, \cdots, q_m$ 的 $m+1$ 个方程

$$\begin{cases} \binom{m+r}{r} F^{(r)}(\alpha) q_m = p_m \\ \binom{m+r-1}{r} F^{(r)}(\alpha) q_{m-1} + \binom{m+r}{r+1} F^{(r+1)}(\alpha) q_m = p_{m+1} \\ \qquad\qquad \vdots \\ \binom{m+r-l}{r} F^{(r)}(\alpha) q_{m-l} + \binom{m+r-l+1}{r+1} F^{(r+1)}(\alpha) q_{m-l+1} + \cdots + \\ \binom{m+r}{r+l} F^{(r+1)}(\alpha) q_m = p_{m-l} \\ \qquad\qquad \vdots \\ F^{(r)}(\alpha) q_0 + F^{(r+1)}(\alpha) q_1 + \cdots + F^{(r+m)}(\alpha) q_m = p_0 \end{cases} \tag{28}$$

方程组(28)的行列式等于

$$\binom{m+r}{r} \binom{m+r-1}{r} \cdots \binom{r}{r} \left[F^{(r)}(\alpha) \right]^{m+1} \neq 0$$

因此一切未知数 $q_i (i=0,1,2,\cdots,m)$ 唯一地决定了,而我们得到形式为(26)的解。

因而,我们得到下面的结果:以 $P_m(x) e^{\alpha x}$ 为右端的常系数线性方程,可以求得形式为 $x^r Q_m(x) e^{\alpha x}$ 的特解。其中 $r \geqslant 0$ 是特征方程的根 α 的重复次数,Q_m 是和 P_m 的次数相同的多项式。

在实际求特解时,常常把它写成形式(23)或(26),多项式 Q_m 的系数为未定。把这特解的表达式代入所给方程,再消去 $e^{\alpha x}$ 并使 x 的等次幂的系数相等,我们就得到这些系数的线性方程组,按照以前的证明,这方程组总有确定的解。

例 7 解方程 $y''' + y'' = x^2 + 1 + 3x e^x$。根据这一段开始所讲的,我们可以找两个方程 $y''' + y'' = x^2 + 1$ 和 $y''' + y'' = 3x e^x$ 的特解。显然,特征方程的形式为 $k^3 + k^2 = 0$,它的根 $k_1 = k_2 = 0, k_3 = -1$。我们先考查第一个方程;在右端没有指数函数的

因子,因此 $\alpha = 0$;但零是特征方程的二重根;因此根据前面所述,我们应当找形式为 $Y_1 = x^2 Q_2(x) = a_2 x^4 + a_1 x^3 + a_0 x^2$ 的特解,求得

$$Y''_1 = 12a_2 x^2 + 6a_1 x + 2a_0, \quad y'''_1 = 24a_2 x + 6a_1$$

代入方程,则得

$$24a_2 x + 6a_1 + 12a_2 x^2 + 6a_1 x + 2a_0 = x^2 + 1$$

令 x 的同次幂的系数相等,我们便得到方程组

$$12a_2 = 1, \quad 24a_2 + 6a_1 = 0, \quad 6a_1 + 2a_0 = 1$$

由此决定了系数

$$a_2 = \frac{1}{12}, \quad a_1 = -\frac{1}{3}, \quad a_0 = \frac{3}{2}$$

因此,$Y_1 = \frac{1}{12} x^4 - \frac{1}{3} x^3 + \frac{3}{2} x^2$。讲到第二个方程,这里 $\alpha = 1$ 不是特征方程的根。我们求形式为 $Y_2 = e^x(b_1 x + b_0)$ 的特解。求得:$Y'_2 = e^x(b_1 x + b_0 + b_1)$,$Y''_2 = e^x(b_0 + 2b_1)$,$Y'''_2 = e^x(b_1 x + b_0 + 3b_1)$;代入方程并消去 e^x,我们得到 $b_1 x + b_0 + 3b_1 + b_1 x + b_0 + 2b_1 = 3x$。比较系数 $2b_1 = 3$,$2b_0 + 5b_1 = 0$,由此 $b_1 = \frac{3}{2}$,$b_0 = -\frac{15}{4}$。所求特解为 $Y_2 = e^x\left(\frac{3}{2} x - \frac{15}{4}\right)$。所给方程的通解是

$$y = C_1 e^{-x} + C_2 + C_3 x + \frac{3}{2} x^2 - \frac{1}{3} x^3 + \frac{1}{12} x^4 + e^x\left(\frac{2}{3} x - \frac{15}{4}\right)$$

C_1, C_2, C_3 是任意常数。

如果方程(21)的右端具有形式

$$e^{\alpha x} \cos \beta x \cdot P_m(x) \text{ 或 } e^{\alpha x} \sin \beta x \cdot P_m(x)$$

其中 P_m 是 m 次多项式,而 α 和 β 是实数,那么这种情形很容易化为前面的情形,只要注意到 $\cos \beta x$ 或 $\sin \beta x$ 可以由指数函数 $e^{i\beta x}$ 和 $e^{-i\beta x}$ 的线性组合表达。

因为 $\sin \beta x$ 和 $\cos \beta x$ 由同样的指数函数所表示,则自然要考查形式更一般的右端 $e^{\alpha x}[P_m^{(1)}(x) \cos \beta x + P_m^{(2)}(x) \sin \beta x]$。在用指数函数代替了三角函数以后,这个表达式就变成

$$\frac{1}{2} e^{(\alpha + \beta i)x}\{P_m^{(1)}(x) - i P_m^{(2)}(x)\} + \frac{1}{2} e^{(\alpha - \beta i)x}\{P_m^{(1)}(x) + i P_m^{(2)}(x)\}$$

按照前述,如果 $\alpha \pm \beta i$ 不是特征方程的根,我们就应当求形式如下的特解

$$e^{(\alpha + \beta i)x} Q_m^{(1)}(x) + e^{(\alpha - \beta i)x} Q_m^{(2)}(x) \tag{29}$$

如果 $\alpha \pm \beta i$ 是特征方程的 r 重根,那么应当用 x^r 乘表达式(29)。不难看出,从决定多项式 $Q_m^{(1)}$ 的系数的方程组(25)或(28),把其中的系数改成共轭复数值,

就能得到对于 $Q_m^{(2)}$ 的对应方程组。因此，多项式 $Q_m^{(2)}$ 的系数共轭于对应的多项式 $Q_m^{(1)}$ 的系数。所以把实部和虚部分开，我们就得到：如果

$$Q_m^{(1)}(x) = Q_m^*(x) + iQ_m^{**}(x)$$

那么

$$Q_m^{(2)}(x) = Q_m^*(x) - iQ_m^{**}(x)$$

把这些多项式代入表达式(29)，再把指数函数 变回三角函数，就得到所求特解

$$Y = e^{\alpha x}\{2Q_m^*(x)\cos\beta x - 2Q_m^{**}(x)\sin\beta x\}$$

这表达式已不再含有复数。

当 $\alpha \pm \beta i$ 是特征方程的 r 重根时，上面的表达式就该乘以 x^r。

因而，我们最后得到：右端形式为

$$e^{\alpha x}\{\cos\beta x \cdot P_m^{(1)}(x) + \sin\beta x \cdot P_m^{(2)}(x)\}$$

的常系数线性方程，可以求得形式为 $x^r e^{\alpha x}\{\cos\beta x \cdot Q_m^{(1)}(x) + \sin\beta x \cdot Q_m^{(2)}(x)\}$ 的特解。其中 $Q_m^{(1)}$ 和 $Q_m^{(2)}$ 与 $P_m^{(1)}$ 和 $P_m^{(2)}$ 是次数相同的多项式(如果次数不相等，就取 $P_m^{(1)}$ 和 $P_m^{(2)}$ 中最高的次数作为 $Q_m^{(1)}$ 和 $Q_m^{(2)}$ 的次数)，而 $r \geqslant 0$ 是特征方程的根 $\alpha \pm \beta i$ 的重复次数。

在实际运算上，仍然把多项式 $Q_m^{(1)}$ 和 $Q_m^{(2)}$ 写成未定系数的形式，将它代入方程，并令表达式两端的 $x^l\cos\beta x$ 和 $x^l\sin\beta x (l = r, r+1, \cdots, r+m)$ 的系数相等。不过，有时从次数最低的指数算起比较方便。

例8 将方程 $y'' - y = x\cos x \cdot e^x$ 积分。表达式 $\alpha \pm \beta i = 1 \pm i$ 不是特征方程 $k^2 - 1 = 0$ 根。因此我们用下面的方法求特解：把右端表成形式

$$\frac{1}{2}xe^{(1+i)x} + \frac{1}{2}xe^{(1-i)x}$$

而求方程 $y'' - y = \frac{1}{2}xe^{(1+i)x}$ 的形式如 $Y_1 = (Ax+B)e^{(1+i)x}$ 的特解。我们有

$$Y_1' = [A(1+i)x + B(1+i) + A]e^{(1+i)x}$$
$$Y_1'' = [2iAx + 2Bi + 2A(1+i)]e^{(1+i)x}$$

代入方程可得

$$(2i-1)Ax + [(2i-1)B + 2A(i+1)] = \frac{1}{2}x$$

由此 $A = \dfrac{-1-2i}{10}, B = \dfrac{7-i}{25}$。

因而，$Y_1 = \left(\dfrac{-1-2i}{10}x + \dfrac{7-i}{25}\right)e^{(1+i)x}$。方程 $y'' - y = \dfrac{1}{2}xe^{(1-i)x}$ 的解 Y_2 将共轭于

$Y_1:Y_2=\left(\dfrac{-1+2\mathrm{i}}{10}x+\dfrac{7+\mathrm{i}}{25}\right)\mathrm{e}^{(1-\mathrm{i})x}$。把 Y_1 和 Y_2 相加并化成三角函数，我们就得到所给方程的特解 $Y=\mathrm{e}^x\left\{\left(-\dfrac{1}{5}x+\dfrac{14}{25}\right)\cos x+\left(\dfrac{2}{5}x+\dfrac{2}{25}\right)\sin x\right\}$。要求得通解，只需将 Y 加上 $C_1\mathrm{e}^x+C_2\mathrm{e}^{-x}$，即对应的齐性方程的通解。

为比较起见，建议读者先把特解写成实数的形式

$$Y=\mathrm{e}^x\left\{(Ax+B)\cos x+(Cx+D)\sin x\right\}$$

再求这特解。

例 9 具备周期力干扰，而无阻尼的弹性振动的方程具有形式（比较例 2）

$$\frac{\mathrm{d}^2x}{\mathrm{d}t^2}+a^2x=p\sin\omega t \quad (a,p\ \text{和}\ \omega\ \text{是常数})$$

这里特征方程的根等于 $\pm ai$，右端含有指数函数 $\mathrm{e}^{\pm\omega it}$。这里可能有两种情形：

（1）$\omega\neq a$（干扰力的频率不等于固有振动系的频率）。那么特解应当具有形式 $x=\alpha\cos\omega t+\beta\sin\omega t$；把它代入方程，就得到 $\alpha=0,\beta=\dfrac{p}{a^2-\omega^2}$；通解，$x=A\sin(at+\delta)+\dfrac{p}{a^2-\omega^2}\cdot\sin\omega t$，这个运动是把频率为 a 的固有振动系和频率为 ω 的强迫振动叠合了而得到的。如果 $a>\omega$，这个强迫振动的相就同于干扰力的相；如果 $a<\omega$，就相差 π；它的振幅正比于干扰力的振幅又正比于量 $\dfrac{1}{|a^2-\omega^2|}$；当 ω 和 a 相差极小时，这个量就非常大。

（2）$\omega=a$。必须求形式为 $X=t(\alpha\cos at+\beta\sin at)$ 的特解，那么

$$X''=-a^2t(\alpha\cos at+\beta\sin at)-2\alpha a\sin at+2\beta a\cos at$$

代入方程，就得到 $\alpha=-\dfrac{p}{2a},\beta=0$，方程的通解具有形式

$$x=A\sin(at+\delta)-\frac{p}{2a}t\cos at$$

第二项指出，振动振幅无限制增大；这就是所谓共振现象，当这个体系的固有频率和干扰力的频率相同时就发生这现象。在天文学上，具有周期函数和变数乘幂乘积的项称为"长期项"。

例 10 具有阻尼和周期力干扰的振动方程（与例 3 比较）可以写作

$$\frac{\mathrm{d}^2x}{\mathrm{d}t^2}+2n\frac{\mathrm{d}x}{\mathrm{d}t}+a^2x=p\sin\omega t$$

假定 n 是小的数（$n<a$），我们就求得特征方程的根等于 $n\pm\mathrm{i}\sqrt{a^2-n^2}$。因为右端

表成指数函数形式后,含有函数 $e^{\pm i\omega t}$,所以必须求下列形式的特解

$$X = M\cos \omega t + N\sin \omega t$$

那么 $X' = -M\omega\sin \omega t + N\omega\cos \omega t$, $X'' = -M\omega^2\cos \omega t - N\omega^2\sin \omega t$。比较 $\sin \omega t$ 和 $\cos \omega t$ 的系数可得两个方程

$$-2n\omega M + (a^2 - \omega^2)N = p$$
$$(a^2 - \omega^2)M + 2n\omega N = 0$$

由此
$$M = \frac{-2n\omega p}{(a^2 - \omega^2)^2 + 4n^2\omega^2}, \quad N = \frac{(a^2 - \omega^2)^2 p}{(a^2 - \omega^2)^2 + 4n^2\omega^2}$$

所求特解为

$$X = \frac{-2n\omega p\cos \omega t + (a^2 - \omega^2)p\sin \omega t}{(a^2 - \omega^2)^2 + 4n^2\omega^2}$$

引入振幅 $\sqrt{M^2 + N^2}$ 和初相 $\delta = \arctan \dfrac{M}{N}$ 或 $\delta = -\arctan \dfrac{2n\omega}{a^2 - \omega^2}$,我们就可以把解写成形式

$$X = \frac{p}{\sqrt{(a^2 - \omega^2)^2 + 4n^2\omega^2}}\sin(\omega t + \delta)$$

在例 3 中,我们见到,齐次方程的通解具有形式 $Ae^{-nt}\sin(\sqrt{a^2 - n^2}\,t + \alpha)$;它是自由减幅振动,而且在相当大的时间间隔后,它对振动体系的运动所生的影响就很小;对于较大的 t 值,决定强迫振动的一项具有主要意义。它的频率等于强迫力的频率,它的振幅正比于这力的振幅 p,且当 a 和 ω 相差很小时,它就很大:在这种情形分母很小,因为 n 很小,这是共振现象。我们要注意,在没有阻尼的相反情形,振动即使很大,但是并不无限制增大;然而实际上,当 n 很小时,这差别是无关重要的。最后,在 $n \neq 0$ 时,强迫振动的相 δ 与力的相不相同;注意到 $\sin \delta$ 和 M 同号,即 $\sin \delta$ 永远是负的,我们就可以断定 $-\pi < \delta < 0$,亦即振动的相永远比力的相为滞后;当频率 ω 很小时,这滞后也很小,如果 $\omega < a$,它就位于 0 和 $-\dfrac{\pi}{2}$ 间;在完全共振($\omega = a$)时,等于 $-\dfrac{\pi}{2}$;如果 $\omega > a$,就位于 $-\dfrac{\pi}{2}$ 和 $-\pi$ 间。

如果常系数线性方程的右端不是我们所考查过的类型,那么就必须用常数变易法求特解。我们要考查对于应用上重要的情况。

例 11 方程 $\dfrac{d^2 x}{dt^2} + a^2 x = \varphi(t)$。齐次方程的基本组是 $x_1 = \sin at, x_2 = \cos at$。根据前一章的一般理论,我们求形式为 $X = C_1\sin at + C_2\cos at$ 的特解,其中 C_1 和 C_2 是 t 的函数,我们这样选择,C_1, C_2 使 X 能适合所给出非齐次方程。为了决定它们的关于 t 的导数,我们有两个一阶方程

$$C_1' \sin at + C_2' \cos at = 0 , C_1' \cos at - C_2' \sin at = \frac{1}{a} \varphi(t)$$

由此,我们得到

$$C_1' = \frac{1}{a} \varphi(t) \cos at , C_2' = -\frac{1}{a} \varphi(t) \sin at$$

由此求得 C_1 和 C_2,即

$$C_1 = \frac{1}{a} \int_0^t \varphi(\tau) \cos a\tau \, \mathrm{d}\tau , C_2 = -\frac{1}{a} \int_0^t \varphi(\tau) \sin a\tau \, \mathrm{d}\tau$$

把它们的值代入 X 的表达式,就得到

$$X = \sin at \cdot \frac{1}{a} \int_0^t \varphi(\tau) \cos a\tau \mathrm{d}\tau - \cos at \cdot \frac{1}{a} \int_0^t \varphi(\tau) \sin a\tau \mathrm{d}\tau$$

把因子 $\sin at$ 和 $\cos at$ 放入积分号内,并将这两个积分合起来,我们就得到特解的最后表达式

$$X(t) = \frac{1}{a} \int_0^t \varphi(\tau) \sin a(t - \tau) \mathrm{d}\tau$$

很容易验证这特解合原始条件

$$X(0) = 0 , X'(0) = 0$$

3. 应用三角级数求特解。在应用上常常遇到下列形式的方程,即

$$L[y] = V(x)$$

其中 $L[y]$ 是常系数线性微分运算子,而 $V(x)$ 是周期函数,我们假定它的周期等于 2π。为简化推理起见,我们假定运算子 L 是二阶的,并且不含一阶导数的项,亦即 $L[y] = y'' + qy$①。我们把函数展成傅里叶三角级数。因而,我们有方程

$$L[y] \equiv y'' + qy = V(x) \sim \frac{a_0}{2} + \sum_{n=1}^{\infty} (a_n \cos nx + b_n \sin nx) ② \quad (30)$$

其中 q 是常数。因此,我们求同样形式的特解 $Y(x)$,它是带未定系数的三角级数

$$Y(x) = \frac{A_0}{2} + \sum_{n=1}^{\infty} (A_n \cos nx + B_n \sin nx) \quad (31)$$

---

① 如果 $L[y] \equiv y'' + py + qy$,那么代换 $y = \mathrm{e}^{-\frac{p}{2}x} z$ 能把 L 变成形式 $\mathrm{e}^{-\frac{p}{2}x} \left\{ z'' + \left[q - \left(\frac{p}{2} \right)^2 \right] z \right\}$。

同样,在常系数 n 阶线性运算子 $L[y] = y^{(n)} + p_1 y^{(n-1)} + p z y^{(n-2)} + \cdots$ 中,代换 $y = \mathrm{e}^{-\frac{p_1}{n}x} z$ 能把 $y^{(n-1)}$ 项消去。

② 我们用符号"~"代替等号,因为我们不考虑右端级数的收敛性。

我们把级数(31)代入方程(30),并且这样选择它的系数,使能在形式上适合等式(30)(亦即我们暂时不考虑推理中所用级数的收敛问题),使自由项相等,我们有

$$L\left[\frac{A_0}{2}\right] = \frac{a_0}{2} \text{ 或 } q\frac{A_0}{2} = \frac{a_0}{2}$$

因而 $A_0 = \frac{a_0}{q}$。立刻可以看出有形如(31)的解案存在的第一个必要条件:如果 $a_0 \neq 0$,那么必须 $q \neq 0$(如果 $q=0$ 和 $a_0 = 0$,那么系数 A_0 仍然不定)。

我们令两端含 $\cos nx$ 和 $\sin nx$ 的各项相等,亦即

$$L\left[A_n \cos nx + B_n \sin nx\right] = a_n \cos nx + b_n \sin nx \tag{32}$$

展开左端,要注意

$$L\left[\cos nx\right] = (-n^2+q)\cos nx, L\left[\sin nx\right] = (-n^2+q)\sin nx$$

令公式(32)两端的 $\cos nx$ 和 $\sin nx$ 的系数相等,我们就得到

$$A_n = \frac{a_n}{-n^2+q}, B_n = \frac{b_n}{-n^2+q} \tag{33}$$

为使公式(33)有意义,就必须不使 $-n^2+q=0$。但是只有 $q=n^2$ 亦即对于运算子 $L[y]=y''+n^2y$,这等式才可能。在这种情形,齐次方程有频率为 n 的周期解,而右端 $a_n \cos nx + b_n \sin nx$ 项和这个解共振,因此事先就不可能预期有周期解(如果此时 $a_n = b_n = 0$,那么就没有共振,而且有任意常数 A_n 和 B_n 的周期项 $A_n \cos nx + B_n \sin nx$ 包含在齐次方程的通解内)。因而假定没有共振,我们便得到方程(30)的形式上的解,表成三角级数的形式

$$Y(x) = \frac{a_0}{q} + \sum_{n=1}^{\infty}\left(-\frac{a_n}{n^2-q}\cos nx - \frac{b_n}{n^2-q}\sin nx\right) \tag{34}$$

余下要证明,级数(34)真是收敛而且适合方程(30)。这不难由下面的推演得到。按照傅里叶系数的熟知的性质,函数 $V(x)$ 的傅里叶系数 a_n, b_n 趋向零。因此,从某一个 n 开始,我们有 $|a_n| < 1, |b_n| < 1$。另一方面,对于充分大的 n,乘数 $\frac{1}{n^2-q}$ 是正的,而且不超过 $\frac{A}{n^2}$($A>0$ 是常数)。因此,级数(34)从某一项开始,各项的绝对值就不超过收敛的数目级数 $\sum \frac{2A}{n^2}$ 的对应项,亦即级数(34)均匀收敛。我们证明,求得的函数 $Y(x)$ 适合方程(30)。作表达式

$$-qY + V(x)$$

这是 x 的连续函数。它的傅里叶级数可以由对于 Y 和 V 的级数的线性组合得出来,利用公式(30)和(34),就有

$$- q \left[\frac{a_0}{2q} + \sum_{n=1}^{\infty} \left(- \frac{a_n}{n^2 - q} \cos nx - \frac{b_n}{n^2 - q} \sin nx \right) \right] +$$

$$\frac{a_0}{2} + \sum_{n=1}^{\infty} \left(a_n \cos nx + b_n \sin nx \right) =$$

$$\sum_{n=1}^{\infty} \left(\frac{n^2 a_n}{n^2 - q} \cos nx + \frac{n^2 b_n}{n^2 - q} \sin nx \right)$$

所得傅里叶级数正是级数(34)的二次微分。因此,它所代表的连续函数是 $Y(x)$ 的二阶导数[①],所以我们有恒等式

$$Y''(x) = -qY + V(x)$$

亦即 $Y(x)$ 适合方程(30)。

同样的方法和同样的推理可以应用到常系数 n 阶方程

$$y^{(n)} + p_2 y^{(n-2)} + \cdots + p_n y = V(x) \sim \frac{a_0}{2} + \sum_{m=1}^{\infty} \left(a_m \cos mx + b_m \sin mx \right)$$

对 $n = 4$ 来说,解案的系数为

$$A_0 = \frac{a_0}{p_4}$$

$$A_m = \frac{(m^4 - p_2 m^2 + p_4) a_m + p_3 m b_m}{(m^4 - p_2 m^2 + p_4)^2 + p_3^2 m^2}$$

$$B_m = \frac{-p_3 m a_m + (m^4 - p_2 m^2 + p_4) b_m}{(m^4 - p_2 m^2 + p_4)^2 + p_3^2 m^2}$$

注1 展开为傅里叶级数的 $V(x)$,如果不是连续函数,那么上面的推理证明 $Y(x)$ 在 $V(x)$ 为连续的每个区间内适合方程。

例12 求方程 $y'' - y = V(x)$ 的周期解,其中

$$V(x) = \begin{cases} +1, \text{当} \ 2k\pi < x < (2k+1)\pi \\ -1, \text{当} \ (2k-1)\pi < x < 2k\pi (k = 0, \pm1, \pm2, \cdots) \end{cases}$$

大家知道

$$V(x) = \frac{4}{\pi} \left(\sin x + \frac{\sin 3x}{3} + \cdots + \frac{\sin(2n+1)x}{2n+1} + \cdots \right)$$

这里我们有 $q = -1, a_n = 0, b_{2n} = 0, b_{2n+1} = \frac{4}{\pi} \frac{1}{2n+1}$。因此,根据公式(34),所求解

可以表示成级数

---

① 把得到的傅里叶级数积分两次,就很容易证明这个事实。

$$Y(x) = \frac{4}{\pi}\left\{-\frac{\sin x}{2} - \frac{\sin 3x}{3(9+1)} - \cdots - \frac{\sin(2n+1)x}{(2n+1)\left[(2n+1)^2+1\right]} - \cdots\right\}$$

这级数是连续的周期函数,除去方程右端的间断点:$0, \pm\pi, \pm2\pi, \cdots$,外,处处适合方程。

注2 如果特征方程有根 $\pm m$,那么在右端的三角级数的一项

$$u_n(x) = a_n \cos nx + b_n \sin nx$$

就有共振;在级数(34)的对应项,系数的分母等于零。为求得特解,我们把右端写成 $\left[V(x)-u_n(x)\right]+u_n(x)$。$V(x)-u_n(x)$ 的傅里叶级数不含频率为 n 的项,它给出形式为(34)的特解的主要部分。我们单独地解方程 $L[y]=u_n(x)$。它的特解具有形式 $x(\overline{A}_n \cos nx + \overline{B}_n \sin nx)$。而在齐次方程的通解中,含有形式为 $A_n \cos nx + B_n \cos nx$ 的一项,其中 A_n 和 B_n 是任意常数。

因而,可以得到作为周期项与长期项的和的一个解案。

问　题

求下列方程的通解:

153. $y''-4y'+4y=x^2$。

154. $y''-6y'+8y=e^x+e^{2x}$。

155. $y'''+y''+y'+y=xe^x$。

156. $y^{\mathrm{IV}}-4y'''+6y''-4y'+y=(x+1)e^x$。

157. $y''+4y=x\sin 2x$。

158. $y''+y'+y=e^{-\frac{x}{2}}\sin\frac{x\sqrt{3}}{2}$。

159. $y''-y=\dfrac{e^x-e^{-x}}{e^x+e^{-x}}$。

160. $y''-2y=4x^2e^{x^2}$。

161. $y''+y=\sin x \sin 2x$。

162. $y''-9y=\ln\left|2\sin\dfrac{x}{2}\right|$。

提示:把右端展成傅里叶级数。

4. **可化为常系数方程的方程。** 如果借代换变数的方法能把变系数线性方程变换为常系数方程,那么借逆变换的帮助,我们就能找到原设方程的用初等函数表示的解案。

例13　$(1-x^2)\dfrac{\mathrm{d}^2 y}{\mathrm{d}x^2}-x\dfrac{\mathrm{d}y}{\mathrm{d}x}+n^2 y=0$。施行自变数代换 $x=\cos\varphi$,那么

$$\frac{dy}{dx} = \frac{dy}{d\varphi} \frac{d\varphi}{dx} = -\frac{1}{\sin \varphi} \frac{dy}{d\varphi}$$

$$\frac{d^2 y}{dx^2} = \frac{1}{\sin \varphi} \frac{d}{d\varphi} \left(-\frac{1}{\sin \varphi} \frac{dy}{d\varphi} \right) = \frac{1}{\sin^2 \varphi} \frac{d^2 y}{d\varphi^2} - \frac{\cos \varphi}{\sin^3 \varphi} \frac{dy}{d\varphi}$$

代入方程后,我们就得到 $\frac{d^2 y}{d\varphi^2} + n^2 y = 0$。因此,变换后的方程的基本组是

$$y_1 = \cos n\varphi, y_2 = \sin n\varphi$$

回到变数 x,我们有

$$y_1 = \cos \, n\mathrm{arccos} \, x, y_2 = \sin \, n\mathrm{arccos} \, x$$

当 n 是整数时,函数 $y_1(x)$ 是 n 次多项式,因为 $\cos n\varphi$ 可以由 $\cos \varphi$ 的多项式表出[①]。这就是所谓 n 次的切比雪夫多项式[②]

$$T_n(x) = \cos \, n\mathrm{arccos} \, x$$

例 14　贝塞尔(F. W. Bessel,1784—1846)方程具有形式

$$x^2 \frac{d^2 y}{dx^2} + x \frac{dy}{dx} + (x^2 - n^2) y = 0$$

这里 n 是任意常数。我们要证明,当 $n = \frac{1}{2}$ 时,贝塞尔方程可积出以初等函数表示的解。这时,贝塞尔方程具有形式

$$x^2 y'' + xy' + \left(x^2 - \frac{1}{4} \right) y = 0$$

对未知函数施行代换

$$y = \frac{z}{\sqrt{x}} = x^{-\frac{1}{2}} z$$

把它微分两次

$$y' = x^{-\frac{1}{2}} z' - \frac{1}{2} x^{-\frac{3}{2}} z, y'' = x^{-\frac{1}{2}} z'' - x^{-\frac{3}{2}} z' + \frac{3}{4} x^{-\frac{5}{2}} z$$

[①]　事实上,按照棣莫弗(A. de Moivre,1667—1754)公式,我们有

$$e^{ni\varphi} = \cos n\varphi + i\sin n\varphi = (\cos \varphi + i\sin \varphi)^n = \sum_{k=0}^{n} i^k \binom{n}{k} \cos^{n-k} \varphi \cdot \sin^k \varphi$$

分出实部

$$\cos n\varphi = \sum_{l=0}^{\left[\frac{n}{2}\right]} (-1)^l \binom{n}{2l} \cos^{n-2l} \varphi \cdot \sin^{2l} \varphi = \sum_{l=0}^{\left[\frac{n}{2}\right]} (-1)^l \binom{n}{2l} \cos^{n-2l} \varphi (1 - \cos^2 \varphi)^l$$

[②]　著名的俄罗斯数学家 П. Д. 切比雪夫(1821—1894)研究了这个多项式,并且把它应用到函数的最近似的理论。

代入所给方程,可得

$$x^{\frac{3}{2}}z''-x^{\frac{1}{2}}z'+\frac{3}{4}x^{-\frac{1}{2}}z+x^{\frac{1}{2}}z'-\frac{1}{2}x^{-\frac{1}{2}}z+x^{\frac{3}{2}}z-\frac{1}{4}x^{-\frac{1}{2}}z=0$$

简化后,则得 $z''+z=0$,这是一个常系数方程。它的基本组是

$$z_1=\cos x,z_2=\sin x$$

回到变数 y,我们得到

$$y_1=\frac{\cos x}{\sqrt{x}},y_2=\frac{\sin x}{\sqrt{x}}$$

在上述诸例题中,不可能直接看出是否有变数代换,使所给方程变成常系数方程。现在,我们要考查一种方程类型,对于这种方程类型总可以找到这样的代换。欧拉方程具有形式

$$x^n\frac{\mathrm{d}^n y}{\mathrm{d}x^n}+a_1 x^{n-1}\frac{\mathrm{d}^{n-1}y}{\mathrm{d}x^{n-1}}+\cdots+a_{n-1}x\frac{\mathrm{d}y}{\mathrm{d}x}+a_n y=0 \tag{35}$$

此处 $a_1,a_2,\cdots,a_n$ 是常数。如果用 Cx 代 x,方程(35)不变。因此,如果用下面的公式引入新自变数 t

$$t=\ln x,x=\mathrm{e}^t \tag{36}$$

那么,以 $t+C$ 代 t 时,含新变数 t 的方程不变,也就是新方程不显含 t(比较第1章 §3)。因为代换自变数,不会使欧拉方程失去线性,所以我们就得到常系数线性方程①。

我们将用直接计算来证实这个推演。通过 y 对 t 的导数,算出 y 对 x 的各阶导数的表达式,x 和 t 由关系式(36)联系着。我们有

$$\frac{\mathrm{d}y}{\mathrm{d}x}=\frac{\mathrm{d}y}{\mathrm{d}t}\frac{\mathrm{d}t}{\mathrm{d}x}=\mathrm{e}^{-t}\frac{\mathrm{d}y}{\mathrm{d}t},\frac{\mathrm{d}^2 y}{\mathrm{d}x^2}=\mathrm{e}^{-t}\frac{\mathrm{d}}{\mathrm{d}t}\left(\mathrm{e}^{-t}\frac{\mathrm{d}y}{\mathrm{d}t}\right)=\mathrm{e}^{-2t}\left(\frac{\mathrm{d}^2 y}{\mathrm{d}t^2}-\frac{\mathrm{d}y}{\mathrm{d}t}\right)$$

我们看出,对 x 的一阶和二阶导数的表达式里,含有乘数 e^{-t} 和 e^{-2t}。假定 k 阶导数具有形式

$$\frac{\mathrm{d}^k y}{\mathrm{d}x^k}=\mathrm{e}^{-kt}\left(\frac{\mathrm{d}^k y}{\mathrm{d}t^k}+\alpha_1\frac{\mathrm{d}^{k-1}y}{\mathrm{d}t^{k-1}}+\cdots+\alpha_{k-1}\frac{\mathrm{d}y}{\mathrm{d}t}\right)$$

其中,$\alpha_1,\alpha_2,\cdots,\alpha_{k-1}$ 是常数。那么 $k+1$ 阶导数就等于

$$\frac{\mathrm{d}^{k+1}y}{\mathrm{d}x^{k+1}}=\mathrm{e}^{-t}\frac{\mathrm{d}}{\mathrm{d}t}\left(\frac{\mathrm{d}^k y}{\mathrm{d}x^k}\right)=\mathrm{e}^{-(k+1)t}\left(\frac{\mathrm{d}^{k+1}y}{\mathrm{d}t^{k+1}}+(\alpha_1-k)\frac{\mathrm{d}^k y}{\mathrm{d}t^k}+\cdots-k\alpha_{k-1}\frac{\mathrm{d}y}{\mathrm{d}t}\right)$$

---

① 方程(35)以 $x=0$ 为奇点。公式(36)和以后的一切公式,对于值 $x>0$ 方有意义,当考查值 $x<0$,就必须处处用 $|x|$ 代 x。

亦即在前面也有乘数 $\mathrm{e}^{-(k+1)t}$，在括号内的是 1 阶到 $k+1$ 阶导数的常系数线性组合。因而，这性质对于任何自然数 k 都已证明。当我们把计算出来的导数代入方程(35)时，对于任何 k，我们必须用 $\alpha_k x^k = \alpha_k \mathrm{e}^{kt}$ 来乘 $\dfrac{\mathrm{d}^k y}{\mathrm{d}x^k}$；这时含有 t 的指数乘数就被消去，而我们就得到常系数线性方程。

例 15　$x^2 \dfrac{\mathrm{d}^2 y}{\mathrm{d}x^2} + 3x \dfrac{\mathrm{d}y}{\mathrm{d}x} + y = 0$，用变数代换 $x = \mathrm{e}^t$，可得 $\dfrac{\mathrm{d}^2 y}{\mathrm{d}t^2} + 2 \dfrac{\mathrm{d}y}{\mathrm{d}t} + y = 0$；特征方程 $k^2 + 2k + 1 = 0$ 有等根；$k_1 = k_2 = -1$。作为 t 的函数，通解是

$$y = \mathrm{e}^{-t}(C_1 + C_2 t)$$

作为 x 的函数，则

$$y = \frac{1}{x}(C_1 + C_2 \ln x)$$

注 1　我们事先知道，在变换了的方程中，当特征方程没有重根的时候，特解具有形式 $\mathrm{e}^{kt} = (\mathrm{e}^t)^k$。因此，在原方程中特解具有形式 x^k。所以，可以直接得出这种形式的特解，并且可以把它代入方程(35)。注意

$$x^m \frac{\mathrm{d}^m(x^k)}{\mathrm{d}x^m} = k(k-1)\cdots(k-m+1)x^k \quad (m \leqslant k)$$

并把这些表达式代入方程(35)，消去 x^k，我们就得到决定 k 的 n 次代数方程

$$k(k-1)\cdots(k-n+1) + a_1 k(k-1)\cdots(k-n+2) + \cdots + \tag{37}$$
$$a_{n-2}k(k-1) + a_{n-1}k + a_n = 0$$

由前面的推演显然可见，方程(37)和以 t 为变数的微分方程的特征方程相同。方程(37)的每一个单根对应方程(35)的一个特解 x^k，二重根对应两个解 x^k 和 $x^k \ln x$，依次类推。当 k 为虚根时，就必须注意，按照定义 $x^{\mathrm{i}\beta} = \mathrm{e}^{\mathrm{i}\beta \ln x}$，所以方程(37)的一对共轭复根 $\alpha \pm \beta \mathrm{i}$ 就要对应着方程(35)的两个解

$$y = x^\alpha \cos(\beta \ln x) \text{ 和 } y = x^\alpha \sin(\beta \ln x)$$

例 16　$x^2 y'' + 3xy' + 5y = 0$。要找形式为 $y = x^k$ 的特解，便得到 k 的二次方程，即 $k(k-1) + 3k + 5 = 0$ 或 $k^2 + 2k + 5 = 0$。因此 $k = -1 \pm 2\mathrm{i}$。通解

$$y = \frac{1}{x}\left[C_1 \cos(2\ln x) + C_2 \sin(2\ln x)\right]$$

注 2　和式(36)类似的代换，能把更一般的方程

$$(ax+b)^n \frac{\mathrm{d}^n y}{\mathrm{d}x^n} + a_1(ax+b)^{n-1}\frac{\mathrm{d}^{n-1}y}{\mathrm{d}x^{n-1}} + \cdots + a_{n-1}(ax+b)\frac{\mathrm{d}y}{\mathrm{d}x} + a_n y = 0$$

变为常系数方程，这里只要设 $ax+b = \mathrm{e}^t$ 就得到常系数方程了。

注 3　对于常系数方程当右端是 $\sum \mathrm{e}^{\alpha x} P(x)$ 的情形，用有理运算可以求得

特解;和这个相类似的,对于上述类型的方程,如果右端具有形式 $\sum x^{\alpha} \cdot P(\ln x)$,那么这种用有理运算求特解的方法显然也是可能的,其中 P 是多项式。

问 题

把下列方程积分:

163. $\dfrac{\mathrm{d}^2 R}{\mathrm{d}r^2} + \dfrac{2}{r}\dfrac{\mathrm{d}R}{\mathrm{d}r} - \dfrac{n(n+1)}{r^2}R = 0$。

164. $x^2 y'' - 4xy' + 6y = x$。

165. $x^2 y'' - xy' + 2y = x\ln x$。

166. $x^2 y'' - 2y = x^2 + \dfrac{1}{x}$。

167. $x^3 y''' - x^2 y'' + 2xy' - 2y = x^3 + 3x$。

168. $(1+x)^2 y'' + (1+x)y' + y = 4\cos \ln(1+x)$。

§2 二阶线性方程

1. 简化到最简单的形式。我们要考查变系数的二阶齐线性方程

$$y'' + P(x)y' + Q(x)y = 0 \tag{38}$$

或

$$p_0(x)y'' + p_1(x)y' + p_2(x)y = 0 \tag{38'}$$

假定系数 P, Q 或 p_0, p_1, p_2 是 x 的连续函数。

我们要考查一些形式已简化的二阶方程。

从第5章已经知道,二阶自共轭方程的形式为

$$\frac{\mathrm{d}}{\mathrm{d}x}\left(p\,\frac{\mathrm{d}y}{\mathrm{d}x}\right) + qy = 0 \tag{39}$$

我们要证明,任何二阶方程乘上某个 x 的函数,就可以变为自共轭的形式。

写成展开式的方程(39)

$$py'' + p'y' + qy = 0$$

指出,y' 的系数是 y'' 的系数的导数。以某个函数 $\mu(x)$ 乘方程(38')的两端,并设法选择这个函数,使乘了后的新方程成立下列条件

$$[\mu p_0(x)]' = \mu p_1(x)$$

213

变化这个含 μ 的方程

$$p_0\mu' + p_0'\mu = p_1\mu$$

$$\frac{\mu'}{\mu} = \frac{p_1 - p_0'}{p_0}$$

$$\ln\mu = \int\frac{p_1}{p_0}\mathrm{d}x - \int\frac{p_0'}{p_0}\mathrm{d}x$$

$$\mu = \frac{1}{p_0}\mathrm{e}^{\int\frac{p_1}{p_0}\mathrm{d}x}$$

用 μ 乘以后,方程$(38')$成为

$$\mathrm{e}^{\int\frac{p_1}{p_0}\mathrm{d}x}y'' + \frac{p_1}{p_0}\mathrm{e}^{\int\frac{p_1}{p_0}\mathrm{d}x}y' + \frac{p_2}{p_0}\mathrm{e}^{\int\frac{p_1}{p_0}\mathrm{d}x}y = 0$$

或

$$\frac{\mathrm{d}}{\mathrm{d}x}\left(\mathrm{e}^{\int\frac{p_1}{p_0}\mathrm{d}x}\frac{\mathrm{d}y}{\mathrm{d}x}\right) + \frac{p_2}{p_0}\mathrm{e}^{\int\frac{p_1}{p_0}\mathrm{d}x}y = 0$$

实际上,亦即形式(39),其中 $p = \mathrm{e}^{\int\frac{p_1}{p_0}\mathrm{d}x}$,$q = \frac{p_2}{p_0}\mathrm{e}^{\int\frac{p_1}{p_0}\mathrm{d}x}$,要注意系数 p,q 在 p_0 不等于零的任何区间内连续;此外,在这区间上 $p > 0$。

例 17 把贝塞尔方程

$$x^2y'' + xy' + (x^2 - n^2)y = 0$$

变为自共轭方程。此处 $p_0 = x^2$,$p_1 = x$,$\mu = \frac{1}{x^2}\mathrm{e}^{\int\frac{\mathrm{d}x}{x}} = \frac{1}{x}$。所求形式为 $\frac{\mathrm{d}}{\mathrm{d}x}(xy') + \left(x - \frac{n^2}{x}\right)y = 0$。

更换自变数可以把二阶线性方程变成

$$y'' + Q(x)y = 0 \tag{40}$$

设方程已经变成了(39)的形式。由方程 $\mathrm{d}\xi = \frac{\mathrm{d}x}{p(x)}$,$\xi = \int\frac{\mathrm{d}x}{p(x)}$ 引入新自变数 ξ。作为 x 的函数的 ξ,在 x 轴上任何 $p \neq 0$ 的区间上有定义。因为 $\frac{\mathrm{d}\xi}{\mathrm{d}x} = \frac{1}{p} > 0$,所以反过来,在 ξ 轴上对应的区间上,x 定义为 ξ 的连续可微函数 $x = \chi(\xi)$。那时对于任何函数 u,$\frac{\mathrm{d}u}{\mathrm{d}x} = \frac{1}{p}\frac{\mathrm{d}u}{\mathrm{d}\xi}$。代入方程$(39)$,可得

$$\frac{1}{p}\frac{\mathrm{d}}{\mathrm{d}\xi}\left(\frac{\mathrm{d}y}{\mathrm{d}\xi}\right) + qy = 0 \text{ 或} \frac{\mathrm{d}^2y}{\mathrm{d}\xi^2} + Q(\xi)y = 0$$

这是具有形式(40)的方程,其中 $Q(\xi)$ 是把 $x = \chi(\xi)$ 代入 $p(x)q(x)$ 的结果。如果回到形式$(38')$,那么我们得到

$$d\xi = e^{-\int \frac{p_1}{p_0} dx}, Q = \frac{p_2}{p_0} e^{2\int \frac{p_1}{p_0} dx}$$

这个变换有时可把方程简化为一种通解为已知的方程的形式。

例 18 $xy'' + \frac{1}{2}y' - y = 0$，乘以 $x^{-\frac{1}{2}}$ 我们就得到自共轭形式，即

$$\frac{d}{dx}\left(x^{\frac{1}{2}}\frac{dy}{dx}\right) - x^{-\frac{1}{2}}y = 0 \text{ 或 } x^{\frac{1}{2}}\frac{d}{dx}\left(x^{\frac{1}{2}}\frac{d}{dx}y\right) - y = 0$$

引入变数 $\xi : x^{-\frac{1}{2}}dx = d\xi, \xi = 2\sqrt{x}$。

变换了的方程为 $\frac{d^2 y}{d\xi^2} - y = 0$，它的通解为 $y = C_1 e^\xi + C_2 e^{-\xi}$。还原到变数 x，便得到

$$y = C_1 e^{2\sqrt{x}} + C_2 e^{-2\sqrt{x}}$$

用未知函数的线性代换也可以消去含一阶导数的项。亦即把方程化为形式(40)。我们要考查二阶导数的系数等于 1 的方程

$$y'' + P(x)y' + Q(x)y = 0$$

引入新未知函数 z 使它和 y 用关系式

$$y = u(x)z \tag{41}$$

联系着。选择函数 u，使在变换后的方程中，z' 的系数等于零。把式(41)微分两次

$$y' = uz' + u'z, y'' = uz'' + 2u'z' + u''z$$

代入原方程，得

$$uz'' + (2u' + Pu)z' + (u'' + Pu' + Qu)z = 0 \tag{42}$$

令 z' 的系数等于零

$$2u' + Pu = 0$$

求得 u 值，并且把它代入方程(42)，再消去指数函数的乘数

$$u = e^{-\frac{1}{2}\int P dx}$$

$$u' = -\frac{1}{2}Pe^{-\frac{1}{2}\int P dx}$$

$$u'' = \left(\frac{1}{4}P^2 - \frac{1}{2}P'\right)e^{-\frac{1}{2}\int P dx}$$

$$z'' + \left(-\frac{1}{4}P^2 - \frac{1}{2}P' + Q\right)z = 0 \tag{42'}$$

我们便得到了形式(40)的方程。x 的函数

$$I(x) = Q - \frac{1}{4}P^2 - \frac{1}{2}P' \qquad (43)$$

称为方程(38)的不变式。显然,在方程受形式(41)的一切变换下,这个函数的值不变,因为一切未知函数只差乘数 $u(x)$ 的方程都可以化为形式为(42′)的同一方程。两个二阶方程不变式的相等,是形式为(41)的代换能将其中一个变换为另一个的必要和充分条件。

注 应当指出,任何无右端的线性方程都可以降低阶数。因为这样的方程对于未知函数和它的导数是齐次的,但是在这样降低阶数的情况下,我们将得到非线性方程。

把代换 $y = \mathrm{e}^{\int z\mathrm{d}x}$ 应用到方程(38)后,我们就得到黎卡提型方程

$$z' = -\left[z^2 + P(x)z + Q(x)\right]$$

很容易看出,凡是黎卡提型方程

$$y' = p(x)y^2 + q(x)y + r(x)$$

都可以用代换 $y = -\dfrac{1}{p(x)}\dfrac{u'}{u}$ 把它化为二阶线性齐次方程。

例19 证明方程

$$y'' - \frac{1}{x}y' + \left(1 - \frac{m^2}{x^2}\right)y = 0$$

用形式为(41)的代换能变为贝塞尔方程的标准型

$$z'' + \frac{1}{x}z' + \left(1 - \frac{n^2}{x^2}\right)z = 0$$

并且用 m 表达 n。

对于所给方程,我们有

$$I_1 = 1 - \frac{m^2}{x^2} - \frac{1}{4x^2} - \frac{1}{2x^2} = 1 - \frac{m^2 + \frac{3}{4}}{x^2}$$

对于贝塞尔方程,则有

$$I_2 = 1 - \frac{n^2}{x^2} - \frac{1}{4x^2} - \frac{1}{2x^2} = 1 - \frac{n^2 - \frac{1}{4}}{x^2}$$

显然,只要 $m^2 + \dfrac{3}{4} = n^2 - \dfrac{1}{4}$ 等式 $I_1 = I_2$ 就成立,因此 $n^2 = m^2 + 1$。

问 题

169. 哪一个形式为(41)的变换能把例19的方程变成贝塞尔方程的标准型?

用代换(41)把线性方程变成形式为(40)的变换,有时使我们可能得到一种我们会积分的类型的方程。

例 20 $y'' + \dfrac{2}{x} y' + y = 0$。应用变换 $y = u(x) z$,则有 $u z'' + \left(2u' + \dfrac{2}{x} u\right) z' +$

$\left(u'' + \dfrac{2}{x} u' + u\right) z = 0$。令 z' 的系数等于零,我们就得到 $u = \dfrac{1}{x}$, $u' = \dfrac{-1}{x^2}$, $u'' = \dfrac{2}{x^3}$。代

入方程可得

$$\frac{1}{x} z'' + \left(\frac{2}{x^3} - \frac{2}{x^3} + \frac{1}{x}\right) z = 0$$

或 $z'' + z = 0$。由此 $z = C_1 \cos x + C_2 \sin x$,或 $y = C_1 \dfrac{\cos x}{x} + C_2 \dfrac{\sin x}{x}$。同样参看例 14。

问 题

170. 把方程 $y'' + \dfrac{2p}{x} y' + y = 0$ 变为贝塞尔方程的标准型。

积分下列方程:

171. $xy'' - y' - x^3 y = 0$。

172. $y'' - 4xy' + (4x^2 - 1) y = -3e^{x^2} \sin 2x$。

173. $y'' - \dfrac{1}{\sqrt{x}} y' + \dfrac{y}{4x^2} \left(-8 + x^{\frac{1}{2}} + x\right) = 0$。

2. 利用幂级数的积分法。许多二阶线性方程,在不能用初等函数表出它们的积分的时候,由于在应用上有着巨大的重要性,它们的解案就要引入作为新的超越函数。例如第一类和第二类贝塞尔函数(贝塞尔方程的两个线性无关的解)就是这样的。为了决定这些函数,常用 $x - x_0$ 的升幂级数表达方程的解案,其中 x_0 是原始值。在微分方程的解析理论中证明了,如果方程(38′)的系数 p_0, p_1, p_2 是 $x - x_0$ 的多项式或是非负整次幂的幂级数,而且 $p_0(x_0)$ 不等于零,那么方程(38′)的解也可以用 $x - x_0$ 的非负整次幂的收敛幂级数表达。在这里不证明这个一般的命题了,在个别的情况下,我们能够证明表达所给方程解案的级数之收敛性。

例 21 求方程 $y'' + xy = 0$ 的通解。我们要求形式为 x 的幂级数的解案

$$y = A_0 + A_1 x + A_2 x^2 + \cdots + A_n x^n + \cdots$$

在形式上微分这级数,我们求得

$$y'' = 2 \cdot 1 \cdot A_2 + 3 \cdot 2 \cdot A_3 x + \cdots + n(n-1) A_n x^{n-2} + \cdots$$

代入原方程,并令 x 的同次幂的系数相等

$$2 \cdot 1 \cdot A_2 = 0, 3 \cdot 2 \cdot A_3 + A_0 = 0$$
$$4 \cdot 3 \cdot A_4 + A_1 = 0, \cdots, n(n-1)A_n + A_{n-3} = 0, \cdots$$

由这些方程我们求得

$$A_2 = 0, A_3 = -\frac{A_0}{2 \cdot 3}, A_4 = -\frac{A_1}{3 \cdot 4}, A_5 = -\frac{A_2}{2 \cdot 5} = 0$$

$$A_6 = -\frac{A_3}{5 \cdot 6} = \frac{A_0}{2 \cdot 3 \cdot 5 \cdot 6}, A_7 = -\frac{A_4}{6 \cdot 7} = \frac{A_1}{3 \cdot 4 \cdot 6 \cdot 7}$$

而一般地

$$A_{3k-1} = 0$$

$$A_{3k} = (-1)^k \frac{A_0}{2 \cdot 3 \cdot 5 \cdot 6 \cdot \cdots \cdot (3k-1) \cdot 3k}$$

$$A_{3k+1} = (-1)^k \frac{A_1}{3 \cdot 4 \cdot 6 \cdot 7 \cdot \cdots \cdot 3k(3k+1)}$$

系数 A_0 和 A_1 不能由这些方程决定,这是两个任意常数,通解则具有形式

$$y = A_0 \left\{ 1 - \frac{x^3}{2 \cdot 3} + \frac{x^6}{2 \cdot 3 \cdot 5 \cdot 6} - \cdots + \frac{(-1)^k x^{3k}}{2 \cdot 3 \cdot 5 \cdot 6 \cdot \cdots \cdot (3k-1) \cdot 3k} + \cdots \right\} +$$

$$A_1 \left\{ x - \frac{x^4}{3 \cdot 4} + \frac{x^7}{3 \cdot 4 \cdot 6 \cdot 7} - \cdots + (-1)^k \frac{x^{3k+1}}{3 \cdot 4 \cdot 6 \cdot 7 \cdot \cdots \cdot 3k \cdot (3k-1)} + \cdots \right\}$$

$$= A_0 y_1(x) + A_1 y_2(x)$$

用初等的判别法则,我们不难鉴定级数 $y_1(x)$ 和 $y_2(x)$ 对于一切 x 值的收敛性;按照幂级数的一般性质,这两个级数和把它们形式地微分而得到的级数一样,在 x 轴的任何有限的闭区间上是均匀地收敛的。因此,形式地得到的这些解是正确的,并且事实上,它们是所给方程的解案①。

问 题

174. 用展成 x 的幂级数的方法,把方程 $y'' + xy' + y = 0$ 积出来。

用展成 $x - x_0$ 的幂级数,求线性微分方程的积分的方法,对于系数 $p_0(x)$ 在 $x = x_0$ 处等于零的时候也适用。但是一般说来,此时所得的(收敛)幂级数,含有 $x - x_0$ 的非整次幂,而具有形式

$$A_0(x-x_0)^r + A_1(x-x_0)^{r+1} + \cdots + A_n(x-x_0)^{r+n} + \cdots \tag{44}$$

---

① 显然,这里所叙述的方法,可以应用到任何阶的线性微分方程。

其中 r 是一个数,一般地不是整数。从式(44)看来,已经很明显,只有考虑 x 为复变数时,才能显露出这种展开式的全部意义,因为当 $x-x_0<0$,而 r 是分数或无理数时,表达式 $(x-x_0)^r$ 在实数域中没有意义。福克斯理论给定了条件,在这些条件下,n 阶方程有(44)形式的 n 个特解,或更一般的,是有 $\ln(x-x_0)$ 的多项式和这种类型的级数的乘积的 n 个特解。我们只能再考查一种情形,但是它富有理论意义,这就是所谓超比方程。

我们要考查方程

$$(x^2+Ax+B)\frac{\mathrm{d}^2y}{\mathrm{d}x^2}+(Cx+D)\frac{\mathrm{d}y}{\mathrm{d}x}+Ey=0 \qquad (45)$$

作为 y'' 的系数的二次多项式的根,设是相异两实根(如果在复数域内考查变数 x,那么就取消根是实数的限制)。为了不引入虚数,我们假定 A,B,C,D,E 是实数。在这种情形下,方程(45)可以改写成下面的形式

$$(x-x_1)(x-x_2)y''+(Cx+D)y'+Ey=0 \qquad (45')$$

其中 x_1 和 x_2 是多项式 x^2+Ax+B 的根。这就是说,当 $x=x_1$,$x=x_2$ 时,y'' 的系数等于零。我们变换自变数,使这两个值等于 0 和 1。为了这个,我们引入新变数 z,它和 x 用关系式

$$x=x_1-z(x_1-x_2)$$

联系着,那么

$$\frac{\mathrm{d}y}{\mathrm{d}x}=-\frac{\mathrm{d}y}{\mathrm{d}z}\frac{1}{x_1-x_2},\frac{\mathrm{d}^2y}{\mathrm{d}x^2}=\frac{\mathrm{d}^2y}{\mathrm{d}z^2}\frac{1}{(x_1-x_2)^2}$$

而我们得到

$$z(1-z)\frac{\mathrm{d}^2y}{\mathrm{d}z^2}+\left[\frac{Cx_1+D}{x_1-x_2}-C_z\right]\frac{\mathrm{d}y}{\mathrm{d}z}-Ey=0$$

引用记号 $\frac{Cx_1+D}{x_1-x_2}=\gamma$,$C=\alpha+\beta+1$,$E=\alpha\beta$ 并且仍然用 x 记自变数,我们就得到写成通常形式的超比方程

$$x(1-x)\frac{\mathrm{d}^2y}{\mathrm{d}x^2}+[\gamma-(\alpha+\beta+1)x]\frac{\mathrm{d}y}{\mathrm{d}x}-\alpha\beta y=0 \qquad (46)$$

例 22 把勒让德(A. M. Legendre,1752—1833)方程 $(1-x^2)\frac{\mathrm{d}^2y}{\mathrm{d}x^2}-2x\frac{\mathrm{d}y}{\mathrm{d}x}+n(n+1)y=0$ 变成方程(46)的形式。变数代换 $x=1-2z$ 给出

$$z(1-z)\frac{\mathrm{d}^2y}{\mathrm{d}z^2}+(1-2z)\frac{\mathrm{d}y}{\mathrm{d}z}+n(n+1)y=0$$

这里 $\gamma=1$,$\alpha=n+1$,$\beta=-n$。

我们看出，方程(46)关联着三个参数 α,β,γ，而且参数 α 和 β 对称地出现。我们要求出方程(46)的以 x 的幂级数表出的解案。现在要把下面的级数代入方程(46)

$$\begin{cases} y=A_0x^r+A_1x^{r+1}+\cdots+A_nx^{r+n}+\cdots \\ y'=rA_0x^{r-1}+(r+1)A_1x^r+\cdots+(r+n)A_nx^{r+n-1}+\cdots \\ y''=r(r-1)A_0x^{r-2}+(r+1)rA_1x^{r-1}+\cdots+(r+n)(r+n-1)A_nx^{r+n-2}+\cdots \end{cases} \quad (47)$$

以 $x(1-x)$ 乘级数(47)的最后一个级数，以 $\gamma-(\alpha-\beta+1)x$ 乘第二个级数，以 $-\alpha\beta$ 乘第一个级数，然后相加，再归并 x 的同次幂的系数，并且令它们等于零。结果中，x 的最低次幂是 $r-1$，令 x^{r-1} 的系数等于 0

$$r(r-1)A_0+\gamma rA_0=0$$

无伤于一般性，我们可以假定 $A_0\neq0$。那么就得到 r 的二次方程

$$r(r-1+\gamma)=0$$

由此 $r_1=0, r_2=1-\gamma$。

研究对应于值 $r_1=0$ 的解。把级数(47)改写成

$$\begin{cases} y=A_0+A_1x+A_2x^2+A_3x^3+\cdots+A_nx^n+\cdots \\ y'=A_1+2A_2x+3A_3x^2+\cdots+nA_nx^{n-1}+\cdots \\ y''=2A_2+6A_3x+\cdots+n(n-1)A_nx^{n-2}+\cdots \end{cases} \quad (47')$$

把级数(47')代入方程(46)，可得自由项 $\gamma A_1-\alpha\beta A_0=0$，假定 $\gamma\neq0$，那么

$$A_1=A_0\frac{\alpha\beta}{1\cdot\gamma}$$

归并含 x 的项，我们就得到

$$2A_2+2\gamma A_2-(\alpha+\beta+1)A_1-\alpha\beta A_1=0$$

或 $$2(\gamma+1)A_2=(\alpha+1)(\beta+1)A_1$$

因此(如 $\gamma\neq-1$)

$$A_2=\frac{(\alpha+1)(\beta+1)}{2(\gamma+1)}A_1=\frac{\alpha(\alpha+1)\beta(\beta+1)}{1\cdot2\cdot\gamma(\gamma+1)}A_0$$

一般地，含 x^n 的各项给出

$$(n+1)nA_{n+1}-n(n-1)A_n+\gamma(n+1)A_{n+1}-(\alpha+\beta+1)nA_n-\alpha\beta A_n=0$$

或

$$(n+1)(\gamma+n)A_{n+1}-(\alpha+n)(\beta+n)A_n=0$$

由此(如果 $\gamma\neq0,-1,-2,\cdots,-n$)

$$A_{n+1}=\frac{(\alpha+n)(\beta+n)}{(n+1)(\gamma+n)}A_n=\frac{(\alpha+n)(\alpha+n-1)(\beta+n)(\beta+n-1)}{(n+1)n(\gamma+n)(\gamma+n-1)}A_{n-1}=\cdots$$

$$=\frac{\alpha(\alpha+1)\cdots(\alpha+n)\beta(\beta+1)\cdots(\beta+n)}{1\cdot2\cdots(n+1)\gamma(\gamma+1)\cdots(\gamma+n)}A_0$$

置任意常数 $A_0=1$，在 γ 不等于零及负整数的假设下，我们得到方程(46)的一个特解即所谓超比级数

$$F(\alpha,\beta,\gamma;x)=1+\frac{\alpha\cdot\beta}{1\cdot\gamma}x+\frac{\alpha(\alpha+1)\beta(\beta+1)}{1\cdot2\cdot\gamma(\gamma+1)}x^2+\cdots+$$

$$\frac{\alpha(\alpha+1)\cdots(\alpha+n)\beta(\beta+1)\cdots(\beta+n)}{1\cdot2\cdot(n+1)\gamma(\gamma+1)\cdots(\gamma+n)}x^{n+1}+\cdots \qquad (48)$$

达朗贝尔的判别收敛性的准则证明:级数(48)，当 $|x|<1$ 时收敛，从幂级数的理论，大家知道它在属于 $(-1,+1)$ 内的任何闭区间上均匀收敛，并且可以逐项微分任意次，所以它适合超比微分方程(46)。因而，方程(46)的第一个特解是

$$y_1=F(\alpha,\beta,\gamma;x) \qquad (\gamma\neq0,-1,-2,\cdots)$$

为了求得第二个特解，可以应用级数(47)，而令其中 $r=1-\gamma$。但是我们如果在方程(46)中引入新函数 ω，使它和 y 由关系式

$$y=x^{1-\gamma}\omega$$

联系着。我们就能很快地达到上述目的，此时

$$y'=x^{1-\gamma}\omega'+(1-\gamma)x^{-\gamma}\omega$$

$$y''=x^{1-\gamma}\omega''+2(1-\gamma)x^{-\gamma}\omega'-\gamma(1-\gamma)x^{-\gamma-1}\omega$$

把它代入方程(46)

$$x^{1-\gamma}x(1-x)\frac{d^2\omega}{dx^2}+x^{1-\gamma}\left[\gamma(\alpha+\beta+1)x+2(1-\gamma)(1-x)\right]\frac{d\omega}{dx}+$$

$$x^{1-\gamma}\left[-\alpha\beta+\gamma(1-\gamma)x^{-1}-(\alpha+\beta+1)(1-\gamma)-\gamma(1-\gamma)x^{-1}+\right.$$

$$\left.\gamma(1-\gamma)\right]\omega=0$$

或 $\quad x(1-x)\frac{d^2\omega}{dx^2}+\left[2-\gamma-(\alpha+\beta-2\gamma+3)x\right]\frac{d\omega}{dx}-(\alpha+1-\gamma)(\beta+1-\gamma)\omega=0$

亦即我们仍然得到超比方程，其中依次以 $\alpha+1-\gamma,\beta+1-\gamma,2-\gamma$ 代替参数 $\alpha,\beta,$ γ。它的形式为以不含 x 的项开始的级数的解，即 $F(\alpha+1-\gamma,\beta+1-\gamma,2-\gamma;x)$。因而，方程(46)的第二个特解是

$$y_2=x^{1-\gamma}F(\alpha+1-\gamma,\beta+1-\gamma,2-\gamma;x)$$

如果 $2-\gamma$ 不等于零及负整数，y_2 就有意义。特别是当 γ 等于零或负整数时，亦即当 y_1 无意义时，它总有意义。在上述特殊情形下，我们就不再讲第二个特解的求法了。

含有三个参数 α, β, γ 的超比级数,当参数等于特殊值时,就给出许多不同的初等函数。例如当 $\alpha = \gamma$,我们可得

$$F(\alpha, \beta, \alpha; x) = 1 + \frac{\beta}{1}x + \frac{\beta(\beta+1)}{1 \cdot 2}x^2 + \cdots +$$

$$\frac{\beta(\beta+1)\cdots(\beta+n-1)}{n!}x^n + \cdots$$

$$= (1-x)^{-\beta}$$

当 $\alpha = \beta = 1, \gamma = 2$,我们有

$$F(1, 1, 2; x) = 1 + \frac{x}{2} + \frac{x^2}{3} + \cdots + \frac{x^n}{n+1} + \cdots = \frac{1}{x}\ln\frac{1}{1-x}$$

我们指出,当 α 或 β 等于负整数 $-n$ 时,级数(48)就在含 x^n 的项处中断,亦即级数(48)成为 x 的多项式。这样,例如 n 为整数时,勒让德方程(见例22)的一个解就是多项式:在可以差一个常数乘数 A_n 的条件下,所谓勒让德多项式可以表示成

$$P_n(x) = A_n F\left(n+1, -n, 1; \frac{1-x}{2}\right)$$

我们用来求超比方程的积分的方法,可以应用到物理和力学上遇到的许多二阶方程。例如对于贝塞尔方程

$$x^2 y'' + xy' + (x^2 - n^2)y = 0$$

在 n 不等于整数的情形,它给出 x 的两个升幂级数,分别由 x^n 和 x^{-n} 开始;这两个级数定义为贝塞尔函数 $J_n(x)$ 和 $J_{-n}(x)$;贝塞尔方程的通解是 $C_1 J_n(x) + C_2 J_{-n}(x)$。

如果 n 等于整数(可以取 $n \geqslant 0$),那么只有一个特解可以用幂级数表达: $J_n(x)$——它叫作第一类贝塞尔函数;第二个特解中还含有 $\ln x$;它称为第二类贝塞尔函数。

无须更改,同样的方法可以用来求高于二阶的方程的解。

3. 有振动解的二阶线性方程。考查两个最简单的常系数二阶方程

$$y'' - a^2 y = 0 \tag{49_1}$$

$$y'' + a^2 y = 0 \tag{49_2}$$

的结果指出,代表它们特解的函数,在性质上有显著的差异。方程(49_1)的每一个解在整个区间 $(-\infty, +\infty)$ 最多有一个零点(这可以用直接计算证明)。但是方程(49_2)的用公式 $A\sin(ax+\delta)$ 表达的每一个解却有无穷多个零点,它们之间的距离等于 $\frac{\pi}{a}$。长度 $> \frac{\pi}{a}$ 的每一个区间就最少含有方程(49_2)的任何解的一

个零点,而长度$>\dfrac{2\pi}{\alpha}$的区间最少含有两个零点。

如果微分方程的解,在所给区间内的零点不多于一个,那么就说它在这区间不振动,在相反的情形就说它振动。

所以,方程 $y''+qy=0$ 当 $q\leqslant 0$ 时,有不在任何区间上振动的积分;当 $q>0$ 时,有在充分大的区间上振动的积分。

以下,我们要把这个结果推广到变系数的二阶方程。

为达到我们的目的,只要考查具有形式

$$y''+Q(x)y=0$$

的方程就可以了。因为我们用代换

$$y=u(x)z$$

可以把任何方程变成这种类型。同时,如果原方程是形式

$$p_0y''+p_1y'+p_2y=0$$

那么,$u(x)=\mathrm{e}^{-\frac{1}{2}\int \frac{p_1}{p_0}\mathrm{d}x}$。我们只考查 p_0 不等于零的区间。在这种区间内,$u(x)$ 始终是连续的,并且不等于零;因此函数 y 和 z 的零点相同。

定理 1　如果在区间 (a,b) 内,我们处处有 $Q(x)\leqslant 0$,那么方程

$$y''+Q(x)y=0$$

的一切解都不振动。

假定方程(40)的某一个解 $y_1(x)$ 至少有两个零点,设这两个零点是 x_0,x_1,$x_0<x_1$,并且设,在区间 (x_0,x_1) 内没有其他的零点①。那么,作为连续函数的 $y_1(x)$,在区间 (x_0,x_1) 内符号不变;我们总可以假定,在这区间内 $y_1(x)>0$(否则我们取 $-y_1(x)$ 为解案)。我们就有 $y_1'(x_0)>0$(因为在 x_0 的右方 y_1 是增加的;

---

① 微分方程的任何不恒等于零的解案 $y_1(x)$,在系数 p_0,p_1,p_2 连续且 p_0 不等于零的区间内,它所有的零点都是孤立的,亦即每一个零点 x_0,都有不含其他的零点的邻域 $(x_0-\delta,x_0+\delta)$ 存在。在相反的情形,如果点 x_0 是 $y_1(x)$ 的零点的极限点,亦即有一系列零点 x_1,$x_2,\cdots,x_n,\cdots$ 存在,使 $\lim\limits_{n\to\infty}x_n=x_0$,那么我们有 $\dfrac{y_1(x_n)-y_1(x_0)}{x_n-x_0}=0$。因为函数 y_1 可微,所以

$$\lim_{n\to\infty}\frac{y_1(x_n)-y_1(x_0)}{x_n-x_0}=\lim_{h\to 0}\frac{y_1(x_0+h)-y_1(x_0)}{h}=y_1'(x_0)=0$$

因而,在点 $x=x_0$ 处,我们有 $y_1(x_0)=0,y_1'(x_0)=0$,也就是按照柯西定理 $y_1\equiv 0$,这与假设相矛盾。从已证明的论述,还可以知道,函数 $y_1(x)$ 在 (a,b) 内的任何闭区间 $[\alpha,\beta]$ 内,有有限个零点。

同时 $y_1'(x_0) \neq 0$，否则 $y_1 \equiv 0$。

如果 $Q(x) \leqslant 0$，那么从方程（40）可得，在 (x_0, x_1) 整个区间内 $y''_1(x) \geqslant 0$。因此，在区间 (x_0, x_1) 内 $y_1'(x)$ 不减小，亦即对于 $x_0 < x \leqslant x_1$，总有 $y_1'(x) \geqslant y'(x_0)$；根据有限增量的定理，我们有

$$y_1(x_1) \geqslant y_1(x_0) + y_1'(x_0)(x_1 - x_0) = y_1'(x_0)(x_1 - x_0) > 0$$

这和 $y_1(x_1) = 0$ 的条件相矛盾。这个矛盾证明了定理。

希士姆定理 如果 x_0 和 x_1 是二阶微分方程的解案 $y_1(x)$ 的相邻两零点，那么，同一方程的另一任意线性无关的解案 $y_2(x)$ 在 x_0 和 x_1 间恰好有一个零点。

要证明这个，不必应用方程（40）的形式。我们可考查形式为（38′）的方程，而且总可以假定，在我们的区间内和在这区间的端点上 $p_0(x) \neq 0$。作伏朗斯基行列式

$$y_1'(x)y_2(x) - y_2'(x)y_1(x) = W(x) \tag{50}$$

假定，解 $y_2(x)$ 在 (x_0, x_1) 整个区间内没有零点。由于解 y_1 和 y_2 的线性无关性，当 $x = x_0$ 和 $x = x_1$ 时，y_2 不等于零。事实上，如果是 $y_2(x_0) = 0$，那么我们就有 $W(x_0) = 0$，这和伏朗斯基行列式的著名性质相矛盾。因为 $W(x)$ 不等于零，所以它不变号；为明确起见，我们假定 $W(x) > 0$。以 $[y_2(x)]^2$ 除恒等式（50）的两端，我们得到

$$\frac{y_1'(x)y_2(x) - y_2'(x)y_1(x)}{[y_2(x)]^2} = \frac{W(x)}{[y_2(x)]^2} \text{或} \frac{\mathrm{d}}{\mathrm{d}x}\left(\frac{y_1(x)}{y_2(x)}\right) = \frac{W(x)}{[y_2(x)]^2}$$

由于假定 $y_2(x) \neq 0$，所以在右端我们有 x 的连续函数；将最后的恒等式从 x_0 积分到 x_1。我们得到

$$\left[\frac{y_1(x)}{y_2(x)}\right]_{x = x_0}^{x = x_1} = \int_{x_0}^{x_1} \frac{W(x)}{[y_2(x)]^2}\mathrm{d}x$$

由于条件 $y_1(x_0) = y_1(x_1) = 0$，所以左端等于零，而右端是正值函数的积分，亦即右端是正量。这个矛盾证明了在 $y_1(x)$ 的相邻两零点间，至少有 $y_2(x)$ 的一个零点。如果有两个，$y_2(\bar{x}_0) = y_2(\bar{x}_1) = 0$，$x_0 < \bar{x}_0 < \bar{x}_1 < x_1$，那么改变 y_1 和 y_2 的作用，我们就能证明函数 $y_1(x)$ 在 $\bar{x}_0$ 和 $\bar{x}_1$ 间有零点。因此在 x_0 和 x_1 间有零点，但是这和 $y_1(x)$ 在 x_0 和 x_1 间没有零点的条件相矛盾。因此定理得到证明。

希士姆定理还可以这样表述：两个线性无关的解，它们的零点彼此互相分开。

方程 $y'' + y = 0$ 的两个线性无关的解 $\cos x$ 和 $\sin x$，就是说明希士姆定理的

例子,事实上,它们的零点是彼此互相分开的。

系 如果在区间(a,b)内,线性方程有一个解的零点的个数多于2,那么所有的解都是振动的。

希士姆定理确定:同一方程的一切解,一般说来有同样的振动性质。下面的定理,可以用来比较两个不相同的方程的解的振动性质。我们假定原方程中没有含一阶导数的项。

比较定理 如果我们有两个方程

$$y''+Q_1(x)y=0, z''+Q_2(x)z=0 \tag{51}$$

并且在区间(a,b)内 $Q_2(x) \geqslant Q_1(x)$,那么在第一个方程的任何一个解$y(x)$的每两个零点之间,第二个方程的每一个解$\bar z(x)$都至少有一个零点。

设x_0和x_1是函数$\bar y(x)$的相邻的两个零点;我们假定$\bar z(x)$在这两个零点间没有一个零点。无伤于一般性,我们可以假定在区间(x_0, x_1)内$\bar y(x)>0$,$\bar z(x)>0$。那么$\bar y(x)$在x_0的右方是增加的,在x_1的左方是减少的;由于已经应用过的推理,可得$\bar y'(x_0)>0, \bar y'(x_1)<0$。把$\bar y(x)$和$\bar z(x)$代入方程(51)中的相应的方程;以$\bar z(x)$乘所得的第一个恒等式,而以$\bar y(x)$乘第二个,再从第一个减去第二个,则得

$$\bar y''(x) \bar z(x) - \bar z''(x) \bar y(x) = [Q_2(x) - Q_1(x)] \bar y(x) \bar z(x)$$

左端是表达式$\bar y'(x) \bar z(x) - \bar z'(x) \bar y(x)$的导数。把这一个恒等式的两端从$x_0$积分到$x_1$,我们有

$$[y'(x) \bar z(x) - z'(x) \bar y(x)]_{x=x_0}^{x=x_1} = \int_{x_0}^{x_1} (Q_2 - Q_1) yz \,\mathrm{d}x \tag{52}$$

由于我们的假定,在式(52)右端的积分不是负的(如果不处处$Q_2 = Q_1$,那么它就严格地大于0)。在式(52)的左端,我们有$\bar y'(x_1) \bar z(x_1) - \bar y'(x_0) \bar z(x_0)$;由于假定$\bar z>0$,再注意$\bar y'(x_0)$和$\bar y'(x_1)$的符号,在左端我们就得到负数。这个矛盾证明了定理。我们说,式(51)的第二个方程的解比第一个方程的解振动得多些。

保持定理的条件,如果再补充假设:对于区间(x_0, x_1)内x的某些值$Q_2(x) > Q_1(x)$并且$\bar z(x_0) = 0$,那么$\bar z(x)$在x_0右方的次一个零点位于x_1的左方。事实上,从相反的假定可得,(52)的左端是负的。可是右端是正的。因此,我们又得到下面的定理:

如果x_0是方程(51)的两个任意特解$\bar y(x)$和$\bar z(x)$的公共零点,而x_1是解$\bar y(x)$的紧随着x_0的零点并且在x_0和x_1的区间内,有$Q_2(x) > Q_1(x)$的点,除此以外,$Q_2(x) - Q_1(x)$处处不是负的,那么$\bar z(x)$在x_0右方最邻近的零点位于x_1的左边。

通常应用比较定理时,把常系数方程

$$y''+a^2y=0$$

作为方程组(51)的一个方程。设给定方程

$$y''+Q(x)y=0$$

其中,在闭区间$[a,b]$内,$Q(x)>0$,并且设 M 是 Q 在这区间内的极大值,而 m 是极小值。假定 $M>m$,亦即 $Q(x)$ 在这区间内不等于常数。取方程 $y''+my=0$ 作为(51)的第一个方程式,而所给方程作为第二个,我们就得到下面的结果:方程(40)的相邻两零点间的距离小于 $\dfrac{\pi}{\sqrt{m}}$。取所给方程为方程组(51)的第一个方程,而取 $y''+My=0$ 为第二个方程,我们就得到第二个命题:方程(40)的相邻两零点间的距离大于 $\dfrac{\pi}{\sqrt{m}}$。

这个定理给出微分方程的振动解的零点之间的距离的上下界。

例23 对于 $x>0$,我们考查贝塞尔方程

$$x^2y''+xy'+(x^2-n^2)y=0$$

要消去含一阶导数的项,就必须应用代换 $y=x^{-\frac{1}{2}}z$;施行代换后,我们得到方程

$$z''+\left(1-\dfrac{n^2-\dfrac{1}{4}}{x^2}\right)z=0$$

与方程 $\omega''+\omega=0$ 比较,我们断定:贝塞尔方程的任意解的相邻两零点间的距离,在 $n>\dfrac{1}{2}$ 时大于 π,而在 $0\leqslant n<\dfrac{1}{2}$ 时小于 π。另一方面,注意到 x 充分大时,表达式 $1-\dfrac{n^2-\dfrac{1}{4}}{x^2}$ 可以任意接近于 1,我们就得到:当 x 值充分大时,贝塞尔方程的解案的相邻两零点的距离任意接近于 π。

例24 方程 $y''+xy=0$,当 $x>0$。我们取任意小的数 $\alpha>0$。如果取 $x>\dfrac{\pi^2}{a^2}$,那么 y 的系数就 $>\dfrac{\pi^2}{a^2}$;与方程 $z''+\dfrac{\pi^2}{a^2}z=0$ 比较,我们就知道:对于被考查的 x 值,这个方程的解案的相邻两零点间的距离小于 π,$\dfrac{\pi}{\alpha}=\alpha$。因此,当 x 无限增加时,任何解案的相邻两零点是无限接近的。

我们看到,如果在无限区间 $x>\alpha$,函数 $Q(x)$ 的下界等于某一正数,那么方

程(40)的解案的零点比较某一正弦曲线的零点要更稠密,亦即每一个解有无穷多个零点。现在我们来考查 $Q(x)$ 恒为正,而且当 $x \to \infty$ 时 $Q(x)$ 趋于 0 的情形。我们取欧拉方程(对于 $x>0$)

$$y'' + \frac{a^2}{x^2} y = 0 \tag{53}$$

作为比较方程。它有形式为 x^k 的解,其中 k 是方程 $k(k-1)+a^2=0$ 的根。我们解这方程

$$k = \frac{1}{2} \pm \sqrt{\frac{1}{4} - a^2}$$

如果 $a^2 > \frac{1}{4}$,那么根 k_1 和 k_2 是复数;解

$$y_1 = x^{\frac{1}{2}} \cos\left(\sqrt{a^2 - \frac{1}{4}} \ln x\right)$$

$$y_2 = x^{\frac{1}{2}} \sin\left(\sqrt{a^2 - \frac{1}{4}} \ln x\right)$$

在区间 $(1, +\infty)$ 内有无穷多个零点。

如果 $a^2 < \frac{1}{4}$,我们有不振动解

$$y_1 = x^{\frac{1}{2} + \sqrt{\frac{1}{4} - a^2}}, \quad y_2 = x^{\frac{1}{2} - \sqrt{\frac{1}{4} - a^2}}$$

如果 $a^2 = \frac{1}{4}$,那么

$$y_1 = x^{\frac{1}{2}}, \quad y_2 = x^{\frac{1}{2}} \ln x$$

因而也没有振动解。把形式为(40)的方程和方程(53)比较,我们可以说:如果从某个 x 值开始,我们恒有 $0 < Q(x) \leqslant \frac{1}{4x^2}$;那么,方程(40)的解,不可能有无穷多个零点;如果从某个 x 值开始,我们有 $Q(x) > \frac{1+\alpha}{4x^2}$,其中 $\alpha > 0$;那么,方程(40)的解有无穷多个零点。

这样,方程 $y'' + \frac{A}{x^3} y = 0$ 的解在区间 $(1, +\infty)$ 内,不可能有无穷多个零点。

我们指出,所有提到的条件,对于是否存在振动或不振动的解,只是充分条件;如果函数 $Q(x)$ 变号,或者在区间 $(a, +\infty)$ 内,它的下界等于零,而上界为正;这些条件就不能解决振动问题。

4. 希泼脱定理。在方程(40)中,如果 $Q(x)=0$,那么它有基本组 $1, x$。希

227

泼脱定理断定，当 $x \to \infty$ 时，如果 $Q(x)$ 相当快地趋于零，那么在 x 值相当大的条件下，对应的方程之基本组与 $1, x$ 相差很小，而且和 Q 的符号无关。我们引入下面的记号：当 $x \to \infty$ 时，如果比式 $\dfrac{f(x)}{x^a}$ 始终有界，我们就写 $f(x) = O(x^a)$。

定理 2　如果 $Q(x) = O\left(\dfrac{1}{x^{k+2}}\right)$，其中 $k > 0 \, (0 \leqslant x < +\infty)$，那么方程（40）具有这样的基本组 y_1, y_2，就是 $y_1(x) - 1 = O\left(\dfrac{1}{x^k}\right)$；及当 $k \neq 1$ 时，$y_2(x) - x = O\left(\dfrac{1}{x^{k-1}}\right)$，而当 $k = 1$ 时，$y_2(x) - x = O(\ln x)$。

为证明起见，我们考查含有参数 λ 的更一般的方程

$$y'' = \lambda Q(x) y \tag{54}$$

当 $\lambda = -1$ 时，它就变成已给方程。设 $Q(x)$ 对于 $0 \leqslant x < +\infty$ 有定义。求方程（54）的表成 λ 的幂级数的解案

$$y = y^{(0)} + \lambda y^{(1)} + \cdots + \lambda^n y^{(n)} + \cdots \tag{55}$$

我们先作 y_1；假定 $y_1^{(0)} = 1$；把表达式（55）代入方程（54），并且令 λ 的同次幂的系数相等，我们就得到决定 $y_1^{(n)}$ 的递推方程

$$y_1^{(1)''} = Q(x), \quad y_1^{(n)''} = Q(x) y_1^{(n-1)} \quad (n = 2, 3, \cdots)$$

$$y_1(x) = 1 + \lambda y_1^{(1)} + \cdots + \lambda^n y_1^{(n)} + \cdots \tag{55_1}$$

由求积可以逐次求得函数 $y_1^{(n)}$，我们取这些求积的形式为

$$y_1^{(1)} = \int_x^{+\infty} \mathrm{d}\xi \int_t^{+\infty} Q(t)\,\mathrm{d}t, \quad y_1^{(n)} = \int_x^{+\infty} \mathrm{d}\xi \int_\xi^{+\infty} Q(t) y_1^{(n-1)}(t)\,\mathrm{d}t \quad (n = 2, 3, \cdots) \tag{56}$$

我们要证明公式（56）中的反常积分收敛，并且要估计 $|y_1^{(n)}|$。

由条件 $Q(x) = O\left(\dfrac{1}{x^{k+2}}\right)$ 可知，存在这样的正常数 A，当 $0 \leqslant x < +\infty$ 时，下面的不等式成立

$$|Q(x)| < \frac{A}{(1+x)^{k+2}}$$

由此，我们可得

$$|y_1^{(1)}| < \int_x^{+\infty} \mathrm{d}\xi \int_\xi^{+\infty} \frac{A\,\mathrm{d}t}{(1+t)^{k+2}} = A \int_x^{+\infty} \frac{\mathrm{d}\xi}{(k+1)(1+\xi)^{k+1}} = \frac{A}{k(k+1)} \frac{1}{(1+x)^k}$$

$$|y_1^{(2)}| < \int_x^{+\infty} \mathrm{d}\xi \int_t^{+\infty} \frac{A}{(1+t)^{k+2}} \frac{A}{k(k+1)} \frac{1}{(1+t)^k}\mathrm{d}t = \frac{A^2}{k(k+1)2k(2k+1)} \frac{1}{(1+x)^{2k}}$$

用完全归纳法很容易证明下列估计

$$|y_1^{(n)}| < \frac{A^n}{k(k+1)2k(2k+1)\cdots nk(nk+1)} \frac{1}{(1+x)^{nk}}$$

从这些估计可以知道,级数(55_1)对于任何 λ(特别是 $\lambda = -1$)在 $0 \leqslant x < +\infty$ 内是绝对且均匀收敛的,并且是方程(54)的解。

从不等式

$$|y_1 - 1| < \frac{|\lambda|A}{k(k+1)} \frac{1}{(1+x)^k} \left\{ 1 + \frac{|\lambda|A}{2k(2k+1)} \frac{1}{(1+x)^k} + \right.$$

$$\left. \frac{|\lambda|^2 A^2}{2k(2k+1)3k(3k+1)} \frac{1}{(1+x)^{2k}} + \cdots \right\}$$

此处,在花括号内的收敛级数,当 $x \to \infty$ 时,它的和趋于1,我们得到

$$y_1(x) - 1 = O\left(\frac{1}{x^k}\right)$$

对于解 $y_1(x)$,定理得到证明。

作 $y_2(x)$。假定在级数(55)中,$y_2^{(0)} = x$。我们有决定 $y_2^{(n)}$ 的方程

$$y_2^{(1)''} = Q(x)x, \quad y_2^{(n)''} = Q(x)y_2^{(n-1)} \quad (n = 2, 3, \cdots)$$

$$y_2(x) = x + \lambda y_2^{(1)} + \cdots + \lambda^n y_2^{(n)} + \cdots \tag{52_2}$$

如果 $k > 1$,那么我们仍然取上限为无穷的求积式

$$y_2^{(1)} = \int_x^{+\infty} \mathrm{d}\xi \int_\xi^{+\infty} Q(t)t\mathrm{d}t, \quad y_2^{(n)} = \int_x^{+\infty} \mathrm{d}\xi \int_\xi^{+\infty} Q(t)y_2^{(n-1)}(t)\mathrm{d}t \quad (n = 2, 3, \cdots)$$

$$\tag{$56'$}$$

这些反常积分都收敛,而且当 $0 \leqslant x < +\infty$ 时,对于 $|y_2^{(n)}|$,我们有估计

$$|y_2^{(1)}| < \int_x^{+\infty} \mathrm{d}\xi \int_t^{+\infty} \frac{A}{(1+t)^{k+2}}(1+t)\mathrm{d}t = \frac{A}{k(k-1)} \frac{1}{(1+x)^{k-1}}$$

$$|y_2^{(n)}| < \frac{A^n}{k(k-1)2k(2k-1)\cdots nk(nk-1)} \frac{1}{(1+x)^{nk-1}}$$

由右端组成的级数是绝对且均匀收敛的,和前面相仿,我们有

$$y_2(x) - x = O\left(\frac{1}{x^{k-1}}\right)$$

在这个情形,定理已全部证明。

设 $0 < k \leqslant 1$。我们能求得这样的自然数 m,使 $mk \leqslant 1$,$(m+1)k > 1$。那么,我们还取积分为

$$y_2^{(1)} = -\int_0^x \mathrm{d}\xi \int_t^{+\infty} Q(t)t\mathrm{d}t$$

$$y_2^{(l)} = -\int_0^x \mathrm{d}\xi \int_t^{+\infty} Q(t)y_2^{l-1}(t)\mathrm{d}t \quad (l = 2, 3, \cdots, m)$$

$$y_2^{(m+n)} = \int_x^{+\infty} d\xi \int_t^{+\infty} Q(t) y_2^{(m+n-1)}(t) dt \quad (n=1,2,\cdots)$$

如果 $mk<1$，我们就有如下的估计

$$\begin{cases} |y_2^{(1)}| < \int_{-1}^x d\xi \int_\xi^{+\infty} \dfrac{A(1+t)}{(1+l)^{k+2}} dt = \int_{-1}^x \dfrac{A}{k} \dfrac{dt}{(1+t)^k} = \dfrac{A}{k(1-k)}(1+x)^{1-k} \\[3mm] |y_2^{(2)}| < \int_{-1}^x d\xi \int_\xi^{+\infty} \dfrac{A(1+t)^{1-k}}{k(1-k)} \cdot \dfrac{A}{(1+t)^{k+2}} dt = \dfrac{A^2}{k(1-k)2k(1-2k)}(1+x)^{1-2k} \\[3mm] \qquad\qquad\qquad \vdots \\[3mm] |y_2^{(m)}| < \dfrac{A^m}{k(1-k)\cdots mk(1-mk)}(1+x)^{1-mk} = B(1+x)^{1-mk} \end{cases} \tag{57}$$

如果 $mk=1$，那么

$$|y_2^{(m)}| < \frac{A^m}{k(1-k)\cdots mk}\ln(1+x) = B'\ln(1+x) \tag{57'}$$

我们可以把两种估计合并成一类。先选出正数 $\delta<k$，再注意当 $0\leqslant x<+\infty$ 时，$\ln(1+x) < \dfrac{1}{\delta}(1+x)^\delta$。我们就可以把 (57) 和 (57') 写成一个不等式

$$|y_2^{(m)}| < B(1+x)^\delta \quad (B>0, 0<\delta<k)$$

我们求得

$$|y_2^{(m+1)}| < B\int_x^{+\infty} d\xi \int_t^{+\infty} \frac{A}{(1+t)^{k-\delta+z}} dt = \frac{BA}{(k-\delta)(k-\delta+1)} \frac{1}{(1+x)^{k-\delta}}$$

$$|y_2^{m+n}| < \frac{BA^{n+1}}{(k-\delta)(k-\delta+1)(2k-\delta)\cdots(nk-\delta+1)} \frac{1}{(1+x)^{nk-\delta}} \quad (n=2,3,\cdots)$$

由不等式右端所组成的级数，自指标 $m+1$ 开始，对于 $0\leqslant x<+\infty$，我们很容易证明它是均匀收敛的，而且 $y_2(x)-x$ 的阶等于 $y_2^{(1)}$ 一项的阶，亦即当 $k\neq1$ 时它等于 $O(x^{1-k})=O\left(\dfrac{1}{x^{k-1}}\right)$，而由于 $m=1$ 时的估计 (57')，当 $k=1$ 时它就等于 $O(\ln x)$。

定理得到全部证明。

例 25 线性方程 $y'' + x^{-4}y = 0$ 属于所考查的类型，此处 $m=2$。用代换 $y=e^{-\int zdx}, \dfrac{y'}{y}=-z$ 可以把它化成黎卡提方程 $z=z^2+z^{-4}$；这方程的解（见问题 44）是

$$z = \frac{1}{x^2}\cot\left(\frac{1}{x}+C\right) - \frac{1}{x}$$

所以

$$\frac{y'}{y} = \frac{1}{x} - \frac{1}{x^2}\cot\left(\frac{1}{x}+C\right), \quad y = Ax\sin\left(\frac{1}{x}+C\right) = C_1 x\sin\frac{1}{x} + C_2 x\cos\frac{1}{x}$$

其基本组为

$$y_1 = x\sin\frac{1}{x} = 1 - \frac{1}{3!}\frac{1}{x^2} + \frac{1}{5!}\frac{1}{x^4} - \cdots = 1 + O\left(\frac{1}{x^2}\right)$$

$$y_2 = x\cos\frac{1}{x} = x - \frac{1}{2!}\frac{1}{x} + \frac{1}{4!}\frac{1}{x^3} - \cdots = x + O\left(\frac{1}{x}\right)$$

常微分方程组

第

7

章

§1 微分方程组的范式

1. 常微分方程组的积分问题,在一般情形下,是这样提出的:给了 k 个方程

$$F_i(x,y_1,y_1',\cdots,y_1^{(m_1)};y_2,y_2',\cdots,y_2^{(m_2)};\cdots;y_k,y_k',\cdots,y_k^{(m_k)})=0$$
$$(i=1,2,\cdots,k) \tag{1}$$

联系着自变数 x 和 k 个未知函数 $y_1,y_2,\cdots,y_k$ 以及它们由 1 阶分别至 $m_1,m_2,\cdots,m_k$ 阶的各阶导数。要求确定这些未知函数。我们指出,我们永远假定方程的个数等于未知函数的个数①。给成像方程(1)那样的一般形式方程组的理论,使我们去研究许多种情况。但是我们只考查最重要的情形,因此便须加以限制:我们假定方程(1)可以就所含各个函数的最高阶导数解出来,亦即可以就 $y_1^{(m_1)},y_2^{(m_2)},\cdots,y_k^{(m_k)}$ 解出来,在适合这假定的情形下,方程组(1)按 $y_i^{(m_i)}$ 解出后的形式可以写成

$$\begin{cases} y_1^{(m_1)}=f_1(x,y_1,y_1',\cdots,y_1^{(m_1-1)},y_2,\cdots,y_2^{(m_2-1)},\cdots,y_k,\cdots,y_k^{(m_k-1)}) \\ y_2^{(m_2)}=f_2(x,y_1,y_1',\cdots,y_1^{(m_1-1)},y_2,\cdots,y_2^{(m_2-1)},\cdots,y_k,\cdots,y_k^{(m_k-1)}) \\ \qquad\qquad\vdots \\ y_k^{(m_k)}=f_k(x,y_1,y_1',\cdots,y_1^{(m_1-1)},y_2,\cdots,y_2^{(m_2-1)},\cdots,y_k,\cdots,y_k^{(m_k-1)}) \end{cases} \tag{2}$$

---

① 方程的个数少于未知函数的个数之微分方程组称为蒙日(G. Monge,1746—1818)方程。在本书第九章,我们要见到蒙日方程和它的特殊形式——波发夫方程。

具有形式(2)的方程组称为典则方程组。

k 个高阶方程所组成的典则方程组可以用与它相当的一组 $n = m_1 + m_2 + \cdots + m_k$ 个一阶方程来代替,而这 n 个方程都是已经就 n 个未知函数的导数解出了的。为此我们要引入 $n-k$ 个新未知函数如下:为了对称,记 $y_1 = y_{10}$,并引进新函数

$$y'_1 = y_{11}, y''_1 = y_{12}, \cdots, y_1^{(m_1, -1)} = y_{1, m_1 - 1}$$

类似地

$$y_2 = y_{20}, y'_2 = y_{21}, y''_2 = y_{22}, \cdots, y_2^{m_2 - 1} = y_{2, m_2 - 1}$$

$$\vdots$$

$$y_k = y_{k0}, y'_k = y_{k1}, y''_k = y_{k2}, \cdots, y^{(m_k - 1)} = y_{k, m_k - 1}$$

我们总共有 $m_1 + m_2 + \cdots + m_k$ 个函数 $y_{ij}(i = 1, 2, \cdots, k, j = 0, 1, 2, \cdots, m_i - 1)$;用这些函数,方程组(2)就可以换成下面的和它相当的方程组

$$
\begin{cases}
\dfrac{dy_{10}}{dx} = y_{11}, \dfrac{dy_{11}}{dx} = y_{12}, \cdots, \dfrac{dy_{1, m_1 - 2}}{dx} = y_{1, m_1 - 1} \\[2ex]
\dfrac{dy_{1, m_1 - 1}}{dx} = f_1(x, y_{10}, y_{11}, \cdots, y_{1, m_1 - 1}, \cdots, y_{k0}, \cdots, y_{k, m_k - 1}) \\[2ex]
\dfrac{dy_{20}}{dx} = y_{21}, \dfrac{dy_{21}}{dx} = y_{22}, \cdots, \dfrac{dy_{2, m_2 - 2}}{dx} = y_{2, m_2 - 1} \\[2ex]
\dfrac{dy_{2, m_2 - 1}}{dx} = f_2(x, y_{10}, y_{11}, \cdots, y_{1, m_1 - 1}, \cdots, y_{k0}, \cdots, y_{k, m_k - 1}) \\[2ex]
\qquad\qquad\qquad\qquad \vdots \\[2ex]
\dfrac{dy_{k0}}{dx} = y_{k1}, \dfrac{dy_{k1}}{dx} = y_{k2}, \cdots, \dfrac{dy_{k, m_k - 2}}{dx} = y_{k, m_k - 1} \\[2ex]
\dfrac{dy_{k, m_k - 1}}{dx} = f_k(x, y_{10}, y_{11}, \cdots, y_{1, m_i - 1}, \cdots, y_{k0}, \cdots, y_{k, m_k - 1})
\end{cases} \tag{3}
$$

方程组(3)中的每一组(例如第 i 组)方程含有 m_i 个方程,其中 $m_i - 1$ 个是由 y_{ij} 的定义直接得到,而最后一个方程,只要把这个方程右端出现的导数用引进的函数来代替,就可以由方程组(2)中第 i 个方程得到。根据方程组(3)的第一行方程,依次用 $\dfrac{dy_1}{dx}$ 代 y_{11},$\dfrac{dy_{11}}{dx} = \dfrac{d^2 y_1}{dx^2}$ 代 y_{12},$\cdots\cdots$,又 $\dfrac{dy_{1, m_1 - 1}}{dx} = \dfrac{d^{m_1} y_1}{dx^{m_1}}$,并对其他各组的方程施行同样的程序,再把这些值代入各组最后一个方程,显然,我们就回到方程组(2)。撇开不管(3)中各组前几个方程的特殊形式,以及这组方程怎样分组,我们把未知函数记成简单的一行

$$y_1, y_2, \cdots, y_n$$

而来考查用以代替方程组(3)的下列方程组

$$\begin{cases} \dfrac{\mathrm{d}y_1}{\mathrm{d}x} = f_1(x, y_1, y_2, \cdots, y_n) \\[2mm] \dfrac{\mathrm{d}y_2}{\mathrm{d}x} = f_2(x, y_1, y_2, \cdots, y_n) \\[2mm] \qquad\qquad\vdots \\[2mm] \dfrac{\mathrm{d}y_n}{\mathrm{d}x} = f_n(x, y_1, y_2, \cdots, y_n) \end{cases} \tag{4}$$

具有形式(4)的 n 个一阶方程的方程组,亦即已就方程组中所含未知函数的导数解出的一阶方程组称为具有柯西范式的方程组。我们以后主要研究这样的方程组。显然,方程组(3)作为方程组(4)的特殊情形看,也有同样的范式。

注:一个就是高阶导数解出的 n 阶方程

$$y^{(n)} = f(x, y, y', y'', \cdots, y^{(n-1)})$$

就是典则方程组的一种特殊情形。我们已经看到(第 4 章)引入新函数

$$y_1 = y', y_2 = y'', \cdots, y_{n-1} = y^{(n-1)}$$

就可以把这个方程换成下列的一组 n 个方程

$$\begin{cases} \dfrac{\mathrm{d}y}{\mathrm{d}x} = y, \dfrac{\mathrm{d}y_1}{\mathrm{d}x} = y_2, \cdots, \dfrac{\mathrm{d}y_{n-2}}{\mathrm{d}x} = y_{n-1} \\[2mm] \dfrac{\mathrm{d}y_{n-1}}{\mathrm{d}x} = f(x, y, y_1, y_2, \cdots, y_{n-1}) \end{cases} \tag{3'}$$

2. 反过来我们可以断言:一般说来,n 个一阶方程的标准方程组(4)相当于一个 n 阶方程。

事实上,把方程组(4)中的第一个方程对 x 微分

$$\frac{\mathrm{d}^2 y_1}{\mathrm{d}x^2} = \frac{\partial f_1}{\partial x} + \frac{\partial f_1}{\partial y_1}\frac{\mathrm{d}y_1}{\mathrm{d}x} + \frac{\partial f_1}{\partial y_2}\frac{\mathrm{d}y_2}{\mathrm{d}x} + \cdots + \frac{\partial f_1}{\partial y_n}\frac{\mathrm{d}y_n}{\mathrm{d}x}$$

再把 $\dfrac{\mathrm{d}y_i}{\mathrm{d}x}$ 的表达式 $f_i(x, y_1, \cdots, y_n)$ 代入上式,我们就得到

$$\frac{\mathrm{d}^2 y_1}{\mathrm{d}x^2} = \frac{\partial f_1}{\partial x} + \frac{\partial f_1}{\partial y_1}f_1 + \frac{\partial f_1}{\partial y_2}f_2 + \cdots + \frac{\partial f_1}{\partial y_n}f_n$$

亦即表达式

$$\frac{\mathrm{d}^2 y_1}{\mathrm{d}x^2} = F_2(x, y_1, y_2, \cdots, y_n) \tag{4_2}$$

将所得方程(4_2)再对 x 微分。利用方程(4),我们就得到

$$\frac{d^3 y_1}{dx^3} = \frac{\partial F_2}{\partial x} + \frac{\partial F_2}{\partial y_1} f_1 + \frac{\partial F_2}{\partial y_2} f_2 + \cdots + \frac{\partial F_2}{\partial y_n} f_n$$

或

$$\frac{d^3 y_1}{dx^3} = F_3(x, y_1, y_2, \cdots, y_n) \tag{4_3}$$

继续用同样的做法,我们就得到

$$\frac{d^4 y_1}{dx^4} = F_4(x, y_1, y_2, \cdots, y_n) \tag{4_4}$$

$$\vdots$$

$$\frac{d^{n-1} y_1}{dx^{n-1}} = F_{n-1}(x, y_1, y_2, \cdots, y_n) \tag{4_{n-1}}$$

$$\frac{d^n y_1}{dx^n} = F_n(x, y_1, y_2, \cdots, y_n) \tag{4_n}$$

把方程组(4)的第一个方程以及式$(4_2)(4_3)\cdots(4_{n-1})$所组成的方程组叫作方程组(A),一般说来,由方程组(A)这 $n-1$ 个方程可以用 $x, y_1, \frac{dy_1}{dx}, \cdots, \frac{d^{n-1}y_1}{dx^{n-1}}$ 表示出 $n-1$ 个量 $y_2, y_3, \cdots, y_n$;再把这些 $y_2, y_3, \cdots, y_n$ 的表达式代入式(4_n),我们就得到方程

$$\frac{d^n y_1}{dx^n} = \Phi\left(x, y_1, \frac{dy_1}{dx}, \cdots, \frac{d^{n-1}y_1}{dx^{n-1}}\right) \tag{5}$$

亦即一个 n 阶方程。从得到这个方程的方法本身可以知道,如果 $y_1(x)$, $y_2(x), \cdots, y_n(x)$ 是方程组(4)的解,那么 y_1 也适合方程(5)。反过来,如果我们有方程(5)的解 $y_1(x)$,那么只要把这个解微分,我们就能算出 $\frac{dy_1}{dx}, \cdots, \frac{d^{n-1}y_1}{dx^{n-1}}$。把这些值看作 x 的已知函数代入方程组(A);按照假设,我们可以把这个方程组就 $y_2, y_3, \cdots, y_n$ 解出,亦即得到 $y_2, y_3, \cdots, y_n$ 作为 x 的函数的表达式。剩下的事就只要证明函数

$$y_1, y_2, \cdots, y_n$$

适合方程组(4)了。

事实上,可以从方程(A)解出 $y_2, y_3, \cdots, y_n$ 条件就是对于所考查 $y_2, y_3, \cdots,$ y_n 的那些值,雅可比式 $\frac{D(f_1, F_2, \cdots, F_{n-1})}{D(y_2, y_3, \cdots, y_n)}$ 不等于零。按照我们的假设,函数 $y_1(x), y_2(x), \cdots, y_n(x)$ 使方程组(A)中的一切方程都变为恒等式;其中,我们

有恒等式$\dfrac{dy_1}{dx}=f_1(x,y_1,y_2,\cdots,y_n)$。把这个恒等式对$x$微分,可得

$$\frac{d^2 y_1}{dx^2}=\frac{\partial f_1}{\partial x}+\frac{\partial f_1}{\partial y_1}\frac{dy_1}{dx}+\cdots+\frac{\partial f_1}{\partial y_n}\frac{dy_n}{dx}$$

由式(4_2)我们有恒等式

$$\frac{d^2 y_1}{dx^2}=F_2=\frac{\partial f_1}{\partial x}+\frac{\partial f_1}{\partial y_1}f_1+\cdots+\frac{\partial f_1}{\partial y_n}f_n$$

从前面一个恒等式减去这个恒等式,我们得到

$$\frac{\partial f_1}{\partial y_1}\left(\frac{dy_1}{dx}-f_1\right)+\frac{\partial f_1}{\partial y_2}\left(\frac{dy_2}{dx}-f_2\right)+\cdots+\frac{\partial f_1}{\partial y_n}\left(\frac{dy_n}{dx}-f_n\right)=0$$

同样,把恒等式(4_2)对x微分,并且由所得结果减去恒等式(4_3),我们得到

$$\frac{\partial F_2}{\partial y_1}\left(\frac{dy_1}{dx}-f_1\right)+\frac{\partial F_2}{\partial y_2}\left(\frac{dy_2}{dx}-f_2\right)+\cdots+\frac{\partial F_2}{\partial y_n}\left(\frac{dy_n}{dx}-f_n\right)=0$$

依次类推,最后得到

$$\frac{\partial F_{n-1}}{\partial y_1}\left(\frac{dy_1}{dx}-f_1\right)+\frac{\partial F_{n-1}}{\partial y_2}\left(\frac{dy_2}{dx}-f_2\right)+\cdots+\frac{\partial F_{n-1}}{\partial y_n}\left(\frac{dy_n}{dx}-f_n\right)=0$$

要注意,由于恒等式$\dfrac{dy_1}{dx}=f_1$,便消去了各等式中的第一项,而把留下的等式看成

一组具有$n-1$个未知函数$\dfrac{dy_i}{dx}-f_i$,$i=2,3,\cdots,n$的$n-1$个方程,根据方程组的行

列式不等于零这一条件,我们就断定,恒等式$\dfrac{dy_2}{dx}=f_2$,$\cdots$,$\dfrac{dy_n}{dx}=f_n$成立,亦即

$y_1(x),y_2(x),\cdots,y_n(x)$的确是方程组$(4)$的解。

因此,在所作假设下,从一个n阶方程(5)的积分,借微分法和解出法,就可能求得方程组(4)的解。

注 上面的证明里包含着方程组(A)可能就$y_2,y_3,\cdots,y_n$解出的假定。如果这条件不成立,那么便不能由上述的计算得出相当于方程组(4)的一个n阶方程。最简单的这类情况就是方程组

$$\frac{dy_1}{dx}=f_1(x,y_1),\quad\frac{dy_2}{dx}=f_2(x,y_1,y_2)$$

这里不可能用和它相当的一个含y_1的二阶方程来代替;如果f_2真正依赖于y_1的话,才有可能构成和这个方程组相当的一个含y_2的二阶方程。

如果第二个方程的形式和第一个相同

$$\frac{dy_2}{dx}=f_2(x,y_2)$$

那么,也就不可能构成和方程组相当的、一个含 y_2 的二阶方程了。

例 1 $\dfrac{\mathrm{d}y}{\mathrm{d}x}=z,\dfrac{\mathrm{d}z}{\mathrm{d}x}=-y$。把第一个方程微分,$\dfrac{\mathrm{d}^2 y}{\mathrm{d}x^2}=\dfrac{\mathrm{d}z}{\mathrm{d}x}$;应用第二个方程,就得

到 $\dfrac{\mathrm{d}^2 y}{\mathrm{d}x^2}+y=0$,因此 $y=C_1\cos x+C_2\sin x$;再从第一个方程得

$$z=\frac{\mathrm{d}y}{\mathrm{d}x}=-C_1\sin x+C_2\cos x$$

问　题

把下列各方程组化成高阶方程,然后求它们的通解:

175. $\dfrac{\mathrm{d}x}{\mathrm{d}t}=y,\dfrac{\mathrm{d}y}{\mathrm{d}t}=z,\dfrac{\mathrm{d}z}{\mathrm{d}t}=x$。

176. $\dfrac{\mathrm{d}y}{\mathrm{d}x}=y+z,\dfrac{\mathrm{d}z}{\mathrm{d}x}=y+z+x$。

177. $\dfrac{\mathrm{d}y}{\mathrm{d}x}=\dfrac{y^2}{z},\dfrac{\mathrm{d}z}{\mathrm{d}x}=\dfrac{1}{2}y$。

178. $\dfrac{\mathrm{d}y}{\mathrm{d}x}=1-\dfrac{1}{z},\dfrac{\mathrm{d}z}{\mathrm{d}x}=\dfrac{1}{y-x}$。

3. 在第 4 章,我们已经讲过典则一阶微分方程组的解案的存在定理的证明:如果方程组(4)的右端函数在含有点 $(x_0,y_1^0,y_2^0,\cdots,y_n^0)$ 的某区域内连续,并且在这个区域内,对 $y_1,y_2,\cdots,y_n$ 来说的李普希兹条件成立,那么,方程组(4)有一个而且只有一个解,此解于某一闭区间 (x_0-h,x_0+h) 确定,并且适合原始条件:当 $x=x_0$ 时

$$y_1=y_1^0,y_2=y_2^0,\cdots,y_n=y_n^0$$

要注意,用引入辅助函数的方法,一般典则方程组(2)便可以化为方程组(4),因此我们就可以直接得到方程组(2)的存在定理:

如果方程组(2)的右端在原始值 $x_0,(y_i^{(j)})_0$ 的某一个邻域内连续,并且在这邻域内适合对 $y_1^{(i)}(i=1,2,\cdots,k;j=1,2,\cdots,m_i-1)$ 而言的李普希兹条件,那么就有唯一的一组函数 $y_1(x),y_2(x),\cdots,y_k(x)$,它们在区间 (x_0-h,x_0+h) 上确定,适合方程组(2),并且适合原始条件

$$y_i(x_0)=(y_i)_0,y_i'(x_0)=(y_i')_0,\cdots,y_i^{(m_i-1)}(x_0)=(y_i^{(m_i-1)})_0$$
$$(i=1,2,\cdots,k)$$

今后我们永远研究一阶方程组。

对于方程组(4)的解,我们已有几何的解释:我们称它们为 $n+1$ 维空间($x,$

$y_1, y_2, \cdots, y_n)$的曲线。存在和唯一性定理便得到这样的解释:通过 $n+1$ 维空间中所考查的区域的每一点,都有唯一的积分曲线经过。

4. 对一阶微分方程组还可以给一种对于力学和物理上的应用是特别重要的解释。用字母 t 表示自变数,并且把它看作时间;用字母 $x_1, x_1, \cdots, x_n$ 表示未知函数,而这些变数的任何一组数值都看成 n 维空间中的一点的坐标,这个空间,一般称为相空间 $\mathbf{R}^n$。

这样,微分方程组就具有形式

$$\begin{cases} \dfrac{\mathrm{d}x_1}{\mathrm{d}t} = X_1(t, x_1, x_2, \cdots, x_n) \\[2mm] \dfrac{\mathrm{d}x_2}{\mathrm{d}t} = X_2(t, x_1, x_2, \cdots, x_n) \\ \qquad\qquad\vdots \\ \dfrac{\mathrm{d}x_n}{\mathrm{d}t} = X_n(t, x_1, x_2, \cdots, x_n) \end{cases} \qquad (6)$$

我们说,在每一个瞬时 t,方程组(6)在相空间的已知点 $(x_1, x_2, \cdots, x_n)$ 确定了动点速度的分量 $(X_1, X_2, \cdots, X_n)$[①]。我们可以假想,$\mathbf{R}^n$ 里所考查的整个区域内,充满着连续运动的介质。而且这介质的质点的速度,在每一个瞬时,都由方程(6)表出。

求方程组(6)的解案问题就是:如果当 $t = t_0$ 时,给定坐标的原始值为 x_1^0, $x_2^0, \cdots, x_n^0$,要把量 $x_1, x_2, \cdots, x_n$ 表成 t 的函数。按照我们的解释就意味着:已知动点的起始瞬时 t_0 位于起始位置 $(x_1^0, x_2^0, \cdots, x_n^0)$。要求在任何瞬时 t 都给出动点位置的函数

$$x_1 = \varphi_1(t, t_0, x_1^0, \cdots, x_n^0), \cdots, x_n = \varphi_n(t, t_0, x_1^0, \cdots, x_n^0) \qquad (7)$$

在这样的解释下,方程组(6)通常称为动力学体系,而它的每一个解(7)称为运动。动点在运动时所描出的曲线称为运动轨线。原始值 $(t_0, x_1^0, x_2^0, \cdots, x_n^0)$ 所确定的运动的轨线方程,仍由方程(7)以参数的形式表出,而参数即为时间 t。

方程组(6)的通解依赖于 n 个任意常数,例如依赖于 $t = t_0$ 时的坐标的原始值 $(x_1^0, \cdots, x_n^0)$,所以它确定 ∞^n 个轨线。

---

① 为了保证方程组(6)的解案的存在和唯一性,我们假定:在空间 $\mathbf{R}^n$ 中所考查的有界闭域内,及所考虑的时间区间(通常从 $-\infty$ 到 $+\infty$)内,所有的函数 X_i 都是连续的,并且适合对 $x_1, x_2, \cdots, x_n$ 而言的李普希兹条件。

最值得注意的是方程组(6)的特殊情形,就是当右端不明显地依赖于 t 的情形

$$\frac{\mathrm{d}x_1}{\mathrm{d}t}=X_1(x_1,x_2,\cdots,x_n),\cdots,\frac{\mathrm{d}x_n}{\mathrm{d}t}=X_n(x_1,x_2,\cdots,x_n) \tag{6'}$$

方程组(6')便确定出介质的稳定运动;在空间各点的速度就和时间无关。因此,整个时程内,在每个点的速度是常数。方程的通解仍然依赖于 n 个任意常数 $x_1^0,x_2^0,\cdots,x_n^0$,这些任意常数也就是所考虑的轨线的动点的起始位置坐标。我们仍然有 ∞^n 个运动。但是必须指出,如果用 $i+\tau(\tau$ 是常数)代自变数 t,方程组(6')并不改变。

设方程组(6')的对应于原始条件 $t=0,x_1=x_1^0,x_2=x_2^0,\cdots,x_n=x_n^0$ 的解是

$$x_1=\varphi_1(t;x_1^0,\cdots,x_n^0),\cdots,x_n=\varphi_n(t;x_1^0,\cdots,x_n^0) \tag{7'}$$

由于上面的推论,函数组

$$x_1=\varphi_1(t+\tau;x_1^0,\cdots,x_n^0),\cdots,x_n=\varphi_n(t+\tau;x_1^0,\cdots,x_n^0) \tag{7''}$$

也是解,其中 τ 是任意常数。方程组(7'')和方程组(7')代表同一轨线,但是当 $\tau\neq0$ 时,方程组(7'')总是代表另一个运动;事实上,在运动(7'')中动点的起始位置(即当 $t=0$ 时的位置)由坐标

$$x_1^{(1)}=\varphi_1(\tau;x_1^0,\cdots,x_n^0),\cdots,x_n^{(1)}=\varphi_n(\tau;x_1^0,\cdots,x_n^0) \tag{7'''}$$

确定;这一点在运动(7')的轨线上,但是运动(7')不在瞬时 $t=0$,而在瞬时 $t=\tau$ 时经过这一点。运动(7'')也可以写成像(7')那样地带有原始数据 $x_1^{(1)}$, $x_2^{(1)},\cdots,x_n^{(1)}$ 的形式

$$x_1=\varphi_1(t;x_1^{(1)},\cdots,x_n^{(1)}),\cdots,x_n=\varphi_n(t;x_1^{(1)},\cdots,x_n^{(1)}) \tag{7^{IV}}$$

因而,在稳定运动的情形,每个轨线上发生 ∞^1 个运动;在起始瞬时位于已给轨线上的一切质点,在相空间内描出同一条曲线,并且它们是一点跟着一点地沿着这条线来描绘的。现在我们要在稳定运动的情形,把运动轨线看作 n 维空间的曲线,算算运动轨线族依赖于多少个参数。假定函数 $X_n(x_1,\cdots,x_n)$ 在某个区域不等于零,那么在方程组(6')中,我们就可以取 x_n 为自变数,并且用下面的方程组代替它

$$\frac{\mathrm{d}x_1}{\mathrm{d}x_n}=\frac{X_1}{x_n},\frac{\mathrm{d}x_2}{\mathrm{d}x_n}=\frac{X_2}{X_n},\cdots,\frac{\mathrm{d}x_{n-1}}{\mathrm{d}x_n}=\frac{X_{n-1}}{X_n},\frac{\mathrm{d}t}{\mathrm{d}x_n}=\frac{1}{X_n} \tag{6''}$$

方程组(6'')的前 $n-1$ 个微分方程和方程组(6')确定同一曲线;在这 $n-1$ 个方程中,决不出现时间,由前可知,这组 $n-1$ 个方程确定了依赖于 $n-1$ 个参数的曲线族,而相空间中所考查的区域内的每个点,都有曲线族的一个曲线经过。因此,在稳定运动的情形,轨线族依赖于 $n-1$ 个参数。这些轨线通常称为

流线。

把方程组(6″)的前 $n-1$ 个方程积分之后,为了完全刻画出这运动,还需要确定坐标和时间的关系。为此,我们取方程组(6″)的最后一个方程 $\mathrm{d}t=\dfrac{\mathrm{d}x_n}{X_n}$;用已求得的 x_n 的函数代表达式 X_n 中的变量 $x_1,x_2,\cdots,x_{n-1}$,我们就得到表达式

$$\mathrm{d}t=\psi(x_n,C_1,C_2,\cdots,C_{n-1})\,\mathrm{d}x$$

其中,$C_1,C_2,\cdots,C_{n-1}$ 是积分前 $n-1$ 个方程时所引入的常数;由此

$$t+\tau=\int_{x_n^0}^{x_n}\psi\mathrm{d}x_n=\Psi(x_n,C_1,\cdots,C_{n-1})$$

(τ 是积分常数)。因为

$$\frac{\mathrm{d}\Psi}{\mathrm{d}x_n}=\psi(x_n)=\frac{1}{X_n}\neq0$$

所以从得到的方程可以用 $t+\tau$ 反过来确定 x_n;这样就得到

$$x_n=\varphi_n(t+\tau)$$

由此,其余的坐标因为已求得为 x_n 的函数,故可以由时间表达了。我们得到了所有运动的表达式,其形式为

$$x_i=\varphi_i(t+\tau,C_1,\cdots,C_{n-1})\quad(i=1,2,3,\cdots,n)$$

所以运动族依赖于 n 个参数

$$C_1,C_2,\cdots,C_{n-1},\tau$$

让我们用这种解释的观点,来考查质点在一维空间里的运动;在一般情形,运动的方程具有形式

$$\frac{\mathrm{d}^2x}{\mathrm{d}t^2}=f\left(t,x,\frac{\mathrm{d}x}{\mathrm{d}t}\right)$$

(作用力和时间、动点的位置以及动点的速度有关)。把这个方程改换成方程组;引进第二个未知函数 $y=\dfrac{\mathrm{d}x}{\mathrm{d}t}$,我们就得到方程组

$$\frac{\mathrm{d}x}{\mathrm{d}t}=y,\frac{\mathrm{d}y}{\mathrm{d}t}=f(t,x,y)$$

这组方程在相平面 xOy 上的每一条轨线,表出动点在任何瞬时 t 的位置(横坐标 x)和速度(纵坐标 y)。轨线族依赖于两个参数:在瞬时 t_0,过每一点 (x_0,y_0) 都有一条轨线经过。

如果作用力和时间无关,那么方程便为

$$\frac{\mathrm{d}x}{\mathrm{d}t}=y,\frac{\mathrm{d}y}{\mathrm{d}t}=f(x,y)$$

在这种情形下要确定轨线,可以消去 $\mathrm{d}t$;因而得到一阶方程 $\dfrac{\mathrm{d}y}{\mathrm{d}x}=\dfrac{f(x,y)}{y}$。在相平面 xOy 上,函数 f 有定义且在分子分母不同时为零的各点,有唯一的轨线经过,轨线族依赖于一个参数。

例2 在一维空间,弹性振动方程具有形式

$$\frac{\mathrm{d}^2 x}{\mathrm{d}t^2}=-a^2 x$$

把它换成方程组,我们就得到

$$\frac{\mathrm{d}x}{\mathrm{d}t}=y,\frac{\mathrm{d}y}{\mathrm{d}t}=-a^2 x$$

原方程的通解可以写成形式 $x=A\sin a(t+C)$;按照函数 y 本身的定义,我们有 $y=aA\cos a(t+C)$,其中 A 和 C 是任意常数。如果消去 t,我们便得到相平面内的轨线族,就有

$$x^2+\frac{y^2}{a^2}=A^2$$

这是以 A 和 aA 为半轴的相似椭圆族,它依赖于一个参数 A;在每一个轨线上,发生 ∞^1 个运动,例如给 C 以如下的数值

$$0\leqslant C<\frac{2\pi}{a}$$

就可以得到所有的运动各一次。

形式(6′)的微分方程组,还具有一个重要性质:它确定了空间($x_1,x_2,\cdots,x_n$)中的参数的变换群。事实上,表明方程组(6′)解案的等式(7′)可以看作为确定变换的公式,它把点($x_1^0,\cdots,x_n^0$)变到点($x_1,x_2,\cdots,x_n$)。这些公式确定了连续地依赖于参数 t 的一个变换族。$t=0$ 的值对应着恒等变换。我们要证明变换(7′)构成群。如果把对应于参数 t 的值为 τ 的变换,应用到点($x_1^0,\cdots,x_n^0$),那么变换后的点($x_1^{(1)},\cdots,x_n^{(1)}$)由公式(7‴)给出来;如果再把对应于参数 t 的变换应用于点($x_1^{(1)},\cdots,x_n^{(1)}$),那么我们得到由公式(7^{IV})所确定的点($x_1,\cdots,x_n$);但是它也可以由公式(7″)给出来。所以,接连两个对应于参数值 τ 和 t 的变换,相当于参数值为 $t+\tau$ 的一个变换

$$\varphi_i\left[t;\varphi_1(\tau;x_1^0,\cdots,x_n^0),\cdots,\varphi_n(\tau;x_1^0,\cdots,x_n^0)\right]$$
$$\equiv\varphi_i(t+\tau;x_1^0,\cdots,x_n^0)\quad(i=1,2,\cdots,n)$$

而这些等式正表达出群的性质。很容易看出,这个群是交换群。如果先施行变换 t,然后 τ,也可以得到同样的结果。变换(7′)能有对应于参数值 $-t$ 的逆变

换,所以这些推演当 $|t|$ 充分小而方程组(6')的解(7')存在时,才是正确的。

§2 线性微分方程组

1. *存在定理*。未知函数的导数及这些函数本身的方程中都线性地出现,我们就称这些方程为线性微分方程。

我们将考查标准的线性方程组。这样的方程组具有下面的形式(其中,y_1, $y_2,\cdots,y_n$ 是未知函数,x 是自变数)

$$\begin{cases} \dfrac{\mathrm{d}y_1}{\mathrm{d}x}+a_{11}y_1+a_{12}y_2+\cdots+a_{1n}y_n=V_1 \\[2mm] \dfrac{\mathrm{d}y_2}{\mathrm{d}x}+a_{21}y_1+a_{22}y_2+\cdots+a_{2n}y_n=V_2 \\[2mm] \qquad\qquad\vdots \\[2mm] \dfrac{\mathrm{d}y_n}{\mathrm{d}x}+a_{n1}y_1+a_{n2}y_2+\cdots+a_{nn}y_n=V_n \end{cases} \tag{8}$$

其中 a_{ik} 和右端的 V_i 是已知的 x 的连续函数。如果 V_i 不都恒等于零,那么这个线性方程组称为非齐次线性方程组;如果右端 V_i 都恒等于零,那么这个线性方程组就是齐次线性方程组。它具有形式

$$\begin{cases} \dfrac{\mathrm{d}y_1}{\mathrm{d}x}+a_{11}y_1+a_{12}y_2+\cdots+a_{1n}y_n=0 \\[2mm] \dfrac{\mathrm{d}y_2}{\mathrm{d}x}+a_{21}y_1+a_{22}y_2+\cdots+a_{2n}y_n=0 \\[2mm] \qquad\qquad\vdots \\[2mm] \dfrac{\mathrm{d}y_n}{\mathrm{d}x}+a_{n1}y_1+a_{n2}y_2+\cdots+a_{nn}y_n=0 \end{cases} \tag{9}$$

如果方程组(8)和方程组(9)具有相同的系数,那么齐次方程组(9)称为对应于非齐次方程组(8)的齐次方程组。

设函数 a_{ik} 和 V_i 在一个闭区间 $S,x_1 \leqslant x \leqslant x_2$ 上连续(因之有界,如果这些函数对于一切 x 的值都是连续的,那么可以取绝对值任意大的负数为 x_1,而任意大的正数为 x_2)。

设 K 是 V_i 和 a_{ik} 的绝对值在 S 上的上界

$$|a_{ik}| \leqslant K \quad (i,k=1,2,\cdots,n)$$

$$|V_i| \leqslant K \quad (i=1,2,\cdots,n)$$

从方程组(9)解出导数,我们便看到,当 $x_1 \leqslant x \leqslant x_2$ 和 $y_1, y_2, \cdots, y_n$ 为任何值时,右端是连续的(但是当 $y_1, y_2, \cdots, y_n$ 无限制增加,右端就不再有界)。当 $x_1 \leqslant x \leqslant x_2$ 和 $y_1, y_2, \cdots, y_n$ 为任何值时,李普希兹条件却适合,因为右端对 y_i 的偏导数等于系数 a_{ik},而 a_{ik} 与 $y_1, y_2, \cdots, y_n$ 无关,并且按照假设,在 S 上都是有界的。第4章证明的存在定理,能够断定方程组(8)(以及作为它的特殊情形的(9))具有当 $x = x_0$ 时,取任意原始值 $y_1^{(0)}, y_2^{(0)}, \cdots, y_n^{(0)}$ 的唯一的解 $y_1(x)$,$y_2(x), \cdots, y_n(x)$,其中 $x_1 < x_0 < x_2$。这个解案定义于某一个闭区间 $(x_0 - h, x_0 + h)$ 内,其端点可以预先规定不达到闭区间 $[x_1, x_2]$ 的端点。

我们可以把线性方程组的存在定理弄得更确切些。若方程组右端和系数在区间 $S: x_1 \leqslant x \leqslant x_2$ 上连续由原始条件 $(x_0, y_1^{(0)}, \cdots, y_n^{(0)})$ 所确定的解案是在整个区间 $S: x_1 \leqslant x \leqslant x_2$ 上存在。在这区间内,近似序列也是均匀收敛的。

我们回想一下,用第4章的记号,$h = \min\left\{a, \dfrac{b}{M}\right\}$ 这个限制的主要目的在于保证每一个近似不越出范围 $(y_i^{(0)} - b, y_i^{(0)} + b)$。在目前情形下,这种预防就成为多余,因为对于一切 y_i 定义且连续的区域,是从 $-\infty$ 伸展到 $+\infty$ 的。发生困难的情形只是在于:当 x 在整个区间 S 变化时,我们预先不知道 m 次近似 $y_i^{(m)}(x)$ 如何急剧地增大,以至于已把导数解出的方程的右端的绝对值,不能用在第4章中估计 $(8_1)(8_2)\cdots(8_m)$ 时出现过的数 M 为上界了。因此,对于线性方程的存在定理的证明,必须把以前的推演略加变更。

我们用 L 记原始值的绝对值的上界

$$|y_i^{(0)}| \leqslant L \quad (i = 1, 2, \cdots, n)$$

如同在第4章那样,我们来定义各次近似。设 x 在区间 $x_0 \leqslant x \leqslant x_2$ 上变化。我们有

$$y_i^{(1)}(x) = y_i^{(0)} - \int_{x_0}^{x} (a_{i1}y_1^{(0)} + a_{i2}y_2^{(0)} + \cdots + a_{in}y_n^{(0)} - V_i)\,\mathrm{d}x$$
$$(i = 1, 2, \cdots, n)$$

由此,对于区间 $x_0 \leqslant x \leqslant x_2$ 上的任何值 x

$$|y_i^{(1)}(x) - y_i^{(0)}| \leqslant (nKL + K)\int_{x_0}^{x}\mathrm{d}x = K(nL + 1)(x - x_0) \tag{10_1}$$
$$(i = 1, 2, \cdots, n)$$

有

$$y_i^{(2)} = y_i^{(0)} - \int_{x_0}^{x} (a_{i1}y_1^{(1)} + a_{i2}y_2^{(1)} + \cdots + a_{in}y_n^{(1)} - V_i)\,\mathrm{d}x$$
$$(i = 1, 2, \cdots, n)$$

再估计 $y_i^{(2)} - y_i^{(1)}$ 的绝对值

$$|y_i^{(2)} - y_i^{(1)}| = |\int_{x_0}^{x} [\, a_{i1}(y_1^{(1)} - y_1^{(0)}) + \cdots + a_{in}(y_n^{(1)} - y_n^{(0)})\,]\, dx\,|$$

$$\leqslant \int_{x_0}^{x} \{\, |a_{i1}| \cdot |y_1^{(1)} - y_1^{(0)}| + \cdots + |a_{in}| \cdot |y_n^{(1)} - y_n^{(0)}|\,\} \, dx$$

注意 $|a_{ik}| \leqslant K$，并且用估计 (10_1) 代替积分号内的 $|y_i^{(1)} - y_i^{(0)}|$，我们就得到

$$|y_i^{(2)} - y_i^{(1)}| \leqslant nKK(nL+1)\int_{x_0}^{x} (x-x_0)\, dx \tag{10_2}$$

$$= nKK(Ln+1)\frac{(x-x_0)^2}{1 \cdot 2}$$

$$(i=1,2,\cdots,n)$$

当 $i=1,2,\cdots,n$ 时，用类似的方法，我们有

$$|y_i^{(3)} - y_i^{(2)}|$$

$$= \left|\int_{x_0}^{x} [\, a_{i1}(y_1^{(2)} - y_1^{(1)}) + a_{i2}(y_2^{(2)} - y_2^{(1)}) + \cdots + a_{in}(y_n^{(2)} - y_n^{(1)})\,]\, dx\right|$$

$$\leqslant \int_{x_0}^{x} \{\, |a_{i1}| \cdot |y_1^{(2)} - y_1^{(1)}| + \cdots + |a_{in}| \cdot |y_n^{(2)} - y_n^{(1)}|\,\}\, dx$$

$$\leqslant (nK)^2 K(nL+1)\int_{x_0}^{x} \frac{(x-x_0)^2}{1 \cdot 2}\, dx$$

$$= (nK)^2 K(nL+1)\frac{(x-x_0)^3}{3!} \tag{10_3}$$

用完全归纳法很容易证明这样的估计

$$|y_i^{(m)} - y_i^{(m-1)}| \leqslant (nK)^{m-1} K(nL+1)\frac{(x-x_0)^m}{m!} \tag{10_m}$$

所以，级数

$$y_i^{(0)} + (y_i^{(1)} - y_i^{(0)}) + (y_i^{(2)} - y_i^{(1)}) + \cdots + (y_i^{(m)} - y_i^{(m-1)}) + \cdots$$

$$(i=1,2,\cdots,n) \tag{11}$$

自第二项开始，各项的绝对值小于正项常数收敛级数

$$\sum_{m=1}^{\infty} \frac{K(nL+1)}{nK} \frac{[\, nK(x_2 - x_0)\,]^m}{m!}$$

的对应项（我们用 $x-x_0$ 的最大值 $x_2 - x_0$ 代替 $x-x_0$）。因此，在区间 (x_0, x_2) 内，级数 (11) 均匀地收敛，并且是连续函数 $y_1(x), y_2(x), \cdots, y_n(x)$。于是这些函数适合方程组 (8)，并且是这组方程的唯一的解，就像在第 4 章 §1 一样地证明了类似的推演，可以肯定解案在闭区间 $x_1 \leqslant x \leqslant x_2$ 上存在。

注1 如果系数 a_{ij} 和右端 V_i 在开区间 (a,b) 上连续（其中可以有 $a=-\infty$，$b=+\infty$），那么，在属于 (a,b) 内部的任何闭区间 $[\alpha,\beta]$ 上，上述的推演证明了方程组(8)的解案的存在及其唯一性。取一系列的闭区间 $[\alpha_1,\beta_1]$，$[\alpha_2,\beta_2]$，$\cdots$，$[\alpha_n,\beta_n]$，$\cdots$，每一个区间包含它前面的区间，而且 $\lim\limits_{n\to\infty}\alpha_n=a$，$\lim\limits_{n\to\infty}\beta_n=b$，在任何一个这样区间 $[\alpha_n,\beta_n]$ 内我们都能确定解案。由于解案的唯一性，我们在这些区间的和上，亦即在整个开区间 (a,b) 上确定了解案。显然，表示解案的函数，在整个区间 (a,b) 内是连续的而且适合方程组(8)；在包含于 (a,b) 的任何闭区间内，这些函数是均匀连续的，而逐次近似 $y_i^{(m)}(x)(i=1,2,\cdots,n)$，当 $m\to\infty$ 时，是均匀收敛的。

注2 n 阶线性方程

$$y^{(n)}+a_1y^{(n-1)}+\cdots+a_ny=V(x)$$

相当于下列特殊形式的标准线性方程组

$$\frac{\mathrm{d}y}{\mathrm{d}x}-y_1=0,\ \frac{\mathrm{d}y_1}{\mathrm{d}x}-y_2=0,\cdots,\ \frac{\mathrm{d}y_{n-2}}{\mathrm{d}x}-y_{n-1}=0$$

$$\frac{\mathrm{d}y_{n-1}}{\mathrm{d}x}+a_1y_{n-1}+a_2y_{n-2}+\cdots+a_{n-1}y_1+a_ny=V(x)$$

应用证明过的定理，我们便得到下面的结果：最高阶导数的系数等于 1 的 n 阶线性方程，在方程系数和方程右端都是连续的整个开区间内，有连续而且可微分 n 次的解案。

2. 齐次线性方程组。这样的方程组的形式为

$$\begin{cases}\dfrac{\mathrm{d}y_1}{\mathrm{d}x}+a_{11}y_1+a_{12}y_2+\cdots+a_{1n}y_n=0\\[2mm]\dfrac{\mathrm{d}y_2}{\mathrm{d}x}+a_{21}y_1+a_{22}y_2+\cdots+a_{2n}y_n=0\\[2mm]\qquad\qquad\vdots\\[2mm]\dfrac{\mathrm{d}y_n}{\mathrm{d}x}+a_{n1}y_1+a_{n2}y_2+\cdots+a_{nn}y_n=0\end{cases}$$

我们假定，系数 a_{ik} 在区间 $a<x<b$ 内连续。

设函数组 $y_1^{(1)}(x),y_2^{(1)}(x),\cdots,y_n^{(1)}(x)$ 是方程组(9)的特解，于是把这些函数代入方程组(9)，就使方程组(9)变成恒等式。很容易看出，在这样的情形下，函数组 $Cy_1^{(1)},Cy_2^{(1)},\cdots,Cy_n^{(1)}$ 也是方程组(9)的解。如果 $y_1^{(1)},y_2^{(1)},\cdots,y_n^{(1)}$ 和 $y_1^{(2)},y_2^{(2)},\cdots,y_n^{(2)}$ 是两个特解，那么 $y_1^{(1)}+y_1^{(2)},y_2^{(1)}+y_2^{(2)},\cdots,y_n^{(1)}+y_n^{(2)}$ 也是方程组(9)的解。

设我们有 n 个特解

$$\begin{cases} y_1^{(1)}, y_2^{(1)}, \cdots, y_n^{(1)} \\ y_1^{(2)}, y_2^{(2)}, \cdots, y_n^{(2)} \\ \qquad\qquad \vdots \\ y_1^{(n)}, y_2^{(n)}, \cdots, y_n^{(n)} \end{cases} \tag{12}$$

如果行列式

$$D = \begin{vmatrix} y_1^{(1)} & y_2^{(1)} & \cdots & y_n^{(1)} \\ y_1^{(2)} & y_2^{(2)} & \cdots & y_n^{(2)} \\ \vdots & \vdots & & \vdots \\ y_1^{(n)} & y_2^{(n)} & \cdots & y_n^{(n)} \end{vmatrix} \tag{12'}$$

在区间 (a, b) 内不恒等于零,我们就叫(12)这组解作基本组。基本组是存在的:只要取 n^2 个数 $b_i^{(k)}(i, k = 1, 2, \cdots, n)$,使它们的行列式 D_0 不等于零。我们确定 n 个特解 $y_1^{(k)}(x), y_2^{(k)}(x), \cdots, y_n^{(k)}(x)$,使当 $x = x_0$ 时(其中 x_0 是区间 $a < x < b$ 内的某一点),取原始值 $y_1^{(k)}(x_0) = b_1^{(k)}, y_2^{(k)}(x_0) = b_2^{(k)}, \cdots, y_n^{(k)}(x_0) = b_n^{(k)}$ ($k = 1, 2, \cdots, n$)。那么,由于函数 $y_i^{(k)}$ 的连续性,行列式 D 在含有点 x_0 的某个区间内也会异于零。我们还可以证明更多一点。

定理 1 如果 $D(x_0) \neq 0$,那么 $D(x)$ 在区间 (a, b) 内的任何一点都不等于零。

为了证明,我们计算导数 $D'(x)$;按列微分

$$D'(x) = \begin{vmatrix} \dfrac{\mathrm{d} y_1^{(1)}}{\mathrm{d} x} & y_2^{(1)} & \cdots & y_n^{(1)} \\ \dfrac{\mathrm{d} y_1^{(2)}}{\mathrm{d} x} & y_2^{(2)} & \cdots & y_n^{(2)} \\ \vdots & \vdots & & \vdots \\ \dfrac{\mathrm{d} y_1^{(n)}}{\mathrm{d} x} & y_2^{(n)} & \cdots & y_n^{(n)} \end{vmatrix} + \begin{vmatrix} y_1^{(1)} & \dfrac{\mathrm{d} y_2^{(1)}}{\mathrm{d} x} & \cdots & y_n^{(1)} \\ y_1^{(2)} & \dfrac{\mathrm{d} y_2^{(2)}}{\mathrm{d} x} & \cdots & y_n^{(2)} \\ \vdots & \vdots & & \vdots \\ y_1^{(n)} & \dfrac{\mathrm{d} y_2^{(n)}}{\mathrm{d} x} & \cdots & y_n^{(n)} \end{vmatrix} + \cdots +$$

$$\begin{vmatrix} y_1^{(1)} & y_2^{(1)} & \cdots & \dfrac{\mathrm{d} y_n^{(1)}}{\mathrm{d} x} \\ y_1^{(2)} & y_2^{(2)} & \cdots & \dfrac{\mathrm{d} y_n^{(2)}}{\mathrm{d} x} \\ \vdots & \vdots & & \vdots \\ y_1^{(n)} & y_2^{(n)} & \cdots & \dfrac{\mathrm{d} y_n^{(n)}}{\mathrm{d} x} \end{vmatrix}$$

把从方程组(9)得到的导数 $\dfrac{\mathrm{d}y_i^{(k)}}{\mathrm{d}x}$ 的表达式代入右端各行列式,例如,对于第一项,我们得到

$$-a_{11}\begin{vmatrix} y_1^{(1)} & y_2^{(1)} & \cdots & y_n^{(1)} \\ y_1^{(2)} & y_2^{(2)} & \cdots & y_n^{(2)} \\ \vdots & \vdots & & \vdots \\ y_1^{(n)} & y_2^{(n)} & \cdots & y_n^{(n)} \end{vmatrix} -a_{12}\begin{vmatrix} y_2^{(1)} & y_2^{(1)} & \cdots & y_n^{(1)} \\ y_2^{(2)} & y_2^{(2)} & \cdots & y_n^{(2)} \\ \vdots & \vdots & & \vdots \\ y_2^{(n)} & y_2^{(n)} & \cdots & y_n^{(n)} \end{vmatrix} -\cdots-$$

$$a_{1n}\begin{vmatrix} y_n^{(1)} & y_2^{(1)} & \cdots & y_n^{(1)} \\ y_n^{(2)} & y_2^{(2)} & \cdots & y_n^{(2)} \\ \vdots & \vdots & & \vdots \\ y_n^{(n)} & y_2^{(n)} & \cdots & y_n^{(n)} \end{vmatrix} =-a_{11}D(x)$$

因为所有的行列式除去第一个,都有相等的两列。同样,第二项给出 $-a_{22}D(x)$,……,第 n 项给出 $-a_{nn}D(x)$。因而,我们有

$$D'(x)=-(a_{11}+a_{22}+\cdots+a_{nn})D(x)$$

或

$$\frac{D'}{D}=-(a_{11}+a_{22}+\cdots+a_{nn})$$

由此

$$D(x)=D_0\mathrm{e}^{-\int_{x_0}^{x}(a_{11}+a_{22}+\cdots+a_{nn})\mathrm{d}x}$$

因此,如果 $D_0\neq 0$,那么在系数 a_{ii} 连续的整个区间内(因此,解案连续),亦即在区间 (a,b) 内,$D(x)\neq 0$。

定理 2 如果 $y_1^{(k)},y_2^{(k)},\cdots,y_n^{(k)}(k=1,2,\cdots,n)$ 组成方程组(9)的基本特解组,那么通解是

$$\begin{cases} y_1=C_1y_1^{(1)}+C_2y_1^{(2)}+\cdots+C_ny_1^{(n)} \\ y_2=C_1y_2^{(1)}+C_2y_2^{(2)}+\cdots+C_ny_2^{(n)} \\ \qquad\qquad\vdots \\ y_n=C_1y_n^{(1)}+C_2y_n^{(2)}+\cdots+C_ny_n^{(n)} \end{cases} \qquad(13)$$

根据这一段开头所讲的,可知公式(13)是方程组的解。要证明它是通解,就必须证明我们可以这样确定常数 $C_1,C_2,\cdots,C_n$,使得函数 $y_1,y_2,\cdots,y_n$,当 $x=x_0$ 时,适合原始条件

$$y_1(x_0)=y_1^{(0)},y_2(x_0)=y_2^{(0)},\cdots,y_n(x_0)=y_n^{(0)}$$

这里 $y_1^{(0)},y_2^{(0)},\cdots,y_n^{(0)}$ 是任意的数。把这些条件代入式(13),我们就得到了决定常数 $C_1,C_2,\cdots,C_n$ 的一组 n 个一次代数方程

$$C_1 y_i^{(1)}(x_0) + C_2 y_i^{(2)}(x_0) + \cdots + C_n y_i^{(n)}(x_0) = y_i^{(0)} \quad (i = 1, 2, \cdots, n) \quad (14)$$

因为已经证明过 $D(x_0) \neq 0$，所以方程组（14）有确定的一组解 $C_1, C_2, \cdots, C_n$。将求得的任意常数的值代入公式（13），我们便得到要求的特解。定理就证明了。

注 1 我们曾按照行列式 $D(x)$ 不等于零这个形式的准则，定义了基本组（12）。

很自然地就可引进函数组线性无关性的定义：能使下面 n 个恒等式

$$\begin{cases} a_1 y_1^{(1)} + a_2 y_1^{(2)} + \cdots + a_n y_1^{(n)} = 0 \\ a_1 y_2^{(1)} + a_2 y_2^{(2)} + \cdots + a_n y_2^{(n)} = 0 \\ \quad\quad\quad\vdots \\ a_1 y_n^{(1)} + a_2 y_n^{(2)} + \cdots + a_n y_n^{(n)} = 0 \end{cases} \quad (15)$$

在 (a, b) 区间内成立，而又不全等于零的常数组 $a_1, a_2, \cdots, a_n$，如果不存在的话，我们就称形式如（12）的函数组为线性无关的。在相反的情形，函数组（12）称为线性相关。

我们要证明，对于给出线性微分方程组解案的 n 个函数说来，基本组和线性无关的概念是一致的。事实上，如果函数组（12）这 n 组函数线性相关，那么只要把等式（15）看作具有 n 个未知数 $a_1, a_2, \cdots, a_n$ 的 n 个代数方程，又因 a_i 不全等于零，我们就得到：这 n 组函数的行列式，对于 x 的任何值都等于零，亦即 $D(x) \equiv 0$。反过来，如果线性微分方程的 n 个解（12）是线性无关的，也就是说如果对于不全等于零的常数 a_i，恒等式（15）不成立；那么 $D(x)$ 对于 x 的任何值都不等于零。实际上，假定 $D(x_0) = 0$，而 $a < x_0 < b$。如果把 $x = x_0$ 的值代入函数 $y_i^{(k)}(x)$，那么方程组（15）有一组不全等于零的解 $\bar{a}_1, \bar{a}_2, \cdots, \bar{a}_n$。求得了这组解后，我们就作函数

$$\begin{cases} \bar{y}_1 = \bar{a}_1 y_1^{(1)} + \bar{a}_2 y_1^{(2)} + \cdots + \bar{a}_n y_1^{(n)} \\ \bar{y}_2 = \bar{a}_1 y_2^{(1)} + \bar{a}_2 y_2^{(2)} + \cdots + \bar{a}_n y_2^{(n)} \\ \quad\quad\quad\vdots \\ \bar{y}_n = \bar{a}_1 y_n^{(1)} + \bar{a}_2 y_n^{(2)} + \cdots + \bar{a}_n y_n^{(n)} \end{cases} \quad (16)$$

这些函数给出微分方程组的解案，因为它们是由特解的线性组合所构成的。根据数 $\bar{a}_i$ 的定义，这些函数适合原始条件：当 $x = x_0$ 时，$\bar{y}_1 = \bar{y}_2 = \cdots = \bar{y}_n = 0$。

据唯一性定理，方程组（9）只有一个适合所给原始条件的解案；但是，显然（平凡）解 $y_1 \equiv 0, y_2 \equiv 0, \cdots, y_n \equiv 0$ 适合原始条件：当 $x = x_0$，所有的函数都等于零。因此，解案 $\bar{y}_1, \bar{y}_1, \cdots, \bar{y}_n$ 与平凡解恒等，而等式（16）给出：对于区间 (a, b)

内所有的 x 为恒等的方程组

$$\bar{a}_1 y_1^{(1)} + \bar{a}_2 y_1^{(2)} + \cdots + \bar{a}_n y_1^{(n)} = 0$$
$$\vdots$$
$$\bar{a}_1 y_n^{(1)} + \bar{a}_2 y_n^{(2)} + \cdots + \bar{a}_n y_n^{(n)} = 0$$

于是，我们得到特解组（12）的线性相关性，这与假设相矛盾。因此对于区间 (a,b) 内任何 x 值 $D(x) \neq 0$。

证 2 求作一具有一组已给的解

$$y_1^{(k)}, y_2^{(k)}, \cdots, y_n^{(k)} \quad (k = 1, 2, 3, \cdots, n)$$

的线性微分方程组的问题，可用下面的公式

$$\begin{vmatrix} \dfrac{\mathrm{d}y_i}{\mathrm{d}x} & \dfrac{\mathrm{d}y_i^{(1)}}{\mathrm{d}x} & \dfrac{\mathrm{d}y_i^{(2)}}{\mathrm{d}x} & \cdots & \dfrac{\mathrm{d}y_i^{(n)}}{\mathrm{d}x} \\ y_1 & y_1^{(1)} & y_1^{(2)} & \cdots & y_1^{(n)} \\ y_2 & y_2^{(1)} & y_2^{(2)} & \cdots & y_2^{(n)} \\ \vdots & \vdots & \vdots & & \vdots \\ y_n & y_n^{(1)} & y_n^{(2)} & \cdots & y_n^{(n)} \end{vmatrix} = 0 \quad (i = 1, 2, \cdots, n)$$

来解决，我们指出，导数 $\dfrac{\mathrm{d}y_i}{\mathrm{d}x}$ 的系数是由公式（12′）确定的 $D(x)$。如果 $D(x)$ 在区间 (a,b) 内不等于零，那么除以 $D(x)$，我们就得到标准形式的线性方程组。

例 3 求作一个二阶齐次线性方程组①，使它以

$$y_1^{(1)} = e^x \cos x, \quad y_2^{(1)} = e^x \sin x$$
$$y_1^{(2)} = -\sin x, \quad y_2^{(2)} = \cos x$$

为它的两组解。所求方程是

$$\begin{vmatrix} \dfrac{\mathrm{d}y_1}{\mathrm{d}x} & e^x(\cos x - \sin x) & -\cos x \\ y_1 & e^x \cos x & -\sin x \\ y_2 & e^x \sin x & \cos x \end{vmatrix} = 0$$

$$\begin{vmatrix} \dfrac{\mathrm{d}y_2}{\mathrm{d}x} & e^x(\sin x + \cos x) & -\sin x \\ y_1 & e^x \cos x & -\sin x \\ y_2 & e^x \sin x & \cos x \end{vmatrix} = 0$$

---

① n 个一阶微分方程之所以称为 n 阶方程组，是因为它可以用一个 n 阶方程代替。

或者按照第一列将行列式展开，并以 $D(x)=\mathrm{e}^x$ 除这两个方程，就得到所求方程组

$$\frac{\mathrm{d}y_1}{\mathrm{d}x}-\cos^2 x \cdot y_1+(1-\sin x \cdot \cos x)y_2=0$$

$$\frac{\mathrm{d}y_2}{\mathrm{d}x}-(1+\sin x \cdot \cos x)y_1-\sin^2 x \cdot y_2=0$$

3. 非齐次线性方程组。我们来考查非齐次方程组

$$\begin{cases} \dfrac{\mathrm{d}y_1}{\mathrm{d}x}+a_{11}y_1+a_{12}y_2+\cdots+a_{1n}y_n=V_1 \\[2mm] \dfrac{\mathrm{d}y_2}{\mathrm{d}x}+a_{21}y_1+a_{22}y_2+\cdots+a_{2n}y_n=V_2 \\[2mm] \qquad\qquad\qquad\vdots \\[2mm] \dfrac{\mathrm{d}y_n}{\mathrm{d}x}+a_{n1}y_1+a_{n2}y_2+\cdots+a_{nn}y_n=V_n \end{cases}$$

定理 3 如果已知非齐次方程组的特解 $Y_1(x),Y_2(x),\cdots,Y_n(x)$，那么求这组方程的通解的问题就化成解对应的齐次方程组（9）的问题。

实际上，用关系式

$$y_1=Y_1+z_1,y_2=Y_2+z_2,\cdots,y_n=Y_n+z_n$$

引进新未知函数 z_i，把这些表达式代入方程（8），并且考虑到

$$\frac{\mathrm{d}Y_i}{\mathrm{d}x}+a_{i1}Y_1+a_{i2}Y_2+\cdots+a_{in}Y_n=V_i(x)\quad(i=1,2,\cdots,n)$$

我们就得到含新的未知函数 z_i 的方程组

$$\frac{\mathrm{d}z_i}{\mathrm{d}x}+a_{i1}z_1+a_{i2}z_2+\cdots+a_{in}z_n=0\quad(i=1,2,\cdots,n)\tag{9'}$$

定理便证明了。

系 方程组（8）的通解具有形式

$$y_1=C_1y_1^{(1)}+C_2y_1^{(2)}+\cdots+C_ny_1^{(n)}+Y_1$$

$$y_2=C_1y_2^{(1)}+C_2y_2^{(2)}+\cdots+C_ny_2^{(n)}+Y_2$$

$$\vdots$$

$$y_n=C_1y_n^{(1)}+C_2y_n^{(2)}+\cdots+C_ny_n^{(n)}+Y_n$$

其中，$Y_1,Y_2,\cdots,Y_n$ 是非齐次方程组（8）的任意特解，而

$$y_1^{(1)},y_2^{(1)},\cdots,y_n^{(1)};y_1^{(2)},y_2^{(2)},\cdots,y_n^{(2)};\cdots;y_1^{(n)},y_2^{(n)},\cdots,y_n^{(n)}$$

是对应的齐次方程组（9）的 n 个线性无关的特解，$C_1,C_2,\cdots,C_n$ 是任意常数。

系的证明类似于关于 n 阶线性方程相应的定理的证明(见第 5 章 §3)。

定理 4 如果对应的齐次线性方程组的一个基本组为已知,那么解非齐次方程组的问题就化成求积分了。

如果我们已知方程组(9)的解(12),那么它的通解具有形式

$$\begin{cases} y_1 = C_1 y_1^{(1)} + C_2 y_1^{(2)} + \cdots + C_n y_1^{(n)} \\ y_2 = C_1 y_2^{(1)} + C_2 y_2^{(2)} + \cdots + C_n y_2^{(n)} \\ \quad\quad\quad\quad\quad \vdots \\ y_n = C_1 y_n^{(1)} + C_2 y_n^{(2)} + \cdots + C_n y_n^{(n)} \end{cases}$$

其中,$C_1, C_2, \cdots, C_n$ 是常数。带有常数 C_i 的公式(13),显然不能给出非齐次方程组(8)的解。就像一个线性方程的情形那样,我们用常数变易法来求(8)的特解。把 C_i 看作 x 的未知函数,而且选择它们使表达式(13)是非齐次方程组的解(方程组(13)可以看作含有 n 个 x 的新未知函数:$C_1, C_2, \cdots, C_n$ 的方程组;由于这变换是线性的,所以含 C_i 的新方程也是线性的)。

我们把等式(13)对 x 微分

$$\frac{\mathrm{d}y_i}{\mathrm{d}x} = C_1 \frac{\mathrm{d}y_i^{(1)}}{\mathrm{d}x} + C_2 \frac{\mathrm{d}y_i^{(2)}}{\mathrm{d}x} + \cdots + C_n \frac{\mathrm{d}y_i^{(n)}}{\mathrm{d}x} +$$

$$y_i^{(1)} \frac{\mathrm{d}C_1}{\mathrm{d}x} + y_i^{(2)} \frac{\mathrm{d}C_2}{\mathrm{d}x} + \cdots + y_i^{(n)} \frac{\mathrm{d}C_n}{\mathrm{d}x} \quad (i = 1, 2, \cdots, n) \tag{17}$$

再把表达式(17)和(13)代入方程(8)。公式(17)的右端的第一行具有把 C_i 看成常数那样的形式,因为 $y_i^{(1)}, y_i^{(2)}, \cdots, y_i^{(n)}$ 是齐次方程组的解,所以在代入后,这几项就等于零。事实上,代入第 i 个方程后,可得

$$\sum_{k=1}^{n} C_k \frac{\mathrm{d}y_i^{(k)}}{\mathrm{d}x} + \sum_{k=1}^{n} y_i^{(k)} \frac{\mathrm{d}C_k}{\mathrm{d}x} + a_{i1} \sum_{k=1}^{n} C_k y_1^{(k)} + a_{i2} \sum_{k=1}^{n} C_k y_2^{(k)} + \cdots + a_{in} \sum_{k=1}^{n} C_k y_n^{(k)} = V_i$$

或

$$\sum_{k=1}^{n} C_k \left(\frac{\mathrm{d}y_i^{(k)}}{\mathrm{d}x} + a_{i1} y_1^{(k)} + \cdots + a_{in} y_n^{(k)} \right) + y_i^{(1)} \frac{\mathrm{d}C_1}{\mathrm{d}x} + \cdots + y_i^{(n)} \frac{\mathrm{d}C_n}{\mathrm{d}x} = V_i$$

而余下了确定 $C_1, C_2, \cdots, C_n$ 的方程

$$y_1^{(1)} \frac{\mathrm{d}C_1}{\mathrm{d}x} + y_1^{(2)} \frac{\mathrm{d}C_2}{\mathrm{d}x} + \cdots + y_1^{(n)} \frac{\mathrm{d}C_n}{\mathrm{d}x} = V_1$$

$$y_2^{(1)} \frac{\mathrm{d}C_1}{\mathrm{d}x} + y_2^{(2)} \frac{\mathrm{d}C_2}{\mathrm{d}x} + \cdots + y_2^{(n)} \frac{\mathrm{d}C_n}{\mathrm{d}x} = V_2$$

$$\vdots$$

$$y_n^{(1)} \frac{\mathrm{d}C_1}{\mathrm{d}x} + y_n^{(2)} \frac{\mathrm{d}C_2}{\mathrm{d}x} + \cdots + y_n^{(n)} \frac{\mathrm{d}C_n}{\mathrm{d}x} = V_n$$

我们可以从得到的含 $\dfrac{dC_1}{dx},\cdots,\dfrac{dC_n}{dx}$ 的联立一次方程组解出 $\dfrac{dC_1}{dx},\cdots,\dfrac{dC_n}{dx}$。因为由于(12)这 n 个解是基本组的假设,这方程组的行列式 $D(x)\neq0$。我们得到

$$\frac{dC_1}{dx}=\frac{D_{11}V_1+D_{21}V_2+\cdots+D_{n1}V_n}{D(x)}\equiv\varphi_1(x)$$

$$\frac{dC_2}{dx}=\frac{D_{12}V_1+D_{22}V_2+\cdots+D_{n2}V_n}{D(x)}\equiv\varphi_2(x)$$

$$\vdots$$

$$\frac{dC_n}{dx}=\frac{D_{1n}V_1+D_{2n}V_2+\cdots+D_{nn}V_n}{D(x)}\equiv\varphi_n(x)$$

其中用 $D_{ik}(i,k=1,2,\cdots,n)$ 表示行列式 D 中元素 $y_i^{(k)}$ 的代数余因式。因为 $\varphi_i(x)$ 是已知函数,所以 C_i 可以由积分得到

$$C_i=\int\varphi_i(x)\,dx+\gamma_i\quad(i=1,2,\cdots,n)$$

(γ_i 是积分常数)。

把求得的 C_i 的值代入公式(13),我们得到方程组(8)的通解

$$y_1=\gamma_1y_1^{(1)}+\gamma_2y_1^{(2)}+\cdots+\gamma_ny_1^{(n)}+Y_1$$

$$y_2=\gamma_1y_2^{(1)}+\gamma_2y_2^{(2)}+\cdots+\gamma_ny_2^{(n)}+Y_2$$

$$\vdots$$

$$y_n=\gamma_1y_n^{(1)}+\gamma_2y_n^{(2)}+\cdots+\gamma_ny_n^{(n)}+Y_n$$

其中非齐次方程组的特解 $Y_1,Y_2,\cdots,Y_n$ 由下面的公式定义

$$Y_i(x)=y_i^{(1)}\int\varphi_1(x)\,dx+y_i^{(2)}\int\varphi_2(x)\,dx+\cdots+y_i^{(n)}\int\varphi_n(x)\,dx$$

$$=\sum_{k=1}^{n}y_i^{(k)}\int\frac{\displaystyle\sum_{l=1}^{n}D_{lk}V_l}{D}\,dx$$

例 4 $\dfrac{dy}{dx}-z=\cos x,\dfrac{dz}{dx}+y=1$。在例 1 里我们已求得对应的齐次方程组的解案

$$y=C_1\cos x+C_2\cos x,z=-C_1\sin x+C_2\cos x$$

把这些值代入原方程,并把 C_1 和 C_2 看作 x 的未知函数。整理后,我们得到这样的方程组

$$\frac{dC_1}{dx}\cos x+\frac{dC_2}{dx}\sin x=\cos x,-\frac{dC_1}{dx}\sin x+\frac{dC_2}{dx}\cos x=1$$

由此解出$\dfrac{\mathrm{d}C_1}{\mathrm{d}x}$和$\dfrac{\mathrm{d}C_2}{\mathrm{d}x}$,然后再积分,就得到

$$\frac{\mathrm{d}C_1}{\mathrm{d}x}=\cos^2 x-\sin x$$

$$C_1=\frac{x}{2}+\frac{1}{2}\sin x\cos x+\cos x+\gamma_1$$

$$\frac{\mathrm{d}C_2}{\mathrm{d}x}=\sin x\cos x+\cos x$$

$$C_2=-\frac{1}{2}\cos^2 x+\sin x+\gamma_2$$

(γ_1 和 γ_2 是任意常数)。

把求得的 C_1 和 C_2 的值代入 y 和 z 的表达式,我们就得到原来的非齐次方程组的通解

$$y=\gamma_1\cos x+\gamma_2\sin x+\frac{x}{2}\cos x+1$$

$$z=-\gamma_1\sin x+\gamma_2\cos x-\frac{x}{2}\sin x-\frac{1}{2}\cos x$$

4. 常系数线性方程组。考查齐次线性方程组

$$\begin{cases}\dfrac{\mathrm{d}y_1}{\mathrm{d}x}+a_{11}y_1+a_{12}y_2+\cdots+a_{1n}y_n=0\\[2mm]\dfrac{\mathrm{d}y_2}{\mathrm{d}x}+a_{21}y_1+a_{22}y_2+\cdots+a_{2n}y_n=0\\[1mm]\qquad\qquad\vdots\\[1mm]\dfrac{\mathrm{d}y_n}{\mathrm{d}x}+a_{n1}y_1+a_{n2}y_2+\cdots+a_{nn}y_n=0\end{cases}\tag{18}$$

其中,我们假定系数 a_{ik} 为常数。如果方程组(18)能化成一个高阶方程,那么很容易看出,得到的是常系数线性方程。因此,自然要求方程组(18)的指数函数形式的解。我们来求形式为

$$y_1=\gamma_1\mathrm{e}^{\lambda x},y_2=\gamma_2\mathrm{e}^{\lambda x},\cdots,y_n=\gamma_n\mathrm{e}^{\lambda x}\tag{19}$$

的特解,其中,$\gamma_1,\cdots,\gamma_n$ 和 λ 是常数,这些常数必须使表达式(19)适合方程组(18)。把式(19)的值代入方程组(18),消去 $\mathrm{e}^{\lambda x}$ 且归并 $\gamma_1,\gamma_2,\cdots,\gamma_n$ 的系数,就得到一组代数方程式

$$\begin{cases}(a_{11}+\lambda)\gamma_1+a_{12}\gamma_2+\cdots+a_{1n}\gamma_n=0\\[1mm]a_{21}\gamma_1+(a_{22}+\lambda)\gamma_2+\cdots+a_{2n}\gamma_n=0\\[1mm]\qquad\qquad\vdots\\[1mm]a_{n1}\gamma_1+a_{n2}\gamma_2+\cdots+(a_{nn}+\lambda)\gamma_n=0\end{cases}\tag{20}$$

把方程组(20)看作是一组 n 个含 $\gamma_1, \gamma_2, \cdots, \gamma_n$ 的齐次线性方程式,我们就看到,要得出非平凡解(19)必须要方程组(20)的行列式等于零,也就是得到方程

$$\Delta(\lambda) \equiv \begin{vmatrix} a_{11}+\lambda & a_{12} & \cdots & a_{1n} \\ a_{21} & a_{22}+\lambda & \cdots & a_{2n} \\ \vdots & \vdots & & \vdots \\ a_{n1} & a_{n2} & \cdots & a_{nn}+\lambda \end{vmatrix} = 0 \qquad (21)$$

今后,除了行列式 $\Delta(\lambda)$,我们还通常要考查同样元素组成的矩阵 $\boldsymbol{M}(\lambda)$

$$\boldsymbol{M}(\lambda) \equiv \begin{pmatrix} a_{11}+\lambda & a_{12} & \cdots & a_{1n} \\ a_{21} & a_{22}+\lambda & \cdots & a_{2n} \\ \vdots & \vdots & & \vdots \\ a_{n1} & a_{n2} & \cdots & a_{nn}+\lambda \end{pmatrix} \qquad (21')$$

给变数 λ 以数值 λ_0,就得到矩阵 $\boldsymbol{M}(\lambda_0)$。

方程(21)是 λ 的 n 次方程,我们称它为特征方程。因而,只有当 λ 是特征方程的根时,方程组(18)才能有形式如(19)的解案存在。这里可能有两种情形出现。

(1)特征方程的 n 个根都不相等。设这些根是 $\lambda_1, \lambda_2, \cdots, \lambda_n$。如果把其中的一个 λ_j 代入 $\Delta(\lambda)$,那么我们就得到 $\Delta(\lambda_j)=0$。现在证明,行列式 $\Delta(\lambda)$ 中至少有一个 $n-1$ 阶的子式,在 $\lambda=\lambda_j$ 时不等于零。事实上,因为 λ_j 是方程(21)的单根,所以 $\left[\dfrac{\mathrm{d}\Delta(\lambda)}{\mathrm{d}\lambda}\right]_{\lambda=\lambda_j} = \Delta'(\lambda_j) \neq 0$。我们计算 $\Delta'(\lambda)$

$$\Delta'(\lambda) = \begin{vmatrix} a_{22}+\lambda & a_{23} & \cdots & a_{2n} \\ a_{32} & a_{33}+\lambda & \cdots & a_{3n} \\ \vdots & \vdots & & \vdots \\ a_{n2} & a_{n3} & \cdots & a_{nn}+\lambda \end{vmatrix} + \begin{vmatrix} a_{11}+\lambda & a_{13} & \cdots & a_{1n} \\ a_{31} & a_{33}+\lambda & \cdots & a_{3n} \\ \vdots & \vdots & & \vdots \\ a_{n1} & a_{n3} & \cdots & a_{nn}+\lambda \end{vmatrix} + \cdots +$$

$$\begin{vmatrix} a_{11}+\lambda & a_{12} & \cdots & a_{1,n-1} \\ a_{21} & a_{22}+\lambda & \cdots & a_{2,n-1} \\ \vdots & \vdots & & \vdots \\ a_{n-1,1} & a_{n-1,2} & \cdots & a_{n-1,n-1}+\lambda \end{vmatrix}$$

(右端是对角线上的元素所对应的 $n-1$ 阶的子式之和)。

以值 λ_j 代入,并且记住 $\Delta'(\lambda_j) \neq 0$,这样我们就得到结论,至少有一个在上述和数中出现的 $n-1$ 阶的对角线子式在 $\lambda=\lambda_j$ 时不等于零。而我们的断言也就得到了证明。

　　回到方程组(20),把特征方程的一个根 λ_j 代入方程组里的 λ。这个方程组的行列式等于零。因此,方程组有异于零的解 $\gamma_1^{(j)},\gamma_2^{(j)},\cdots,\gamma_n^{(j)}$。但是按照前面的证明,方程组(20)的系数矩阵 $\boldsymbol{M}(\lambda_j)$ 的秩等于 $n-1$。因此,未知数 $\gamma_1^{(j)}$,$\gamma_2^{(j)},\cdots,\gamma_n^{(j)}$ 除差一个任意的比例乘数外,完全确定(可以取行列式 $\Delta(\lambda_j)$ 的任何一行元素的子式,作为 $\gamma_1^{(j)},\gamma_2^{(j)},\cdots,\gamma_n^{(j)}$,对于 $\Delta(\lambda_j)$,这些子式不全等于零。)。

　　因而(用 C_j 表示乘数),我们得到

$$\gamma_1^{(j)}=C_jk_1^{(j)},\gamma_2^{(j)}=C_jk_2^{(j)},\cdots,\gamma_n^{(j)}=C_jk_n^{(j)}$$

其中 $k_i^{(j)}(i=1,2,\cdots,n)$ 是已知数。于是,根 $\lambda=\lambda_j$ 对应于方程(18)的特解(我们假定 $C_j=1$)

$$y_1^{(j)}=k_1^{(j)}\mathrm{e}^{\lambda_jx},y_2^{(j)}=k_2^{(j)}\mathrm{e}^{\lambda_jx},\cdots,y_n^{(j)}=k_n^{(j)}\mathrm{e}^{\lambda_jx} \tag{22}$$

乘数 C_j 的意义是很明显的:我们知道,如果以同一任意常数乘特解,那么仍然得到齐次线性方程组的解。将上面的推演应用到特征方程的一切根 λ_1,$\lambda_2,\cdots,\lambda_n$,我们得到形式为(22),$j=1,2,\cdots,n$ 的 n 个特解。

　　这样做了以后,我们可以把方程组(18)的全解写成

$$y_1=C_1y_1^{(1)}+C_2y_1^{(2)}+\cdots+C_ny_1^{(n)}$$
$$y_2=C_1y_2^{(1)}+C_2y_2^{(2)}+\cdots+C_ny_2^{(n)}$$
$$\vdots$$
$$y_n=C_1y_n^{(1)}+C_2y_n^{(2)}+\cdots+C_ny_n^{(n)}$$

注1　如果方程的系数是实数,而特征方程的某些根却是虚数,那么这些虚根是成对共轭地出现的。例如

$$\lambda_1=\alpha+\beta\mathrm{i},\lambda_2=\alpha-\beta\mathrm{i}$$

对应的解就具有形式

$$y_j^{(1)}=k_j^{(1)}\mathrm{e}^{(\alpha+\beta\mathrm{i})x},y_j^{(2)}=k_j^{(2)}\mathrm{e}^{(\alpha-\beta\mathrm{i})x}\quad(j=1,2,\cdots,n)$$

如果取行列式 $\Delta(\alpha+\beta\mathrm{i})$ 和 $\Delta(\alpha-\beta\mathrm{i})$ 的同一行的子式为系数 $k_j^{(1)},k_j^{(2)}$,那么 $k_j^{(1)}$ 与 $k_j^{(2)}$ 也是共轭复数。这里很容易证明,根 $\lambda=\alpha\pm\beta\mathrm{i}$ 对应于两个解,这两个解是 $y_j^{(1)}$ 和 $y_j^{(2)}$ 的实部和虚部,其形式为

$$\tilde{y}_j^{(1)}=\mathrm{e}^{\alpha x}(l_j^{(1)}\cos\beta x-l_j^{(2)}\sin\beta x),\tilde{y}_j^{(2)}=\mathrm{e}^{\alpha x}(l_j^{(1)}\sin\beta x+l_j^{(2)}\cos\beta x)$$

其中 $l_j^{(1)}$ 和 $l_j^{(2)}$ 是由等式 $k_j^{(1)}=l_j^{(1)}+\mathrm{i}l_j^{(2)},k_j^{(2)}=l_j^{(1)}-\mathrm{i}l_j^{(2)}$ 所确定的实数。

例5　$\dfrac{\mathrm{d}y}{\mathrm{d}x}+7y-z=0,\dfrac{\mathrm{d}z}{\mathrm{d}x}+2y+5z=0$。求形式为 $y=\gamma_1\mathrm{e}^{\lambda x},z=\gamma_2\mathrm{e}^{\lambda x}$ 的解,代入所给方程组,我们得到方程组

$$\gamma_1(\lambda+7)-\gamma_2=0, 2\gamma_1+(\lambda+5)\gamma_2=0$$

它们的相容性条件给出特征方程

$$\begin{vmatrix} \lambda+7 & -1 \\ 2 & \lambda+5 \end{vmatrix}=0$$

或

$$\lambda^2+12\lambda+37=0$$

特征方程的根是 $\lambda_1=-6+i, \lambda_2=-6-i$。把其中第一个根代入确定 γ_1 和 γ_2 的方程组,我们就得到两个方程

$$\gamma_1(1+i)-\gamma_2=0, 2\gamma_1+(-1+i)\gamma_2=0$$

而从这两个方程之一总可以推得其中的另一方程。我们可以取 $k_1^{(1)}=1, k_2^{(1)}=1+i$。第一组特解是

$$y_1^{(1)}=e^{(-6+i)x}, y_2^{(1)}=(1+i)e^{(-6+i)x}$$

同样,把根 $\lambda_2=-6-i$ 代入,我们就得到第二组特解

$$y_1^{(2)}=e^{(-6-i)x}, y_2^{(2)}=(1-i)e^{(-6-i)x}$$

取解案

$$\tilde{y}_i^{(1)}=\frac{y_i^{(1)}+y_i^{(2)}}{2}, \tilde{y}_i^{(2)}=\frac{y_i^{(1)}-y_i^{(2)}}{2i} \quad (i=1,2)$$

作为新基本组,我们就得到

$$\tilde{y}_1^{(1)}=e^{-6x}\cos x, \tilde{y}_i^{(2)}=e^{-6x}\sin x$$

$$\tilde{y}_2^{(1)}=e^{-6x}(\cos x-\sin x), y_2^{(2)}=e^{-6x}(\cos x+\sin x)$$

通解是

$$y_1=e^{-6x}(C_1\cos x+C_2\sin x)$$

$$y_2=e^{-6x}[(C_1+C_2)\cos x+(C_2-C_1)\sin x]$$

注 2 我们所得到的 n 个解(22)是线性无关的。在我们讨论的情形中,$y_i^{(j)}=k_i^{(j)}e^{\lambda_j x}$。根据线性相关的定义,我们假定关系式(15)成立,而且不是所有的 $a_j=0$。

由于假设,我们有

$$a_1k_i^{(1)}e^{\lambda_1 x}+a_2k_i^{(2)}e^{\lambda_2 x}+\cdots+a_jk_i^{(j)}e^{\lambda_j x}+\cdots+a_nk_i^{(n)}e^{\lambda_n x}=0$$

根据第 6 章中所证明的,因为函数 $e^{\lambda_j x}$ 线性无关($j=1,2,\cdots,n$),所以在这关系式中,所有的系数都等于零,特别有 $a_jk_i^{(j)}=0$。

根据条件,不是所有的 $k_i^{(j)}(i=1,2,\cdots,n)$ 都等于零。因此 $a_j=0$。

这个推演可以应用到所有的 $j=1,2,\cdots,n$,因此所有的 a_j 等于零。得到的这个矛盾,证明了解(22)的线性无关性。

（2）方程（21）有重根，设 λ_1 是特征方程的 m 重根。在这样的情形下，当 $\lambda = \lambda_1$ 时，$\Delta(\lambda)$ 的 m 阶导数的值 $\Delta^{(m)}(\lambda_1) \neq 0$，而类似于前面的推演证明，行列式 $\Delta(\lambda)$ 至少有一个 $n-m$ 阶的子式，当 $\lambda = \lambda_1$ 时不等于零。由此可见，当 $\lambda = \lambda_1$ 时，矩阵 $M(\lambda)$ 的秩 r，合于不等式 $r \geqslant n-m$。联立一次代数方程组（20）就变成 r 个线性无关的方程。从一次方程的理论可以知道，在这种情形下，方程组（20）的通解中，有 $n-r$ 个未知数是不定的；设为 $\gamma_1 = C_1, \gamma_2 = C_2, \cdots, \gamma_{n-r} = C_{n-r}$；其余 r 个未知数 $r_{n-r+1}, \gamma_{n-r+2}, \cdots, \gamma_n$ 可以用关于 $C_1, C_2, \cdots, C_{n-r}$ 的线性式来表达；设这些表达式是

$$\gamma_j = k_j^{(1)} C_1 + k_j^{(2)} C_2 + \cdots + k_j^{(n-r)} C_{n-r}$$
$$(j = n-r+1, n-r+2, \cdots, n)$$

我们便得到这样一组依赖于 $n-r$ 个任意常数 $C_1, C_2, \cdots, C_{n-r}$ 的解

$$y_1 = C_1 \mathrm{e}^{\lambda_1 x}$$
$$y_2 = C_2 \mathrm{e}^{\lambda_1 x}$$
$$\vdots$$
$$y_{n-r} = C_{n-r} \mathrm{e}^{\lambda_1 x}$$
$$y_{n-r+1} = (k_{n-r+1}^{(1)} C_1 + k_{n-r+1}^{(2)} C_2 + \cdots + k_{n-r+1}^{(n-r)} C_{n-r}) \mathrm{e}^{\lambda_1 x}$$
$$\vdots$$
$$y_n = (k_n^{(1)} C_1 + k_n^{(2)} C_2 + \cdots + k_n^{(n-r)} C_{n-r}) \mathrm{e}^{\lambda_1} x$$

因此，对于一个 m 重根 $\lambda = \lambda_1$ 有 $n-r \leqslant m$ 个特解，如果对于 $i = 1, 2, \cdots, n-r$，设 $C_i = 1$，而设其他的 C_j 都等于零（$C_j = 0$ 当 $j \neq i$），那么我们得到特解

$$y_1^{(1)} = \mathrm{e}^{\lambda_1 x}, y_2^{(1)} = 0, \cdots, y_{n-r}^{(1)} = 0, y_{n-r+1}^{(1)} = k_{n-r+1}^{(1)} \mathrm{e}^{\lambda_1 x}, \cdots, y_n^{(1)} = k_n^{(1)} \mathrm{e}^{\lambda_1 x}$$
$$y_1^{(2)} = 0, y_2^{(2)} = \mathrm{e}^{\lambda_1 x}, \cdots, y_{n-r}^{(2)} = 0, y_{n-r+1}^{(2)} = k_{n-r+1}^{(2)} \mathrm{e}^{\lambda_1 x}, \cdots, y_n^{(2)} = k_n^{(2)} \mathrm{e}^{\lambda_1 x}$$
$$\vdots$$
$$y_1^{(n-r)} = 0, y_2^{(n-r)} = 0, \cdots, y_{n-r}^{(n-r)} = \mathrm{e}^{\lambda_1 x}, y_{n-r+1}^{(n-r)} = k_{n-r+1}^{(n-r)} \mathrm{e}^{\lambda_1 x}, \cdots, y_n^{(n-r)} = k_n^{(n-r)} \mathrm{e}^{\lambda_1 x}$$

$$(22')$$

这些等式的右端，由 $\mathrm{e}^{\lambda_1 x}$ 的系数所组成的矩阵具有形式

$$\begin{pmatrix} 1 & 0 & 0 & \cdots & 0 & k_{n-r+1}^{(1)} & \cdots & k_n^{(1)} \\ 0 & 1 & 0 & \cdots & 0 & k_{n-r+1}^{(2)} & \cdots & k_n^{(2)} \\ \vdots & \vdots & \vdots & & \vdots & \vdots & & \vdots \\ 0 & 0 & 0 & \cdots & 1 & k_{n-r+1}^{(n-r)} & \cdots & k_n^{(n-r)} \end{pmatrix}$$

显然，它的秩也等于 $n-r$。这意味着，我们得到了一组对应于根 $\lambda = \lambda_1$ 的 $n-r$ 个

线性无关的解。如果 $r=n-m$，亦即如果当 $\lambda=\lambda_1$ 时矩阵 $\boldsymbol{M}(\lambda)$ 的秩取其最小值时，那么所得解案的个数等于根 λ_1 的重数 m，因此我们得到对应于这个根的一切解（如果 $m=1$，那么 $r=n-1$，$n-r=1$，这就回到单根 λ_1 的情形，λ_1 只对应方程组的一个解）。

如果矩阵 $\boldsymbol{M}(\lambda_1)$ 的秩大于 $n-m$，那么用上述方法所得到的解案，其个数 $n-r$ 小于根 λ_1 的重数 m。要求出缺少的解，我们应当像在一个 n 阶方程的情形那样，来求由函数 $e^{\lambda_1 x}, xe^{\lambda_1 x}, \cdots, x^{m-1}e^{\lambda_1 x}$ 的线性组合所表出的解。

例 6 $\dfrac{\mathrm{d}x}{\mathrm{d}t}=y+z, \dfrac{\mathrm{d}y}{\mathrm{d}t}=z+x, \dfrac{\mathrm{d}z}{\mathrm{d}t}=x+y$。求形式为 $x=k_1 e^{\lambda t}, y=k_2 e^{\lambda t}, z=k_3 e^{\lambda t}$ 的解。

我们有三个方程来确定 k_1, k_2, k_3

$$\lambda k_1 - k_2 - k_3 = 0$$
$$-k_1 + \lambda k_2 - k_3 = 0$$
$$-k_1 - k_2 + \lambda k_3 = 0$$

令它们的行列式等于零，我们就得到

$$0 = \begin{vmatrix} \lambda & -1 & -1 \\ -1 & \lambda & -1 \\ -1 & -1 & \lambda \end{vmatrix} = \lambda^3 - 3\lambda - 2$$

这个方程的根是 $\lambda_1=2, \lambda_2=\lambda_3=-1$。因此，单根 $\lambda_1=2$ 对应着一组含 k_1, k_2, k_3 的两个线性无关的方程，例如

$$2k_1 - k_2 - k_3 = 0, \quad -k_1 + 2k_2 - k_3 = 0$$

由此

$$k_1 : k_2 : k_3 = \begin{vmatrix} -1 & -1 \\ 2 & -1 \end{vmatrix} : \begin{vmatrix} -1 & 2 \\ -1 & -1 \end{vmatrix} : \begin{vmatrix} 2 & -1 \\ -1 & 2 \end{vmatrix} = 1 : 1 : 1$$

从这里，我们得到含有一个任意常数的第一组解

$$x = C_1 e^{2t}, y = C_1 e^{2t}, z = C_1 e^{2t}$$

如果在矩阵 $\boldsymbol{M}(\lambda)$ 中，把 $\lambda=-1$ 代入，那么它的秩就等于 1，而决定 k_1, k_2, k_3 的三个方程就变成同一个方程

$$k_1 + k_2 + k_3 = 0$$

如果我们置 $k_1=C_2, k_2=C_3$，那么 $k_3=-(C_2+C_3)$，并且我们还得到含有两个任意常数的解。其通解是

$$x = C_1 e^{2t} + C_2 e^{-t}, y = C_1 e^{2t} + C_3 e^{-t}, z = C_1 e^{2t} - (C_2 + C_3)e^{-t}$$

我们得到了基本组，因为行列式

$$\begin{vmatrix} e^{2t} & e^{2t} & e^{2t} \\ e^{-t} & 0 & -e^{-t} \\ 0 & e^{-t} & -e^{-t} \end{vmatrix} = \begin{vmatrix} 1 & 1 & 1 \\ 1 & 0 & -1 \\ 0 & 1 & -1 \end{vmatrix} = 3 \neq 0$$

对于常系数线性方程组所能产生的各种可能情形的分析,都可以由把方程组化成其典则形式的关于因变数的线性变换得到。这种推演本质上依赖于 λ 矩阵($21'$)的初等因子的理论。

现在,我们很方便地把已给方程组写成这样的形式

$$\begin{cases} \dfrac{\mathrm{d}y_1}{\mathrm{d}x} = a_{11}y_1 + a_{12}y_2 + \cdots + a_{1n}y_n \\[2mm] \dfrac{\mathrm{d}y_2}{\mathrm{d}x} = a_{21}y_1 + a_{22}y_2 + \cdots + a_{2n}y_n \\ \qquad\qquad\vdots \\ \dfrac{\mathrm{d}y_n}{\mathrm{d}x} = a_{n1}y_1 + a_{n2}y_2 + \cdots + a_{nn}y_n \end{cases} \tag{23}$$

为便利起见,我们还引入记号 $\dfrac{\mathrm{d}y_i}{\mathrm{d}x} = Y_i (i = 1, 2, \cdots, n)$。之后,我们依次用辅助变数 $u_1, u_2, \cdots, u_n$ 乘方程(23),然后按项相加。在左端,我们得到变数 $u_1, u_2, \cdots, u_n, Y_1, Y_2, \cdots, Y_n$ 的双线性型

$$\sum_{i=1}^{n} u_i Y_i \tag{24}$$

而右端是变数 $u_1, u_2, \cdots, u_n, y_1, y_2, \cdots, y_n$ 的双线性型

$$\sum_{i=1}^{n} \sum_{k=1}^{n} a_{ik} u_i y_k \tag{25}$$

我们指出,双线性型(24)的系数所组成的矩阵的单位矩阵 $\boldsymbol{E}$,亦即对角线上元素是 1 而一切其他的元素是零的矩阵;双线性型(25)的矩阵

$$\boldsymbol{A} \equiv \begin{pmatrix} a_{11} & \cdots & a_{1n} \\ \vdots & & \vdots \\ a_{n1} & \cdots & a_{nn} \end{pmatrix}$$

是由微分方程(23)的右端的系数所组成的矩阵。因此,两个双线性型(24)和(25)的作用相当于微分方程组(23)的作用,其中(24)具有单位矩阵。

如果我们对变数 y_i 施行常系数线性变换

$$y_i = a_{i1}z_1 + a_{i2}z_2 + \cdots + a_{in}z_n \quad (i = 1, 2, \cdots, n) \tag{26}$$

那么,由于变数 Y_i 是 y_i 的导数,它们也接受了同样的变换

$$Y_i = a_{i1}Z_1 + a_{i2}Z_2 + \cdots + a_{in}Z_n \quad (i = 1, 2, \cdots, n) \tag{26'}$$

其中 $Z_i = \dfrac{\mathrm{d}z_i}{\mathrm{d}x}$。

我们作矩阵 $\boldsymbol{A} - \lambda\boldsymbol{E}$，即

$$\begin{pmatrix} a_{11} - \lambda & a_{12} & \cdots & a_{1n} \\ a_{21} & a_{22} - \lambda & \cdots & a_{2n} \\ \vdots & \vdots & & \vdots \\ a_{n1} & a_{n2} & \cdots & a_{nn} - \lambda \end{pmatrix} \tag{27}$$

根据双线性型偶的定理（теореме о парах билинейных форм）当而且仅当矩阵（27）和形式为 $\varphi - \lambda\psi$ 的矩阵有相同的初等因子时，两个双线性型（24）和（25）才等价于另一双线性型 φ, ψ（同时，矩阵 ψ 应当是非奇异的，亦即它的行列式 $\neq 0$）[①]。

设矩阵（27）的初等因子是

$$(\lambda - \lambda_1)^{e_1}, (\lambda - \lambda_2)^{e_2}, \cdots, (\lambda - \lambda_k)^{e_k} \tag{28}$$

其中，$\lambda_1, \lambda_2, \cdots, \lambda_k$ 是矩阵（27）的行列式等于 0 时的根，亦即方程组（23）的特征方程的根，它们也可以相等，但是对应于不同的初等因子，而

---

① 形式（27）的矩阵——在我们的理论中，只遇到这样的矩阵，它的初等因子可以定义如下。我们用 $D_i(\lambda)(i=1,2,\cdots,n)$ 表示矩阵（27）的一切 i 阶行列式看作 λ 的多项式时的最大公因子，那么我们证明：(A) 多项式 $D_i(\lambda)$ 可为 $D_{i-1}(\lambda)(i\geqslant 2)$ 整除。我们再引入记号 $\dfrac{D_2(\lambda)}{D_{i-1}(\lambda)} = E_i(\lambda)(i=2,3,\cdots,n), E_1(\lambda) = D_2(\lambda)$，并且我们称 $E_i(\lambda)$ 为矩阵（27）的不变因子。显然，$D_i(\lambda) = E_1(\lambda)E_2(\lambda)\cdots E_i(\lambda)$。(B) 在一行不变因子 $E_1(\lambda), E_2(\lambda), \cdots, E_n(\lambda)$ 中，每一个都能够被前面各因子所整除。我们把不变因子分解为一次因子

$$E_i(\lambda) = (\lambda - \lambda_1)^{e_{i1}}(\lambda - \lambda_2)^{e_{i2}}\cdots(\lambda - \lambda_n)^{e_{is}}$$

其中，$\lambda_1, \lambda_2, \cdots, \lambda_s$ 是令矩阵（27）的行列式等于零时所得方程的不同的根。显然，$l_{ij} \geqslant 0(i=1,2,\cdots,n; j=1,2,\cdots,s)$。此外，由于性质（B），如果 $i < i'$，那么 $e_{ij} \leqslant e_{i'j}$。二项式

$$(\lambda - \lambda_1)^{e_{11}}, (\lambda - \lambda_1)^{e_{21}}, \cdots, (\lambda - \lambda_1)^{e_{n1}}$$
$$\vdots$$
$$(\lambda - \lambda_s)^{e_{1s}}, (\lambda - \lambda_s)^{e_{2s}}, \cdots, (\lambda - \lambda_s)^{e_{ns}}$$

中不等于常数的（亦即它们的 $e_{ij} > 0$）称为矩阵（27）的初等因子。第一行因子对应于根 $\lambda_1, \cdots\cdots$，最后一行因子对应于根 λ_s。数 e_{ij} 称为初等因子的乘幂。为简单起见，以后我们用 k 记初等因子的个数，而用 $(\lambda - \lambda_1)^{e_1}, \cdots, (\lambda - \lambda_k)^{e_k}$ 记因子的本身，而且数 λ_i 之间也可以相等。

$$\sum_{i=1}^{k} e_i = n$$

对于新变数 v_i, Z_i，我们仍然取单位矩阵 E（显然非奇异）作为双线性型 ψ 的矩阵，亦即取

$$\psi = v_1 Z_1 + v_2 Z_2 + \cdots + v_n Z_n \qquad (24')$$

至于双线性型 φ，我们就取变数 v_i 和 z_i 的这种形式，使它的矩阵和 $A - \lambda E$ 具有相同的初等因子（28），并且使这矩阵具有范式

$$\left\| \begin{matrix} M_1 & & & \\ & M_2 & & \\ & & \ddots & \\ & & & M_k \end{matrix} \right\| \qquad (27')$$

这里，在 M_i 外，所有的元素等于零，而每一个 M_i 由下面的元素组成①

$$\begin{pmatrix} \lambda_i - \lambda & 1 & 0 & \cdots & 0 & 0 \\ 0 & \lambda_i - \lambda & 1 & \cdots & 0 & 0 \\ \vdots & \vdots & \vdots & & \vdots & \vdots \\ 0 & 0 & 0 & \cdots & \lambda_i - \lambda & 1 \\ 0 & 0 & 0 & \cdots & 0 & \lambda_i - \lambda \end{pmatrix} \qquad (27'')$$

因此，双线性型 φ 具有下面的形式

$$\varphi \equiv \left(\sum_{i=1}^{e_1} \lambda_1 v_i z_i + \sum_{i=2}^{e_1} v_{i-1} z_i \right) + \left(\sum_{i=e_1+1}^{e_1+e_2} \lambda_2 v_i z_i + \sum_{i=e_1+2}^{e_1+e_2} v_{i-1} z_i \right) + \cdots + \qquad (29)$$

$$\left(\sum_{i=n-e_k+1}^{n} \lambda_k v_i z_i + \sum_{i=n-e_k+2}^{n} v_{i-1} z_i \right)$$

由于等价的矩阵偶的定义，就有行列式不等于零的变换（26）和（26'）存在，以

---

① 应用前页的脚注中所给出的初等因子的定义，我们很容易证明矩阵（27'）具有所要求的初等因子。其实，我们写出部分矩阵 M_i 注意可能的重根，因此在新记号中，矩阵 M_{ij} 对应于根 λ_i，而具有形式（27''），并且含有 e_{ij} 行和 e_{ij} 列。要注意：矩阵 M_{ij} 的行列式中对应左下方元素的子式等于 1。而所有其余的子式就等于零或含有因子 $\lambda - \lambda_i$。因此 $\lambda - \lambda_1$ 出现在矩阵（27）的 $n-1$ 阶子式中的最低乘幂是 $(\lambda - \lambda_1)^{e_{12}+e_{13}+\cdots}$；$\lambda - \lambda_1$ 在 $D_{n-1}(\lambda)$ 中也是这个乘幂；因此，它在 $E_n(\lambda)$ 中的乘幂是 $(\lambda - \lambda_1)^{e_1}$。在 $n-2$ 阶的子式中，$\lambda - \lambda_1$ 的最低乘幂是出现在把矩阵 M_{11} 和 M_{12} 的行列式的第一列和最后一行都删去而得到 $n-2$ 阶子行列式中；这个乘幂等于 $(\lambda - \lambda_1)^{e_{13}+\cdots}$，因此，$E_{n-1}(\lambda)$ 含有二项式的乘幂 $(\lambda - \lambda_1)^{e_2}$。继续这种论述，我们就得到上述结果。

及另一行列不等于零的线性变换把辅助变数 u_i 换成变数 v_i。在这些变换下，双线性型(24)和(25)依次变成双线性型(24′)和(29)。

但是，由于上述的命题，两个像(24′)和(29)这样的形式的双线性型就唯一地确定常系数线性方程组。因而，在施行变数变换(26)后，原微分方程组(23)变成具有下面范式的方程组

$$\begin{cases} \dfrac{\mathrm{d}z_1}{\mathrm{d}x}=\lambda_1 z_1 + z_2 \\[2mm] \dfrac{\mathrm{d}z_2}{\mathrm{d}x}=\lambda_1 z_2 + z_3 \\[2mm] \qquad\qquad \vdots \\[2mm] \dfrac{\mathrm{d}z_{e_1-1}}{\mathrm{d}x}=\lambda_1 z_{e_1-1} + z_{e_1} \\[2mm] \dfrac{\mathrm{d}z_{e_1}}{\mathrm{d}x}=\lambda_1 z_{e_1} \end{cases} \tag{30_1}$$

$$\vdots$$

$$\begin{cases} \dfrac{\mathrm{d}z_{n-e_k+1}}{\mathrm{d}x}=\lambda_k z_{n-e_k+1} + z_{n-e_k+2} \\[2mm] \dfrac{\mathrm{d}z_{n-e_k+2}}{\mathrm{d}x}=\lambda_k z_{n-e_k+2} + z_{n-e_k+3} \\[2mm] \qquad\qquad \vdots \\[2mm] \dfrac{\mathrm{d}z_{n-1}}{\mathrm{d}x}=\lambda_k z_{n-1} + z_n \\[2mm] \dfrac{\mathrm{d}z_n}{\mathrm{d}x}=\lambda_k z_n \end{cases} \tag{30_k}$$

方程组 $(30_1)\cdots(30_k)$ 中的每一组方程都可以单独地积分：我们很容易给出它们的通解的公式。例如，如果在方程组 (30_1) 中，引入新函数 $\xi_1,\xi_2,\cdots,\xi_{e_1}$，使它们与函数 $z_1,z_2,\cdots,z_{e_1}$ 由下列关系式联系着

$$z_i = \mathrm{e}^{\lambda_1 x}\xi_i \quad (i=1,2,\cdots,e_1)$$

那么变换后的方程组具有形式

$$\frac{\mathrm{d}\xi_1}{\mathrm{d}x}=\xi_2,\frac{\mathrm{d}\xi_2}{\mathrm{d}x}=\xi_3,\cdots,\frac{\mathrm{d}\xi_{e_1-1}}{\mathrm{d}x}=\xi_{e_1},\frac{\mathrm{d}\xi_{e_1}}{\mathrm{d}x}=0$$

它的积分是

$$\xi_{e_1}=C_1,\xi_{e_1-1}=C_1 x + C_2$$

$$\vdots$$

$$\xi_2 = C_1 \frac{x^{e_1-2}}{(e_1-2)!} + C_2 \frac{x^{e_1-3}}{(e_1-3)!} + \cdots + C_{e_1-2}x + C_{e_1-1}$$

$$\xi_1 = C_1 \frac{x^{e_1-1}}{(e_1-1)!} + C_2 \frac{x^{e_1-2}}{(e_1-2)!} + \cdots + C_{e_1-1}x + C_{e_1}$$

回到变数 z_i,我们就有

$$z_{e_1} = C_1 \mathrm{e}^{\lambda_1 x}, z_{e_1-1} = \mathrm{e}^{\lambda_1 x}(C_1 x + C_2)$$

$$\vdots$$

$$z_1 = \mathrm{e}^{\lambda_1 x}\left(C_1 \frac{x^{e_1-1}}{(e_1-1)!} + C_2 \frac{x^{e_1-2}}{(e_1-2)!} + \cdots + C_{e_1} \right) \tag{31_1}$$

对于方程组 $(30_2)\cdots(30_k)$ 可以得到类似的公式 $(31_2)\cdots(31_k)$。当积分时,就出现 $e_2+e_2+\cdots+e_k=n$ 个任意常数 C_i。这里很容易证明,对应于任意常数的下列各组数值

$$C_1 = 1, C_2 = C_3 = \cdots = C_n = 0$$

$$C_2 = 1, C_1 = C_3 = \cdots = C_n = 0$$

$$\vdots$$

$$C_n = 1, C_1 = C_2 = \cdots C_{n-1} = 0$$

的特解是线性无关的。事实上,这些特解具有形式

$$z_1^{(1)} = \mathrm{e}^{\lambda_1 x} \frac{x^{e_1-1}}{(e_1-1)!}, z_2^{(1)} = \mathrm{e}^{\lambda_1 x} \frac{x^{e_1-2}}{(e_1-2)!}, \cdots, z_{e_1-1}^{(1)} = \mathrm{e}^{\lambda_1 x}x, z_{e_1}^{(1)} = \mathrm{e}^{\lambda_1 x}$$

$$z_{e_1+1}^{(1)} = \cdots = z_n^{(1)} = 0$$

$$z_1^{(2)} = \mathrm{e}^{\lambda_1 x} \frac{x^{e_1-2}}{(e_1-2)!}, z_2^{(2)} = \mathrm{e}^{\lambda_1 x} \frac{x^{e_1-3}}{(e_1-3)!}, \cdots, z_{e_1-1}^{(2)} = \mathrm{e}^{\lambda_1 x}$$

$$z_{e_1}^{(2)} = z_{e_1+1}^{(2)} = \cdots = z_n^{(2)} = 0$$

$$\vdots$$

$$z_1^{(e_1)} = \mathrm{e}^{\lambda_1 x}, z_2^{(e_1)} = z_3^{(e_1)} = \cdots = z_n^{(e_1)} = 0$$

$$\vdots$$

$$z_1^{(n)} = \mathrm{e}^{\lambda_k x}, z_2^{(n)} = z_3^{(n)} = z_n^{(n)} = 0$$

把这些值代入行列式 $(12')$,我们得到

$$D = \pm \mathrm{e}^{e_1\lambda_1 x + e_2\lambda_2 x + \cdots + e_k\lambda_k x} \neq 0$$

因为,经由具有确定的系数 a_{ik} 和行列式不等于零的公式 (26),未知函数 y_i 可以用 z_i 的线性组合表达;所以,把求得的 z_i 值 $(31_1)(31_2)\cdots(31_k)$ 代入这些公式,我们就得到方程组 (23) 的含有 n 个任意常数 $C_1,C_2,\cdots,C_n$ 的全解。

注 一个常系数 n 阶线性方程

$$\frac{\mathrm{d}^n y}{\mathrm{d}x^n}+a_1\frac{\mathrm{d}^{n-1}y}{\mathrm{d}x^{n-1}}+\cdots+a_{n-1}\frac{\mathrm{d}y}{\mathrm{d}x}+a_n y=0$$

相当于方程组

$$\frac{\mathrm{d}y}{\mathrm{d}x}=y_1,\frac{\mathrm{d}y_1}{\mathrm{d}x}=y_2,\cdots,\frac{\mathrm{d}y_{n-2}}{\mathrm{d}x}=y_{n-1}$$

$$\frac{\mathrm{d}y_{n-1}}{\mathrm{d}x}=-a_n y-a_{n-1}y_1-\cdots-a_1 y_{n-1}$$

对于这个方程组,矩阵(27)具有形式

$$\begin{pmatrix} -\lambda & 1 & 0 & \cdots & 0 & 0 \\ 0 & -\lambda & 1 & \cdots & 0 & 0 \\ \vdots & \vdots & \vdots & & \vdots & \vdots \\ 0 & 0 & 0 & \cdots & -\lambda & 1 \\ -a_n & -a_{n-1} & -a_{n-2} & \cdots & -a_2 & -a_1-\lambda \end{pmatrix} \qquad (27''')$$

把对应的行列式按最后一行展开,并且令它等于零,我们就得到

$$D_n(\lambda)=(a_1+\lambda)\lambda^{n-1}+a_2\lambda^{n-2}+\cdots+a_{n-1}\lambda+a_n=0$$

亦即我们在第 6 章中所熟知的特征方程。我们考查矩阵($27'''$)的初等因子。在矩阵($27'''$)的行列式中,对应于第一列和最后一行的元素之子式等于 1。因此,对于所有 $n-1$ 阶的子式,它们的最高公因子 $D_{n-1}(\lambda)=1$。因此 $E_n=D_n(\lambda)$,$E_1=E_2=\cdots=E_{n-1}=1$。所以,矩阵($27'''$)的初等因子是

$$(\lambda-\lambda_1)^{e_1},(\lambda-\lambda_2)^{e_2},\cdots,(\lambda-\lambda_k)^{e_k}$$

其中,所有的 λ_i 互不相等:每一个根只对应一个初等因子。从上面所述的理论可得,每一个根 λ_i 对应形式为 $\mathrm{e}^{\lambda_i x},x\mathrm{e}^{\lambda_i x},\cdots,x^{e_i-1}\mathrm{e}^{\lambda_i x}$ 的 e_i 个解,这正如我们在第 6 章所看到的那样。因此,在微分方程组中,即使方程 $D_n(\lambda)=0$ 只有一个根所对应的初等因子多于一个,那么它就不能化成一个 n 阶方程。

从这整个的理论可以知道,标准常系数方程组的解具有形式

$$y_j=P_{ij}(x)\mathrm{e}^{\lambda_i x} \qquad (j=1,2,\cdots,n) \qquad (32)$$

其中 $P_{ij}(x)$ 是不高于 m_i-1 次的多项式,而 m_i 是方程(21)的根 λ_i 之重复次数。对于这种方程,求通解的实际方法,是对于每一个根作未定系数的表达式(32)。把这些表达式代入(18),我们就得到未定系数的一次联立方程组。在这组方程的解案中,仍有任意的未知数,它们的个数等于根的重复次数。

例 7 求方程组

$$\frac{\mathrm{d}x}{\mathrm{d}t}+x-y=0,\frac{\mathrm{d}y}{\mathrm{d}t}+y-4z=0,\frac{\mathrm{d}z}{\mathrm{d}t}+4z-x=0$$

的解。

方程（21）具有形式

$$0 = \begin{vmatrix} 1+\lambda & -1 & 0 \\ 0 & 1+\lambda & -4 \\ -1 & 0 & 4+\lambda \end{vmatrix} = \lambda^3 + 6\lambda^2 + 9\lambda = \lambda(\lambda+3)^2$$

我们把对应于单根 $\lambda = 0$ 的解写成形式为 $x = a, y = b, z = c$。将这些值代入原方程组，我们就得到确定 a, b, c 的三个方程，根据一般理论，它们可以化成两个独立方程，例如化成

$$a - b = 0$$
$$b - 4c = 0$$

设 $c = C_1$（任意常数），我们求得对应于根 $\lambda = 0$ 的一组解

$$x = 4C_1$$
$$y = 4C_1$$
$$z = C_1$$

$\lambda = -3$ 是二重根，而且 $\lambda + 3$ 不是一切二阶子式的因子，因此我们求对应于这个根而形式为

$$x = e^{-3t}(a_1 + a_2 t)$$
$$y = e^{-3t}(b_1 + b_2 t)$$
$$z = e^{-3t}(c_1 + c_2 t)$$

的解。代入原方程组，并消去公因子 e^{-3t}，我们就得到

$$-3a_1 - 3a_2 t + a_2 + a_1 + a_2 t - b_1 - b_2 t = 0$$
$$-3b_1 - 3b_2 t + b_2 + b_1 + b_2 t - 4c_1 - 4c_2 t = 0$$
$$-3c_1 - 3c_2 t + c_2 + 4c_1 + 4c_2 t - a_1 - a_2 t = 0$$

令两端的自由项以及 t 的系数相等，我们就得到六个方程

$$-2a_1 + a_2 - b_1 = 0$$
$$-2a_2 - b_2 = 0$$
$$-2b_1 + b_2 - 4c_1 = 0$$
$$-2b_2 - 4c_2 = 0$$
$$c_1 + c_2 - a_1 = 0$$
$$c_2 - a_2 = 0$$

我们得到 $a_2 = C_2$（任意常数），$b_2 = -2C_2, c_2 = C_2$。这样以后，前三个方程给出

$$a_1 = C_3, b_1 = C_2 - 2C_3, c_1 = C_3 - C_2$$

因此,方程组的通解是

$$x = 4C_1 + C_2 t e^{-3t} + C_3 e^{-3t}$$

$$y = 4C_1 + C_2(-2t+1) e^{-3t} - 2C_3 e^{-3t}$$

$$z = C_1 + C_2(t-1) e^{-3t} + C_3 e^{-3t}$$

问　题

179. 按照原始数据:当 $x = 0$ 时,$y = 1$,$z = 0$,对于方程组 $\dfrac{dy}{dx} = -z$,$\dfrac{dz}{dx} = y$,求四次逼近。

180. 给定方程 $\dfrac{d^2 y}{dx^2} = y^2 + x$。按照原始条件:当 $x = 0$ 时,$y_0 = 0$,$y_0' = 1$,求对于 y 的三次逼近。

181. 按照原始数据:当 $x = 0$ 时,$y_0 = 1$,$y_0' = 0$;对于方程 $y'' + 2y' + y^2 = 0$ 的解求四次逼近。

求下列各方程组的通解:

182. $\dfrac{dy}{dx} = \dfrac{z^2}{y}$,$\dfrac{dz}{dx} = \dfrac{y^2}{z}$。

183. $\dfrac{dy}{dx} = \dfrac{y^2}{z}$,$\dfrac{dz}{dx} = \dfrac{z^2}{y}$。

184. $\dfrac{dx}{dt} = -x + y + z$,$\dfrac{dy}{dt} = x - y + z$,$\dfrac{dz}{dt} = x + y - z$。

185. $\dfrac{dx}{dt} + x + y = t^2$,$\dfrac{dy}{dt} + y + z = 2t$,$\dfrac{dz}{dt} + z = t$。

186. $\dfrac{dx}{dt} + 5x + y = 7e^t - 27$,$\dfrac{dy}{dt} - 2x + 3y = -3e^t + 12$。

187. $\dfrac{d^2 y}{dx^2} + \dfrac{dz}{dx} - 2z = e^{2x}$,$\dfrac{dz}{dx} + 2\dfrac{dy}{dx} - 3y = 0$。

188. $\dfrac{dx}{dt} = y$,$\dfrac{dy}{dt} = x + e^t + e^{-t}$。

189. $\dfrac{dy}{dx} + \dfrac{2z}{x^2} = 1$,$\dfrac{dz}{dx} + y = x$。

190. $t\dfrac{dx}{dt} - x - 3y = t$,$t\dfrac{dy}{dt} - x + y = 0$。

提示:为了变成常系数要改换自变数。

191. $t\dfrac{dx}{dt} + 6x - y - 3z = 0$,$t\dfrac{dy}{dt} + 23x - 6y - 9z = 0$,$t\dfrac{dz}{dt} + x + y - 2z = 0$。

192. $\dfrac{dx}{dt} + 5x + y = e^t$,$\dfrac{dy}{dt} + 3y - x = e^{2t}$。

§3 方程组的解对原始值的导数的存在

1. 我们已经引用过(第2章§1)一个微分方程(或一组微分方程)的解对原始值为可微的定理。

在这一段,我们要证明这个定理。我们先证明下面的辅助定理。

辅助定理 如果微分方程组

$$\frac{\mathrm{d}y_i}{\mathrm{d}x} = f_i(x, y_1, y_2, \cdots, y_n; \lambda) \quad (i = 1, 2, \cdots, n) \tag{33}$$

的右端在区域

$$|x - x_0| \leqslant a, \ |y_i - y_i^{(0)}| \leqslant b \quad (i = 1, 2, \cdots, n)$$
$$\lambda_1 \leqslant \lambda \leqslant \lambda_2 \tag{34}$$

内是变数 $x, y_1, y_2, \cdots, y_n$ 和参数 λ 的连续函数,并且在同一区域内,偏导数

$$\frac{\partial f_i}{\partial y_k} \quad (i, k = 1, 2, \cdots, n)$$

连续,那么由原始数据$(x_0, y_1^0, y_2^0, \cdots, y_n^0)$所确定的解,当 $\lambda_1 \leqslant \lambda \leqslant \lambda_2$ 时,是参数 λ 的连续函数。

为了证明,我们指出,由函数 f_i 在区域(34)内是连续的条件它们必然在这个域内有界

$$|f_i| \leqslant M \quad (i = 1, 2, \cdots, n)$$

而从 $\frac{\partial f_i}{\partial y_k}$ 的连续性也可以知道它们有界

$$\left| \frac{\partial f_i}{\partial y_k} \right| \leqslant K \quad (i, k = 1, 2, \cdots, n)$$

由于这些不等式,函数 f_i 关于变元 $y_1, y_2, \cdots, y_n$ 的李普希兹条件随之成立

$$|f_i(x, y_1', \cdots, y_n'; \lambda) - f_i(x, y''_1, \cdots, y''_n; \lambda)| \leqslant K\{|y_1' - y''_1| + \cdots + |y_n' - y''_n|\}$$

因此,对于参数 λ 在 λ_1 和 λ_2 间的任何固定的数值,以及对于区间

$$x_0 - h \leqslant x \leqslant x_0 + h, h = \min\left\{a, \frac{b}{M}\right\}$$

内的 x 值,依毕卡法所得的逐次逼近

$$y_i^{(m)}(x; x_0, y_1^0, \cdots, y_n^0; \lambda) = y_i^0 + \int_{x_0}^{x} f_i(x, y_1^{(m-1)}, \cdots, y_n^{(m-1)}; \lambda) \mathrm{d}x \tag{35}$$

$$(i = 1, 2, \cdots, n; m = 1, 2, 3, \cdots)$$

无论对 x 来说或对参数 λ 来说都是均匀收敛的。正如我们所知道的,当 $m \to \infty$

时这些序列的极限定出方程组(33)的解

$$y_i = \varphi_i(x; x_0, y_1^0, \cdots, y_n^0; \lambda) \qquad (35')$$

因为序列(35)的各项都显然是 λ 的连续函数,则由于均匀收敛性,极限函数(35')也是 λ 的连续函数。辅助定理证讫。

2. 现在回到本节的基本定理。

定理 5　如果微分方程组的右端

$$\frac{\mathrm{d}y_i}{\mathrm{d}x} = f_i(x, y_1, y_2, \cdots, y_n) \quad (i = 1, 2, \cdots, n)$$

在区域 D

$$|x - \bar{x}_0| \leqslant a, \ |y_i - \bar{y}_i^0| \leqslant b \quad (i = 1, 2, \cdots, n)$$

内,有连续偏导数

$$\frac{\partial f_i}{\partial y_k} \quad (i, k = 1, 2, \cdots, n)$$

那么,由原始数据 $x_0, y_1^0, y_2^0, \cdots, y_n^0$（属于包含在 D 内的区域 D';例如,D' 是 $\left(|x_0 - \bar{x}_0| \leqslant \dfrac{h}{2}, |y_i^0 - \bar{y}_i^0| \leqslant \dfrac{b}{2}\right)$）所确定的解

$$y_i = \varphi_i(x; x_0, y_1^0, y_2^2, \cdots, y_n^0) \qquad (36)$$

对原始数据有连续导数

$$\frac{\partial y_i}{\partial x_0}, \frac{\partial y_i}{\partial \bar{y}_k^0} \quad (i = 1, 2, \cdots, n; k = 1, 2, \cdots, n)$$

为了证明,假定在公式（36）中的量 x_0, y_i^0 取某些属于区域 $D'\left(|x_0 - \bar{x}_0| \leqslant \dfrac{h}{2}, |y_i^0 - \bar{y}_i^0| \leqslant \dfrac{b}{2}\right)$ 的确定的数值。然后把式(36)的 y_i 代入方程组(4),就得到一个恒等式。我们给公式(36)中的原始值 y_k^0 一个增量 Δy_k^0(使新数值不超出 D' 外);用

$$\tilde{y}_i = \varphi_i(x, x_0, y_1^0, \cdots, y_k^0 + \Delta y_k^0, \cdots, y_n^0) \quad (i = 1, 2, \cdots, n) \qquad (36')$$

表示对应的解;对于这个解,作对应于方程组(4)的恒等式,并且把这两个恒等式按项相减

$$\frac{\mathrm{d}(\tilde{y}_i - y_i)}{\mathrm{d}x} = f_i(x, \tilde{y}_1, \cdots, \tilde{y}_n) - f_i(x, y_1, \cdots, y_n) \quad (i = 1, 2, \cdots, n) \qquad (36'')$$

在等式(36″)右端的差,依次应用有限增量定理,它就变成

$$f_i(x, \tilde{y}_1, \tilde{y}_2, \cdots, \tilde{y}_n) - f_i(x, y_1, y_2, \cdots, y_n)$$
$$= [f_i(x, \tilde{y}_1, \tilde{y}_2, \cdots, \tilde{y}_n) - f_i(x, y_1, \tilde{y}_2, \cdots, \tilde{y}_n)] +$$
$$[f_i(x, y_1, \tilde{y}_2, \cdots, \tilde{y}_n) - f_i(x, y_1, y_2, \tilde{y}_3, \cdots, \tilde{y}_n)] + \cdots +$$

$$\left[f_i(x, y_1, \cdots, y_{n-1}, \tilde{y}_n) - f_i(x, y_1, \cdots, y_{n-1}, y_n) \right]$$

$$= \sum_{j=1}^{n} \frac{\partial f_i[x, y_1, \cdots, y_{j-1}, y_j + \theta_{ij}(\tilde{y}_j - y_j), \tilde{y}_{j+1}, \cdots]}{\partial y_j}(\tilde{y}_j - y_j)$$

$$(0 < \theta_{ij} < 1)$$

在这等式的末端, $\tilde{y}_j - y_j$ 的乘子(我们用 $a_{ij}(x, \Delta y_k^0)$ 表示它们)是对变数 $x, \Delta y_k^0$ 一起来说的连续函数。事实上,虽然 θ_{ij} 可能依赖于 x 和 Δy_k^0 而不连续,但是对于这些变数的已给值,如果 $\tilde{y}_j - y_j \neq 0$,那么从定义 a_{ij} 的等式

$$a_{ij}(x, \Delta y_k^0) = \frac{f_i(x, y_1, \cdots, \tilde{y}_j, \tilde{y}_{j+1}, \cdots) - f_i(x, y_1, \cdots, y_j, \tilde{y}_{j+1}, \cdots)}{\tilde{y}_j - y_j}$$

由于其中分子和分母是连续的,而且分母 $\neq 0$,就推出了 a_{ij} 的连续性;如果当 $x \to \bar{x}, \Delta y_k^0 \to \Delta \bar{y}_k^0$ 时,差式 $\tilde{y}_j - y_j$ 趋于零,那么由于 $\frac{\partial f_i}{\partial y_j}$ 对于全体变元的连续性, a_{ij} 就趋向数值 $\frac{\partial f_i(x, y_1, \cdots, y_{j-1}, y_j, \tilde{y}_{j+1}, \cdots)}{\partial y_j}$。必须注意,特别 a_{ij} 在 $\Delta y_k^0 = 0$ 时连续,且

$$a_{ij}(x, 0) = \frac{\partial f_i(x, y_1, \cdots, y_n)}{\partial y_j}$$

等式 $(36'')$ 在用上述方法变换后,再以 Δy_k^0 除它的两端,我们就得到下面的等式

$$\frac{\mathrm{d}\left(\dfrac{\tilde{y}_i - y_i}{\Delta y_k^0}\right)}{\mathrm{d}x} = \sum_{j=1}^{n} a_{ij}(x, \Delta y_k^0) \frac{\tilde{y}_j - y_j}{\Delta y_k^0} \tag{37}$$

现在,我们把方程组 (37) 看作线性方程组,其中的未知函数是 $\dfrac{\tilde{y}_1 - y_1}{\Delta y_k^0}$, $\dfrac{\tilde{y}_2 - y_2}{\Delta y_k^0}, \cdots, \dfrac{\tilde{y}_n - y_n}{\Delta y_k^0}$,我们把表达式 $a_{ij}(x, \Delta y_k^0)$ 看作 x 和参数 Δy_k^0 的已知函数(我们有理由这样说,因为假定解 (36) 和 $(36')$ 是已知的)。按照前面的证明,当 $|\Delta y_k^0|$ 充分小时,这些系数连续地依赖于参数 Δy_k^0。未知函数的原始条件,显然是这样

$$\begin{cases} \left(\dfrac{\tilde{y}_i - y_i}{\Delta y_k^0}\right)_{x = x_0} = \dfrac{\tilde{y}_i^0 - y_i^0}{\Delta y_k^0} = 0, \text{当 } i \neq k \text{ 时} \\[4mm] \left(\dfrac{\tilde{y}_k - y_k}{\Delta y_k^0}\right)_{x = x_0} = \dfrac{\Delta y_k^0}{\Delta y_k^0} = 1, \text{当 } i = k \text{ 时} \end{cases} \tag{A}$$

我们有理由应用上面已证明过的辅助定理:方程组 (37) 的解也连续地依赖于

参数 Δy_k^0，并且它们的极限值

$$\lim_{\Delta y_k^0 \to 0} \frac{\tilde{y}_i - y_i}{\Delta y_k^0} \equiv \frac{\partial \varphi_i(x; x_0, y_1^0, \cdots, y_n^0)}{\partial y_k^0} = \frac{\partial y_i}{\partial y_k^0} \quad (i, k = 1, 2, \cdots, n) \tag{38}$$

存在。我们已经证明，在区域 D' 内任何一点 $(x_0, y_1^0, \cdots, y_n^0)$，也就是说在整个区域 D' 内，导数（38）存在；这些导数适合齐次线性方程组

$$\frac{\mathrm{d}z_i}{\mathrm{d}x} = \sum_{j=1}^{n} \frac{\partial f_i(x, y_1, \cdots, y_n)}{\partial y_i} z_j \quad (i = 1, 2, \cdots, n) \tag{39}$$

而右端中的 $y_1, \cdots, y_n$，须用它们的值（36）来代替。方程组（39）对于一切导数组

$$\frac{\partial y_1}{\partial y_k^0}, \frac{\partial y_2}{\partial y_k^0}, \cdots, \frac{\partial y_n}{\partial y_k^0} \quad (k = 1, 2, \cdots, n)$$

都是一样的。对于给定的 k，要求得对应的那组导数，就应当取原始条件：当 $x = x_0$ 时，$z_i^0 = 0, i \neq k$ 而 $z_k^0 = 1$。由于方程组（39）的解案的唯一性，所以对应的导数显然由这些原始条件完全地确定；导数 $\frac{\partial y_i}{\partial y_k^0}$ 是线性方程组的解，因而也就是 x，$x_0, y_1^0, \cdots, y_n^0$ 的连续函数。

为证明解（36）对 x_0 的导数存在起见，我们用同样的做法：设

$$y_i^* = \varphi_i(x; x_0 + \Delta x_0, y_1^0, \cdots, y_n^0)$$

那么，我们求得

$$\frac{\mathrm{d}}{\mathrm{d}x} \frac{y_i^* - y_i}{\Delta x_0} = \left[f_i(x, y_1^*, \cdots, y_n^*) - f_i(x, y_1, \cdots, y_n) \right] \frac{1}{\Delta x_0} = \sum b_{ij}(x, \Delta x_0) \frac{y_j^* - y_j}{\Delta x_0}$$

其中 $b_{ij}(x, \Delta x_0)$ 是像上面确定 $a_{ij}(x, \Delta y_k^0)$ 一样来确定的。当 $|\Delta x_0|$ 充分小时，$b_{ij}(x, \Delta x_0)$ 仍然是参数 Δx_0 的连续函数，而且

$$\lim_{\Delta x \to 0} b_{ij}(x, \Delta x_0) = \frac{\partial f_i(x, y_1, \cdots, y_n)}{\partial y_j}$$

应用辅助定理，我们就能证明偏导数

$$\frac{\partial y_1}{\partial x_0}, \frac{\partial y_2}{\partial x_0}, \cdots, \frac{\partial y_n}{\partial x_0}$$

存在，而且这些偏导数也适合同一个线性方程组（39）。我们来弄清楚这些函数所适合的原始条件。我们已经不止一次地应用积分方程组

$$y_i = y_i^0 + \int_{x_0}^{x} f_i(x, y_1, \cdots, y_n) \mathrm{d}x \quad (i = 1, 2, \cdots, n) \tag{4'}$$

代替带有原始值的微分方程组（4）。

如果这里的 $y_1, \cdots, y_n$，用它们的值（36）来代替，那么我们就得到一些恒等式，把这些恒等式对 x_0 微分（按照前面的证明，这运算是合理的），我们就得到

$$\frac{\partial y_i}{\partial x_0} = -f_i(x_0, y_1^0, \cdots, y_n^0) + \int_{x_0}^x \sum_{j=1}^n \frac{\partial f_i(x, y_1, \cdots, y_n)}{\partial y_j} \frac{\partial y_j}{\partial x_0} \mathrm{d}x \qquad (4'')$$

由此,当 $x = x_0$

$$\left(\frac{\partial y_i}{\partial x_0}\right)_0 = -f_i(x_0, y_1^0, \cdots, y_n^0) \quad (i = 1, 2, \cdots, n)$$

这就是为了得到导数 $z_i = \dfrac{\partial y_i}{\partial x_0}$,方程组(39)中的函数 z_i,当 $x = x_0$ 时,所应取的原值,定理已完全证明。

注1 把解(36)代入方程组(4),以后将所得的恒等式对 $x_0, y_1^0, \cdots, y_n^0$ 微分,并以 z_i 记 y_i 对某个参数的偏导数,就可以形式地得到线性方程组(39)。但是,为使这样的运算合理,就必须先证明 y_i 对参数的偏导数存在,以及更改微分次序 $\dfrac{\partial}{\partial y_k^0} \dfrac{\mathrm{d}y_i}{\mathrm{d}x} = \dfrac{\mathrm{d}}{\mathrm{d}x} \dfrac{\partial y_i}{\partial y_k^0}$ 的可能性。

注2 如果方程组(4)的右端,除去变数,还依赖于参数 λ,亦即具有形式(33),而且这些右端不只对 $y_1, \cdots, y_n$,而且对参数 λ,$\lambda_1 \leqslant \lambda \leqslant \lambda_2$,也有连续偏导数,那么在这种情形下,解(35′)对 λ 也有偏导数。

事实上,这种情形不难化成前面证明过的定理中所考查的情形。为此,给方程组(33)补充第 $n+1$ 个方程 $\dfrac{\mathrm{d}\lambda}{\mathrm{d}x} = 0$,当 $x = x_0$ 时其原始值写入 $\lambda = \lambda_0$。那么根据定理,由公式(35′)和公式 $\lambda = \lambda_0$ 给出的这组新方程的解案,对原始值有导数,特别是对 λ_0 有导数(对于被考查的区间内的任何值 λ_0,亦即对 λ,$\lambda_1 \leqslant \lambda \leqslant \lambda_2$)。在这种情形下,对应着方程组(39)的线性方程组,显然具有形式

$$\frac{\mathrm{d}z_i}{\mathrm{d}x} = \sum_{j=1}^n \frac{\partial f_i}{\partial y_j} z_j + \frac{\partial f_i}{\partial \lambda} \quad (i = 1, 2, \cdots, n) \qquad (39')$$

$\left(\text{因为} \dfrac{\partial \lambda}{\partial \lambda_0} = \dfrac{\partial \lambda_0}{\partial \lambda_0} = 1\right)$。这里,我们有非齐次线性方程组。如果 y_i^0 是常数,那么原始值是 $z_1^0 = z_2^0 = \cdots = z_n^0 = 0$。这可以考查更一般的情形,就是当 y_i^0 是参数 λ 的(可微)函数,$y_i^0 = \psi(\lambda)$。在这种情形下,$\dfrac{\partial y_i}{\partial \lambda}$ 适合带有原始条件:当 $x = x_0$ 时,$z_i^0 = \psi'(\lambda)$ 的同一方程组(39′)。把这些论断推广到任意多个参数 $\lambda, \mu, \cdots$ 的情形是显然的。

注3 对于以 $y = \varphi(x; x_0, y_0)$ 为通解的一个方程

$$\frac{\mathrm{d}y}{\mathrm{d}x} = f(x, y)$$

代替方程组(39)的就是一个线性方程

$$\frac{\mathrm{d}z}{\mathrm{d}x} = \frac{\partial f[x, \varphi(x; x_0, y_0)]}{\partial y} z$$

以 $x = x_0$ 时 $z_0 = 1$ 或 $z_0 = -f(x_0, y_0)$ 为原始条件,把它积分,我们就得到 $\frac{\partial y}{\partial y_0}$ 和 $\frac{\partial y}{\partial x_0}$ 的显式表达式

$$\frac{\partial y}{\partial y_0} = \mathrm{e}^{\int_{x_0}^{x} f_y'(x, \varphi(x; x_0, y_0)) \mathrm{d}x}, \quad \frac{\partial y}{\partial x_0} = -f(x_0, y_0) \mathrm{e}^{\int_{x_0}^{x} f_y'(x; \varphi(x; x_0, y_0)) \mathrm{d}x}$$

注 4 我们取方程组(4)的一个任意特解,而这个特解是对于确定的原始值 $x = x_0, y_1^0 = \bar{y}_1^0, \cdots, y_n^0 = \bar{y}_n^0$,从公式(36)得到的,而把这个特解记作

$$y_1 = \bar{\varphi}_1(x), y_2 = \bar{\varphi}_2(x), \cdots, y_n = \bar{\varphi}(x) \tag{40}$$

一如变分法中所采用的,函数 $y_1, y_2, \cdots, y_n$ 对于等于 x_0 或 $y_1^0, \cdots$ 或 y_n^0(在方程组(33)的情形,或等于 λ)的参数 α 的导数,当参数取原始值 $\alpha = \alpha_0$(亦即 $x_0 = \bar{x}_0$ 或 $y_1^0 = \bar{y}_1^0, \cdots, y_n^0 = \bar{y}_1^0$(或 $\lambda = \bar{\lambda}_0$))时的值称为函数 $y_1, y_2, \cdots, y_n$ 的变分。引入变分的记号 δ,我们就有

$$\delta y_i = \left(\frac{\partial y_i}{\partial \alpha} \right)_{x_0 = \bar{x}_0, y_i^0 = \bar{y}_i^0}$$

显然,变分 δy_i 适合方程组(39);在这种情形下,它可以写成

$$\frac{\mathrm{d}\delta y_i}{\mathrm{d}x} = \sum_{j=1}^{n} \frac{\partial f_i[x, \bar{\varphi}_1(x), \cdots, \bar{\varphi}_n(x)]}{\partial y_j} \delta y_j \quad (i = 1, 2, \cdots, n) \tag{39''}$$

方程(39'')(有时方程(39))也称为变分方程。

如果右端也依赖于 λ,而且参数 α 就是 λ,那么变分方程成为

$$\frac{\mathrm{d}\delta y_i}{\mathrm{d}x} = \sum_{j=1}^{n} \frac{\partial f_i}{\partial y_j} \delta y_j + \frac{\partial f_i}{\partial \lambda} \quad (i = 1, 2, \cdots, n)$$

如果已知一个特解(40),那么方程(39'')允许以方程组(39'')的积分来计算变分。方程组(39'')的解有简单的几何意义。如果 α_0 是定出解(40)的参数值,那么对应于参数值 $\alpha_0 + \mathrm{d}\alpha$,且最多只差对于 $\mathrm{d}\alpha$ 而言的高于一阶的无穷小的解将为

$$y_i(x, \alpha_0 + \mathrm{d}\alpha) = \bar{y}_i(x) + \left(\frac{\partial y_i}{\partial \alpha} \right)_{\alpha = \alpha_0} \mathrm{d}\alpha = \bar{y}_i(x) + \delta y_i(x) \mathrm{d}\alpha \quad (i = 1, 2, \cdots, n)$$

因此,解(40)变到无穷接近于它的解时,变分 $\delta y_i(x)$ 与参数的微分相乘之积是增量的主要部分。

注 5 下面的定理成立:

如果函数 $f_i(x, y_1, y_2, \cdots, y_n)$ 有对全体变数 $y_1, y_2, \cdots, y_n$ 的连续的 m 阶偏导数,那么解案就有对 $y_1^0, y_2^0, \cdots, y_n^0$ 的一切 m 阶偏导数,以及只对 x_0 微分一次

的那些对 $x_0, y_1^0, \cdots, y_n^0$ 的 m 阶导数。此外,如果 f_i 对 x 有 $p-1$ 阶连续导数($p \leqslant m$),那么解就具有对 $x_0, y_1^0, \cdots, y_n^0$ 的一切 m 阶导数,不过其中对 x_0 的微分不多于 p 次。

我们引入对于 $m=2$ 时的证明。考查一组 $2n$ 个方程

$$\frac{\mathrm{d}y_i}{\mathrm{d}x} = f_i(x, y_1, \cdots, y_n), \frac{\mathrm{d}z_i}{\mathrm{d}x} = \sum_{j=1}^{n} \frac{\partial f_i(x, y_1, \cdots, y_n)}{\partial y_j} z_j \quad (i=1,2,\cdots,n) \quad (\text{A})$$

把这些方程分为两组:方程组(4)和方程组(39)。在原始值为 $x_0, y_1^0, \cdots, y_n^0$ 的条件下,先积分前一组方程,然后积分第二组方程。在积分时,把第一组方程的解代入,而且当 $x=x_0$ 时,取 $z_i=0$,当 $i \neq l$,而 $z_i=1$ 作为原始值。由于前述,我们就得到解

$$y_i = \varphi_i(x; x_0, y_1^0, \cdots, y_n^0), z_i = \frac{\partial \varphi_i}{\partial y_l^0} \quad (i=1,2,\cdots,n) \quad (\text{B})$$

假定 f_i 对 $y_1, \cdots, y_n$ 有二阶连续导数。此外,因为 z_i 线性地出现于方程组(A)之中,所以把值(B)代入其中后,我们就能对于方程组(A)的全体做出变分方程

$$\begin{cases} \dfrac{\mathrm{d}\delta y_i}{\mathrm{d}x} = \displaystyle\sum_{j=1}^{n} \dfrac{\partial f_i(x, \varphi_1, \cdots, \varphi_n)}{\partial y_i} \delta y_j \\[3mm] \dfrac{\mathrm{d}\delta z_i}{\mathrm{d}x} = \displaystyle\sum_{j=1}^{n} \dfrac{\partial f_i(x, \varphi_1, \cdots, \varphi_n)}{\partial y_j} \delta z_j + \\[3mm] \qquad \displaystyle\sum_{j=1}^{n}\sum_{s=1}^{n} \dfrac{\partial^2 f_i(x, \varphi_1, \cdots, \varphi_n)}{\partial y_j \partial y_s} \dfrac{\partial \varphi_j}{\partial y_l^0} \delta y_s \quad (i=1,2,\cdots,n) \end{cases} \quad (\text{C})$$

要使得从方程组(C)作为(C)的解来得到函数 y_i, z_i 对 y_k^0 的偏导数。由于前述,我们应当取原始值:当 $x=x_0$ 时,$\delta y_i=0, i \neq k, \delta y_k=1, \delta z_i=0(i=1,2,\cdots,n)$。我们再积分带有这些原始条件的方程组(C)。把它分成两组方程。我们先由前 n 个方程确定函数 $\delta y_i = \dfrac{\partial \varphi_i}{\partial y_k^0}(i=1,2,\cdots,n)$。把这些 δy_i 值代入方程组(C)的其余 n 个方程,我们就得到非齐次线性方程组

$$\frac{\mathrm{d}\delta z_i}{\mathrm{d}x} = \sum_{j=1}^{n} \frac{\partial f_i(x, \varphi_1, \cdots, \varphi_n)}{\partial y_j} \delta z_j + \sum_{j=1}^{n}\sum_{s=1}^{n} \frac{\partial^2 f_i(x, \varphi_1, \cdots, \varphi_n)}{\partial y_j \partial y_s} \frac{\partial \varphi_j}{\partial y_l^0} \frac{\partial \varphi_s}{\partial y_k^0} \quad (i=1,2,\cdots,n)$$

在原始值为 $x=x_0, \delta z_i=0$ 时,这组方程确定函数 $\delta z_i = \dfrac{\partial z_i}{\partial y_k^0}(i=1,2,\cdots,n)$。记住

$z_i = \dfrac{\partial \varphi_i}{\partial y_l^0}$,我们就看到,二阶导数

$$\frac{\partial^2 z_i}{\partial y_l^0 \partial y_k^0} \quad (i,k,l=1,2,\cdots,n)$$

的存在,已经得到证明。为求得对 y_l^0 和对 x_0 的混合二阶导数,可得到($l = 1$, $2, \cdots, n$),我们先假定这些导数存在,得到

$$\frac{\partial^2 y_i}{\partial y_l^0 \partial x_0} = -\frac{\partial f_i(x_0, y_1^0, \cdots, y_n^0)}{\partial y_l^0} + \int_{x_0}^x \sum_{j=1}^n \frac{\partial f_i(x, y_1, \cdots, y_n)}{\partial y_j} \frac{\partial^2 y_j}{\partial y_l^0 \partial x_0} dx +$$

$$\int_{x_0}^x \sum_{j=1}^n \sum_{s=1}^n \frac{\partial^2 f_i(x, y_1, \cdots, y_n)}{\partial y_j \partial y_s} \frac{\partial y_j}{\partial x_0} \frac{\partial y_s}{\partial y_l^0} dx \quad (i = 1, 2, \cdots, n)$$

如果在这些关系式中,将求得的解(B)代 y_i,并且把它们都对 x 微分;那么,我们就得到方程组(C)中后面 n 个方程;同时 $z_i = \frac{\partial y_i}{\partial y_l^0}$,而记号 δ 表示对 x_0 的微分。再把方程组(C)的前面 n 个方程和同样的记号 δ 结合起来,我们得到一组方程。按照前面所述,这组方程确定导数 $\frac{\partial y_i}{\partial x_0}$,$\frac{\partial z_i}{\partial x_0} = \frac{\partial^2 y_i}{\partial x_0 \partial y_l^0}$($i = 1, 2, \cdots, n$);同时,从前面的积分关系式可知,我们必须取原始条件

$$(\delta y_i)_0 = -f_i(x_0, y_1^0, \cdots, y_n^0)$$

$$(\delta z_i)_0 = -\frac{\partial f_i(x_0, y_1^0, \cdots, y_n^0)}{\partial y_l^0} \quad (i = 1, 2, \cdots, n)$$

因此,证明了导数 $\frac{\partial^2 y_i}{\partial x_0 \partial y_l^0}$ 的存在,而且并不需要新的关于函数 f_i 的可微性的假设。

要证明导数 $\frac{\partial^2 y_i}{\partial x_0^2}$ 的存在,就必须补充连续导数 $\frac{\partial f_i}{\partial x}$ 存在的条件。根据原始条件:当 $x = x_0$ 时,$y_i = y_i^0$,$z_i = -f_i(x_0, y_1^0, \cdots, y_n^0)$,把方程组(A)积分,按照上述,我们得到 $y_i = \varphi_i$,$z_i = \frac{\partial \varphi_i}{\partial x_0}$($i = 1, 2, \cdots, n$)。

方程组(A)的变分给出一组方程,其中 n 个方程和方程组(C)中的对应方程恒等,而后面的 n 个方程则为

$$\frac{d \delta z_i}{dx} = \sum_{j=1}^n \frac{\partial f_j(x, \varphi_1, \cdots, \varphi_n)}{\partial y_j} \delta z_j + \sum_{j=1}^n \sum_{s=1}^n \frac{\partial^2 f_i(x, \varphi_1, \cdots, \varphi_n)}{\partial y_j \partial y_s} \frac{\partial \varphi_j}{\partial x_0} \partial y_s$$

在这组方程中,记住 δ 是对 x_0 的微分,当原始条件为 $(\delta y_t)_0 = -f_i(x_0, y_1^0, \cdots, y_n^0)$ 时,由前面 n 个方程便得到

$$\delta y_i = \frac{\partial y_i}{\partial x_0} = \frac{\partial \varphi_i}{\partial x_0} \quad (i = 1, 2, \cdots, n)$$

这样以后,如果取原始条件为

$$(\delta z_i)_0 = -\frac{\partial f_i(x_0, y_1^0, \cdots, y_n^0)}{\partial x_0} + \sum_{j=1}^n \frac{\partial f_i(x_0, y_1^0, \cdots, y_n^0)}{\partial y_j^0} f_j(x_0, y_1^0, \cdots, y_n^0)$$
$$(i = 1, 2, \cdots, n)$$

后面 n 个方程就给出 $\delta z_i = \dfrac{\partial z_i}{\partial x_0} = \dfrac{\partial^2 y_i}{\partial x_0^2}(i=1,2,\cdots,n)$。

考查类似方程组(A)的一组 $3n, \cdots, kn$ 个方程,就是把 y_i 对原始值的一阶,二阶,……,k 阶导数作为未知函数和 y_i 同时引入,我们就能证明已经讲过的关于 k 阶导数的定理。关于对参数 λ 的导数,也有类似的定理,而方程右端和原始条件都可以依赖于参数 λ。

§4 常微分方程组的首次积分

1. 我们考查方程组(4),即

$$\begin{cases} \dfrac{\mathrm{d}y_1}{\mathrm{d}y} = f_1(x, y_1, y_2, \cdots, y_n) \\[2mm] \dfrac{\mathrm{d}x_2}{\mathrm{d}x} = f_2(x, y_1, y_2, \cdots, y_n) \\[2mm] \qquad\qquad \vdots \\[2mm] \dfrac{\mathrm{d}y_n}{\mathrm{d}x} = f_n(x, y_1, y_2, \cdots, y_n) \end{cases}$$

我们假定,在某一闭区域 D 内,函数 $f_1, f_2, \cdots, f_n$ 和它们对 $y_1, y_2, \cdots, y_n$ 的一切偏导数都连续地依赖于所有的变数。此时,解的存在和唯一性的定理就可以用(参看第 4 章 §1)。如果坐标为 $x_0, y_1^0, y_2^0, \cdots, y_n^0$ 的点位于某一区域 D',而 D' 包含在 D 内,那么方程组(4)有一个而且只有一个适合原始条件

$$y_i = y_i^0 \qquad (当 \ x = x_0, i = 1, 2, \cdots, n)$$

的解。

设这些解是

$$\begin{cases} y_1 = \varphi_1(x; x_0, y_1^0, y_2^0, \cdots, y_n^0) \\[2mm] y_2 = \varphi_2(x; x_0, y_1^0, y_2^0, \cdots, y_n^0) \\[2mm] \qquad\qquad \vdots \\[2mm] y_n = \varphi_n(x; x_0, y_1^0, y_2^0, \cdots, y_n^0) \end{cases}$$

在这些公式中,我们明显地指出了解和原始值 $x_0, y_1^0, \cdots, y_n^0$ 的关系性,我们

把这些原始值作为可取各种数值的参数。

在前一节,我们已经证明过,等式(36)的右端有对 $x_0, y_1^0, \cdots, y_n^0$ 的连续导数。

现在,我们考查在区域 D 内的始点 $(x_0, y_1^0, \cdots, y_n^0)$ 和经过始点的积分曲线上某一点 $(x, y_1, \cdots, y_n)$。关系式(36)一方面联系着值 $x_0, y_1^0, \cdots, y_n^0$,另一方面联系着值 $x, y_1, \cdots, y_n$。如果现在取点 $(x, y_1, \cdots, y_n)$ 为始点,那么由于唯一性的性质,由这些原始值所确定的积分曲线将经过点 $(x_0, y_1^0, \cdots, y_n^0)$,而且下列关系式显然成立

$$\begin{cases} y_1^0 = \varphi_1(x_0; x, y_1, y_2, \cdots, y_n) \\ y_2^0 = \varphi_2(x_0; x, y_1, y_2, \cdots, y_n) \\ \qquad\qquad \vdots \\ y_n^0 = \varphi_n(x_0; x, y_1, y_2, \cdots, y_n) \end{cases} \tag{41}$$

公式(41)指出,方程组(36)可以(在区域 D' 内唯一地)解出原始值 $y_1^0, y_2^0, \cdots, y_n^0$,而且右端有对 $x, y_1, y_2, \cdots, y_n$ 的连续偏导数。

如同在存在定理中所做的那样,用任意常数 $C_1, C_2, \cdots, C_n$ 代替原始值 $y_1^0, y_2^0, \cdots, y_n^0$,并且给参数 x_0 以确定的数值,我们就得到下列形式的方程组

$$\begin{cases} \psi_1(x, y_1, y_2, \cdots, y_n) = C_1 \\ \psi_2(x, y_1, y_2, \cdots, y_n) = C_2 \\ \qquad\qquad \vdots \\ \psi_n(x, y_1, y_2, \cdots, y_n) = C_n \end{cases} \tag{42}$$

等式(42)的全体称为方程组(4)的通积分,而(42)的第一个等式称为方程组(4)的首次积分[①]。必须注意,这些等式的左端都是自变数和未知函数的函数;从公式(42)的来源可以知道,如果用 $y_2, y_1, \cdots, y_n$ 的表达式(36),亦即方程组(4)的任何一个解代替 $y_1, y_2, \cdots, y_n$,那么代得的函数就变成一个常量(而且显然:对于不同的解,这常量的数值一般说来是不同的)。因此,我们可以给出首

[①] 把公式(41)和(36)比较,可看出,方程(41)能就 $y_1, \cdots, y_n$ 解出,而且显然,对于 $y_1, \cdots, y_n$ 来说,就得到了表达式(36)。由此可见,方程(42)也可以就 $y_1, \cdots, y_n$ 解出,因为它们的左端和方程(41)的右端只是记号不同,就是在其中没有明显地指出 x_0,而 x_0 在解出 $y_1, y_2, \cdots, y_n$ 时不起任何作用。解出后,可得表达式

$$y_i = \overline{\varphi}_i(x, C_1, C_2, \cdots, C_n) \quad (i = 1, 2, \cdots, n) \tag{36'''}$$

而且应当记住 $C_i = y_i^0$。这些公式表达这样的解,当 $x = x_0$ 时,函数 y_i 取值 $y_i = y_i^0$;我们还指出,这只是公式(36)的另一种写法。

次积分的两个定义：

（1）从表出方程组（4）的通解的方程解出任意常数，这样所得的关系式称为方程组（4）的首次积分。

前面的推演指出，如果取未知函数的原始值为任意常数，那么这样的解法总是可能的。

显然，这定义只能适用于关系式（42）的整体。因此，我们给出第二个定义，它能分别地刻画出每一个首次积分。

（2）在左端含有自变数和未知函数而且不恒等于常数的关系式，当我们把方程组（4）的任何解代其中未知函数时，它就取常数值；这样的关系式称为方程组的首次积分。

我们指出，从后面的定义可知，显然有无穷多个组首次积分存在。事实上，关系式

$$\Phi[\psi_1(x,y_1,\cdots,y_n),\cdots,\psi_n(x,y_1,\cdots,y_n)]=C \tag{42'}$$

其中 C 是任意常数，而 Φ 是它的变数的连续函数，也是方程组（4）的首次积分，因为用方程的解代 $y_1,y_2,\cdots,y_n$，我们就能把函数 $\psi_1,\psi_2,\cdots,\psi_n$ 变为常量，而因此 Φ 也变为常量。

2. 根据首次积分的第二个定义，我们可以给出刻画出首次积分的左端之解析判别准则。我们假设，所给方程组（4）的右端对 $y_1,y_2,\cdots,y_n$ 有连续偏导数；那么，如上面所证明的，等式（41）的右端对 $x,y_1,y_2,\cdots,y_n$ 有连续偏导数；我们可以考查形为（42）的比较一般的关系式；而且我们总将假定它们的左端有对 $x,y_1,y_2,\cdots,y_n$ 的导数；这个假定，当等式（42）的左端是从等式（41）的右端得到的像公式（42'）的时候总是成立的，其中式（42'）里的 Φ 是对于它所有的变元都有连续导数的函数。

我们假定，在一个首次积分

$$\psi(x,y_1,\cdots,y_n)=C \tag{42''}$$

中，用方程组（4）的任意解代 $y_1,\cdots,y_n$，那么左端变为 x 的函数，恒等于常数。把这个恒等式的两端对 x 微分，我们得到

$$\frac{\partial\psi}{\partial x}+\frac{\partial\psi}{\partial y_1}\frac{\mathrm{d}y_1}{\mathrm{d}x}+\cdots+\frac{\partial\psi}{\partial y_n}\frac{\mathrm{d}y_n}{\mathrm{d}x}=0 \tag{43}$$

因为 $y_1,\cdots,y_n$ 是方程组（4）的解，所以在等式（43）中可以用方程组（4）的右端代替导数 $\dfrac{\mathrm{d}y_1}{\mathrm{d}x},\cdots,\dfrac{\mathrm{d}y_n}{\mathrm{d}x}$，因此，我们得到

$$\frac{\partial\psi}{\partial x}+f_1(x,y_1,\cdots,y_n)\frac{\partial\psi}{\partial y_1}+\cdots+f_n(x,y_1,\cdots,y_n)\frac{\partial\psi}{\partial y_n}=0 \qquad(44)$$

在等式(44)中，$y_1,\cdots,y_n$ 是 x 的函数，这些函数是方程组(4)的某一个解。因此，在这等式中，值 $(x,y_1,\cdots,y_n)$ 是 $n+1$ 维空间点的坐标，而这个解经过该点。但是等式(42″)在微分后的结果中，和 x 无关，所以对于所考查域内的任何积分曲线上的一点 $(x,y_1,\cdots,y_n)$，等式(44)成立。因为按照存在定理，经过域内每一点 $(x_0,y_1^0,\cdots,y_n^0)$ 都有一个积分曲线，所以对于这域内的任何一点，等式(44)都成立，亦即对 $x,y_1,\cdots,y_n$ 为恒等式。因而，每一个首次积分的左端都恒等地适合关系式(44)。

反之，设某一个函数 ψ 使方程(44)变成恒等式，那么沿方程组(4)的任何积分曲线，等式(43)都成立，因此等式(42″)也成立。所以，沿每一条积分曲线，函数 ψ 取常数值。

因而，等式(44)是表达式(42″)为首次积分的充分和必要条件。

有时，由等式(44)所表达的首次积分的性质，可以这样表述：由于所给微分方程组，首次积分的左端的导数等于零。

3. 如果我们能用任何方法求得方程组(4)的 n 个独立首次积分，亦即它们可以就 $y_1,y_2,\cdots,y_n$ 解出，那么在解出后，就得到以 x 和 n 个任意常数 C_1, $C_2,\cdots,C_n$ 表达 $y_1,y_2,\cdots,y_n$ 的表达式。这些表达式就给出方程组(4)的通解。

事实上，积分(42)为独立的条件就是雅可比式 $\dfrac{D(\psi_1,\psi_2,\cdots,\psi_n)}{D(y_1,y_2,\cdots,y_n)}$ 不恒等于零；设对于值 $x_0,y_1^0,\cdots,y_n^0$，它不等于零。那么，在这些值的邻域中，$y_1,y_2,\cdots,y_n$ 是 $C_1,C_2,\cdots,C_n$ 和 x 的单值连续函数。给出原始值 x_0 和与 $y_1^0,y_2^0,\cdots,y_n^0$ 充分邻近的 $\bar{y}_1^0,\bar{y}_2^0,\cdots,\bar{y}_n^0$，并且用 $\bar{C}_1,\bar{C}_2,\cdots,\bar{C}_n$ 表示常数的对应值，我们看到，这些常数值确定方程组(4)的一个解；$y_1=\bar{\varphi}_1(x,\bar{C}_1,\bar{C}_2,\cdots,\bar{C}_n),\cdots,y_n=\bar{\varphi}_n(x,\bar{C}_1,\bar{C}_2,\cdots,\bar{C}_n)$，当 $x=x_0$ 时，这个解取预先给定的原始值 $\bar{y}_1^0,\bar{y}_2^0,\cdots,\bar{y}_n^0$。而这也是通解的判别准则。

因此，知道了方程组(4)的 n 个(独立的)首次积分，相当于积分了方程组(4)。

如果我们知道方程组的一个首次积分
$$\psi(x,y_1,\cdots,y_n)=C$$
那么从这个首次积分就可以把其中一个未知函数，例如 y_n，用 x 及其余的未知函数和任意常数 C 表达
$$y_n=\omega(x,y_1,\cdots,y_{n-1};C)$$

把这个表达式代入方程组(4)的第一,第二,……,第 $n-1$ 个方程,我们就得到了一组含有 $n-1$ 个未知函数的 $n-1$ 个方程。因此,方程组的阶数就降低了一阶。对新的 $n-1$ 阶方程组进行积分,我们就引入 $n-1$ 个任意常数,它们连同 C 就给出一组 n 个任意常数,亦即我们得到方程组(4)的通解。同样,如果我们知道 k 个独立的首次积分,那么方程组的阶数就可降低 k 阶。

例 8 我们考查方程组

$$\frac{\mathrm{d}x}{\mathrm{d}t}=y,\frac{\mathrm{d}y}{\mathrm{d}t}=-x$$

它的通解 $x=A\cos(t+\alpha)$,$y=A\sin(t+\alpha)$(A 和 α 是任意常数)。关系式 $x^2+y^2=C$ 显然是这组方程的首次积分。事实上,由于这组方程,$x^2+y^2=C$ 的左端对 t 的全导数是

$$2x\frac{\mathrm{d}x}{\mathrm{d}t}+2y\frac{\mathrm{d}y}{\mathrm{d}t}=2xy-2yx=0$$

关系式 $\Phi(x^2+y^2)=C$ 也是首次积分,其中 Φ 是任意的(可微)函数。

例 9 在刚体运动的理论中,遇到了方程组

$$A\frac{\mathrm{d}p}{\mathrm{d}t}=(B-C)qr,B\frac{\mathrm{d}q}{\mathrm{d}t}=(C-A)rp,C\frac{\mathrm{d}r}{\mathrm{d}t}=(A-B)pq$$

其中 $A \geqslant B \geqslant C>0$ 是给定的常数(刚体的主要转动惯量),而未知函数 p,q,r 是瞬时速度矢量的分量。

依次用 p,q,r 乘各方程,然后相加,我们就得到

$$Ap\frac{\mathrm{d}p}{\mathrm{d}t}+Bq\frac{\mathrm{d}q}{\mathrm{d}t}+Cr\frac{\mathrm{d}r}{\mathrm{d}t}=0$$

左端是全微分,它的积分是

$$Ap^2+Bq^2+Cr^2=m^2$$

(m 是任意常数),这是方程的一个首次积分。

依次用 Ap,Bq,Cr 乘方程,然后相加,我们就得到

$$A^2p\frac{\mathrm{d}p}{\mathrm{d}t}+B^2q\frac{\mathrm{d}q}{\mathrm{d}t}+C^2r\frac{\mathrm{d}r}{\mathrm{d}t}=0$$

由此,我们得到另一首次积分

$$A^2p^2+B^2q^2+C^2r^2=n^2$$

(n 是任意常数)。我们的方程组显然没有和这两个积分无关的,且不明显地包含 t 的其他积分。按照一般理论,我们可以应用这些积分,使方程组的阶数降为一阶。假定 $A>B>C$,我们从已得到的关系式解出 p^2,q^2,就有

$$p^2=\alpha r^2+a$$

$$q^2 = -\beta r^2 + b$$

其中

$$\alpha = \frac{C(B-C)}{A(A-B)} > 0$$

$$\beta = \frac{C(A-C)}{B(A-B)} > 0$$

而常量 a 和 b 依赖于任意常数 m^2 和 n^2，所以本身也是任意常数。

将 p 和 q 的值代入方程组第三个方程，我们得到

$$\frac{\mathrm{d}r}{\mathrm{d}t} = \frac{A-B}{C}\sqrt{(\alpha r^2 + a)(-\beta r^2 + b)}$$

这是变数分离的方程，我们用来求积可以得到以椭圆函数表出的解。

在上述例题中，我们用来求首次积分的方法，在于如何选择方程左端的组合，使它是 t 的全导数，而且右端等于零；令对应的原函数等于常数，我们就得到首次积分。

§5 对称形状的微分方程组

1. 表出方程组(4)的通积分的关系式(42)，有这样的特点：其中所含的自变数和因变数处于平等的地位。因此，如果我们从函数 y_i 中任意选择一个作为自变数，那么这些关系式仍然有效。但相应的变数代换改变了方程组(4)的形状，因为其中含有导数；但是，如果用(一阶)微分来改写原方程，那么按照它们的已知性质，对于任何变数代换，这种形状的方程组作用不变，特别对于上述类型的变换也正确。因而，我们可以把方程组写成

$$\frac{\mathrm{d}x}{1} = \frac{\mathrm{d}y_1}{f_1(x, y_1, y_2, \cdots, y_n)} = \frac{\mathrm{d}y_2}{f_2(x, y_1, y_2, \cdots, y_n)}$$

$$= \cdots = \frac{\mathrm{d}y_n}{f_n(x, y_1, y_2, \cdots, y_n)}$$

如果一切分母乘同一乘数(同时必须限制被考查的区域，使在这区域内，这个乘数不等于零)，那么这组方程仍然相当于原来的方程组。因此，我们可以假定，微分 $\mathrm{d}x$ 的分母不等于1，而是某一个函数。那么，就只有在记号上变数还不对称。我们再做下一步：把变数 $x, y_1, y_2, \cdots, y_n$ 改写为变数 $x_1, x_2, \cdots, x_n$（为书写简单起见，我们以 n 表示数变的个数，而不用 $n+1$）。

对称形状的微分方程组具有形状

$$\frac{\mathrm{d}x_1}{X_1(x_1,x_2,\cdots,x_n)} = \frac{\mathrm{d}x_2}{X_2(x_1,x_2,\cdots,x_n)} \qquad (45)$$

$$= \cdots = \frac{\mathrm{d}x_n}{X_n(x_1,x_n,\cdots,x_n)}$$

这组方程的通积分可写为

$$\psi_1(x_1,x_2,\cdots,x_n) = C_1$$
$$\psi_2(x_1,x_2,\cdots,x_n) = C_2$$
$$\vdots$$
$$\psi_{n-1}(x_1,x_2,\cdots,x_n) = C_{n-1} \qquad (46)$$

因为我们希望任何一个变数都能作自变数,而其余的作未知函数,所以自然要求函数 X_i 连续,并且对所有的变元 $x_1,x_2,\cdots,x_n$ 有连续偏导数。

要把对称的方程组(45)变为形状(4)的方程组就必须指定一个变数,例如 x_n 作为自变数。我们将这组方程改写为

$$\frac{\mathrm{d}x_1}{\mathrm{d}x_n} = \frac{X_1(x_1,x_2,\cdots,x_n)}{X_n(x_1,x_2,\cdots,x_n)}, \frac{\mathrm{d}x_2}{\mathrm{d}x_n} = \frac{X_2}{X_n}, \cdots, \frac{\mathrm{d}x_{n-1}}{\mathrm{d}x_n} = \frac{X_{n-1}}{X_n} \qquad (45')$$

同时,要不破坏右端的连续性,那么对于原始值 $x_1^0,x_2^0,\cdots,x_n^0$ 就必须有

$$X_n(x_1^0,x_2^0,\cdots,x_n^0) \neq 0$$

如果所给原始值使 X_n 等于零,我们就可以取这样的 x_i 为自变数,使对应的函数 X_i 不等于零。在任意选取自变数的条件下,只有在原始值 $x_1^0,x_2^0,\cdots,x_n^0$ 使所有的函数 X_i 都等于零,即

$$X_1(x_1^0,x_2^0,\cdots,x_n^0) = X_2(x_1^0,x_2^0,\cdots,x_n^0) = \cdots = X_n(x_1^0,x_2^0,\cdots,x_n^0) = 0$$

的情形时,形状为(45′)的方程组的右端才会是不连续的。

这样的原始值称为奇原始值;它们对应着方程组(45)的奇点。显然,对于解的存在性和唯一性,毕卡的证明不能应用到奇原始值。我们要从所考查的区域内除去奇点。

使积分(46)中的各个积分,或者一般形状为

$$\psi(x_1,x_2,\cdots,x_n) = C \qquad (46')$$

的任何关系式,是方程组首次积分的解析条件(可按下面方式得到)。沿方程组的积分曲线,函数 ψ 保持常数值,因此它的全微分沿这条曲线等于零

$$\frac{\partial \psi}{\partial x_1}\mathrm{d}x_1 + \frac{\partial \psi}{\partial x_2}\mathrm{d}x_2 + \cdots + \frac{\partial \psi}{\partial x_n}\mathrm{d}x_n = 0$$

由于方程(45),沿积分曲线上,微分 $\mathrm{d}x_i$ 正比于函数 X_i 的值,因此沿每一条积分曲线,我们有

$$X_1(x_1, x_2, \cdots, x_n)\frac{\partial \psi}{\partial x_1} + X_2\frac{\partial \psi}{\partial x_2} + \cdots + X_n\frac{\partial \psi}{\partial x_n} = 0 \qquad (47)$$

重复前一节的推演,我们指出,对于代表某条积分曲线上(变)点的值 x_1, $x_2, \cdots, x_n$ 我们能够导出关系式(47)。因为对于公式(46′)中的任何常数值 C 这个等式是正确的,所以对于任何积分曲线上的点,等式(47)成立。由此可见:因为经过所考查的域内每一点,都有一条积分曲线,所以对于首次积分的左端,关系式(47)恒等地成立。反过来,任何恒等地适合方程(47)的函数 ψ,令它等于任意常数,就给出首次积分。

在几何上,由通积分(46)所给定的方程组(45)的解,可以看作由 $n-1$ 个 $n-1$ 维流形 $\psi_i = C_i (i=1,2,\cdots,n-1)$(即在 n 维空间 $x_1, x_2, \cdots, x_n$,中的"$n-1$ 维超曲面")的交点所确定的一维流形("积分曲线");积分曲线族依赖于 $n-1$ 个参数 $C_1, C_2, \cdots, C_{n-1}$;每一族超曲面依赖于一个参数。

2. 求首次积分时,把方程组变成对称形状常常是有好处的。把方程写成微分的形式(45)后,我们求等式(45)的各项关于微分的线性组合,使左端是全微分,而右端等于零。把这全微分积分,并且令其结果等于常数,我们就得到首次积分。如果用这种方法能求得 $n-1$ 个积分,那么我们就得到相当于通解的通积分。如果求得 $n-2$ 个积分,那么求通解的问题就化成积分一阶微分方程的问题。

例 10 $(z-y)^2\dfrac{\mathrm{d}y}{\mathrm{d}x} = z$, $(z-y)^2\dfrac{\mathrm{d}z}{\mathrm{d}x} = y$。把这组方程写成对称形状

$$\frac{\mathrm{d}x}{(z-y)^2} = \frac{\mathrm{d}y}{z} = \frac{\mathrm{d}z}{y}$$

这些等式的后两项给出可积分的组合

$$y\mathrm{d}y - z\mathrm{d}z = 0$$

因而有首次积分 $y^2 - z^2 = C_1$。

把后两个关系式,按分子分母相减,再令所得关系式等于第一个关系式,我们得到

$$\frac{\mathrm{d}x}{(z-y)^2} = \frac{\mathrm{d}y - \mathrm{d}z}{z-y} \text{或} \, \mathrm{d}x + (z-y)(\mathrm{d}z - \mathrm{d}y) = 0$$

由此,另一首次积分

$$2x + (z-y)^2 = C_2$$

因此,积分的问题就得到解决。但是,由于用 $(y-z)^2$ 去除的结果,我们失去了依赖于一个参数的一族解,$x=C,y=z$;如果指定 x 为自变数,这些解就不存在。

例 11　$\dfrac{\mathrm{d}y}{\mathrm{d}x}=1-\dfrac{1}{z},\dfrac{\mathrm{d}z}{\mathrm{d}x}=\dfrac{1}{y-x}$。我们把方程组写成

$$\mathrm{d}y-\mathrm{d}x=-\frac{\mathrm{d}x}{z},\frac{\mathrm{d}x}{y-x}=\mathrm{d}x$$

再连乘起来,我们就得到可积分的组合

$$\frac{\mathrm{d}y-\mathrm{d}x}{y-x}+\frac{\mathrm{d}z}{z}=0$$

因此$(y-x)z=C_1$。为继续积分起见,确定出$z=\dfrac{C_1}{y-x}$,再把它代入第一个方程;我们得到

$$\mathrm{d}y-\mathrm{d}x=-\frac{\mathrm{d}x(y-x)}{C_1}或(y-x)\mathrm{e}^{\frac{x}{C_1}}=C_2$$

由此求得通解

$$y=\bar{C_2}\mathrm{e}^{\frac{x}{C_1}}+x,z=\frac{C_1}{C_2}\mathrm{e}^{\frac{x}{C_1}}$$

我们指出,含有C_2的关系式不是首次积分,因为它还含有任意常数C_1。要从它得到首次积分,就必须从第一个关系式,以x,y,z表达C_1,然后代入第二个关系式。这样,我们就得到

$$(y-x)\mathrm{e}^{\frac{x}{z(y-x)}}=C_2$$

注 1　在本章的§1中,我们曾考查过动力学体系

$$\frac{\mathrm{d}x_1}{\mathrm{d}t}=X_1(x_1,x_2,\cdots,x_n),\cdots,\frac{\mathrm{d}x_n}{\mathrm{d}t}=X_n(x_1,x_2,\cdots,x_n) \tag{6'}$$

而把t解释为时间。要求得轨线,我们就从方程组$(6')$消去$\mathrm{d}t$;这样便适宜于将所得到的方程组写成对称形;因为代表点的坐标的量$x_1,x_2,\cdots,x_n$,在这种解释下,都是处于相等的地位的。所得方程组的形状为

$$\frac{\mathrm{d}x_1}{X_1}=\frac{\mathrm{d}x_2}{X_2}=\cdots=\frac{\mathrm{d}x_n}{X_n}$$

这方程组有$n-1$个首次积分(46)。显然,它们也是方程组$(6')$的积分。因此,右端与时间无关的方程组$(6')$有$n-1$个与时间无关的积分。在例 9 中,我们求得三阶方程组的两个与时间无关的积分。

反过来,如果给定形状(45)的方程组,那么我们可以不指定量x_i中的一个作为自变数,而令所有彼此相等的关系式等于新自变数t的微分

$$\frac{\mathrm{d}x_1}{X_1}=\frac{\mathrm{d}x_2}{X_2}=\cdots=\frac{\mathrm{d}x_n}{X_n}=\mathrm{d}t$$

我们就得到形状(6′)的方程组。如果在给出方程组(6′)的解的公式中,我们用变数 x_i 中的一个,例如 x_n 来表达 t,并且把这表达式代入函数 $x_1, x_2, \cdots, x_{n-1}$ 的值,那么我们就得到方程组(45)的解。如果不进行这样的消去法,那么我们就得到方程组(45)的用参数 t 的函数来表达的积分曲线。

注2 我们只对于充分小的区域,证明(单值连续的)首次积分的存在,在上面所指的区域中,按照存在的定理所确定的隐函数始终是单值的。对于方程组的积分曲线有定义的整个区域,首次积分甚至可以不存在。我们考查下面的简单例子。方程组

$$\frac{\mathrm{d}x}{\mathrm{d}t} = x, \frac{\mathrm{d}y}{\mathrm{d}t} = y$$

有通解 $x = x_0 \mathrm{e}^t, y = y_0 \mathrm{e}^t$,特别,当 $x_0 = y_0 = 0$ 时,$x = y = 0$。积分曲线充满整个平面。但是,这组方程绝不会有与时间无关且连续于整个平面的积分。事实上,这样的积分沿任何解都有常数值,而由于每一个(不恒等于零的)解,当 $t \to \infty$ 时,都以值 $x = 0, y = 0$ 为极限。由于在点(0,0)的连续性,每一个积分在点(0,0)也应当取同一常数值。因此,由于在点(0,0)的唯一性,这个常数值对于所有的积分曲线应当是相同的,亦即积分的左端恒等于一个常量,而这和首次积分的定义相矛盾。同时,在不含 Ox 轴的整个区域内,方程组有(单值和连续的)首次积分 $\frac{x}{y} = C$。如果取同一方程的积分 $\frac{x^2}{x^2+y^2} = C$,那么它在不含点(0,0)的区域内连续。

问 题

求下列各方程组的通解(或通积分):

193. $\dfrac{\mathrm{d}x}{y+z} = \dfrac{\mathrm{d}y}{z+x} = \dfrac{\mathrm{d}z}{x+y}$。

194. $\dfrac{\mathrm{d}x}{x(y^2+z^2)} = \dfrac{\mathrm{d}y}{-y(z^2+x^2)} = \dfrac{\mathrm{d}z}{z(x^2+y^2)}$。

195. $\dfrac{\mathrm{d}x}{x(x+y)} = \dfrac{\mathrm{d}y}{-y(x+y)} = \dfrac{\mathrm{d}z}{(x-y)(2x+2y+z)}$。

196. $\dfrac{\mathrm{d}x}{\mathrm{d}t} = \dfrac{x-y}{z-t}, \dfrac{\mathrm{d}y}{\mathrm{d}t} = \dfrac{x-y}{z-t}, \dfrac{\mathrm{d}z}{\mathrm{d}t} = x-y+1$。

§6 李雅普诺夫型的稳定性、关于由一次近似来决定稳定性的定理

1. 我们将要考查微分方程组

$$\frac{\mathrm{d}x_i}{\mathrm{d}t} = X_i(t, x_1, x_2, \cdots, x_n) \tag{48}$$

这里,我们假定 $\frac{\partial X_i}{\partial x_j}(i,j=1,2,\cdots,n)$ 连续。我们把 $x_1, x_2, \cdots, x_n$ 解称为动点的坐标,而 $t, t_0 \leqslant t < +\infty$,则解释为时间。

以后,我们把方程(48)的第一个特解称为运动。

现在,我们要考查由原始数据

$$t = t_0, x_i = x_i^0 \tag{49}$$

所确定的运动,亦即

$$x_i = x_i(t; t_0, x_1^0, x_2^0, \cdots, x_n^0) \quad (i = 1, 2, \cdots, n)$$

定义 如果对于任何 $\varepsilon > 0$,能求得这样的 $\delta > 0$,只要 $|x_i^0 - \tilde{x}_i^0| < \delta, i = 1, \cdots, n$ 对于所有合于 $t_0 \leqslant t < +\infty$ 的值 t,就有

$$|x_i(t; t_0, x_1^0, x_2^0, \cdots, x_n^0) - x_i(t; t_0, \tilde{x}_1^0, \cdots, \tilde{x}_n^0)| < \varepsilon$$
$$(i = 1, 2, \cdots, n) \tag{50}$$

那么,运动(49)就称为李雅普诺夫(A. A. Ljapunov, 1911—1973)的稳定的运动。

不是稳定运动的任何运动,称为不稳定运动;这就是说,存在这样的 $\varepsilon_0 > 0$,使得不论所选取的正数 δ 如何小,总可以找到 $(\tilde{x}_1^0, \tilde{x}_2^0, \cdots, \tilde{x}_n^0)$ 和 $t = T$,而对于某一个 i 和这个 T,即使不等式

$$|x_k^0 - \tilde{x}_k^0| < \delta \quad (k = 1, 2, \cdots, n)$$

也成立

$$|x_i(T; t_0, x_1^0, \cdots, x_n^0) - x_i(T; t_0, \tilde{x}_1^0, \cdots, \tilde{x}_n^0)| \geqslant \varepsilon_0$$

讨论之中对应原始条件 $t_0, x_1^0, \cdots, x_n^0$ 的运动,李雅普诺夫称它为无干扰运动;而具有改变了的原始条件,即 $t_0, \tilde{x}_1^0, \cdots, \tilde{x}_n^0$ 的运动就称为干扰运动。因此,无干扰运动的稳定性,在几何上意味着,在任何已给瞬时 t,在干扰运动的轨线上的点,恒位于无干扰运动的对应点的充分小的邻域中。

现在我们按照公式

$$x_i = \bar{x}_i + x_i(t) \quad (i = 1, 2, \cdots, n) \tag{51}$$

化到坐标 $\bar{x}_1, \bar{x}_2, \cdots, \bar{x}_n$，其中为简便起见，我们令 $x_i(t) = x_i(t; t_0, x_1^0, \cdots, x_n^0)$。于是，无干扰运动 $x_i(t)$ 变成新坐标系中的无干扰运动 $\bar{x}_i(t) \equiv 0 (i = 1, 2, \cdots, n)$，也就是变成新坐标系中的所谓静止点 $x_i(t)$。事实上，在方程（48）中施行变数代换（51），就有

$$\frac{\mathrm{d}\bar{x}_i}{\mathrm{d}t} + \frac{\mathrm{d}}{\mathrm{d}t}[x_i(t)] = X_i[t; \bar{x}_1 + x_1(t), \cdots, \bar{x}_n + x_n(t)]$$

把这等式的右端按 $\bar{x}_i$ 展成泰勒极数，至一次项为止，我们得到

$$\frac{\mathrm{d}\bar{x}_i}{\mathrm{d}t} + \frac{\mathrm{d}}{\mathrm{d}t}[x_i(t)] = X_i[t; x_1(t), \cdots, x_n(t)] +$$

$$\sum_{m=1}^{n} \bar{x}_m \frac{\partial X_i}{\partial x_m}[t; x_1(t) + \theta_i \bar{x}_1, \cdots, x_n(t) + \theta_i \bar{x}_n]$$

因为 $x_i(t)$ 是方程组（48）的解，所以我们得到

$$\frac{\mathrm{d}\bar{x}_i}{\mathrm{d}t} = \sum_{m=1}^{n} \bar{x}_m \frac{\partial X_i}{\partial x_m}[t; x_1(t) + \theta_i \bar{x}_1, \cdots, x_n(t) + \theta_i \bar{x}_n] \tag{52}$$

以前已经证明，在等式（52）的右端中，$\bar{x}_m$ 的系数是连续函数。解案 $\bar{x}_i(t) \equiv D$ $(i = 1, 2, \cdots, n)$，适合这个方程组及原始条件 $\bar{x}_i^0 = 0 (i = 1, 2, \cdots, n)$，这证明了我们的断言。

以后我们总假定已经施行过这个变换，而来考查平凡解：$\bar{x}_i(t) \equiv 0 (i = 1, 2, \cdots, n)$ 的李雅普诺夫型的稳定性。

确定稳定性的条件（50），现在意味着干扰运动的轨线，当 $t_0 \leqslant t < +\infty$ 时，不越出静止点的 ε-邻域之外。

以后，我们感兴趣的是李雅普诺夫型稳定性的定性的判别准则。因为只有当我们不会积分方程组（48），但是却能论断无干扰运动稳定性的情形，在理论上和对于实际应用上才是重要的。

2. 我们假设，函数 X_i 对 x_i 有一阶连续导数，而且这些导数沿平凡解是常数，亦即

$$\frac{\partial X_i(t, 0, 0, \cdots, 0)}{\partial x_j} = a_{ij} = 常数$$

$$(i, j = 1, 2, \cdots, n)$$

在这个假设下，函数 X_i 可以表示成形状

$$X_i(t; x_1, \cdots, x_n) = \sum_{j=1}^{n} a_{ij} x_j + \varphi_i(t; x_1, \cdots, x_n)$$

其中 φ_i 在点 $x_1 = x_2 = \cdots = x_n = 0$ 的邻域中,是高于一阶的无穷小。方程组(48)成为

$$\frac{\mathrm{d}x_i}{\mathrm{d}t} = \sum_{j=1}^{n} a_{ij}x_j + \varphi_i(t, x_1, \cdots, x_n) \quad (i = 1, 2, \cdots, n) \tag{53}$$

如果在方程组(53)中,弃去高于一阶的各项,那么所得到的常系数线性微分方程组

$$\frac{\mathrm{d}x_i}{\mathrm{d}t} = \sum_{j=1}^{n} a_{ij}x_j \quad (i = 1, 2, \cdots, n) \tag{54}$$

就称为非线性方程组(53)的一次近似方程组,这就是说,在上述假设下,也是方程(48)的一次近似方程组。

我们也可以把方程(54)看作方程组(48)在它的平凡解的邻域中的变分方程组(参看本章 §3)。

在李雅普诺夫以前所研究的稳定性问题,基本上局限于研究一次近似的稳定性,而认为所得到的结果也已经解决了基本非线性方程组的稳定性的问题。

李雅普诺夫首先指出,在一般情形,这样的结论是不正确的。另一方面,他举出一连串非线性方程组(48)的例子,对于这些例子,我们由一次近似就可以彻底解决稳定性的问题。

3. 我们首先考查一种情形:即一次近似的特征方程,也就是方程组(54)的特征方程的一切根都是单根,或者至少方程组(54)的系数所组成的矩阵的一切初等因子都是一次的情形。此时就有着非奇线异性变换

$$y_i = \sum_{k=1}^{n} \alpha_{ik}x_k \quad (i = 1, 2, \cdots, n) \tag{55}$$

能把方程组(54)变为对角线形式。现在我们把这变换应用到方程组(53),那么这方程组成为

$$\begin{cases} \dfrac{\mathrm{d}y_1}{\mathrm{d}t} = \lambda_1 y_1 + \varphi_1^*(t, y_1, y_2, \cdots, y_n) \\[2mm] \dfrac{\mathrm{d}y_2}{\mathrm{d}t} = \lambda_2 y_2 + \varphi_2^*(t, y_1, y_2, \cdots, y_n) \\[2mm] \quad\vdots \\[2mm] \dfrac{\mathrm{d}y_n}{\mathrm{d}t} = \lambda_n y_n + \varphi_n^*(t, y_1, y_2, \cdots, y_n) \end{cases} \tag{56}$$

其中,$\lambda_1, \lambda_2, \cdots, \lambda_n$ 是方程组(54)的特征方程的根,而 $\varphi_i^*(t, y_1, y_2, \cdots, y_n)$ 由等式

$$\varphi_i^*(t, y_1, y_2, \cdots, y_n) = \sum_{k=1}^{n} \alpha_{ik}\varphi_k(t, x_1, \cdots, x_n) \quad (i = 1, 2, \cdots, n) \tag{57}$$

所确定。

定理 6　如果：

（1）一次近似（54）的特征方程的一切根都是负的。

（2）在方程组（53）中，所有的函数 $\varphi_i(t,x_1,x_2,\cdots,x_n)$ 都适合条件

$$|\varphi_i(t,x_1,x_2,\cdots,x_n)| \leqslant M\Big[\sum_{i=1}^{n}x_i^2\Big]^{\frac{1}{2}+\alpha} \quad (i=1,2,\cdots,n) \tag{A}$$

其中 M 是一个常数，而 $\alpha>0$。

（3）一次近似（54）的特征方程的一切根都是单根，或者至少方程组（54）的系数矩阵的初等因子都是一次的——那么，方程组（53）的平凡解是稳定的。

证明　用非奇线性变换（55），根据定理的条件（3），我们能将方程组（53）变为形状（56）。

我们先证明，方程组（56）的函数 $\varphi_i^*(t,y_1,y_2,\cdots,y_n)$ 适合条件（A）。事实上，设 α 是变换（55）中的系数之绝对值的上界，亦即

$$|\alpha_{ik}| \leqslant \alpha^{①} \quad (i,k=1,2,\cdots,n)$$

那么，应用等式（57），我们得到

$$|\varphi_i^*(t,y_1,y_2,\cdots,y_n)|$$

$$=\Big|\sum_{k=1}^{n}\alpha_{ik}\varphi_k(t,x_1,x_2,\cdots,x_n)\Big|$$

$$\leqslant M\alpha\sum_{k=1}^{n}(x_1^2+x_2^2+\cdots+x_n^2)^{\frac{1}{2}+\alpha}$$

$$\leqslant M_1(x_1^2+x_2^2+\cdots+x_n^2)^{\frac{1}{2}+\alpha}$$

$$(i=1,2,\cdots,n) \tag{58}$$

其中 $$M_1=M\alpha n$$

但是在任何非奇异变换下，旧变数的平方和不超过新变数的平方和与一常量之积。事实上，我们从等式（55）解出变数 x_i

$$x_i=\sum_{k=1}^{n}\beta_{ik}y_k \tag{59}$$

并且设 β 是 $|\beta_{ik}|$ 的上界，亦即 $|\beta_{ik}|\leqslant\beta(i,k=1,2,\cdots,n)$，那么

---

① 译者注：此处之 α 和不等式（A）的右端 $M\Big[\sum\limits_{i=1}^{n}x_i^2\Big]^{\frac{1}{2}+\alpha}$ 中的 α 毫无关系。

$$x_i^2 = \left(\sum_{k=1}^n \beta_{ik} y_k \right)^2 \leqslant \left\{ \sum_{k=1}^n | \beta_{ik} | | y_k | \right\}^2$$

$$\leqslant \beta^2 \sum_{k=1}^n \sum_{j=1}^n | y_k | | y_i |$$

$$\leqslant \frac{\beta^2}{2} \sum_{k=1}^n \sum_{j=1}^n (y_k^2 + y_j^2)$$

$$= n\beta^2 \sum_{k=1}^n y_k^2$$

此处我们应用了熟知的不等式

$$| y_k | | y_i | \leqslant \frac{y_k^2 + y_j^2}{2}$$

因此

$$\sum_{i=1}^n x_i^2 \leqslant L \sum_{k=1}^n y_k^2 \tag{60}$$

而
$$L = n^2 \beta^2$$

我们顺便指出

$$\sum_{k=1}^n y_k^2 \leqslant L_1 \sum_{k=1}^n x_k^2 \tag{61}$$

而
$$L_1 = n^2 a^2$$

从不等式(58)和(60),我们便得到所需要的不等式

$$| \varphi_i^* (t, y_1, y_2, \cdots, y_n) | \leqslant M^* \left\{ \sum_{k=1}^n y_k^2 \right\}^{\frac{1}{2} + \alpha} \tag{62}$$

此处
$$M^* = M_1 L^{\frac{1}{2} + \alpha}$$

现在我们以 y_1 乘方程组(56)的第一个方程,以 y_2 乘第二个,……再把它们相加,我们得到

$$\frac{1}{2} \frac{\mathrm{d}}{\mathrm{d}t} \sum_{i=1}^n y_t^2 = \sum_{i=1}^n \lambda_i y_i^2 + \sum_{i=1}^n y_i \varphi_i^* (t, y_1, \cdots, y_n) \tag{63}$$

按照条件,所有的数 λ_i 是负的。我们用 $-\omega$ 表示它们最大的一个,并设

$$\lambda_n \leqslant \lambda_{n-1} \leqslant \cdots \leqslant \lambda_1 = -\omega \quad (\omega > 0) \tag{64}$$

现在我们来估计等式(63)右端的表达式的上界,由于不等式(62)和(64),我们得到

$$\frac{1}{2} \frac{\mathrm{d}}{\mathrm{d}t} \sum_{i=1}^n y_i^2 \leqslant -\omega \sum_{i=1}^n y_i^2 + M^* \sum_{i=1}^n | y_i | \left\{ \sum_{k=1}^n y_k^2 \right\}^{\frac{1}{2} + \alpha}$$

因为 $| y_i | \leqslant \left\{ \sum_{k=1}^n y_k^2 \right\}^{\frac{1}{2}}$,所以

$$\frac{1}{2} \frac{\mathrm{d}}{\mathrm{d}t} \sum_{i=1}^{n} y_i^2 \leqslant -\omega \sum_{i=1}^{n} y_i^2 + nM^* \left(\sum_{k=1}^{n} y_k^2 \right)^{1+\alpha}$$

或

$$\frac{1}{2} \frac{\mathrm{d}}{\mathrm{d}t} \sum_{i=1}^{n} y_i^2 \leqslant \left(-\omega \sum_{i=1}^{n} y_i^2 \right) \left[1 - \frac{nM^*}{\omega} \left(\sum_{k=1}^{n} y_k^2 \right)^{\alpha} \right] \tag{65}$$

我们把 y_k 取成适当小,使

$$\sum_{k=1}^{n} y_k^2 < \left\{ \frac{1}{2} \frac{\omega}{nM^*} \right\}^{\frac{1}{\alpha}} \tag{66}$$

这样的假定是可以的,因为在起始时刻 $t=t_0$,量 y_k 可以假定为任意小,特别可以假定它们适合不等式(66)。由于我们方程组的解对于原始条件的连续依赖性,不等式(66)在值 $t=t_0$ 的某一邻域中是成立的。

那么,不等式(65)可以这样改写

$$\frac{1}{2} \frac{\mathrm{d}}{\mathrm{d}t} \sum_{k=1}^{n} y_k^2(t) \leqslant -\frac{\omega}{2} \sum_{k=1}^{n} y_k^2(t)$$

于是分离变数,并由 t_0 积分到 t,我们得到

$$\ln \left[\sum_{k=1}^{n} y_k^2(t) \right]_{t_0}^{t} \leqslant -\omega(t - t_0)$$

或

$$\sum_{k=1}^{n} y_k^2(t) \leqslant \mathrm{e}^{-\omega(t-t_0)} \sum_{k=1}^{n} y_k^2(t_0) \tag{67}$$

由不等式(67)可见,$\sum_{k=1}^{n} y_k^2(t)$ 单调减少;并且当 $t \to \infty$ 时,趋向零。如果不等式(66)在起始时刻 t_0 成立,那么这个不等式对于一切值 $t \leqslant t_0$ 都成立。因此,只要在 $t=t_0$ 时,不等式(66)成立。不等式(67)对于一切 $t > t_0$ 就都正确。

从不等式(60)和(61)可得

$$\sum_{k=1}^{n} x_k^2(t) \leqslant LL_1 \mathrm{e}^{-\omega(t-t_0)} \sum_{k=1}^{n} x_k^2(t_0) \tag{68}$$

如果 $|x_k(t_0)| \leqslant \dfrac{\varepsilon}{\sqrt{LL_1 n}}$,那么 $|x_k(t)| < \varepsilon$,而这意味着方程组(53)的平凡解是稳定的。我们也指出,在不等式(68)中,显然当 $t \to \infty$ 时,所有的 x_k 都趋向零。

因此,定理已经证明。

4. 现在我们来考查方程组(54)的系数矩阵有高次的初等因子的情形,此时存在这样的非奇异线性变换,它能使方程组(54)变成标准形状 $(30_1) \cdots$ (30_k)。我们再作一个非奇异线性变换,即令

$$\begin{cases} y_1 = z_1 \gamma^{n-1} \\ y_2 = z_2 \gamma^{n-2} \\ \quad \vdots \\ y_n = z_n \end{cases} \tag{69}$$

其中 γ 是不等于零的任意数。我们将数 γ 看作正的,而在以后,我们要把它选得充分小。

因此,我们有非奇异线性变换

$$y_i = \sum_{k=1}^{n} \alpha_{ik}^* x_k \tag{70}$$

把方程组(53)变成形状

$$\begin{cases} \dfrac{\mathrm{d}y_1}{\mathrm{d}t} = \lambda_1 y_1 + \gamma y_2 + \varphi_1^*(t, y_1, \cdots, y_n) \\[2mm] \dfrac{\mathrm{d}y_2}{\mathrm{d}t} = \lambda_1 y_2 + \gamma y_3 + \varphi_2^*(t, y_1, \cdots, y_n) \\[2mm] \qquad\qquad \vdots \\[2mm] \dfrac{\mathrm{d}y_{e_1}}{\mathrm{d}t} = \lambda_1 y_{e_1} + \varphi_{e_1}^*(t, y_1, \cdots, y_n) \\[2mm] \qquad\qquad \vdots \\[2mm] \dfrac{\mathrm{d}y_{n-e_k+1}}{\mathrm{d}t} = \lambda_k y_{n-e_k+1} + \gamma y_{n-e_k+2} + \varphi_{n-e_k+1}^*(t, y_1, \cdots, y_n) \\[2mm] \qquad\qquad \vdots \\[2mm] \dfrac{\mathrm{d}y_n}{\mathrm{d}t} = \lambda_k y_n + \varphi_n^*(t, y_1, \cdots, y_n) \end{cases} \tag{71}$$

此处

$$\varphi_i^*(t, y_1, \cdots, y_n) = \sum_{k=1}^{n} \alpha_{ik}^* \varphi_k(t, x_1, \cdots, x_n) \quad (k = 1, 2, \cdots, n) \tag{72}$$

注 当某些 λ_i 是复数,而因此 α_{ij} 和量 y_i 是复数时,等式(72)也能确定函数 $\varphi_k^*(t, y_1, \cdots, y_n)$。事实上,由于非奇异变换(70),量 y_i 的每一组已给值对应着唯一的一组值 x_i(我们只考查对应实数值 x_i 的那些数值 y_i),由于等式(72),x_i 的那组值对应函数 $\varphi_i^*(t, y_1, y_2, \cdots, y_n)$ 的一个确定值。因此,建立了 $\varphi_i^*(t, y_1, y_2, \cdots, y_n)$ 对它的变元的依赖性。

如果某一 λ_i 是复数,那么它对应某一与它共轭的数 $\lambda_j = \bar{\lambda}_i$。这时,对应于根 λ_j 之变换的系数和对应于根 λ_j 之变换的系数互相共轭,但是由等式

$$\bar{y}_i = \sum_{k=1}^{n} \bar{\alpha}_{ik}^* x_k \tag{73}$$

可知,变换之系数的共轭复数值对应变数 y_i 的共轭复数值,因此

$$\bar{\varphi}_i^*(t, \bar{y}_1, \cdots, \bar{y}_n) = \sum_{k=1}^{n} \bar{\alpha}_{ik}^* \varphi_k(t, x_1, \cdots, x_n) = \varphi_i^*(t, \bar{y}_1, \bar{y}_2, \cdots, \bar{y}_n) \tag{74}$$

定理 7 如果:

(1) 一次逼近(54)的特征方程的一切根都是负数。

(2) 所有在方程组(53)中的函数 $\varphi_i(t, x_1, x_2, \cdots, x_n)$ 适合条件(A),那么方程组(53)的平凡解是稳定的。

证明 设方程组(53)已变成形状(71)。因为由公式(72),函数 $\varphi_i^*(t, y_1, \cdots, y_n)$ 可以用 $\varphi_i(t, x_1, \cdots, x_n)$ 的线性组合来表达,所以当 $\alpha \geqslant |\alpha_{ik}^*|$ 时,估计 (62)成立。设 $\lambda_n \leqslant \lambda_{n-1} \leqslant \cdots \leqslant \lambda_1 = -\omega$,而 $\omega > 0$。以 y_1 乘方程组(71)的第一个方程,以 y_2 乘第二个方程,……;再把它们相加,然后用 $-\omega$ 代替所有的 λ_k,我们就得到不等式

$$\frac{1}{2} \frac{d}{dt} \sum_{i=1}^{n} y_i^2 \leqslant -\omega \sum_{i=1}^{n} y_i^2 + \gamma \sum_{i=1}^{n}{}' y_i y_{i+1} + \sum_{i=1}^{n} y_i \varphi_i^*(t, y_1, \cdots, y_n) \tag{75}$$

其中第二个求和符号 $\sum$ 上加一撇的意思是表示在相加时要除掉 $i = e_1, e_1 + e_2, \cdots, n - e_k, n$ 的各项不计。对于 $\varphi_i^*(t, y_1, \cdots, y_n)$,我们应用不等式(62),再注意

$$y_i y_{i+1} \leqslant |y_i y_{i+1}| \leqslant \frac{y_i^2 + y_{i+1}^2}{2}$$

我们加强不等式(75),就得到

$$\frac{1}{2} \frac{d}{dt} \sum_{i=1}^{n} y_i^2 \leqslant -\omega \sum_{i=1}^{n} y_i^2 + \gamma \sum_{i=1}^{n} y_i^2 + M^* \sum_{i=1}^{n} |y_i| \left\{ \sum_{k=1}^{n} |y_k^2| \right\}^{\frac{1}{2}+\alpha} \tag{76}$$

现在我们选取正数 γ,使 $-\omega+\gamma$ 是负的,并且令

$$-\omega+\gamma = -\omega, \text{其中 } \omega_1 > 0$$

用求不等式(65)的方法估计不等式(76)中的最后一项,就有

$$\frac{1}{2} \frac{d}{dt} \sum_{i=1}^{n} y_i^2 \leqslant -\omega_1 \sum_{i=1}^{n} y_i^2 \left[1 - \frac{nM^*}{\omega_1} \left(\sum_{k=1}^{n} y_k^2 \right)^{\alpha} \right] \tag{77}$$

只要用正数 $\omega_1 = \omega - \gamma$ 代替正数 ω,不等式(77)就和不等式(65)完全一样。因为从不等式(65)可以得到方程组(53)的平凡解的稳定性,所以从不等式(77)也可以得到这个解的稳定性。

用我们证明前面两个定理的方法,可以证明下面它们的推广。

定理 8 如果:

（1）一次逼近（54）的特征方程的一切根的实部都是负的。

（2）在方程组（53）中的一切函数 $\varphi(t,x_1,\cdots,x_n)$ 都适合条件（A）。那么，方程组（53）的平凡解是稳定的。

证明 设方程（53）已变为形状（71）。除了方程组（71），我们还考查方程组

$$
\begin{cases}
\dfrac{\mathrm{d}\bar{y}_1}{\mathrm{d}t} = \bar{\lambda}_1\bar{y}_1 + \gamma\bar{y}_2 + \varphi_1^*(t,\bar{y}_1,\cdots,\bar{y}_n) \\[2mm]
\dfrac{\mathrm{d}\bar{y}_2}{\mathrm{d}t} = \bar{\lambda}_1\bar{y}_2 + \gamma\bar{y}_3 + \varphi_2^*(t,\bar{y}_1,\cdots,\bar{y}_n) \\[1mm]
\qquad\qquad\qquad\vdots \\[1mm]
\dfrac{\mathrm{d}\bar{y}_n}{\mathrm{d}t} = \bar{\lambda}_1\bar{y}_n + \varphi_n^*(t,\bar{y}_1,\cdots,\bar{y}_n)
\end{cases}
\tag{78}
$$

方程组（78）和方程组（71）相同，只不过是其中各个方程的编号有所不同而已。

设 $-\omega$ 是方程组（54）的特征方程的根的实部的最大者，亦即

$$
R(\lambda_k) \leqslant -\omega,\text{其中 } \omega>0^{①}
\tag{79}
$$

我们指出

$$
\frac{\mathrm{d}}{\mathrm{d}t}\sum_{i=1}^{n}\mid y_i\mid^2 = \frac{\mathrm{d}}{\mathrm{d}t}\sum_{i=1}^{n}y_i\bar{y}_i = \sum_{i=1}^{n}y_i\frac{\mathrm{d}\bar{y}_i}{\mathrm{d}t} + \sum_{i=1}^{n}\bar{y}_i\frac{\mathrm{d}y_i}{\mathrm{d}t}
$$

那么，应用方程组（71）和（78），我们得到

$$
\frac{\mathrm{d}}{\mathrm{d}t}\sum_{i=1}^{n}\mid y_i\mid^2 = \sum_{i=1}^{n}2R(\lambda_i)\mid y_i\mid^2 + \gamma\sum_{i=1}^{n}(\bar{y}_iy_{i+1} + \bar{y}_{i+1}y_i) +
$$
$$
\sum_{i=1}^{n}\left[\bar{y}_i\varphi_i^*(t,y_1,\cdots,y_n) + y_i\varphi_i^*(t,\bar{y}_1,\cdots,\bar{y}_n)\right]
\tag{80}
$$

但是 $\bar{y}_iy_{i+1}+\bar{y}_{i+1}y_i \leqslant 2\mid y_iy_{i+1}\mid \leqslant \mid y_i\mid^2 \leqslant \mid y_{i+1}\mid^2$。应用这些不等式，并且因为对于 $\varphi_i^*(t,y_1,\cdots,y_n)$ 和 $\varphi_i^*(t,\bar{y}_1,\cdots,\bar{y}_n)$ 的估计（62）现在仍旧显然是成立的，最后再应用不等式（79），我们得到

$$
\frac{\mathrm{d}}{\mathrm{d}t}\sum_{i=1}^{n}\mid y_i\mid^2 \leqslant -2\omega\sum_{i=1}^{n}\mid y_i\mid^2 + 2\gamma\sum_{i=1}^{n}\mid y_i\mid^2 + 2M^*\sum_{i=1}^{n}\mid y_i\mid\left\{\sum_{k=1}^{n}\mid y_k\mid^2\right\}^{\frac{1}{2}+\alpha}
$$
$$
\tag{81}
$$

设 $-\omega+\gamma=-\omega_1$，选取 γ 为充分小的数，使其中 $\omega_1>0$，我们得到

---

① $R(z)$ 表示数 z 的实部；如果 $z=x+\mathrm{i}y$，那么 $R(z)=x$。

$$\frac{1}{2} \frac{\mathrm{d}}{\mathrm{d}t} \sum_{i=1}^{n} |y_i|^2 \leqslant -\omega_1 \sum_{i=1}^{n} |y_i|^2 \left[1 - \frac{nM^*}{\omega_1} \left(\sum_{k=1}^{n} |y_k|^2\right)^\alpha\right] \qquad (82)$$

这不等式和不等式(76)相同,只不过用 $|y_i|$ 代替所有的 y_i,而正量 ω_1 具有新的数值,但是这些情况并不影响我们对于方程组(53)的平凡解的稳定性而做出的结论。于是定理已经证明。

5. 我们还指出一个定理,它给出方程组(53)的解之不稳定性的一个充分条件。

定理9 如果:

(1)即使一次近似(54)的特征方程只有一个根有正实部。

(2)方程组(53)中一切函数 $\varphi_i(t, x_1, \cdots, x_n)$ 适合条件(A),那么方程组(53)的平凡解是不稳定的。

我们对于方程组(54)的特征方程的一切根的实部都不等于 0 的情形来证明这个定理。

我们认为方程组(53)已经变为形状(71)。设 $\lambda_1, \lambda_2, \cdots, \lambda_m (m \geqslant 1)$ 是方程组(54)的特征方程的所有的具有正实部的根,而根 $\lambda_{m+1}, \cdots, \lambda_m$ 具有负实部。

我们用 σ 表示

$$\lambda_1, \lambda_2, \cdots, \lambda_m, -\lambda_{m+1}, -\lambda_{m+2}, \cdots, -\lambda_n$$

诸数的实部中的最小的。数 σ 是正的。

我们来计算表达式 $K = \sum_{i=1}^{m} |y_i|^2 - \sum_{i=m+1}^{n} |y_i|^2$ 的导数。利用方程组(71)和方程组(78),我们得到

$$\frac{\mathrm{d}K}{\mathrm{d}t} = \frac{\mathrm{d}}{\mathrm{d}t}\left[\sum_{i=1}^{m} y_i \bar{y}_i - \sum_{i=m+1}^{n} y_i \bar{y}_i\right] = \sum_{i=1}^{m} 2R(\lambda_i)|y_i|^2 - \sum_{i=m+1}^{n} 2R(\lambda_i)|y_i|^2 +$$

$$\gamma\left[\sum_{i=1}^{m}{}'(\bar{y}_i y_{i+1} + \bar{y}_{i+1}y_i) - \sum_{i=m+1}^{n} (\bar{y}_i y_{i+1} + \bar{y}_{i+1}y_i)\right] +$$

$$\sum_{i=1}^{m} \left[\bar{y}_i \varphi_i^*(t, y_1, \cdots, y_n) + y_i \varphi_i^*(t, \bar{y}_1, \cdots, \bar{y}_n)\right] -$$

$$\sum_{i=m+1}^{n} \left[\bar{y}_i \varphi_i^*(t, y_1, \cdots, y_n) + y_1 \varphi_i^*(t, \bar{y}_1, \cdots, \bar{y}_n)\right]$$

用 σ 代替 $R(\lambda_i)(i=1,\cdots,m)$ 和 $-R(\lambda_0)(i=m+1,\cdots,n)$,减去其余各项和的模,同时应用证明前面的定理时所做的那种估计,我们得到

$$\frac{\mathrm{d}K}{\mathrm{d}t} \geqslant 2\sigma \sum_{i=1}^{n} |y_i|^2 - 2\gamma \sum_{i=1}^{n} |y_i|^2 - 2M^* n\left\{\sum_{i=1}^{n} |y_i|^2\right\}^{1+\alpha}$$

或将 γ 看作充分小的数,并且记 $\sigma - \gamma = \sigma_1$(量 σ_1 是正的),我们得到

$$\frac{1}{2}\frac{dK}{dt} \geqslant \sigma_1 \sum_{i=1}^{n} \mid y_i \mid^2 \left\{ 1 - \frac{nM^*}{\sigma_1}[\sum_{i=1}^{n} \mid y_i \mid^2]^{\alpha} \right\} \tag{83}$$

如果方程组(53)的平凡解是稳定的,因此方程组(71)的平凡解也是稳定的;那

么,对于任何 $\varepsilon > 0$,特别对于 $\varepsilon = \frac{1}{\sqrt{n}} \left(\frac{\sigma_1}{2nM^*} \right)^{\frac{1}{2\alpha}}$,存在这样的 δ,当 $\mid y_i(t_0) \mid < \delta$

$(i=1,\cdots,n)$时,不等式 $\mid y_i(t) \mid < \varepsilon (i=1,\cdots,n)$ 成立。

那么
$$\sum_{i=1}^{n} \mid y_i \mid^2 < \left(\frac{\sigma_1}{2nM^*} \right)^{\frac{1}{\alpha}}$$

而不等式(83)如果加强后,就可以写成这样

$$\frac{1}{2}\frac{dK}{dt} > \frac{1}{2}\sigma_1 \sum_{i=1}^{n} \mid y_i \mid^2 \geqslant \frac{1}{2}\sigma_1 \left[\sum_{i=1}^{m} \mid y_i \mid^2 - \sum_{i=m+1}^{n} \mid y_i \mid^2 \right]$$

或

$$\frac{dK}{dt} - \sigma_1 K > 0 \tag{84}$$

以 $e^{-\sigma_1(t-t_0)}$ 乘不等式(84),我们得到

$$\frac{d}{dt}(e^{-\sigma_1(t-t_0)}K) > 0 \tag{85}$$

由此,从 t_0 积分到 t,并且用 $K(t)$ 的表达式代 $K(t)$,我们得到

$$\sum_{i=1}^{m} \mid y_i(t) \mid^2 - \sum_{i=m+1}^{n} \mid y_i(t) \mid^2 > e^{\sigma_1(t-t_0)} \left[\sum_{i=1}^{m} \mid y_i(t_0) \mid^2 - \sum_{i=m+1}^{n} \mid y_i(t_0) \mid^2 \right]$$

我们永远可以认为,$\sum_{i=1}^{m} \mid y_i(t_0) \mid^2 - \sum_{i=m+1}^{n} \mid y_i(t_0) \mid^2$ 是正量;特别可以设所有的

$y_i(t_0) = 0, i = m + 1, \cdots, n$。

那么从不等式(85),我们能断定,不论 δ 如何小,至少有一个 $\mid y_i(t) \mid$ 变成

比已选定的 ε 要大,这和平凡解的稳定性之假定相矛盾。因而定理已经证

明。

偏微分方程、一阶线性偏微分方程

§1　偏微分方程积分问题的提法

1. 设未知函数 z 依赖于某些自变数：$x_1, x_2, \cdots, x_n (n \geqslant 2)$。

联系未知函数、自变数和未知函数的偏导数之方程称为偏微分方程。它具有形状

$$F\left(z, x_1, x_2, \cdots, x_n, \frac{\partial z}{\partial x_1}, \cdots, \frac{\partial z}{\partial x_n}, \frac{\partial^2 z}{\partial x_1^2}, \frac{\partial^2 z}{\partial x_1 \partial x_2}, \cdots, \frac{\partial^k z}{\partial x_1^k}, \cdots\right) = 0$$

此处 F 是其变元的已给函数。

方程中所含最高阶导数的阶数称为偏微分方程的阶。

具有 n 个自变数的最普遍的一阶偏微分方程可以写成形状

$$F\left(z, x_1, x_2, \cdots, x_n, \frac{\partial z}{\partial x_1}, \frac{\partial z}{\partial x_2}, \cdots, \frac{\partial z}{\partial x_n}\right) = 0 \tag{1}$$

对于一阶导数,我们常用简写记号

$$\frac{\partial z}{\partial x_1} = p_1, \frac{\partial z}{\partial x_2} = p_2, \cdots, \frac{\partial z}{\partial x_n} = p_n$$

用这些记号,方程(1)可以写成

$$F(z, x_1, x_2, \cdots, x_n, p_1, p_2, \cdots, p_n) = 0 \tag{1'}$$

在两个自变数的情形中,常常应用这样的记号(蒙日的记号);用 z 记未知函数,用 x 及 y 记自变数,而令偏导数 $\frac{\partial z}{\partial x} \equiv p$,$\frac{\partial z}{\partial y} \equiv q$;那么一阶方程就写成

$$F\left(x,y,z,\frac{\partial z}{\partial x},\frac{\partial z}{\partial y}\right)=0 \qquad\qquad (2)$$

或

$$F(x,y,z,p,q)=0 \qquad\qquad (2')$$

在方程(1)或(2)中,可以不明显地包含未知函数或自变数,但是如果这是一阶偏微分方程,那么应当至少含有一个(一阶)偏导数。

同样,最普通的二阶偏微分方程具有形状

$$F\left(z,x_1,x_2,\cdots,x_n,\frac{\partial z}{\partial x_1},\frac{\partial z}{\partial x_2},\cdots,\frac{\partial z}{\partial x_n},\frac{\partial^2 z}{\partial x_1^2},\frac{\partial^2 z}{\partial x_1 \partial x_2},\cdots,\frac{\partial^2 z}{\partial x_n^2}\right)=0 \qquad (3)$$

对于二阶导数,有时也引入记号

$$\frac{\partial^2 z}{\partial x_i \partial x_k}\equiv p_{ik} \qquad (i,k=1,2,\cdots,n)$$

用这些记号,方程(3)即改写成

$$F(z,x_1,x_2,\cdots,x_n,p_1,p_2,\cdots,p_n,p_{11},p_{12},\cdots,p_{nn})=0 \qquad\qquad (3')$$

在两个自变数 x,y 的情形中,对于二阶偏导数,通常引用蒙日的记号

$$\frac{\partial^2 z}{\partial x^2}\equiv r,\frac{\partial^2 z}{\partial x \partial y}\equiv s,\frac{\partial^2 z}{\partial y^2}\equiv t$$

于是最普遍的含两个自变数的二阶偏微分方程具有形状

$$F(x,y,z,p,q,r,s,t)=0 \qquad\qquad (4)$$

我们可以提出偏微分方程组最普遍的积分问题:我们有 m 个含有 n 个自变数 $x_1,x_2,\cdots,x_n$ 的未知函数 $z_1,z_2,\cdots,z_m$;给定联系这些未知函数、自变数和未知函数的偏导数的一组 m 个方程

$$F_i\left(z_1,z_2,\cdots,z_m,x_1,x_2,\cdots,x_n,\frac{\partial z_1}{\partial x_1},\cdots,\frac{\partial z_m}{\partial x_n},\right.$$

$$\left.\frac{\partial^2 z_1}{\partial x_1^2},\frac{\partial^2 z_1}{\partial x_1 \partial x_2},\cdots,\frac{\partial^2 z_2}{\partial x_1^2},\cdots,\right)=0 \quad (i=1,2,\cdots,m)$$

在这样一般的提法下,就解决问题的路径说来,成就还是很小;对于一定形式给出的方程,存在定理已被证明。这些定理都假定所给函数是它的变元的解析函数,而其解案也是幂级数形状的解析函数。最近几年,И. Г. 彼得罗夫斯基对于偏微分方程组,没有假定方程和原始材料的解析性,也得到了一系列的普遍的结果,但是在我们的教程中,我们不拟牵涉这类问题。

还应当提出,也会遇到那样一类的方程组,就是方程的个数多于未知函数的个数。在本书中,我们要遇到含有同一个未知函数的两个方程所组成的方程组。一般说来,这样的方程组是不相容的,也就是没有一组函数能够同时适合

一切方程,要这样的方程组有公共解,它就必须满足一些补充条件;如果这些条件又是充分的,那么它们就称为相容条件。

2. 解偏微分方程,或积分偏微分方程的问题可以这样提出:求所给方程的一切解案,我们自然地就期望解案有无穷多个,即使从这样的见解出发——常微分方程可以形式地看作偏微分方程的特殊情形,就是当自变数的个数 $n=1$ 时的情形;但是任何常微分方程都有无穷多个解(对应于任意常数的不同的值);所以我们更有理由期望含有多个自变数的方程,会有无穷多个解。考查易于求得通解的各种特殊情形,可以得到关于可能出现在偏微分方程的解案中的任意元素的性质的预先指示。

我们考查具有两个自变数 x 和 y 而不含对 y 的导数的一个阶偏微分方程

$$F\left(x,y,z,\frac{\partial z}{\partial x}\right)=0 \tag{5}$$

在此方程中只含有偏导数 $\frac{\partial z}{\partial x}$。但当计算 $\frac{\partial z}{\partial x}$ 时,y 看作常数。在把 y 看作常数的时候,我们可以把方程(5)看作常微分方程,未知函数为 z 而自变数为 x。如果给 y 不同的值,那么通常微分方程就改变了;它含有 y 而以 y 为参数。设这个常微分方程的通解是

$$z=\varphi(x,y,C) \tag{6}$$

显然,它含有参数 y,而当 C 为常数时,不难看出它也是方程(5)的解。但是要使表达式(6)是方程(5)的解案,必须而且只需 C 对于 x 而言是常数。因此 C 可以是 y 的任意函数,如果以 y 的任意函数 $\psi(y)$ 代 C,我们就得到偏微分方程(5)的通解

$$z=\varphi[x,y,\psi(y)] \tag{6'}$$

因而,形状为(5)的一阶偏微分方程,它的通解含有一个任意函数[①]。

例1 $z-px-x^2y^2=0$。把方程写成 $\frac{\partial z}{\partial x}=\frac{z}{x}-xy^2$,并且把 y 看作参数。我们就有关于 z 的线性方程,它的通解是 $z=Cx-x^2y^2$。偏微分方程的通解是

$$z=x\psi(y)-x^2y^2 \quad (\psi \text{ 是任意函数})$$

----

① 解案中出现连续和可微的任意函数,相当于解案具有可数无穷多个任意常数(参数)。当任意函数是解析函数时的特殊情形,证明就很简单。这时,函数 $\psi(y)$ 在正则点 y_0 的邻域内可以展成泰勒级数 $\psi(y)=a_0+a_1(y-y_0)+\cdots+a_n(y-y_0)^n+\cdots$,其中系数 $a_0,a_1,\cdots,$ $a_n,\cdots$是任意常数,这些常数只需服从于这样的条件,就是使级数有不等于零的收敛半径。

对于二阶方程,自然期望更高度的任意性。在这种情形,我们仍然找例子研究。

例 2 我们考查二阶偏微分方程

$$\frac{\partial^2 z}{\partial x \partial y} = 0$$

把它写成形状 $\frac{\partial}{\partial x}\left(\frac{\partial z}{zy}\right) = 0$,我们知道 $\frac{\partial z}{\partial y}$ 和 x 无关。因此,可以假定它等于 y 的任意函数 $\frac{\partial z}{\partial y} = \chi(y)$。把这等式对 y 积分;注意到积分常数对于 y 来说不变,就是它可以是 x 的任意函数,并注意 $\int X(y)\mathrm{d}y$ 仍然是 y 的任意(可微)函数,我们就得到所给方程的通解

$$z = \varphi(x) + \psi(y)$$

其中 φ 和 ψ 是任意函数。当然,为了使得它们代入所给方程后的结果还有意义,它们应当是可微函数。在这种情形,通解依赖于两个任意函数。

例 3 方程 $\frac{\partial^2 z}{\partial x^2} = 0$(假设 z 依赖于 x 和 y);积分两次,可得 $\frac{\partial z}{\partial x} = \varphi(y)$,$z = \varphi(y)x + \psi(y)$。其中 φ 和 ψ 是任意(连续)函数。

从这些特殊的例子看来,似乎可以得出结论:一阶偏微分方程的通解依赖于一个任意函数,二阶偏微分方程就依赖于两个任意函数,依次类推。但是在一般情形,这样的结论是不够确切的。

3. 我们记得,在常微分方程的理论中,我们是这样判别一个解是否是通解,就是看,是否能通过它得到一切特解(至少在某一个区域是这样的),特解定义为适合柯西原始数据的解;存在定理证实了这样的解案是存在的,并且由原始数据唯一地确定。对于偏微分方程,自然地也引入这样的补充条件(在一定的条件下),它们确定唯一的特解。定出偏微分方程的特解的这种条件可以有不同的类型;在二阶方程,所谓数学物理方程的理论中,我们常常遇到它们。对于偏微分方程的一般的形式的理论,特别对于本书中考查的一阶方程,柯西原始条件就是这些补充条件。对于已解出最高阶导数的一个 m 阶方程

$$\frac{\partial^m z}{\partial x_1^m} = f\left(x_1, x_2, \cdots, x_n, z, \frac{\partial z}{\partial x_1}, \cdots, \frac{\partial^{m-1} z}{\partial x_1^{m-1}}, \frac{\partial z}{\partial x_2}, \frac{\partial^2 z}{\partial x_1 \partial x_2}, \frac{\partial^2 z}{\partial x_2^2}, \cdots, \frac{\partial^m z}{\partial x_n^m}\right) \quad (7)$$

原始条件具有形状:当 $x_1 = x_1^0$

$$\begin{cases} z = \varphi_0(x_2, \cdots, x_n) \\ \frac{\partial z}{\partial x_1} = \varphi_1(x_2, \cdots, x_n), \cdots, \frac{\partial^{m-1} z}{\partial x_1^{m-1}} = \varphi_{m-1}(x_2, \cdots, x_n) \end{cases} \quad (8)$$

其中,$\varphi_0,\varphi_1,\cdots,\varphi_{m-1}$是已知函数。求方程(7)适合条件(8)的解案,就是柯西问题。在方程(7)的右端和出现于条件(8)中的函数,在它们的变元的一组原始值的邻域中,都是这些变元的正则解析函数的假定下,卓越的俄国数学家 C. B. 柯娃列夫斯卡娅证明了附有柯西原始条件(8)的方程(7)有唯一解;所得的解也是解析函数,并且是解析解案之中的唯一解。正如我们所看到的,这里所提出的问题和结果是属于微分方程的解析理论。因此,在这里我们不证明柯娃列夫斯卡娅定理。

对于已就一个偏导数,例如就 p_1 解出的一阶方程

$$p_1 = f(x_1,x_2,\cdots,x_n,z,p_2,\cdots,p_n) \tag{1''}$$

柯西问题可以这样叙述:求方程(1'')的解 $z = \Phi(x_1,x_2,\cdots,x_n)$,而这个解当 x_1 取给定的原始值时它变为其余自变数的已知函数

$$当\ x_1 = x_1^0,z = \varphi(x_2,x_3,\cdots,x_n) \tag{C}$$

我们利用常微分方程组中的积分来证明有这样的解案存在,并给出这解案的构成法。

4. 在两个自变数的情形,积分一个偏微分方程的问题及柯西条件均有简单的几何解释。我们考查一阶方程

$$F(x,y,z,p,q) = 0 \tag{2'}$$

或者更好一些,已经解出了一个偏导数

$$p = f(x,y,z,q) \tag{2''}$$

求方程(2')或(2'')的解就是求函数

$$z = \Phi(x,y) \tag{9}$$

它在空间 (x,y,z) 中,它代表一个曲面;我们称它为方程(2')或(2'')的积分曲面。因而,求偏微分方程的解案问题就是求积分曲面的问题。如果将方程(9)看作确定的曲面,那么它在点 (x,y,z) 的切平面由下列方程表达

$$Z-z = \frac{\partial\Phi}{\partial x}(X-x) + \frac{\partial\Phi}{\partial y}(Y-y)$$

或

$$Z-z = p(X-x) + q(Y-y)$$

此处 X,Y,Z 是流动坐标,p 和 q 是切平面的角系数。因此,所给偏微分方程(2')所表达的是未知积分曲面上一点的坐标 x,y,z 和这曲面在这一点的切平面的角系数 p,q 间的关系。我们考查,如何解释方程(2'')的柯西条件;这些条件是这样的

$$x = x_0,z = \varphi(y) \tag{C'}$$

方程(C')确定一条空间曲线。因而,柯西问题是求通过曲线(C')的积分曲面。

我们指出,曲线(C')有非常特殊的形状:这个平面曲线位于平行于 yOz 平面的 $x=x_0$ 内。我们顺便说说,发生这样的变数不对称的缘故是因为变数 x 在原方程($2''$)中有特殊的作用。如果所给方程是比较对称的形式($2'$),那么柯西问题自然地也就可以叙述得使任何一个坐标都不处于特殊的位置。这个推广了的柯西问题就是求方程($2'$)通过所给曲线

$$x=\varphi(t), y=\psi(t), z=\chi(t) \qquad\qquad (C'')$$

的积分曲面。在这样的提法下,柯西问题对于某些曲线(C'')是不定的,就是说经过某些曲线有无穷多个积分曲面。这些特殊曲线称为特征线,它们在一阶偏微分方程的积分理论中起着首要的作用。

注 对于具有两个自变数的方程,所用到的三维空间的几何语言,利用高维空间的概念,就可以类似地使用于任意多个变数的方程,我们称数值 x_1,$x_2, \cdots, x_n, z$ 的全体为 $n+1$ 维空间的点;方程($1'$)或($1''$)的具有形状

$$z=\Phi(x_1, x_2, \cdots, x_n)$$

的解是这个空间的 n 维积分超曲面(或简称曲面);柯西条件(C)代表所求积分曲面所应当经过的 $n-1$ 维的超曲面,①。

5. 这样定义特解后,我们可以做出关于偏微分方程的通解的一些结论。

从柯西问题出发,我们能够断言,如果对于柯西条件中所含 $n-1$ 个变元的函数 φ,给以各种(可能的)形状,我们就得到一阶偏微分方程的一切特解的全体。在这个意义下,我们可以说,一阶方程的解案的全体依赖于一个任意函数,柯西条件中出现的正是这个函数;对于 m 阶方程,类似的特解的全体依赖于 m 个含 $n-1$ 个变元的任意函数,柯西条件(8)就是由这些函数组成的。但是这并不能解决通解的问题,就是不能解决把未知函数 z 表达为自变数,任意常数和任意函数的一个函数,使得我们能从这个函数得到任何特解。

对于许多方程,通解的存在问题还没有解决。有时(如上面提到过的例子)存在的含有任意函数的通解,而从这个通解,就可以获得一切适合柯西条件的特解,当我们用某些确定的函数代替通解中的任意函数的时候。在大多数情形中,要把通解表达成明显地依赖于任意函数是不可能的。在二阶线性偏微分方程的理论中,常常遇到别种形式的解,例如级数形状的解,其中的系数是任意常数;如果可以这样处理这些系数,使得这级数能适合原始条件,那么它就称

---

① 流形或超曲面的维数就是自变数的个数;至少在某个区域内,属于所给流形的点的坐标由这些自变数单值地和连续地表述。

为通解。但是对于一般的偏微分方程,除去方程和原始条件是解析的情形,也不能断定这一类通解一定存在。因此,通常对于偏微分方程,我们求这样的特解,它适合柯西原始条件或其他能唯一地确定解案的条件。

只含一个未知函数的一阶偏微分方程具有两种简单的性质。第一,它们具有依赖于任意函数的通解。第二,积分一阶偏微分方程的问题能够化成积分一组常微分方程的问题。由于一阶偏微分方程和常微分方程有着密切的关系,所以自然就在叙述常微分方程理论的同一教程中叙述它们的理论。

§2 一阶齐次线性偏微分方程

1. 我们考查方程

$$X[f] \equiv X_1 \frac{\partial f}{\partial x_1} + X_2 \frac{\partial f}{\partial x_2} + \cdots + X_n \frac{\partial f}{\partial x_n} = 0 \tag{10}$$

其中,$X_1, X_2, \cdots, X_n$ 是自变数 $x_1, x_2, \cdots, x_n$ 的已知函数(我们假定,它们在被考查的区域内连续而且连续可微),而 f 表示未知函数。我们称这个方程为齐次线性偏微分方程。方程(10)的解是 $x_1, x_2, \cdots, x_n$ 的(可微)函数,把它代入方程(10),就能使方程(10)变成恒等式。在第 7 章,由于研究对称形状的常微分方程组的首次积分,我们已经遇到过这些方程。和偏微分方程(10)同时,我们写出常微分方程组(我们称它为方程(10)的对应方程组)

$$\frac{\mathrm{d}x_1}{X_1} = \frac{\mathrm{d}x_2}{X_2} = \cdots = \frac{\mathrm{d}x_n}{X_n} \tag{11}$$

解方程(10)的问题和解方程组(11)问题是相当的。其实,我们已经证明下面的定理(第 7 章 §5):

方程组(11)的任何首次积分的左端是方程(10)的解;反之,令方程(10)的任何解等于一任意常数就给出方程组(11)的首次积分。

我们设法求适合方程(10),而形状最一般的函数。为此,我们指出运算子 $X[f]$ 的这种性质。设 $\Phi(\psi_1, \psi_2, \cdots, \psi_k)$ 是它的变元的某一可微函数,而这些变元又是自变数 $x_1, x_2, \cdots, x_n$ 的可微函数。那么,很容易看出

$$X[\Phi(\psi_1, \psi_2, \cdots, \psi_k)] = \frac{\partial \Phi}{\partial \psi_1} X[\psi_1] + \frac{\partial \Phi}{\partial \psi_2} X[\psi_2] + \cdots + \frac{\partial \Phi}{\partial \psi_k} X[\psi_k] \tag{12}$$

现在设

微分方程理论

$$\psi_1(x_1, x_2, \cdots, x_n) = C_1$$
$$\psi_2(x_1, x_2, \cdots, x_n) = C_2$$
$$\vdots$$
$$\psi_{n-1}(x_1, x_2, \cdots, x_n) = C_{n-1}$$

(13)

是方程组(11)的定义于某区域 D 上的一组确定的独立积分①。

按照已经证明的定理,$\psi_1, \psi_2, \cdots, \psi_{n-1}$ 是方程(10)的特解,亦即我们有恒等式

$$X[\psi_1] = 0, X[\psi_2] = 0, \cdots, X[\psi_{n-1}] = 0$$

(14)

现在我们取变元 $\psi_1, \psi_2, \cdots, \psi_{n-1}$ 的任意(可微)函数 Φ

$$\Phi(\psi_1, \psi_2, \cdots, \psi_{n-1})$$

(15)

由于性质(12),我们有恒等式

$$X(\Phi) = 0$$

亦即,表达式(15)是方程(10)的解。

因此,当研究偏微分方程时,我们遇到§1已经指出的事实:这样的方程的解可以含有任意函数,而常微分方程的解则只含有任意常数。我们现在的问题是要确定表达式(15)是方程(10)的通解,而且也要说明须要什么条件,才能从表达式(15)所给出的无穷多个解中,选出一个确定解(柯西问题)。

2. 现在我们进而证明,公式

$$f = \Phi(\psi_1, \psi_2, \cdots, \psi_{n-1})$$

其中 Φ 是它的变元的任意可微函数,给出方程(10)的通解,亦即这公式包含任何一个特解。

设方程(10)在区域 D 中的任意解是 $f = \psi(x_1, x_2, \cdots, x_n)$。那么,我们有恒等式 $X[\psi] = 0$,或其展开式

$$X_1 \frac{\partial \psi}{\partial x_1} + X_2 \frac{\partial \psi}{\partial x_2} + \cdots + X_n \frac{\partial \psi}{\partial x_n} = 0$$

(14′)

据假设,$\psi_1, \psi_2, \cdots, \psi_{n-1}$ 是解,所以恒等式(14)成立,将它写成展开式

$$X_1 \frac{\partial \psi_i}{\partial x_1} + X_2 \frac{\partial \psi_i}{\partial x_2} + \cdots + X_n \frac{\partial \psi_i}{\partial x_n} = 0 \quad (i = 1, 2, \cdots, n-1)$$

(14″)

确定 n 个函数 $X_1, X_2, \cdots, X_n$ 的一组方程(14′)和(14″)是齐次线性的;它有不等于零的解,因此这方程的行列式(恒)等于零。这个行列式就是函数 $\Psi, \psi_1,$

---

① 对于理论的推演,取第7章中的方程组(41)为方程组(13)就比较方便。

$\psi_2, \cdots, \psi_{n-1}$的雅可比式。

因而,我们有

$$\frac{D(\Psi, \psi_1, \cdots, \psi_{n-1})}{D(x_1, x_2, \cdots, x_n)} \equiv 0 \qquad (16)$$

由于雅可比的基本定理,由此可得,在函数 $\Psi, \psi_1, \psi_2, \cdots, \psi_{n-1}$ 之间存在函数关系,亦即对于 $x_1, x_2, \cdots, x_n$ 在被考查的区域内的一切值,下列等式(对于 $x_1, x_2, \cdots, x_n$ 为恒等式)成立

$$F(\Psi, \psi_1, \psi_2, \cdots, \psi_{n-1}) = 0 \qquad (17)$$

我们指出,等式(16)左端的函数行列式,显然有一个第一行的元素的子行列式不恒等于零;其实,如果方程组(11)有非奇异原始值

$$x_1 = x_1^0, x_2 = x_2^0, \cdots, x_n = x_n^0$$

且 $X_n(x_1^0, x_2^0, \cdots, x_n^0) \neq 0$,假定在方程组(11)中把 x_n 作为自变数,并且当变数的值在原始值附近时,首次积分具有形状 $\psi_i = x_i^0 (i = 1, 2, \cdots, n-1)$,那么

$$\frac{D(\psi_1, \psi_2, \cdots, \psi_{n-1})}{D(x_1, x_2, \cdots, x_{n-1})} \neq 0$$

由此可见,我们能够根据雅可比行列式的同一基本定理,从关系式(17)解出函数 Ψ,而我们得到

$$\Psi = \Phi(\psi_1, \psi_2, \cdots, \psi_{n-1})$$

因而(在点 $x_1^0, x_2^0, \cdots, x_n^0$ 的邻域内),公式(15)给出方程(10)的任何解。定理证讫。我们可以说,公式(15)给出方程(10)的通解。

注 从上述定理的证明中,可以导出这样的系:方程(10)的任意 n 个解 $\varphi_1, \varphi_2, \cdots, \varphi_n$ 间有函数关系 $\Phi(\varphi_1, \varphi_2, \cdots, \varphi_n) = 0$;如果 $\varphi_1, \varphi_2, \cdots, \varphi_{n-1}$ 是独立的,那么函数 Φ 在被考查的区域内不恒等于零,因为从方程中可以解出 φ。

3. 对于具有 n 个自变数 $x_1, x_2, \cdots, x_n$ 的一阶线性偏微分方程的柯西问题。我们对方程

$$X[f] \equiv X_1 \frac{\partial f}{\partial x_1} + X_2 \frac{\partial f}{\partial x_2} + \cdots + X_n \frac{\partial f}{\partial x_n} = 0$$

来解决柯西问题:求方程的解 $f(x_1, x_2, \cdots, x_n)$,使

$$f(x_1, x_2, \cdots, x_{n-1}, x_n^0) = \varphi(x_1, x_2, \cdots, x_{n-1}) \qquad (18)$$

其中 x_n^0 是给定的数,$\varphi(x_1, x_2, \cdots, x_{n-1})$ 是它的变元的已知(可微)函数。

我们假设,对于在值 $x_1^0, x_2^0, \cdots, x_{n-1}^0$ 的邻域中的值 $x_1, x_2, \cdots, x_{n-1}, \varphi$ 有定义,而且点 $(x_1^0, x_2^0, \cdots, x_n^0)$ 不是方程组(11)的奇点。我们设

$$X_n(x_1^0, x_2^0, \cdots, x_n^0) \neq 0$$

（这个限制并不很重要；如果对于值 $x_1^0, x_2^0, \cdots, x_n^0$，函数 X_n 等于零，但 X_i 不等于 0，我们就可以以给 x_i 以常数值，并且给出原始函数 φ 为其余变元的函数）。

在这些假设下，方程组

$$\begin{cases} \psi_i(x_1, x_2, \cdots, x_{n-1}, x_n^0) = \bar{\psi}_1 \\ \psi_2(x_1, x_2, \cdots, x_{n-1}, x_n^0) = \bar{\psi}_2 \\ \qquad\qquad \vdots \\ \psi_{n-1}(x_1, x_2, \cdots, x_{n-1}, x_n^0) = \bar{\psi}_{n-1} \end{cases} \qquad (19)$$

（其中 ψ_i 是方程组（11）的独立积分，而 $\bar{\psi}_1, \bar{\psi}_2, \cdots, \bar{\psi}_{n-1}$ 是新变数），在点 x_1^0，$x_2^0, \cdots, x_n^0$ 的邻域中，可以解出 $x_1, x_2, \cdots, x_{n-1}$①。

设对应的公式是

$$\begin{cases} x_1 = \omega_1(\bar{\psi}_1, \bar{\psi}_2, \cdots, \bar{\psi}_{n-1}) \\ x_2 = \omega_2(\bar{\psi}_1, \bar{\psi}_2, \cdots, \bar{\psi}_{n-1}) \\ \qquad\qquad \vdots \\ x_{n-1} = \omega_{n-1}(\bar{\psi}_1, \bar{\psi}_2, \cdots, \bar{\psi}_{n-1}) \end{cases} \qquad (20)$$

同时，如果 $\bar{\psi}_i$ 取值

$$\bar{\psi}_i^0 = \psi_i(x_1^0, x_2^0, \cdots, x_n^0)$$

对应的函数 ω_i 就取值 $x_i^0(i=1,2,\cdots,n-1)$。在函数 ψ_i 具备偏导数的条件下，函数 ω_i 也是可微的（在函数 X_i 可微的条件下，我们在第 7 章 §3 已经证明过这些导数存在）。可断言，方程（10）的适合原始条件（18）的解是

$$f = \varphi[\omega_1(\psi_1, \cdots, \psi_{n-1}), \omega_2(\psi_1, \cdots, \psi_{n-1}), \cdots, \omega_{n-1}(\psi_1, \cdots, \psi_{n-1})] \qquad (21)$$

事实上，首先，表达式（21）是（10）的特解 ψ_i 的函数，因而函数 φ 本身也就是方程（10）的解；其次，如果令 $x_n = x_n^0$，那么由于公式（19），ψ_i 等于 $\bar{\psi}_i$。但是按照公式（20），$\omega_i(\bar{\psi}_i, \cdots, \bar{\psi}_{n-1})$ 等于 $x_i(i=1,2,\cdots,n-1)$。因此从公式（21），我们得到：当 $x_n = x_n^0$ 时

$$f = \varphi(x_1, x_2, \cdots, x_{n-1})$$

就是说条件（18）被满足。

从解案的作法看来，显然特解由原始数据（18）唯一地确定。

---

① 　如果方程组（13）取第 7 章中式（41）的形状，那么雅可比行列式

$$\frac{D(\psi_1, \psi_2, \cdots, \psi_{n-1})}{D(x_1, x_2, \cdots, x_{n-1})}$$

在 $x_i = x_i^0$ 时等于 1。因此，它在点 $(x_1^0, x_2^0, \cdots, x_n^0)$ 的邻域中不等于零。

例4 求方程

$$x_1 \frac{\partial f}{\partial x_1} + x_2 \frac{\partial f}{\partial x_2} + \cdots + x_n \frac{\partial f}{\partial x_n} = 0$$

的通解。我们写出对应的常微分方程组

$$\frac{\mathrm{d}x_1}{x_1} = \frac{\mathrm{d}x_2}{x_2} = \cdots = \frac{\mathrm{d}x_n}{x_n}$$

它的一组互相独立的首次积分是

$$\frac{x_1}{x_n} = C_1, \frac{x_2}{x_n} = C_2, \cdots, \frac{x_{n-1}}{x_n} = C_{n-1} \quad (x_n \neq 0)$$

故原方程的通解是

$$f = \varPsi\left(\frac{x_1}{x_n}, \frac{x_2}{x_n}, \cdots, \frac{x_{n-1}}{x_n}\right)$$

它就是包含 n 个变数的最普遍的零次齐次函数（这就是关于零次齐次函数的欧拉定理的逆定理）。

例5 将下列方程

$$y \frac{\partial z}{\partial x} - x \frac{\partial z}{\partial y} = 0$$

积分（字母 z 表示未知函数）。

对应的常微分方程组在这个情形是一个方程

$$\frac{\mathrm{d}x}{y} = -\frac{\mathrm{d}y}{x}$$

此方程具有积分 $x^2 + y^2 = C$。原设方程的通解是 $z = \varphi(x^2 + y^2)$，其中 φ 是任意函数，在几何上代表以 Oz 为旋转轴的任何回转曲面。此时柯西问题就是函数 z 使当 $y = 0, z = f(x)$，其中 f 是给定的函数；由于此时函数 ψ 是 $x^2 + y^2$，故函数 $\bar{\psi}$ 是 x^2，因而 $x = \sqrt{\psi}$。于是上述柯西问题的解为 $z = f(\sqrt{\psi}) = f(\sqrt{x^2 + y^2})$。

柯西问题的几何解释：如果给定了子午线的方程，那么回转曲面就唯一地确定。

问　题

197. 求适合方程

$$x \frac{\partial z}{\partial x} + y \frac{\partial z}{\partial y} = 0$$

的曲面之几何性质。什么样的曲面就给出柯西问题：当 $y = 1$ 时，$z = x$ 的解？

198. 求方程

$$\sqrt{x}\,\frac{\partial f}{\partial x}+\sqrt{y}\,\frac{\partial f}{\partial y}+\sqrt{z}\,\frac{\partial f}{\partial z}=0$$

的通解,并且柯西问题:当 $x=1$ 时, $f=y-z$。

§3 一阶非齐次线性偏微分方程

1. 我们用 z 表示未知函数,用 $x_1, x_2, \cdots, x_n$ 表示自变数。

标题中所称的方程具有形状

$$P_1\,\frac{\partial z}{\partial x_1}+P_2\,\frac{\partial z}{\partial x_2}+\cdots+P_n\,\frac{\partial z}{\partial x_n}=R \tag{22}$$

其中, $P_1, P_2, \cdots, P_n, R$ 是 $x_1, x_2, \cdots, x_n, z$ 的(连续且连续可微的)函数。齐次线性方程(10)是(22)这种类型的方程的特殊情形,就是当右端 $R\equiv 0$,而导数的系数 $P_1, P_2, \cdots, P_n$ 与未知函数无关的情形。用记号

$$\frac{\partial z}{\partial x_1}\equiv p_1,\frac{\partial z}{\partial x_2}\equiv p_2,\cdots,\frac{\partial z}{\partial x_n}\equiv p_n$$

方程(22)就写成

$$P_1 p_2 + P_2 p_2 + \cdots + P_n p_n = R \tag{22'}$$

用下面的方法可以把形状(22)的方程化为齐次线性方程。我们来求适合方程(22)的,含自变数 $x_1, x_2, \cdots, x_n$ 的,而且用隐式

$$V(z, x_1, x_2, \cdots, x_n)=0 \tag{23}$$

表示的函数 z,这样一来, V 就成为我们所要求的函数。

从公式(23)可以得到偏导数 $\dfrac{\partial z}{\partial x_i}$ 的值

$$p_i = -\frac{\dfrac{\partial V}{\partial x_i}}{\dfrac{\partial V}{\partial z}}\quad (i=1,2,\cdots,n)$$

把这些表达式代入原方程(22),再以 $\dfrac{\partial V}{\partial z}$ 乘两端(显然,我们假定这乘数不恒等于零,而且我们只考查它不等于零的点的邻域),然后把一切项都移到左端,就得到关系式

$$P_1\,\frac{\partial V}{\partial x_1}+P_2\,\frac{\partial V}{\partial x_2}+\cdots+P_n\,\frac{\partial V}{\partial x_n}+R\,\frac{\partial V}{\partial z}=0 \tag{24}$$

从关系式(24)的结论可得：假定(23)定义的 z 是方程(22)的解案，用公式(23)所定义的 z 代替关系式(24)中的 z，关系式(24)对于 $x_1, x_2, \cdots, x_n$ 就应当是恒等式。如果我们要求更多一些，就是说，我们要求未知函数 V，对 $x_1, x_2, \cdots, x_n$ 和 z 而言恒等地适合关系式(24)（亦即在方程(24)中，除去 $x_1, x_2, \cdots, x_n$，也将 z 看作自变数），那么关系式(24)就是具有未知函数 V 和 $n+1$ 个自变数 x_1, $x_2, \cdots, x_n, z$ 的齐次线性一阶微分方程。显然，令方程(24)每一个含有 z 的解等于零，就给出形状为(23)的关系式，它确定的 $x_1, \cdots, x_n$ 的函数 z 适合所给方程(22)。这里指出，我们附加了补充限制，即要求关系式(24)对 $x_1, x_2, \cdots, x_n, z$ 而言为恒等式。因此，我们不能预先断定，用上述的方法求得方程(22)的一切解，我们还将要回到这个问题。

我们写出对应于线性偏微分方程(24)的常微分方程组

$$\frac{\mathrm{d}x_1}{P_1} = \frac{\mathrm{d}x_2}{P_2} = \cdots = \frac{\mathrm{d}x_n}{P_n} = \frac{\mathrm{d}z}{R} \tag{25}$$

这一组 n 个方程有 n 个独立的首次积分。设这是

$$\begin{cases} \psi_0(z, x_1, \cdots, x_n) = C_0 \\ \psi_1(z, x_1, \cdots, x_n) = C_1 \\ \qquad\vdots \\ \psi_n(z, x_1, \cdots, x_n) = C_n \end{cases} \tag{26}$$

方程(24)的通解具有形状

$$V = \Phi(\psi_0, \psi_1, \cdots, \psi_n)$$

其中 Φ 是任意可微函数。从前面的结论可得，方程

$$\Phi(\psi_0, \psi_1, \cdots, \psi_{n-1}) = 0 \tag{27}$$

（如果适合隐函数存在的定理的条件）定义 z 为 $x_1, x_2, \cdots, x_n$ 的函数，而且这函数适合所给方程(22)。

例 6 求方程

$$x_1 \frac{\partial f}{\partial x_1} + x_2 \frac{\partial f}{\partial x_2} + \cdots + x_n \frac{\partial f}{\partial x_n} = mf$$

的通解，其中 m 是常数。对应于这个偏微分方程的常微分方程组是

$$\frac{\mathrm{d}x_1}{x_1} = \frac{\mathrm{d}x_2}{x_2} = \cdots = \frac{\mathrm{d}x_n}{x_n} = \frac{\mathrm{d}f}{mf}$$

首次积分系为

$$\frac{x_1}{x_n} = C_1, \frac{x_2}{x_n} = C_2, \cdots, \frac{x_{n-1}}{x_n} = C_{n-1}, \frac{f}{x_n^m} = C_n$$

含有任意函数 Φ 的解是

$$\Phi\left(\frac{x_1}{x_n}, \frac{x_2}{x_n}, \cdots, \frac{x_{n-1}}{x_n}, \frac{f}{x_n^m}\right) = 0$$

先解出 $\dfrac{f}{x_n^m}$，然后再解出 f，可得

$$f = x_n^m \Psi\left(\frac{x_1}{x_n}, \frac{x_2}{x_n}, \cdots, \frac{x_{n-1}}{x_n}\right)$$

其中 Ψ 是任意函数。这是关于齐次函数的欧拉定理的完全的逆定理（参看例 4）。

2. 在要求函数 V 对于 $x_1, x_2, \cdots, x_n, z$ 恒等地适合方程（24）的补充条件下，我们导出微分方程（22）的解案公式（27）。我们考查，这个公式的一般性究竟有多么大，亦即它包含些什么样的特解。

设

$$z = \varphi(x_1, x_2, \cdots, x_n) \tag{28}$$

为方程（22）的任何一个解。在方程（25）的首次积分组中，我们取原始值 z_0，$x_1^0, \cdots, x_{n-1}^0$ 作为任意常数；这个积分组具有形状

$$\psi_0(z, x_1, \cdots, x_{n-1}, x_n) = z_0$$

$$\psi_i(z, x_1, \cdots, x_{n-1}, x_n) = x_i^0 \quad (i = 1, 2, \cdots, n-1) \tag{26'}$$

在第 7 章 §4 中，在始点 $(z_0, x_1^0, x_2^0, \cdots, x_n^0)$ 的某个邻域中，我们已经证明这些积分的存在和对 $z, x_1, x_2, \cdots, x_n$ 的可微性，只要这始点是方程组（25）的常点，且在这点 $P_n(x_1^0, \cdots, x_n^0, z_0) \neq 0$[①]。设解（26'）中的值 $x_1, x_2, \cdots, x_n$ 和 z 属于被考查的邻域。将 z 的表达式（28）代入等式（26'）的左端，对于所得 $x_1, x_2, \cdots, x_n$ 的函数，我们引入记号

$$\psi_k[\psi(x_1, x_2, \cdots, x_n), x_1, x_2, \cdots, x_n] \equiv \Psi_k(x_1, x_2, \cdots, x_n)$$
$$(k = 0, 1, 2, \cdots, n-1)$$

我们有

$$\frac{\partial \Psi_k}{\partial x_j} = \frac{\partial \psi_k}{\partial x_j} + \frac{\partial \psi_k}{\partial z} \frac{\partial \varphi}{\partial x_j} \quad (k = 0, 1, 2, \cdots, n-1; j = 1, 2, \cdots, n)$$

这里指出，函数 $\psi_0, \psi_1, \cdots, \psi_{n-1}$ 适合方程（24），将 z 的表达式（28）代入把 ψ_0，$\psi_1, \cdots, \psi_{n-1}$ 代入方程（24）所得到的各恒等式以后，我们可以得到另一组恒等式

---

① 如果在这一点，$P_n = 0$，而 $P_j \neq 0$，那么不必改变推演，只要取 x_j 代替 x_n 为自变数。纵使 $R \neq 0$，而 $P_1 = P_2 = \cdots = P_n = 0$ 的一切点都应当列为方程（24）的奇点。

$$\sum_{j=1}^{n} P_j \big[\varphi(x_1, \cdots, x_n), x_1, \cdots, x_n \big] \frac{\partial \psi_k}{\partial x_j} + R(\varphi, x_1, \cdots, x_n) \frac{\partial \psi_k}{\partial z} = 0$$

$$(k = 0, 1, \cdots, n-1) \tag{29}$$

因为按照假设，(28)是方程(22)的解，所以我们有恒等式

$$\sum_{j=1}^{n} P_j(\varphi, x_1, \cdots, x_n) \frac{\partial \varphi}{\partial x_j} - R(\varphi, x_1, \cdots, x_n) = 0$$

将这等式依次乘以 $\frac{\partial \psi_0}{\partial z}, \frac{\partial \psi_1}{\partial z}, \cdots, \frac{\partial \psi_{n-1}}{\partial z}$，并且将它加到式(29)中的相应等式。由于函数 Ψ_k 的定义和它们对 x_j 的导数的定义，我们得到

$$P_1 \big[\varphi(x_1, \cdots, x_n), x_1, \cdots, x_n \big] \frac{\partial \Psi_k}{\partial x_1} + \cdots +$$

$$P_n(\varphi, x_1, \cdots, x_n) \frac{\partial \Psi_k}{\partial x_n} = 0 \quad (k = 0, 1, 2, \cdots, n-1)$$

由此可见，$\Psi_0, \Psi_1, \cdots, \Psi_{n-1}$ 是具有 n 个自变数 $x_1, x_2, \cdots, x_n$ 的偏微分方程

$$P_1(\varphi, x_1, \cdots, x_n) \frac{\partial u}{\partial x_1} + \cdots + P_n(\varphi, x_1, \cdots, x_n) \frac{\partial u}{\partial x_n} = 0$$

的一组 n 个解。因此，在 $\Psi_0, \Psi_1, \cdots, \Psi_{n-1}$ 之间有一个对于 $x_1, x_2, \cdots, x_n$ 而言的恒等关系式

$$\Phi(\Psi_0, \Psi_1, \cdots, \Psi_{n-1}) = 0 \tag{27$'$}$$

所以就存在这样的函数 $\Phi(\psi_0, \psi_1, \cdots, \psi_{n-1})$，当我们把表达式 $\varphi(x_1, \cdots, x_n)$ 代替其中的 z 时它恒等于零。因此，在上述关于系数 P_i 和 R 的条件，任何解 z 适合形如(27)的关系式。就这个意义说来，(27)定义通解。

我们指出，和齐次线性偏微分方程相反，我们这里能证明，只有当方程的系数适合补充条件时，就是系数的偏导数连续和所有的系数 P_i 不同时等于零时，公式(27)才能表示出所有的特解。如果不满足上述的补充条件，那么方程(22)可以有不包含在公式(27)中的解案，这些解案并不使关系式(24)的左端恒等于零，而只是使关系式(24)的左端当关系式 $V = 0$ 成立时才等于0。这样的解称为特殊解。

例7 $\dfrac{\partial z}{\partial x}(1 + \sqrt{z - x - y}) + \dfrac{\partial z}{\partial y} = 2$。在这里，方程(24)的形状为

$$(1 + \sqrt{z - x - y}) \frac{\partial V}{\partial x} + \frac{\partial V}{\partial y} + 2 \frac{\partial V}{\partial z} = 0$$

对应的常微分方程组是

$$\frac{\mathrm{d}x}{1 + \sqrt{z - x - y}} = \frac{\mathrm{d}y}{1} = \frac{\mathrm{d}z}{2}$$

其首次积分：(1) $z-2y=C_1$。(2) 从可积组合 $\dfrac{\mathrm{d}y}{1}=\dfrac{\mathrm{d}z-\mathrm{d}y-\mathrm{d}x}{-\sqrt{z-x-y}}$ 有 $y+2\sqrt{z-x-y}=C_2$。

从关系式

$$\Phi(z-2y,\ y+2\sqrt{z-x-y})=0$$

我们可以得到通解。

但是所给方程还有解 $z=x+y$。如果将表达式 $V=z-x-y$ 代入含 V 的方程的左端，我们得到 $-\sqrt{z-x-y}=-\sqrt{V}$。这个表达式只有在 $V=0$ 时才等于零。在这个例子中，在特殊解的各点上，系数的导数就不再有界。

3. 设在始点 $\bar{z}_0,\bar{x}_1^0,\bar{x}_2^0,\cdots,\bar{x}_n^0$，有

$$P_n(\bar{z}_0,\bar{x}_1^0,\cdots,\bar{x}_n^0)\neq 0$$

那么在方程组(25)中，可以用 x_n 做自变数。我们取常微分方程(25)的首次积分组为公式(26′)的形状，并且令原始值 $z_0,x_1^0,\cdots,x_{n-1}^0$ 在 $\bar{z}_0,\bar{x}_1^0,\cdots,\bar{x}_{n-1}^0$ 的邻域中变化，而 x_n 在 $\bar{x}_n^0$ 的邻域中变化。

我们对于方程(22)求解柯西问题：即求这个方程的解使当 $x_n=\bar{x}_n^0$ 时，它等于给定的可微函数

$$\varphi(x_1,x_2,\cdots,x_{n-1})$$

(这个函数在 $(\bar{x}_1^0,\bar{x}_2^0,\cdots,\bar{x}_{n-1}^0)$ 的邻域中确定。) 在积分(26′)中我们用原始值 $\bar{x}_n^0$ 代 x_n，并且用 $\bar{\psi}_i$ 表示所得结果，我们得到

$$\psi_i(z,x_1,\cdots,x_{n-1},\bar{x}_n^0)=\bar{\psi}_i \quad (i=0,1,2,\cdots,n-1) \tag{30}$$

公式(26′)和第 7 章中的公式(42)相仿。因此，可以从它们解出 $z,x_1,\cdots,x_{n-1}$(这是方程组(25)的解，当 $x_n=x_n^0$ 时，它取原始值 $z_0,x_1^0,\cdots,x_{n-1}^0$。)

$$z=\varphi_0(x_n,z_0,x_1^0,\cdots,x_{n-1}^0)$$
$$x_i=\varphi_i(x_n,z_0,x_1^0,\cdots,x_{n-1}^0) \quad (i=1,2,\cdots,n-1)$$

在这些公式中，用数值 $\bar{x}_n^0$ 代 x_n，并且用 $\bar{\psi}_0,\bar{\psi}_1,\cdots,\bar{\psi}_{n-1}$ 代替 $z_0,x_1^0,\cdots,x_{n-1}^0$。我们就得到表达式

$$z=\omega_0(\bar{\psi}_0,\bar{\psi}_1,\cdots,\bar{\psi}_{n-1})$$
$$x_i=\omega_i(\bar{\psi}_0,\bar{\psi}_1,\cdots,\bar{\psi}_{n-1}) \quad (i=1,2,\cdots,n-1) \tag{31}$$

很容易看出，公式(31)就是从方程(30)解出 $z,x_1,\cdots,x_{n-1}$ 的结果。

柯西问题的解由下式给出

$$V(z,x_1,\cdots,x_n)\equiv\omega_0(\psi_0,\psi_1,\cdots,\psi_{n-1})-$$
$$\varphi\big[\omega_1(\psi_0,\psi_1,\cdots,\psi_{n-1}),\cdots,\omega_{n-1}(\psi_0,\psi_1,\cdots,\psi_{n-1})\big]=0$$

$$\tag{32}$$

首先,我们要证明方程 (32) 在 $\bar{x}_1^0, \bar{x}_2^0, \cdots, \bar{x}_n^0$ 的邻域中,把 z 确定为 x_1, $x_2, \cdots, x_n$ 的单值、连续而且可微的函数。为此,只需证明

$$\left(\frac{\partial V}{\partial z}\right)_0 \equiv \left(\frac{\partial V}{\partial z}\right)_{\substack{z=\bar{z}_0 \\ x_i=\bar{x}_i^0}} \neq 0$$

我们计算这个导数

$$\frac{\partial V}{\partial z} = \frac{\partial \omega_0}{\partial \psi} \frac{\partial \psi_0}{\partial z} + \frac{\partial \omega_0}{\partial \psi_1} \frac{\partial \psi_1}{\partial z} + \cdots + \frac{\partial \omega_0}{\partial \psi_{n-1}} \frac{\partial \psi_{n-1}}{\partial z} -$$

$$\sum_{i=1}^{n-1} \frac{\partial \varphi}{\partial \omega_i} \left(\frac{\partial \omega_i}{\partial \psi_0} \frac{\partial \psi_0}{\partial z} + \frac{\partial \omega_i}{\partial \psi_1} \frac{\partial \psi_1}{\partial z} + \cdots + \frac{\partial \omega_i}{\partial \psi_{n-1}} \frac{\partial \psi_{n-1}}{\partial z} \right)$$

依据公式 (31),我们有

$$\left(\frac{\partial \omega_0}{\partial \psi_0}\right)_{\substack{x_n=\bar{x}_n^0 \\ z=\bar{z}_0 \\ x_i=\bar{x}_i^0}} = \left(\frac{\partial \omega_0}{\partial \bar{\psi}_0}\right)_{\substack{z=\bar{z}_0 \\ x_i=\bar{x}_i^0}} = 1$$

同样 $\left(\dfrac{\partial \omega_0}{\partial \psi_i}\right)_0 = \left(\dfrac{\partial z}{\partial x_i}\right)_0 = 0$(依据第 7 章 §3 的公式（A）和（38）),而且 $\left(\dfrac{\partial \omega_i}{\partial \psi_j}\right)_0 = 1$ 当 $i=j$ 时,而 $\left(\dfrac{\partial \omega_i}{\partial \psi_j}\right)_0 = 0$ 当 $i \neq j$ 时。

其次,我们有

$$\left(\frac{\partial \psi_0}{\partial z}\right)_0 = 1, \left(\frac{\partial \psi_i}{\partial z}\right)_0 = 0 \quad (i=1, 2, \cdots, n-1)$$

因而

$$\left(\frac{\partial V}{\partial z}\right)_0 = 1$$

因此,这导数在点 $(\bar{z}_0, \bar{x}_1^0, \cdots, \bar{x}_n^0)$ 的邻域中不等于零,而公式 (32) 就定义 z 为 $x_1, x_2, \cdots, x_n$ 的函数。

因为公式 (32) 是方程 $(27')$ 的特殊形状,所以从它所得到的函数 z 是方程 (22) 的解。最后,不难看出,它解决了我们提出来的柯西问题。事实上,当 $x_n = \bar{x}_n^0$ 时,由于等式 (30),ψ_1 变为 $\bar{\psi}_i (i=0, 1, 2, \cdots, n-1)$。由于等式 (31),这些变元的函数 $\omega_0, \omega_1, \cdots, \omega_n$ 依次给出 $z, x_1, \cdots, x_{n-1}$,因而我们得到:当 $x_n = \bar{x}_n^0$ 时,$z = \varphi(x_1, x_2, \cdots, x_{n-1})$。

因此,适当地选取首次积分公式 (27) 给出由柯西原始条件所确定的一切特解。

柯西问题的解的作法的本身指出,在适合连续可微并且方程的系数在解上各点不同时等于零的条件的那一类解中,柯西问题的解是唯一的。

注 对于证明柯西问题的可解性,我们是从特殊形式的首次积分出发。在

实际上,从任何一组 n 个独立的首次积分

$$\psi_0(z,x_1,\cdots,x_n)=C_0,\psi_i(z,x_1,\cdots,x_n)=C_i \quad (i=1,2,\cdots,n-1) \quad (26'')$$

出发,大半也可以达到同样的目的。计算的方式是这样:写出方程(30),从它们解出 $z,x_1,\cdots,x_{n-1}$,我们就得到公式(31),再依据公式(32)就能求得所求解。

例 8 对于例 7 的方程,求适合柯西条件

$$z=2x \quad (当 y=0)$$

的解。从首次积分 $\psi_0=z-2y=C_1,\psi_1\equiv y+2\sqrt{z-x-y}=C_2$ 出发。把值 $y=0$ 代入,我们得到

$$z=\bar{\psi}_0,2\sqrt{z-x}=\bar{\psi}_1,\text{由此 } z=\bar{\psi}_0,x=\bar{\psi}_0-\frac{\bar{\psi}_1^2}{4}$$

把这些值代入原方程,并且用 ψ_i 代 $\bar{\psi}_i$,我们得到所求解

$$\psi_0-2\psi_0=\frac{\psi_1^2}{2}=0$$

或 $2\psi_0-\psi_1^2=0$。换一种写法

$$2z-4y-y^2-4y\sqrt{z-x-y}-4x+4x+4y=0$$

或

$$4y\sqrt{z-x-y}=4x-2z-y^2$$

由此

$$z=2x+\frac{3}{2}y^2-2y\sqrt{x-y+\frac{y^2}{2}}$$

(从验证可知,根号前的负号对应原方程中根号前的正号)。

4. 三个变数间的线性方程,几何解释。对于两个自变数(我们用 x,y 表示它们)的情形,一组三个变数 x,y,z 有简单的解释,即解释为三维空间的点的坐标。这种解释可以帮助我们深入理解与线性偏微分方程有关的事实。我们引用偏导数的蒙日记号

$$\frac{\partial z}{\partial x}\equiv p,\frac{\partial z}{\partial y}\equiv q$$

并且把方程写成

$$Pp+Qq=R \tag{33}$$

其中,P,Q,R 是 x,y,z 的已知(可微)函数。

所求的解 $z=f(x,y)$ 表示曲面(积分曲面)的方程式,p 和 q 是这曲面在坐标为 (x,y,z) 的点的切面的角系数。

这个平面的方程是

$$Z-z=p(X-x)+q(Y-y) \tag{T}$$

方程(33)给空间每一点一个矢量

$$(P, Q, R) \qquad\qquad (V)$$

经过点 (x, y, z)，而方向由已给矢量场所确定的直线的方程是

$$\frac{X-x}{P} = \frac{Y-y}{Q} = \frac{Z-z}{R} \qquad\qquad (D)$$

偏微分方程(33)指出，直线(D)位于平面(T)内。

在每一点都和对应矢量 (P, Q, R) 相切的空间曲线，一般称为矢线，对于方程(33)的这种曲线称为特征曲线或特征线。它们的微分方程是

$$\frac{\mathrm{d}x}{P} = \frac{\mathrm{d}y}{Q} = \frac{\mathrm{d}z}{R} \qquad\qquad (34)$$

我们要证明，每一个积分曲面均由特征线所组成。实际上，我们提出问题：在所给积分曲面 $z = f(x, y)$ 上，求每一点都和矢量(V)相切的曲线；把这些曲线射影在平面 (x, y) 上，我们显然得到方程 $\dfrac{\mathrm{d}y}{\mathrm{d}x} = \dfrac{Q}{P}$，右端的 z 必须用函数 $f(x, y)$ 代替。

但是我们还可以补充一个微分方程；事实上，当沿着曲面移动时，微分之间有如下的关系式

$$\mathrm{d}z = p\,\mathrm{d}x + q\,\mathrm{d}y$$

或

$$\frac{\mathrm{d}z}{\mathrm{d}x} = p + q\,\frac{\mathrm{d}y}{\mathrm{d}x} = p + q\,\frac{Q}{P} = \frac{Pp + Qq}{P}$$

由于方程(33)，这个表达式给出 $\dfrac{\mathrm{d}z}{\mathrm{d}x} = \dfrac{R}{P}$，亦即我们得到特征线(34)的微分方程。我们要指出，无须知道积分曲面，就能求出方程组(34)的积分，而我们就得到具有这样性质的两参特征线族，就是经过空间（更确切些：在解案的存在条件和唯一性条件成立的区域中）每一点 (x_0, y_0, z_0) 有一条特征曲线。如果取方程组(34)的两个首次积分

$$u(x, y, z) = a, \quad v(x, y, z) = b \qquad\qquad (35)$$

那么，特征线即为(35)这两族曲面的交线。反过来，如果在一个有连续转动切面的曲面上，经过这曲面上每一点，都有位于其上的一条特征线经过；那么，这个曲面就是积分曲面；事实上，在这曲面的每一点上，矢量(V)都在平面(T)上，亦即适合方程(33)。

如何做出积分曲面一事，现在就很明显了，这只需从两参特征线族中，按照某一规律，选出单参数的曲线族，同时使所得曲面有连续变化的切面。为了这个目的，我们只需在参数 a, b 之间确立一个任意的关系式

$$\Phi(a, b) = 0$$

其中 Φ 是可微函数。

从这个关系式和方程(35)消去 a,b,我们就得到积分曲面的方程

$$\Phi[u,(x,y,z),v(x,y,z)]=0 \tag{36}$$

柯西问题也可以用推广了的形式提出(参看§1):给定一个有连续转动切线的空间曲线;求通过这曲线的积分曲面。这个问题的几何解法很显然:只需取所有经过所给曲线上的点的一切特征线,这些特征线就构成所求曲面。

按照解析的方法,如果所给曲线方程是

$$x=\varphi(t),y=\psi(t),z=\chi(t)$$

那么所求积分曲面可以由下面的方法得到:把给定 x,y,z 的作为 t 的函数的表达式代入方程(35)的左端,我们就得到 a,b 作为 t 的函数的表达式,消去 t,就得到所求 a,b 间的关系式。

为了消去 t,例如我们可以从方程 $u[\varphi(t),\psi(t),\chi(t)]=a$ 解出 t,亦即求得曲面 $u=a$ 和曲线(C″)的交点;如果曲线(C″)位于曲面 $u=a_0$ 上,而 a_0 为常数时,就不可能解出 t 了;但是此时曲面 $u(x,y,z)=a_0$ 本身就是柯西问题中所求的积分面面。如果所给曲线位于两个曲面 $u=a_0$ 和 $v=b_0$ 上,那么它本身就是特征线,而柯西问题就变成不能确定,因为每一条特征线都属于无穷多个积分曲面。那么这条特征线的方程是

$$u(x,y,z)=a_0,v(x,y,z)=b_0$$

而且任何一个曲面 $\Phi(u,v)=0$ 都经过这条特征线,只要 $\Phi(a_0,b_0)=0$。

注　我们可以从开头就将特征线定义为这样的曲线:柯西问题对于它们是不定的。

5. 我们已看到,方程(53)的通解具有形状

$$\Phi[\varphi(x,y,z),\psi(x,y,z)]=0 \tag{36'}$$

其中 φ 和 ψ 是已经确定的函数,而 Φ 是任意函数。

反过来,我们很容易看出,将等式(36′)微分,并且消去任意函数 Φ,我们就得到线性偏微分方程(33)。其实,将式(36′)依次对 x 和对 y 微分,我们就得到

$$\frac{\partial\Phi}{\partial\varphi}\left(\frac{\partial\varphi}{\partial x}+\frac{\partial\varphi}{\partial z}p\right)+\frac{\partial\Phi}{\partial\psi}\left(\frac{\partial\psi}{\partial x}+\frac{\partial\psi}{\partial z}p\right)=0$$

$$\frac{\partial\Phi}{\partial\varphi}\left(\frac{\partial\varphi}{\partial y}+\frac{\partial\varphi}{\partial z}q\right)+\frac{\partial\Phi}{\partial\psi}\left(\frac{\partial\psi}{\partial y}+\frac{\partial\psi}{\partial z}q\right)=0$$

从这些等式中消去 $\dfrac{\partial\Phi}{\partial\varphi},\dfrac{\partial\Phi}{\partial\psi}$,我们就得到方程

$$\begin{vmatrix} \dfrac{\partial\varphi}{\partial x}+\dfrac{\partial\varphi}{\partial z}p & \dfrac{\partial\psi}{\partial x}+\dfrac{\partial\psi}{\partial z}p \\[2mm] \dfrac{\partial\varphi}{\partial y}+\dfrac{\partial\varphi}{\partial z}q & \dfrac{\partial\psi}{\partial y}+\dfrac{\partial\psi}{\partial z}q \end{vmatrix}=0$$

或
$$p\begin{vmatrix}\dfrac{\partial\varphi}{\partial z} & \dfrac{\partial\psi}{\partial z}\\[2mm]\dfrac{\partial\varphi}{\partial y} & \dfrac{\partial\psi}{\partial y}\end{vmatrix}+q\begin{vmatrix}\dfrac{\partial\varphi}{\partial x} & \dfrac{\partial\psi}{\partial x}\\[2mm]\dfrac{\partial\varphi}{\partial z} & \dfrac{\partial\psi}{\partial z}\end{vmatrix}=-\begin{vmatrix}\dfrac{\partial\varphi}{\partial x} & \dfrac{\partial\psi}{\partial x}\\[2mm]\dfrac{\partial\varphi}{\partial y} & \dfrac{\partial\psi}{\partial y}\end{vmatrix}$$

亦即我们得到一阶非齐次线性偏微分方程。

例 9 以坐标原始为顶点的各种锥面,它们的方程具有形状

$$\Phi\left(\frac{z}{x},\frac{y}{x}\right)=0$$

或 $z=x\varphi\left(\dfrac{y}{x}\right)$,其中 Φ 和 φ 是任意函数。

要求对应的偏微分方程。将第二种形式的方程先对 x 微分,再对 y 微分,就得到

$$p=\varphi\left(\frac{y}{x}\right)-\frac{y}{x}\varphi'\left(\frac{y}{x}\right),\ q=\varphi'\left(\frac{y}{x}\right)$$

从原方程和微分所得的这两个关系式消去 φ 和 φ' ,我们就得到方程

$$p=\frac{z}{x}-\frac{qy}{x}\ 或\ px+qy=z$$

特征线的方程是关系式 $\dfrac{z}{x}=C_1,\dfrac{y}{x}=C_2$;这是通过坐标原点的直线束。

问 题

199. 把方程 $(mz-ny)p+(nx-lz)q=ly-mx$ 积分。指出特征曲线和通解的几何意义 $(l,m,n,$ 是常数 $)$ 。

求下列方程的通解:

200. $(y+z+u)\dfrac{\partial u}{\partial x}+(z+u+x)\dfrac{\partial u}{\partial y}+(u+x+y)\dfrac{\partial u}{\partial z}=x+y+z$ 。

201. $\dfrac{\partial u}{\partial x}+b\dfrac{\partial u}{\partial y}+c\dfrac{\partial u}{\partial z}=xyz$ (b,c 是常数 $)$ 。

202. $(y^3x-2x^4)p+(2y^4-x^3y)q=9z(x^3-y^3)$ 。

203. 对于方程 $z(x+z)p-y(y+z)q=0$ 解柯西问题:当 $x=1$ 时, $z=\sqrt{y}$ 。

204. 一条直线在移动时恒与一条已给直线交于定角,求它移动时所作曲面的偏微分方程。

把这方程积分。

提示:取所给直线为 Oz 轴。

一阶非线性偏微分方程

以后我们要考查具有两个自变数的一阶偏微分方程,但是这样得到的结果,大部分可以推广到任意多个自变数的情形。用字母 x,y 表示自变数,字母 z 表示未知函数,并且对于偏导数应用蒙日记号

$$\frac{\partial z}{\partial x}=p,\frac{\partial z}{\partial y}=q$$

这样,我们就提出解方程

$$F(x,y,z,p,q)=0 \qquad\qquad (1)$$

的问题。但是比较简单的问题不是解一个形状(1)的方程,而是解一组两个形状(1)的相容方程,亦即解具有公解 $z(x,y)$ 的两个方程。在第一节就考查这个问题。我们把解案解释为曲面(积分曲面)。

§1 包含两个相容的一阶方程的方程组

设已给两个方程

$$\begin{cases} F(x,y,z,p,q)=0 \\ G(x,y,z,p,q)=0 \end{cases} \qquad\qquad (2)$$

我们假设,在变数 x,y,z,p,q 变化的某一域中,这些方程可以就 q 和 p 解出。将解出的结果写成

$$\begin{cases} \dfrac{\partial z}{\partial x}=A(x,y,z) \\[2mm] \dfrac{\partial z}{\partial y}=B(x,y,z) \end{cases} \qquad\qquad (3)$$

（以后我们要引入关于右端可微的限制。）。

只含有一个未知函数 z 的两个方程(2)或(3)，一般说来是不相容的，也就是说没有公解。

我们对于写成形式(3)的方程组来引出相容性的必要条件。我们假定，这两个方程有公解 z，而 z 具有连续一阶偏导数和连续导数 $\frac{\partial^2 z}{\partial x \partial y}$，将这个解代入方程(3)后，我们就得到恒等式。从这些恒等式，我们可以求得二阶导数 $\frac{\partial^2 z}{\partial x \partial y}$ 的两个表达式。从第一个方程，我们有

$$\frac{\partial^2 z}{\partial x \partial y} = \frac{\partial A}{\partial y} + \frac{\partial A}{\partial z} \frac{\partial z}{\partial y}$$

或（由于第二个方程，将 $\frac{\partial z}{\partial y}$ 的值代入）

$$\frac{\partial^2 z}{\partial x \partial y} = \frac{\partial A}{\partial y} + \frac{\partial A}{\partial z} B$$

同样，从(3)的第二个方程，我们求得

$$\frac{\partial^2 z}{\partial y \partial x} = \frac{\partial B}{\partial x} + \frac{\partial B}{\partial z} A$$

（我们假设，在始点 (x_0, y_0, z_0) 的邻域内，导数 $\frac{\partial A}{\partial y}, \frac{\partial A}{\partial z}, \frac{\partial B}{\partial x}, \frac{\partial B}{\partial z}$ 存在且连续。）令二阶混合导数的两个值互相相等（这是由于它的连续性，微分的次序不影响结果）我们得到所求必要条件

$$\frac{\partial A}{\partial y} + \frac{\partial A}{\partial z} B = \frac{\partial B}{\partial x} + \frac{\partial B}{\partial z} A \tag{4}$$

由于我们的结论，如果把两个方程的公解 $z(x, y)$ 代 z，等式(4)应当成立。

如果条件(4)不恒等地成立，那么这是变数 x, y, z 间的方程；一般说来，它确定 z 为 x, y 的隐函数，$z = \varphi(x, y)$，并且前面的推演表明，如果方程组(3)的解存在，那它不外是这个函数。直接代入方程组(3)，我们就可以得到一个究竟函数 $z = \varphi(x, y)$ 是否是方程组(3)的解案的问题的答案。

我们把这种情形放在一边。在某些条件下，方程组(3)有无穷多个解，使得空间内所考查区域里的每个点 (x_0, y_0, z_0) 有对应于某一解案的曲面经过，我们的主要目的就是求这些条件。在这种情形下，条件(4)对于该区域内的任何一点都应当成立，亦即对于 x, y, z 是恒等式。

因而，要条件(4)恒等地成立，就必须使方程组(3)至少有依赖于一个任意常数那么多的解。

我们要证明,条件(4)恒等地成立,也是方程组(3)的相容性的充分条件,就是说,我们要证明,在这个条件成立的情形下,求方程组(3)的相容解便化成求两个常微分方程的积分。

我们先积分(3)中的第一个方程,而将其中的 y 看作参数。当这参数不变化时,我们就可以把这个方程看作常微分方程

$$\frac{\mathrm{d}z}{\mathrm{d}x}=A(x,y,z) \tag{3_1}$$

设方程(3_1)的原始条件是当 $x=x_0$ 时,$z=\zeta(y)$,其中 x_0 是已给数;因此,当 $x=x_0$ 时对于参数 y 的不同的值,假定 ζ 的原始值不同;我们暂时令函数 $\zeta(y)$ 仍然不定(但是假定 $\zeta(y)$ 可微)。方程(3_1)的解具有形状

$$z=\varphi(x,y;x_0,\zeta(y)) \tag{5}$$

而且由于原始条件

$$\varphi(x_0,y;x_0,\zeta(y))=\zeta(y) \tag{5_1}$$

由此,微分后可得

$$\zeta'(y)=\varphi'_y+\varphi'_\zeta\zeta'(y) \tag{5_2}$$

我们现在要求表达式(5)适合方程(3)的第二个方程;这个条件使我们有可能确定函数 $\zeta(y)$。代入后,我们得到

$$\varphi'_y+\varphi'_\zeta\frac{\mathrm{d}\zeta}{\mathrm{d}y}=B(x,y,\varphi(x,y;x_0,\zeta(y))) \tag{6}$$

由于导数 A'_y 的存在性和连续性,导数 φ'_y 也存在,并且适合变分方程

$$\frac{\mathrm{d}}{\mathrm{d}x}\varphi'_y=A'_z(x,y,\varphi)\varphi'_y+A'_y(x,y,\varphi) \tag{6_1}$$

由于同样的条件,φ 对原始值 ζ 的导数也存在,它适合方程

$$\frac{\mathrm{d}}{\mathrm{d}x}\varphi'_\zeta=A'_z(x,y,\varphi)\varphi'_\zeta \tag{6_2}$$

公式(6_1)和(6_2)证明了连续导数 φ''_{yx} 和 $\varphi''_{\zeta x}$ 存在。同时由于 φ'_ζ 是齐次线性方程的解,φ'_ζ 处处不等于零。

我们把方程(6)就 $\frac{\mathrm{d}\zeta}{\mathrm{d}y}$ 解出

$$\frac{\mathrm{d}\zeta}{\mathrm{d}y}=\frac{B(x,y,\varphi)-\varphi'_y}{\varphi'_\zeta} \tag{7}$$

方程(7)左端是一个变数 y 的函数;我们要考查在什么条件下,对于方程(7)的右端也发生同样情形。计算右端对 x 的导数,我们在分子上得到表达式

$$[B'_x(x,y,\varphi)+B'_z(x,y,\varphi)\varphi'_x-\varphi''_{yx}]\varphi'_\zeta-\varphi''_{\zeta x}[B(x,y,\varphi)-\varphi'_y] \tag{7_1}$$

由于上面所作的推演,所以二阶导数 $\varphi''_{\xi x}$ 和 φ''_{yx} 存在;在表达式 (7_1) 中,我们用 $A(x,y,\varphi)$ 代替 φ'_x,其次借方程 $(6_1)(6_2)$ 的帮助,用 $\varphi''_{\xi x}$ 和 φ''_{yx} 的表达式代替 $\varphi''_{\xi x}$ 和 φ''_{yx},简化后我们得到

$$\varphi'_{\zeta}(B'_x+B'_z A-A'_z B-A'_y) \tag{7_2}$$

按照条件,在式 (7_2) 括号中的表达式恒等于零,亦即事实上,等式 (7) 的右端和 x 无关,等式 (7) 是以 $\zeta(y)$ 为未知函数和以 y 为自变数的常微分方程。为了阐明它的右端在我们的假设下适合李普希兹条件,我们就把它变换。这里指出,由于右端和 x 无关,我们在右端一切表达式中可以用 x_0 代替 x。在这种情形下,把恒等式 (5_1) 和 (5_2) 应用到相当于式 (7) 的方程 (6),我们就得到

$$\frac{\mathrm{d}\zeta}{\mathrm{d}y}=B(x_0,y,\zeta(y)) \tag{8}$$

由于连续导数 B'_z 存在,因此方程 (8) 的右端适合解的存在性和唯一性的条件。对于原始条件 $\zeta(y_0)=z_0$,把 (8) 积分,我们就得到

$$\xi=\psi(y;y_0,z_0),\text{而且 } \psi(y_0;y_0,z_0)=z_0 \tag{$8'$}$$

再把这个解案代入表达式 (5),我们就得到方程组 (3) 的解

$$z=\varphi(x,y;x_0,\psi(y;y_0,z)) \tag{5_3}$$

当 $x=x_0,y=y_0$ 时,它等于 z_0。按照我们已积分过的这些常微分方程的构造和唯一性,就可以得到结论:在具备连续偏导数 A'_y,A'_z,B'_x,B'_z 和适合可积性条件时,方程组 (3) 有唯一解 $z=\Phi(x,y)$,当 $x=x_0,y=y_0$ 时,它取已知值 z_0。

注1 方程组 (3) 的通解代表单参数的曲面族。事实上,如果给 x_0 和 y_0 以各种数值 $\bar{x_0}$ 和 $\bar{y_0}$,并且把 z_0 看作任意常数 C,那么我们就得到在这个域内的一切解。解 (5_3) 具有形状

$$z=\Phi(x,y,C) \tag{5_4}$$

可从方程 (5_4) 解出 $C\equiv z_0$。事实上,可从方程 (8) 的解案 $(8')$ 解出 z_0:改换原始坐标 (y_0,z_0) 和流动坐标 (x,ζ) 的地位,我们就有

$$z_0=\varphi(y_0;y,\zeta)$$

另一方面,可从解案 (5) 解出原始值 ζ,于是我们有

$$\zeta=\varphi(x_0,y_0;x,z)$$

把这个表达式代替前一个等式中的 ζ,我们就得到

$$\psi(y_0;y,\varphi(x_0,y_0;x,z))=z_0 \tag{5_5}$$

我们很容易证明等式 (5_5) 的左端对 x,y,z 有连续导数。

注2 在上述的理论推演中,当我们把方程 (3_1) 积分时,已经取任意常数

$\zeta(y)$ 作为 z 对于 $x=x_0$ 和任何 y 时的原始值。在实践中,可以求这个方程含有一个任意常数 C 的通解,然后以未知函数 $u(y)$ 代替这个常数就很容易证明(如果一切导数存在),用来确定这个函数的形如(7)的方程也和 x 无关。当然,变数 x 和 y 可以改换地位。

例 1 $\dfrac{\partial z}{\partial x}=z+yz$, $\dfrac{\partial z}{\partial y}=z^2+2xz$。

作表达式

$$A'_y+A'_zB-B'_x-B'_zA =z+(1+y)(z^2+2xz)-2z-2(z+x)(z+yz)$$
$$=z[-1-z(1+y)]$$

这个表达式不恒等于零。令它等于零,我们就得到 z 的值,$z=0$ 和 $z=-\dfrac{1}{1+y}$。代入后我们就能证明第一个值是我们的方程组的解。而第二个却不是解。

例 2 $\dfrac{\partial z}{\partial x}=ay^2$, $\dfrac{\partial z}{\partial y}=\dfrac{b}{2y^2}+\dfrac{2z}{y}-ay^2$。相容性条件

$$A'_y+A'_zB-B'_x-B'_zA=2ay-\dfrac{2}{y}ay^2=0$$

恒等地成立。现用注 2 中所示的方法来积分。从第一个方程我们有

$$\dfrac{\partial z}{\partial x}=ay^2$$

$$z=axy^2+u(y)$$

代入第二个

$$2axy+u'(y)=\dfrac{b}{2y^2}+2axy+\dfrac{2u}{y}-ay^2 \ \ \text{或} \dfrac{\mathrm{d}u}{\mathrm{d}y}-\dfrac{2u}{y}=\dfrac{b}{2y^2}-ay^2$$

这是关于 u 的一阶线性方程。把它写成形状

$$y^{-2}\mathrm{d}u-2y^{-3}u\mathrm{d}y=\dfrac{b}{2}y^{-4}\mathrm{d}y-a\mathrm{d}y$$

后,就得到

$$y^{-2}u=-\dfrac{b}{6y^3}-ay+C$$

由此

$$u=-\dfrac{b}{6y}-ay^3+Cy^2$$

把这一个值 u 代入上面得到的 z 的表达式,我们就得到方程的通解

$$z=-\dfrac{b}{6y}+Cy^2+ay^2(x-y)$$

§2 波发夫方程

1. 方程

$$P dx + Q dy + R dz = 0 \qquad (9)$$

称为波发夫方程,其中,P, Q, R 是在某一区域 D 内给定的 x, y, z 的函数,并且适合连续性和可微性的条件,在以后将对这些条件加以说明。

我们先研究方程(9)的几何意义。在所考查的空间区域内的每个点上,给定某一矢量 (P, Q, R),亦即给定了矢量场。因为方程(9)在乘以任何异于零的乘数后,变成和它等价的方程,所以实际上,我们只给定了矢量的方向,或者换句话说,只给定了方向场。我们假定,在区域内任何一点,等式 $P = Q = R = 0$ 不同时成立(使 P, Q, R 同时等于零的点是奇点)。

方程(9)指出,x, y, z 在区域 D 内不能是独立的,否则 dx, dy, dz 就是独立增量,而在 D 域内我们就有 $P \equiv 0, Q \equiv 0, R \equiv 0$,这和条件相抵触。因此,在这些变数间,至少存在一个关系式,而全体适合方程(9)的 x, y, z 的值的集合(在某些自然的限制下)是维数 $\leqslant 2$ 的流形(积分流形)。

很显然,解 $x = x_0, y = y_0, z = z_0 (x_0, y_0, z_0$ 是常数)适合方程(9)。我们认为这个解是平凡的,而以后就不再考虑它。因此,我们的积分流形的维数 $\geqslant 1$。方程(9)本身指出来,点 x, y, z 沿积分流形的无穷小位移 dx, dy, dz,垂直于矢量场在这一点的方向(亦即积分流形的任何切线垂直于对应的矢量)。显然,求方程(9)积分流形的问题,将按照我们所求的积分流形是二维的还是一维的,而带有不同的解析性质。

2. 我们先假设所求的流形是二维的。假定在某一点 (x_0, y_0, z_0) 的邻域中,它可以表成 $z = \varphi(x, y)$。那么 z 就是未知函数,而 x 和 y 是两个自变数。由公式(9)我们得到 z 的微分的表达式

$$dz = -\frac{P}{R} dx - \frac{Q}{R} dy$$

(这里我们应当假设 $R(x_0, y_0, z_0) \neq 0$。)另一方面,函数 z 的全微分的表达式为

$$dz = \frac{\partial z}{\partial x} dx + \frac{\partial z}{\partial y} dy$$

由于微分 dx 和 dy 的独立性,从这两个等式可得

$$\frac{\partial z}{\partial x} = -\frac{P}{R}, \frac{\partial z}{\partial y} = -\frac{Q}{R} \qquad (10)$$

我们得到了一组形如(3)的两个方程。正如我们在前一节所看到的。一般说来,这个方程组没有解,亦即波发夫方程(9)没有二维的积分流形。用几何的话来说,这就是说,一般说来,矢量场(P,Q,R)没有这样的曲面族,使曲面在每一点都和对应的矢量的方向成正交。如果这样的曲面族存在,那么就说波发夫方程完全可积或者可积成一个关系式。要有这样一族的二维积分流形存在,必须而且只需条件(4)成立。对于方程(10),条件(4)可以写成

$$-\frac{\partial}{\partial y}\left(\frac{P}{R}\right)+\frac{\partial}{\partial z}\left(\frac{P}{R}\right)\frac{Q}{R}+\frac{\partial}{\partial x}\left(\frac{Q}{R}\right)-\frac{\partial}{\partial z}\left(\frac{Q}{R}\right)\frac{P}{R}=0$$

实行微分后,乘以不等于零的因子R^3并变号,就得到

$$P\left(\frac{\partial Q}{\partial z}-\frac{\partial R}{\partial y}\right)+Q\left(\frac{\partial R}{\partial x}-\frac{\partial P}{\partial z}\right)+R\left(\frac{\partial P}{\partial y}-\frac{\partial Q}{\partial x}\right)=0 \qquad (11)$$

条件(11)对于P,Q,R和x,y,z来说有着完全对称的形式。如果在始点处,$R=0$,而$P(x_0,y_0,z_0)\neq0$,那么在条件(11)成立时我们就能求得形状为$x=\psi(y,z)$的一块二维积分流形。

在条件(11)恒等地成立时,波发夫方程可积成一个关系式。这个条件是必要和充分的。

我们反过来要证明,任何单参数曲面族(在必要的导数存在的条件下)是某一完全可积的波发夫方程的通解。

把给定的曲面族写成形状

$$\Phi(x,y,z)=C \qquad (12)$$

我们微分关系式(12)就得到

$$\frac{\partial\Phi}{\partial x}dx+\frac{\partial\Phi}{\partial y}dy+\frac{\partial\Phi}{\partial z}dz=0$$

这个方程允许以任何x,y,z的函数乘它,因此(12)是形状(9)的波发夫方程的积分流形,而形式

$$\frac{\frac{\partial\Phi}{\partial x}}{P}=\frac{\frac{\partial\Phi}{\partial y}}{Q}=\frac{\frac{\partial\Phi}{\partial z}}{R}=\mu(x,y,z) \qquad (13)$$

必须成立。

方程(5_4)给出完全可积的波发夫方程的通解,从方程(5_5)解出常数C,我们就可以把它变成形状(5_5)或(12),因此关系式(13)永远成立。按另一种形式,它们可以写成

$$\mu P=\frac{\partial\Phi}{\partial x},\ \mu Q=\frac{\partial\Phi}{\partial y},\ \mu R=\frac{\partial\Phi}{\partial z} \qquad (14)$$

而方程(9)本身在乘以 μ 后成为

$$\mu(Pdx+Qdy+Rdz)\equiv\frac{\partial\Phi}{\partial x}dx+\frac{\partial\Phi}{\partial y}dy+\frac{\partial\Phi}{\partial z}dz=0 \qquad (9')$$

或

$$d\Phi=0$$

因此,对于完全可积的波发夫方程,永远有积分因子 μ 存在,在乘上它以后,这方程的左端就成为一个含三个变数的函数的全微分。

由上述显然可见,反过来,如果方程(9)的积分因子存在,那么它就可以化成形状 $(9')$ 而积成一个关系式 $\Phi=C$。这个推论可以用直接计算来验证。按照假设,方程(9)的积分因子 μ 是存在的,亦即关系式(14)成立。对 y 微分其中第一个关系,并令它等于对 x 微分第二个关系的结果;令对 z 微分第二个关系的结果等于对 y 微分第三个关系的结果;令对 x 微分第三个关系的结果和对 z 微分第一个关系的结果相等。先把带 μ 的各项移在一边,再把带有 μ 的导数的各项移向另一边,我们就得到

$$\mu\left(\frac{\partial P}{\partial y}-\frac{\partial Q}{\partial x}\right)=Q\frac{\partial\mu}{\partial x}-P\frac{\partial\mu}{\partial y}$$

$$\mu\left(\frac{\partial Q}{\partial z}-\frac{\partial R}{\partial y}\right)=R\frac{\partial\mu}{\partial y}-Q\frac{\partial\mu}{\partial z}$$

$$\mu\left(\frac{\partial R}{\partial x}-\frac{\partial P}{\partial z}\right)=P\frac{\partial\mu}{\partial z}-R\frac{\partial\mu}{\partial z}$$

依次用 R,P,Q 乘所得的三个方程,把它们相加并除以不等于零的(至少在曲面(12)没有奇点的地方是这样的。)因子 μ,这样,我们就得到关系式(11)。因此,如果方程(9)有积分因子存在,那么完全可积性条件就必然适合。

注1 形如(4)的完全可积条件,我们可给以几何解释。设我们从积分流形的一个点 (x,y,z) 出发,沿着这个流形移动到点 $(x+dx,y)$,那么就得到

$$z+\frac{\partial z}{\partial x}dx=z+Adx$$

从点 $(x+dx,y)$ 移动到点 $(x+dx,y+dy)$,但是不许离开积分流形,这样,对应的 z 值就是

$$z+Adx+\frac{\partial}{\partial y}(z+Adx)dy=z+Adx+Bdy+(A'_y+A'_zB)dxdy$$

如果我们沿积分流形先移动到点 $(x,y+dy)$,然后再到点 $(x+dx,y+dy)$,那么对应的 z 值就是

$$z+Adx+Bdy+(B'_x+B'_zA)dxdy$$

条件(4)表明,这些值是相等的(准确到二阶无穷小),亦即在无限邻近的点,函

数 z 的值和我们沿着它来到这一点的路径无关。

注2 如果 μ 是方程(9)的任意一个积分的因子,而 $\Phi(x,y,z)$ 是这个方程的通解,那么很容易看出,形状最普遍的积分因子是 $\mu_1 = \mu F(\Phi)$,其中 F 是任意函数。

注3 由于形如(9)的波发夫方程关于 x,y,z 的对称性,它可以化成三种形式之一:

$$(1)\, \mathrm{d}z = -\frac{P}{R}\mathrm{d}x - \frac{Q}{R}\mathrm{d}y。$$

$$(2)\, \mathrm{d}x = -\frac{Q}{P}\mathrm{d}y - \frac{R}{P}\mathrm{d}z。$$

$$(3)\, \mathrm{d}y = -\frac{P}{Q}\mathrm{d}x - \frac{R}{Q}\mathrm{d}z。$$

因此,在完全可积的情形,它可以化成下列三组含两个偏微分方程的方程组之一:

$$(1)\, \frac{\mathrm{d}z}{\partial x} = -\frac{P}{R},\ \frac{\partial z}{\partial y} = -\frac{Q}{R}。$$

$$(2)\, \frac{\partial x}{\partial y} = -\frac{Q}{P},\ \frac{\partial x}{\partial z} = -\frac{R}{P}。$$

$$(3)\, \frac{\partial y}{\partial x} = -\frac{P}{Q},\ \frac{\partial y}{\partial z} = -\frac{R}{Q}。$$

在解问题时,可以利用这些任意性,而选取最简单的方程来开始积分。

3. 我们现在考查波发夫方程完全可积的条件(11)不成立的情形。由前述可知,在这样的情形下,没有二维积分流表存在。那就必须求一维积分流形。这时只有一个自变数;我们取 x 为这个自变数。

方程(9)现在可以写成

$$P(x,y,z) + Q(x,y,z)\frac{\mathrm{d}y}{\mathrm{d}x} + R(x,y,z)\frac{\mathrm{d}z}{\mathrm{d}x} = 0 \tag{15}$$

我们便得到具有两个未知函数的常微分方程。它的积分问题就含有更大程度的任意性。我们可以任意给出一个未知函数,例如

$$z = f(x) \tag{16}$$

那么,代入方程(15),我们得到

$$P[x,y,f(x)] + R[x,y,f(x)]f'(x) + Q[x,y,f(x)]\frac{\mathrm{d}y}{\mathrm{d}x} = 0$$

这是具有一个未知函数 y 的常微分方程;假设它的通解是(我们假定柯西定理的条件成立,例如导数 P'_y, Q'_y, R'_y 存在,并且在始点 $Q \neq 0$)

$$y = g(x, C) \tag{17}$$

方程(16)和(17)一起给出波发夫方程(9)的一维积分流形。

也可以把第一个关系式给成一般形状 $\Psi(x, y, z) = 0$ 或

$$z = \varphi(x, y) \tag{16_1}$$

把这个 z 值代入方程(15),我们得到

$$P(x, y, \varphi(x, y)) + R(x, y, \varphi(x, y)) \frac{\partial \varphi}{\partial x} +$$

$$\left(Q(x, y, \varphi(x, y)) + R(x, y, \varphi(x, y)) \frac{\partial \varphi}{\partial y} \right) \frac{\mathrm{d}y}{\mathrm{d}x} = 0$$

这仍然是 x 和 y 之间的常微分方程。

引入适当的假设,以使柯西定理的条件成立,并且用 $y = \varphi(x, C)$ 表示这个解,我们就得到一维积分流形的方程,其形状为

$$\Psi(x, y, z) = 0, \quad y = \psi(x, C) \tag{17_1}$$

因此,适合波发夫方程的最一般的一维积分流形,依赖于一个任意函数,其次还依赖于一个任意常数。

对于所得结果,很容易给以几何解释。形状为(16)的任意函数是具有平行于 Oy 轴的母线的任意柱面,而形状为(16_1)的任意函数是一般的任意曲面。方程(16_1)和(17)或(17_1)一起表示位于这个曲面上的一参曲线族(x 和 y 之间的常微分方程的解案给出这族曲线在 xOz 平面上射影的方程)。因此,波发夫方程在任意给定的曲面上的积分曲线构成单参数曲线族。

注 如果波发夫方程完全可积,那么用这一段的方法也能够求出它的积分曲线。同时,我们得到下面的结果。方程(9)有积分因子 μ,设 $\mu(P\mathrm{d}x + Q\mathrm{d}y + R\mathrm{d}z) = \mathrm{d}\Phi(x, y, z)$;把式($16_1$)代入(9)所得的方程

$$\left(P + R \frac{\partial \varphi}{\partial x} \right) \mathrm{d}x + \left(Q + R \frac{\partial \varphi}{\partial y} \right) \mathrm{d}y = 0$$

显然有积分因子

$$\bar{\mu} = \mu(x, y, \varphi(x, y))$$

因为乘上它以后,这个方程的左端就变为全微分 $\mathrm{d}\Phi(x, y, \varphi(x, y))$。

因而,积分曲线由两个方程

$$z = \varphi(x, y), \quad \Phi(x, y, \varphi(x, y)) = C$$

或由

$$\Phi(x, y, z) = C, \quad z = \varphi(x, y)$$

确定。我们便得到结论:在波发夫方程完全可积的情形下,位于积分曲面的任意曲线是一维积分流形。这个事实,在几何上是显然的。

4. 波发夫型。形状为

$$\sum_{i=1}^{n} A_i(x_1, \cdots, x_n)\, \mathrm{d}x_i$$

的表达式称为波发夫型。波发夫型的理论是分析中已经发展得很好的一部分。我们这里要讲到三个变数的波发夫型

$$P\mathrm{d}x + Q\mathrm{d}y + R\mathrm{d}z \tag{A}$$

的一些结果,其中 P, Q, R 是 x, y, z 的已给函数;为了得到更多的结论,我们假设它们两次连续可微。现在考查,如何把形式(A)化成最简单的典则形状。这里可能有三种情形:

(1)形式(A)是恰当微分,因此有这样的函数 $u(x, y, z)$ 存在,使等式

$$P\mathrm{d}x + Q\mathrm{d}y + R\mathrm{d}z = \mathrm{d}u \tag{A_1}$$

成立。我们指出,在这样的情形 $P = \dfrac{\partial u}{\partial x}, Q = \dfrac{\partial u}{\partial y}, R = \dfrac{\partial u}{\partial z}$;比较二阶混合导数的不同的表达式,我们就得到形式(A)能表成形状(A_1)的三个必要条件

$$\frac{\partial P}{\partial y} = \frac{\partial Q}{\partial x}, \frac{\partial Q}{\partial z} = \frac{\partial R}{\partial y}, \frac{\partial R}{\partial x} = \frac{\partial P}{\partial z} \tag{B_1}$$

很容易证明,这些条件也是波发夫型能表成形状(A_1)的充分条件,而且对于 u,我们得到

$$u = \int_{x_0}^{x} P(x, y, z)\, \mathrm{d}x + \int_{y_0}^{y} Q(x_0, y, z)\, \mathrm{d}y + \int_{z_0}^{z} R(x_0, y_0, z)\, \mathrm{d}z + C$$

其中 C 是任意常量。

(2)条件(B_1)不成立,但恒等式

$$P\left(\frac{\partial Q}{\partial z} - \frac{\partial R}{\partial y}\right) + Q\left(\frac{\partial R}{\partial x} - \frac{\partial P}{\partial z}\right) + R\left(\frac{\partial P}{\partial y} - \frac{\partial Q}{\partial x}\right) = 0 \tag{B_2}$$

成立。正如我们所看到的,在这样的情形下,表达式(A)有积分因子;由于关系式(13),并且改变记号 $\left(\dfrac{1}{\mu} = u, \varPhi = v\right)$,那么波发夫型的形状就可以写成

$$P\mathrm{d}x + Q\mathrm{d}y + R\mathrm{d}z = u\mathrm{d}v \tag{A_2}$$

(3)条件(B_1)和条件(B_2)都不成立。我们要证明,在这种情形下,可以从式(A)减去这样一个全微分,使条件(B_2)对于所得的差式是成立的。因而,求这样的函数 $u(x, y, z)$,使当我们令

$$P\mathrm{d}x + Q\mathrm{d}y + R\mathrm{d}z - \mathrm{d}u = P_1\mathrm{d}x + Q_1\mathrm{d}y + R_1\mathrm{d}z$$

时,关系式

$$P_1\left(\frac{\partial Q_1}{\partial z} - \frac{\partial R_1}{\partial y}\right) + Q_1\left(\frac{\partial R_1}{\partial x} - \frac{\partial P_1}{\partial z}\right) + R_1\left(\frac{\partial P_1}{\partial y} - \frac{\partial Q_1}{\partial x}\right) = 0 \tag{B_3}$$

成立。在关系式 (B_3) 中的 P_1, Q_1, R_1，用它们的表达式

$$P_1 = P - \frac{\partial u}{\partial x}, Q_1 = Q - \frac{\partial u}{\partial y}, R_1 = R - \frac{\partial u}{\partial z}$$

代替，化简以后，我们得到关于 u 的方程

$$\left(\frac{\partial Q}{\partial z} - \frac{\partial R}{\partial y}\right)\frac{\partial u}{\partial x} + \left(\frac{\partial R}{\partial x} - \frac{\partial P}{\partial z}\right)\frac{\partial u}{\partial y} + \left(\frac{\partial P}{\partial y} - \frac{\partial Q}{\partial x}\right)\frac{\partial u}{\partial z}$$

$$= P\left(\frac{\partial Q}{\partial z} - \frac{\partial R}{\partial y}\right) + Q\left(\frac{\partial R}{\partial x} - \frac{\partial P}{\partial z}\right) + R\left(\frac{\partial P}{\partial y} - \frac{\partial Q}{\partial x}\right) \tag{C}$$

对应于这个非齐次线性偏微分方程的常微分方程组是

$$\frac{\mathrm{d}x}{Q'_z - R'_y} = \frac{\mathrm{d}y}{R'_x - P'_z} = \frac{\mathrm{d}z}{P'_y - Q'_x}$$

$$= \frac{\mathrm{d}u}{P(Q'_z - R'_y) + Q(R'_x - P'_z) + R(P'_y - Q'_x)} \tag{C'}$$

对于解案存在的一切条件（即某一个分母不等于零，可微性）都是满足的，而且我们可以取方程（C）的任何解作为 u。注意，形式 $P_1\mathrm{d}x + Q_1\mathrm{d}y + R_1\mathrm{d}z$ 变到情形（2），这时，我们得到波发夫型的典则形状

$$P\mathrm{d}x + Q\mathrm{d}y + R\mathrm{d}z = \mathrm{d}u + v\mathrm{d}w \tag{A_3}$$

因而，形式（A）可以变成三个典形状

$$\mathrm{d}u, u\mathrm{d}v, \mathrm{d}u + v\mathrm{d}w$$

中的一个。

可能用以表达波发夫式变数的最少个数便确定了波发夫型的类别。因而，三个变数的波发夫型可以属于类 I，类 II 或类 III。

令波发夫型等于零就得到波发夫方程。在前两种情形分别有 $u = $ 常数及 $v = $ 常数的二维积分关系式。在后面的一种情形，我们已经知道只有一维的积分关系式存在。我们指出，如果波发夫型变成形状（A_3），那么这些关系式就只含一个任意函数和它的导数，并且是显式而不在求积的符号下。事实上，我们有方程

$$\mathrm{d}u + v\mathrm{d}w = 0$$

我们置（第一个关系式）$u = \varphi(w)$，其中 φ 是任意函数，那么从这个方程我们得到第二个关系式 $v = -\varphi'(w)$。

例 3 $yz\mathrm{d}x + xz\mathrm{d}y + xyz\mathrm{d}z = 0$。显然这个方程有积分因子 $\frac{1}{xyz}$，乘上以后变数就分离了

$$\frac{\mathrm{d}x}{x} + \frac{\mathrm{d}y}{y} + \mathrm{d}z = 0$$

积分关系式是 $xye^z = C$。

例 4 $(2x^2+2xy+2xz^2+1)\,dx+dy+2zdz=0$。可积条件

$$P\left(\frac{\partial Q}{\partial z}-\frac{\partial R}{\partial y}\right)+Q\left(\frac{\partial R}{\partial x}-\frac{\partial P}{\partial z}\right)+R\left(\frac{\partial P}{\partial y}-\frac{\partial Q}{\partial x}\right)$$

$$=(2x^2+2xy+2xz^2+1)(0-0)+1(0-4xz)+2z(2x-0)=0$$

被适合。把 x 看作常数，因此 $dx=0$，积分 y 和 z 之间的方程 $\frac{\partial y}{\partial z}=-2z$，得到 $y+z^2=u(x)$。根据一般理论，在代入原方程的结果中，我们应当得到 x 和 u 之间的常微分方程。而实际上，求得 $(2x^2+2xu+1)\,dx+du=0$。这是关于 u 的线性方程，它的通解为

$$u=e^{-x^2}\Big[C+\int e^{-x^2}(-2x^2-1)\,dx\Big]=Ce^{-x^2}-x$$

就 C 解出，并且用 u 的表达式代 u，我们得到

$$e^{x^2}(x+y+z^2)=C$$

例 5 在椭球面 $\frac{x^2}{a^2}+\frac{y^2}{b^2}+\frac{z^2}{c^2}=1$ 上，由波发夫方程

$$xdx+ydy+c\left(1-\frac{x^2}{a^2}-\frac{y^2}{b^2}\right)^{\frac{1}{2}}dz=0$$

定义一族曲线。求这个曲线族在 xOy 平面上的射影。给定的波发夫方程不适合可积条件。因此从给定的有限方程定义 z，并且把所得的 dz 值

$$z=c\left(1-\frac{x^2}{a^2}-\frac{y^2}{b^2}\right)^{\frac{1}{2}}$$

$$dz=-c\left(1-\frac{x^2}{a^2}-\frac{y^2}{b^2}\right)^{-\frac{1}{2}}\left(\frac{xdx}{a^2}+\frac{ydy}{b^2}\right)$$

代入波发夫方程，得

$$xdx+ydy-c^2\left(\frac{xdx}{a^2}+\frac{ydy}{b^2}\right)=0$$

由此即得

$$\left(1-\frac{c^2}{a^2}\right)x^2+\left(1-\frac{c^2}{b^2}\right)y^2=C$$

例 6 $ydx+zdy+xdz=0$。本节中的条件 (B_1) 和 (B_2) 不成立；故有情形（3）写出方程（C）

$$\frac{\partial u}{\partial x}+\frac{\partial u}{\partial y}+\frac{\partial u}{\partial z}=x+y+z$$

这方程的通解是 $u=\dfrac{1}{6}(x+y+z)^2+\psi(x-y,y-z)$($\psi$ 是任意函数)。取方程(C)这样的解

$$u=\frac{1}{6}(x+y+z)^2-\frac{1}{12}(x-y)^2-\frac{1}{12}(y-z)^2-\frac{1}{12}\big[(x-y)+(y-z)\big]^2$$

$$=\frac{1}{2}(xy+yz+zx)$$

对我们是方便的。从方程左端减去 $\mathrm{d}u$,得到波发夫型

$$y\mathrm{d}x+z\mathrm{d}y+x\mathrm{d}z-\mathrm{d}u=\frac{1}{2}\big[(y-z)\mathrm{d}x+(z-x)\mathrm{d}y+(x-y)\mathrm{d}z\big]$$

对于这个形式,条件(B_2)成立,我们容易证明它有积分因子 $\mu=\dfrac{1}{(x-y)^2}$,而且

$$\frac{1}{2(x-y)^2}\big[(y-z)\mathrm{d}x+(z-x)\mathrm{d}y+(x-y)\mathrm{d}z\big]=\frac{1}{2}\mathrm{d}\frac{z-x}{x-y}$$

由此我们有 $v=(x-y)^2,w=\dfrac{1}{2}\dfrac{z-x}{x-y}$,而在已给方程左端的形式有形如($\mathrm{A}_3$)的典则表达式

$$y\mathrm{d}x+z\mathrm{d}y+x\mathrm{d}z=\mathrm{d}\frac{1}{2}(xy+yz+zx)+(x-y)^2\mathrm{d}\frac{1}{2}\frac{z-x}{y-x}$$

我们得到给出一维积分流形的两个关系式

$$xy+yz+zx=\varphi\left(\frac{z-x}{x-y}\right),\quad(x-y)^2=-\varphi'\left(\frac{z-x}{x-y}\right)$$

其中 φ 是任意函数。

问 题

对于下列方程,验证可积条件并求它们的积分流形:

205. $(yz-z^2)\mathrm{d}x-zx\mathrm{d}y+xy\mathrm{d}z=0$。

206. $(z-y)^3(z-2x+y)\mathrm{d}x+(x-z)^3(x-2y+z)\mathrm{d}y+(y-x)^3(y-2z+x)\mathrm{d}z=0$。

提示:引入新变数代替 x 和 $y,y-z=u,z-x=v$。

207. $z(1-z^2)\mathrm{d}x+z\mathrm{d}y-(x+y+xz^2)\mathrm{d}z=0$。

208. $(3x^2+yz)y\mathrm{d}x-x^2\mathrm{d}y+(x+2z)y^2\mathrm{d}z=0$。

209. $(1-4x)\mathrm{d}x+(1+4y)\mathrm{d}y-4z\mathrm{d}z=0$,原始条件 $x=y=z=1$。

210. $\mathrm{d}x+(y+z)\mathrm{d}y+z\mathrm{d}z=0$。

§3　一阶偏微分方程的全积分、通积分和奇积分

1. 在给出一阶非线性偏微分方程解法以前,我们致力研究适宜于求这种方程解的形式。为推演简单和在几何上明显起见,我们讨论三个变数的情形:自变数 x,y,未知函数 z。

对于偏导数,我们将系统地引用蒙日的记号

$$\frac{\partial z}{\partial x}=p,\frac{\partial z}{\partial y}=q$$

一般的一阶偏微分方程可以写成形状

$$F(x,y,z,p,q)=0$$

其中 F 是五个变元的已给函数。我们必须引入关于 F 的可微性的一定的限制。要求 F 对一切变元的二阶偏导数存在且连续就已足够。按照定义,在方程(1)的左端,一定含有导数 p,q 中的一个。假设它是 p,那么可以从方程(1)解出 p(至少在 F 等于零和 $\frac{\partial F}{\partial p}\neq 0$ 的那些变元的值的邻域中是可以的)。和方程(1)同时,我们也考查形式为已就 p 解出的方程

$$p=f(x,y,z,q)^{①} \tag{18}$$

一阶偏微分方程的依赖于两个任意独立常数的解称为全积分。我们把全积分写成隐式

$$V(x,y,z,a,b)=0 \tag{19}$$

或者就 z 解出的形状

$$z=\varphi(x,y,a,b) \tag{19_1}$$

也可以把全积分定义为三个变数和两个任意常数间的一个关系式,从这关系式和把它对自变数微分所得的关系式间消去常数,就能得到原设微分方程。

我们要证明这两个定义是等价的。同时,我们应用方程的形式(18)和全积分的形式(19_1)。

首先,设已知(19_1)是方程(18)的解,亦即有对 x,y,a,b 而言的恒等式

---

① 如果方程(18)的右端不含 p,这就不可能解出 p,那时它一定含有 q。因为,否则我们就没有偏微分方程。在这种情形,改变变数的地位,我们总可以用形状(18)代表方程(1)而不影响一般性,只要它一般地对 p 或 q 有实解。

$$\varphi'_x(x,y,a,b)=f(x,y,\varphi(x,y,a,b),\varphi'_y(x,y,a,b)) \tag{A}$$

我们有等式

$$z=\varphi(x,y,a,b) \tag{19_1}$$

$$p=\varphi'_x(x,y,a,b) \tag{19_2}$$

$$q=\varphi'_y(x,y,a,b) \tag{19_3}$$

我们要证明：从方程$(19_1)(19_2)(19_3)$消去参数a,b，结果能得到方程(18)。我们从方程(19_1)和(19_3)确定出参数a和b，并且把所得表达式代入等式(19_2)。我们指出，至少在变数变化的某个区域内这种解法是可能的。事实上，如果雅可比式

$$\frac{D(\varphi,\varphi'_y)}{D(a,b)} \tag{B}$$

恒等于零，那么因为$\dfrac{\partial\varphi}{\partial a}\neq0$（$\varphi$真正地依赖于$a$），方程$(19_1)$和$(19_3)$给出

$$q=\chi(z,x,y) \tag{18_1}$$

函数z适合可以就p,q解出的两个方程(18)和(18_1)，亦即z适合两个相容的一阶方程。在本章§1我们研究过这样的方程组，并且看出，它们的通解所含的任意常数不多于一个。这与我们的假设，就是解(19_1)含有两个独立的任意常数相矛盾。

因而，雅可比式(B)不恒等于零。于是，在某个区域内，可以从方程(19_1)和(19_3)解出a，而我们得到

$$a=\varphi_1(x,y,z,q),b=\psi_2(x,y,z,q) \tag{20}$$

因此，我们有恒等式

$$\begin{cases}\varphi(x,y,\varphi(x,y,z,q),\psi_2(x,y,z,q))=z\\\varphi'_y(x,y,\psi_1(x,y,z,q),\psi_2(x,y,z,q))=q\end{cases} \tag{21}$$

并且从逆变换的定义得到恒等式

$$\begin{cases}\psi_1(x,y,\varphi(x,y,a,b),\varphi'_y(x,y,a,b))=a\\\psi_2(x,y,\varphi(x,y,a,b),\varphi'_y(x,y,a,b))=b\end{cases} \tag{22}$$

把值(20)代入等式(19_2)，得到

$$p=\varphi'_x(x,y,\psi_1(x,y,z,q),\psi_2(x,y,z,q)) \tag{C}$$

我们来证明等式(C)的右端恒等于方程(18)的右端。用表达式(20)代入恒等式(A)中的a,b，我们在左端得到

$$\varphi'_x(x,y,\psi_1(x,y,z,q),\psi_2(x,y,z,q))$$

而在右端，注意恒等式(21)，就得到

$$f(x,y,z,q)$$

因此,我们有

$$\varphi'_x(x,y,\psi_1(x,y,z,q),\psi_2(x,y,z,q)) = f(x,y,z,q) \tag{D}$$

而这正是我们所要证的。

现在反过来,设:从关系式$(19_1)(19_2)(19_3)$消去a,b就得到方程(18),亦即恒等式(D)成立。把由公式$(19_1)(19_3)$所给出的z,q的值代入这个恒等式的两端。由于恒等式(22),我们得到恒等式(A),亦即(19_1)是方程的解。

注 如果方程(18)不明显地包含z,那么除了解$z=\varphi(x,y)$,$z=\varphi(x,y)+C$也是解,亦即可以求得含有一个相加的常数的全积分

$$z=\varphi(x,y,a)+b \tag{19_4}$$

反过来,如果全积分具有形式(19_4),那么方程$(19_2)(19_3)$只含有一个参数a,而在消去a的结果中,我们得到联系p,q但不明显地包含z的方程。

如果取形式(1)的方程,而全积分是未解出z的形状(19),那么我们可以说,方程(1)等价于从方程组

$$\begin{cases} V(x,y,z,a,b)=0 \\[2mm] \dfrac{\partial V}{\partial x}+\dfrac{\partial V}{\partial z}p=0 \\[2mm] \dfrac{\partial V}{\partial y}+\dfrac{\partial V}{\partial z}q=0 \end{cases} \tag{23}$$

消去a,b所得到的方程。

2. 正如我们所看到的全积分,亦即依赖于两个任意常数的解,唯一地确定它所属于的偏微分方程。但是,类比于线性偏微分方程,我们没有理由期望:给任意常数各种数值,就得到偏微分方程的一切解,因为对于所列举出的特殊类型的方程,我们已经证明通解依赖于任意函数。但是,拉格朗日指出,一阶偏微分方程的一切解可以从全积分中用常数变易法而得到;同时也只用到微分和消去法的运算。

我们考查微分方程

$$p=f(x,y,z,q)$$

和它的全积分

$$z=\varphi(x,y,a,b)$$

现在设a和b是x和y的两个函数。

如果在这些假设下,我们用等式

$$p=\varphi'_x(x,y,a,b)$$

$$q = \varphi'_y(x, y, a, b)$$

定义两个函数 p 和 q，而不预先解决 p 和 q 是否是 z 的偏导数的问题，那么从全积分的第一个定义可得，由公式 $(19_1)(19_2)(19_3)$ 所定义的函数 z, p, q 使方程 (18) 变成 x, y, a, b 间的恒等式，亦即特别对于任何函数 a 和 b 的恒等式。现在选 x 和 y 的两个函数 a 和 b，使表达式 (19_1) 是微分方程 (18) 的解，亦即使表达式 (19_2) 和 (19_3) 依次是 z 对 x 和对 y 的偏导数。在 a 和 b 是 x 和 y 的函数之假设下，把公式 (19_1) 对 x 和对 y 微分，我们得到

$$\begin{cases} \dfrac{\partial z}{\partial x} = \varphi'_x + \varphi'_a \dfrac{\partial a}{\partial x} + \varphi'_b \dfrac{\partial b}{\partial x} \\[2mm] \dfrac{\partial z}{\partial y} = \varphi'_y + \varphi'_a \dfrac{\partial a}{\partial y} + \varphi'_b \dfrac{\partial b}{\partial y} \end{cases} \quad (24)$$

比较公式 $(19_2)(19_3)$ 和 (24)，我们看到，如果 a 和 b 适合等式

$$\begin{cases} \varphi'_a \dfrac{\partial a}{\partial x} + \varphi'_b \dfrac{\partial b}{\partial x} = 0 \\[2mm] \varphi'_a \dfrac{\partial a}{\partial y} + \varphi'_b \dfrac{\partial b}{\partial y} = 0 \end{cases} \quad (25)$$

那么公式 (19_2) 和 (19_3) 中的 p 和 q 在 a 和 b 为变量的条件下是 z 对 x 和 y 的偏导数。

当适合条件 (25) 时，带有变数 a 和 b 的函数 $\varphi(x, y, a, b)$ 是方程 (18) 的解。

我们考查适合方程 (25) 的方式的问题。

(1) 如果函数 a 和 b 适合两个有限方程（即不是微分方程）

$$\varphi'_a(x, y, a, b) = 0, \ \varphi'_b(x, y, a, b) = 0 \quad (26)$$

那么方程 (25) 就能适合。假设可以从这些方程解出 a 和 b，我们把解出 a, b 结果所得到的 x 和 y 的函数代入表达式 (19)，它就是方程的解，既不含任意常数也不含任意函数。

这个解称为奇积分。

(2) 当用相应的 x 和 y 的函数代替 a 和 b 时，如果函数 φ'_a 和 φ'_b 不等于零，那么把方程 (25) 看作二元一次联立代数方程组，我们就得到结论：行列式

$$\begin{vmatrix} \dfrac{\partial a}{\partial x} & \dfrac{\partial b}{\partial x} \\[2mm] \dfrac{\partial a}{\partial y} & \dfrac{\partial b}{\partial y} \end{vmatrix} = 0 \quad (27)$$

如果这个行列式的一切元素都等于零，那么 $a =$ 常数，$b =$ 常数，而我们就回

到全积分。

（3）如果行列式（27）的元素不全等于零，那么由于行列式恒等于零的结果，就知道 a 和 b 之间存在着不含 x 和 y 的函数关系。例如，如果 $\frac{\partial a}{\partial x} \neq 0$ 或 $\frac{\partial a}{\partial y} \neq 0$，那么这个依赖关系可以写成形状

$$b = \omega(a) \tag{28}$$

而 ω 是任意函数。把值（28）代入方程（25），我们就得到一个方程（因为 $\frac{\partial b}{\partial x} = \omega'(a)\frac{\partial a}{\partial x}, \frac{\partial b}{\partial y} = \omega'(a)\frac{\partial a}{\partial y}$）

$$\varphi_a'(x, y, a, \omega(a)) + \varphi_b'(x, y, a, \omega(a))\omega'(a) = 0 \tag{29}$$

如果从这个方程可以确定 a 为 x 和 y 的函数，那么从方程（28），我们得到 b 也是自变数 x, y 的函数。把这些 a 和 b 的值代入表达式（19_1），根据前述，我们就得到解。由任意选取可微函数 $\omega(a)$ 而得到的这种解的总合称为方程（1）或方程（18）的通积分。一般说来，任意函数 $\omega(a)$ 每选定一次就对应着某一个出现于通积分中的特解。在这个意义上，我们可以说通积分依赖于任意函数。

我们已经讲过关于由形式（19_1）所代表的全积分之一切推演。对于由未就 z 解出的形式（19）所表出的全积分，也可以导出相应的计算。只要在相应的位置引入隐函数的导数，但有时要引入某些方程可以就变元解出的补充要求。

事实上，方程（1）不论 a, b 是常数或变数都是方程（23）的后果。如果 a 和 b 是 x, y 的函数，那么 z 对 x 和 y 的相应导数，亦即 p, q，可以由关系式

$$\begin{cases} \dfrac{\partial V}{\partial x} + \dfrac{\partial V}{\partial z}p + \dfrac{\partial V}{\partial a}\dfrac{\partial a}{\partial x} + \dfrac{\partial V}{\partial b}\dfrac{\partial b}{\partial x} = 0 \\ \dfrac{\partial V}{\partial y} + \dfrac{\partial V}{\partial z}q + \dfrac{\partial V}{\partial a}\dfrac{\partial a}{\partial y} + \dfrac{\partial V}{\partial b}\dfrac{\partial b}{\partial y} = 0 \end{cases} \tag{24_1}$$

计算出来。比较公式（24_1）和（23），我们得到条件

$$\begin{cases} \dfrac{\partial V}{\partial a}\dfrac{\partial a}{\partial x} + \dfrac{\partial V}{\partial b}\dfrac{\partial b}{\partial x} = 0 \\ \dfrac{\partial V}{\partial a}\dfrac{\partial a}{\partial y} + \dfrac{\partial V}{\partial b}\dfrac{\partial b}{\partial y} = 0 \end{cases} \tag{25_1}$$

我们必须从这些条件和方程 $V = 0$ 确定函数 a 和 b，这样就仍然得到三种情形：

（1）如果置 $\frac{\partial V}{\partial a} = 0, \frac{\partial V}{\partial b} = 0$，那么从这两个方程和方程（19）中消去 a 和 b，我们仍然得到不含任意常数的奇积分。

（2）置 $\dfrac{\partial a}{\partial x}=\dfrac{\partial a}{\partial y}=\dfrac{\partial b}{\partial x}=\dfrac{\partial b}{\partial y}=0$，我们就回到全积分。

（3）在一般情形，我们有 $\dfrac{D(a,b)}{D(x,y)}=0$，由此断定 a 和 b 之间有关系式

$$b=\omega(a) \tag{28}$$

存在，其中 ω 是任意函数。由于方程 (28)，方程组 (25_1) 就变为一个关系式

$$\frac{\partial V}{\partial a}+\frac{\partial V}{\partial b}\omega'(a)=0 \tag{29_1}$$

从方程 $(19)(28)$ 和 (29_1) 消去 a 和 b，我们就得到列入通积分的 x,y,z 间的关系式，这个解的实际形式决定于任意函数 $\omega(a)$ 的选择。因而对于任意（可微）函数 ω，通积分由关系式 $(19)(28)$ 和 (29_1) 所确定。

3. 我们已经求得偏微分方程的三种形状的解。我们立刻要证明，这三种形状的解能取尽方程 (1) 或 (18) 的一切解：换句话说，偏微分方程的任何解包含在全积分内或通积分内或奇积分内。

事实上，设

$$z=\varPhi(x,y) \tag{30}$$

是方程 (18) 的任何解，亦即恒等式

$$\varPhi'_x(x,y)=f(x,y,\varPhi(x,y),\varPhi'_y(x,y)) \tag{C}$$

成立。

另一方面，设

$$z=\varphi(x,y,a,b) \tag{19_1}$$

是同一方程的全积分。由于以前的理论，要从全积分（如果这是可能的话）得到解 (30)，必须这样选取 x,y 的两个函数 a,b 使恒等式

$$\varPhi(x,y)=\varphi(x,y,a,b) \tag{31}$$

$$\varPhi'_x(x,y)=\varphi'_x(x,y,a,b) \tag{31_1}$$

$$\varPhi'_y(x,y)=\varphi'_y(x,y,a,b) \tag{31_2}$$

成立。

我们已经看到方程 (31) 和 (31_2) 可以就 a 和 b 解出

$$a=\psi_1(x,y,\varPhi,\varPhi'_y)$$

$$b=\psi_2(x,y,\varPhi,\varPhi'_y)$$

这里的 ψ_1,ψ_2 和公式 (20) 中的 ψ_1,ψ_2 的意义相同。把求得的 a,b 的值代入方程 (31_1) 的右端，我们得到

$$\varphi'_x(x,y,\psi_1(x,y,\varPhi,\varPhi'_y),\psi_2(x,y,\varPhi,\varPhi'_y))$$

由于恒等式(D),这和表达式

$$f(x,y,\Phi,\Phi_y')$$

相同。由于恒等式(C),后面一个表达式给出 $\Phi_x'(x,y)$。所以,从方程(31)和(31_2)所求得的 a 和 b 的值也适合方程(31_1)。因而,如果 Φ 是解,那么由方程(31)(31_1)(31_2)确定 a 和 b 就总是可能的。

把求得的函数代替方程(31)中的 a 和 b,再把方程(31)的两端分别对 x 和 y 微分,我们就得到

$$\Phi_x'(x,y)=\varphi_x'+\varphi_a'\frac{\partial a}{\partial x}+\varphi_b'\frac{\partial b}{\partial x}$$

$$\Phi_y'(x,y)=\varphi_y'+\varphi_b'\frac{\partial a}{\partial y}+\varphi_b'\frac{\partial b}{\partial y}$$

把所得到的恒等式和等式(31_1)和(31_2)比较,我们就得到结论:a 和 b 适合方程

$$\varphi_a'\frac{\partial a}{\partial x}+\varphi_b'\frac{\partial b}{\partial x}=0,\varphi_a'\frac{\partial a}{\partial y}+\varphi_b'\frac{\partial b}{\partial y}=0$$

我们已经研究过这组方程,并且得到结论:它只能导向全积分、通积分或奇积分。因此我们的断言得到证明。

注 很容易证明,一个微分方程对应无数多个全积分。

事实上,设我们有其中的一个 $z=\varphi(x,y,a,b)$。当就它求通积分时,我们选取已完全确定但依赖于两个常数 a',b' 的函数 ω,并令 $b=\omega(a;a',b')$。按照求通积分的规则消去 a,b,则得到的解依赖于两个新参数 a' 和 b'。就是说,它是所给方程的全积分,但一般说来,它和原来的全积分不相同。

4. 我们得到的这些关于偏微分方程的积分的结果,有简单的几何解释。偏微分方程的解在 (x,y,z) 坐标空间中确定一个曲面,我们称它为积分曲面。全积分

$$V(x,y,z,a,b)=0$$

是两参积分曲面族。

(x,y,z,p,q) 五个量的总合称为接触元素或简称元素,其中 x,y,z 是某一点的坐标,而 p 和 q 是经过这一点的平面的角系数。那么求方程(1)的解的问题可以如此提出:求这样的曲面,使曲面上的点和切面的角系数所构成的元素全体都适合关系式

$$F(x,y,z,p,q)=0$$

全积分代表依赖于两个参数的积分曲面族。我们已经看到,由全积分给参数以

各种特殊值,不能得到一切积分曲面。我们要考查,在几何上,通积分和奇积分代表什么。为了要得到列入通积分的解,我们选取任意的关系式

$$b = \omega(a)$$

把这个 b 值代入方程(19),再从关系式

$$V(x, y, z, a, b) = 0, \frac{\partial V}{\partial a} + \frac{\partial V}{\partial b}\omega'(a) = 0 \qquad (19')$$

消去参数 a。在几何上,这就是说:我们从所给两参曲面族(19)借关系式(28)之助分出一个参数曲面族,然后再求这族曲面的包络面。因为在包络面的每一点上,包络面都和被包的曲面族中的一个曲面相切,亦即有公共的接触元素,所以,这个包络面也是所给方程的解案的事实是很明显的。

从三个方程

$$V = 0, \frac{\partial V}{\partial a} = 0, \frac{\partial V}{\partial b} = 0$$

消去 a 和 b 就得到奇积分。但是大家知道,这个过程导出两参曲面族的包络面,如果这包络面存在的话。类似前面的推演指出,这个包络面的一切元素适合所给方程,亦即它是积分曲面。

例 7 中心在 xOy 平面上且已给半径为 R 的球面族

$$(x-a)^2 + (y-b)^2 + z^2 = R^2$$

是包含两个参数 a 和 b 的曲面族。要求得一个偏微分方程,使这曲面族是它的全积分,在 z 是 x 和 y 的函数的假设下,把这个方程对 x 和对 y 微分,从得到的三个方程中消去 a 和 b。我们有

$$x-a+zp = 0, y-b+zq = 0$$

因而 $x-a = -zp, y-b = -zq$。把这个值代入原方程,我们得到

$$z^2(1+p^2+q^2) = R^2$$

这是所求的偏微分方程。

要得到列入通积分的解,我们引入关系式 $b = \omega(a)$,亦即分出中心位于曲线 $y = \omega(a), z = 0$ 上的球面族。这样一族曲面的任何包络面(管形曲面)是积分曲面,并且列入通积分。最后从三个方程

$$(x-a)^2 + (y-b)^2 + z^2 = R^2, x-a = 0, y-b = 0$$

消去 a 和 b 就得到奇积分,$z = \pm R$。我们得到两个平面的方程,这两个平面和每一个球面切于一点。

特别,我们取依赖于两个参数 α, β 的一切平面直线族

$$b = a\alpha + \beta$$

作为球心线。我们从下列两个关系式

$$(x-a)^2+(y-a\alpha+\beta)^2+z^2=R^2, (x-a)+(y-a\alpha+\beta)\alpha=0$$

消去参数 a。这样就得到一族(包含两个参数的)轴在 xOy 平面上的,半径为 R 的圆柱曲面,它也可以作为全积分

$$\frac{(y-\alpha x-\beta)^2}{1+\alpha^2}+z^2=R^2$$

例 8 全积分 $z=ax+by+ab$。我们求对应的方程

$$p=a, q=b, z=px+qy+pq$$

我们求奇积分

$$0=x+b, 0=y+a, z=-xy$$

奇积分是单叶双曲面,而全积分是由与它的双参数切平面族所组成。为求得通积分,我们应当作关系式 $b=\omega(a)$,并且从方程

$$z=ax+\omega(a)y+a\omega(a), 0=x+\omega(a)+\omega'(a)(y+a)$$

消去 a。

我们得到沿着平面 $z=0$ 上的射影为 $x=-\omega(-y)$ 的曲线切于双曲面的可展曲面(作为单参数平面的包络面)的方程。

5. 特征。在微分几何中,当求单参数曲面族的包络面时,特征定义为这样的曲线,被包的曲面沿着它和包络面相切。我们要考查这些特征,或者更确切些,特征线,在已知全积分的条件下求通积分时,是怎样确定的。

设给定全积分

$$V(x,y,z,a,b)=0$$

我们已经知道,通积分定义为单参数曲面族

$$V(x,y,z,a,\omega(a))=0$$

的包络面。其中 $\omega(a)$ 是任意函数。对于这族曲面,特征线的方程的形状为

$$V(x,y,z,a,\omega(a))=0, V_a'+V_b'\omega'(a)=0 \qquad (19')$$

就是说,从形式上看来这就是定义通积分的方程,但是在这里是把参数作为常数来考查的。如果给参数 a 以不同的值,那么方程 $(19')$ 就确定单参数特征线族,它们也形成通积分。从包络面的定义可知,沿着特征曲线,包络面和被包面有公共的接触元素,亦即不只有公共点,而且有公切面。要得到这个切面的角系数,只需把 $(19')$ 的第一个方程对 x 和对 y 微分(我们有理由把 a 看作常数,也就是决定被包面的切面的角系数)

$$V_x'(x,y,z,a,\omega(a))+V_z'p=0, V_y'+V_z'q=0 \qquad (19'')$$

方程 $(19')$ 和 $(19'')$ 当 a 为常数时决定一条特征线,并且在这条特征线上的每一

点上决定某一平面的角系数 p 和 q。因为这个平面切于积分曲面,并且特征线在这个曲面上,所以平面

$$Z-z=p(X-x)+q(Y-y)$$

是特征线 $(19')$ 在点 (x,y,z) 处的一个切平面。

因此,当 a 为常数时,方程 $(19')$ 和 $(19'')$ 确定由曲线 $(19')$ 所组成的几何图像,而这条曲线的第一点都附带着这条曲线的一个切面。这个图像我们将称为一阶特征或特征长条。全体一阶特征属于全积分及通积分——即曲线的点在积分上曲面,而由方程 $(19'')$ 所定义的切面是积分曲面的切面。

我们进行过的考查,是先选取确定的函数 $\varphi(a)$,然后又给参数 a 以常数值。现在提出确定一切可以由全积分 (19) 得到的特征曲线的问题。我们注意,在参数 a 是常数 a_0 的情况下,任意函数 $\omega(a)$ 的值是一个任意数 b_0,而导数 $\omega'(a)$ 的值又是一个任意数 c_0[①]。因而,一切可能有的特征曲线都由方程

$$V(x,y,z,a,b)=0, V_a'(x,y,z,a,b)+V_b'(x,y,z,a,b)c=0 \qquad (19''')$$

确定,其中 a,b,c 是三个任意常数。要确定一阶特征曲线,方程 $(19''')$ 还须要加下面的方程

$$V_x'(x,y,z,a,b)+V_z'p=0, V_y'+V_z'q=0 \qquad (19^{\text{IV}})$$

因而,(非线性)偏微分方程的特征曲线构成三个参数的曲线族。

§4 拉格朗日-夏比求全积分的方法

1. 在前一节,我们看到,只要我们能求得全积分,偏微分方程的积分问题在形式上就可以认为已经解决。因为用微分法和消去法可以从全积分得到其余的一切解。现在我们来讲在实际上求这个积分的方法。同时,我们抱定形式的观点,就是只要问题能化成求常微分方程组的积分就认为它已经解决,而特别是在它能化成求积分的问题的时候。我们将依据 §1 的结果,就是在那儿我们所看到的如何求两个相容偏微分方程的方法。现在已经给了我们一个这样的方程。拉格朗日-夏比方法的概念在于我们求出第二个方程,而使所得到的一

[①]　事实上,只要取函数 $\omega(a)$ 为形状

$$\omega(a)=b_{0+(a-a_0)c_0}$$

便有　　　　　　$$\omega(a_0)=b_0, \omega'(a_0)=c_0$$

微分方程理论

组两个方程完全可积。我们这样选择第二个方程,使它含有一个任意常数。当积分这两个方程时,又引入一个任意常数。结果我们便得到原来给定的方程的依赖于两个任意常数的解,也就是它的全积分。

现在来叙述这个方法。给定一阶偏微分方程

$$F(x,y,z,p,q)=0$$

设法求含有任意常数 a 的第二个方程

$$\Phi(x,y,z,p,q)=a \tag{32}$$

使方程(1)和(32)适合完全可积的条件。为此,首先就必须要从这组方程能够解出变数 p 和 q,特别,要使雅可比式

$$\frac{D(F,\Phi)}{D(p,q)}$$

不恒等于零。

我们假设这些条件适合,那么我们可以把方程组化成形状

$$p=A(x,y,z),q=B(x,y,z)$$

而完全可积的条件写成这样

$$\frac{\partial A}{\partial y}+\frac{\partial A}{\partial z}B=\frac{\partial B}{\partial x}+\frac{\partial B}{\partial z}A$$

应用求隐函数的导数的公式,把这个条件改写成为确定 p 和 q 为 x,y,z 的函数的方程(1)和(32)所要适合的条件。注意,为了代入方程(4),我们只需算出下列偏导数

$$\frac{\partial A}{\partial y}\equiv\frac{\partial p}{\partial y},\frac{\partial p}{\partial z},\frac{\partial q}{\partial x},\frac{\partial q}{\partial z}$$

将 p 和 q 看作 x,y,z 的函数,然后再把等式(1)及(32)对 z 微分,我们得到

$$F_z'+F_p'\frac{\partial p}{\partial z}+F_q'\frac{\partial q}{\partial z}=0$$

$$\Phi_z'+\Phi_p'\frac{\partial p}{\partial z}+\Phi_q'\frac{\partial q}{\partial z}=0$$

因此

$$\frac{\partial p}{\partial z}=\frac{\begin{vmatrix} F_z' & F_q' \\ \Phi_z' & \Phi_q' \end{vmatrix}}{\begin{vmatrix} F_p' & F_q' \\ \Phi_p' & \Phi_q' \end{vmatrix}},\frac{\partial q}{\partial z}=-\frac{\begin{vmatrix} F_p' & F_z' \\ \Phi_p' & \Phi_z' \end{vmatrix}}{\begin{vmatrix} F_p' & F_q' \\ \Phi_p' & \Phi_q' \end{vmatrix}} \tag{33}$$

同样,对 x 微分就给出

$$F_x' + F_p'\frac{\partial p}{\partial x} + F_q'\frac{\partial q}{\partial x} = 0 \ , \ \Phi_x' + \Phi_p'\frac{\partial p}{\partial x} + \Phi_q'\frac{\partial q}{\partial x} = 0$$

因此

$$\frac{\partial q}{\partial x} = - \frac{\begin{vmatrix} F_p' & F_x' \\ \Phi_p' & \Phi_x' \end{vmatrix}}{\begin{vmatrix} F_p' & F_q' \\ \Phi_p' & \Phi_q' \end{vmatrix}} \tag{34}$$

对 y 微分就给出

$$F_y' + F_p'\frac{\partial p}{\partial y} + F_q'\frac{\partial q}{\partial y} = 0 \ , \ \Phi_y' + \Phi_p'\frac{\partial p}{\partial y} + \Phi_q'\frac{\partial q}{\partial y} = 0$$

因此

$$\frac{\partial p}{\partial y} = - \frac{\begin{vmatrix} F_y' & F_q' \\ \Phi_y' & \Phi_q' \end{vmatrix}}{\begin{vmatrix} F_p' & F_q' \\ \Phi_p' & \Phi_q' \end{vmatrix}} \tag{35}$$

把对于 A 和 B 的表达式(3)和对于它们的导数的表达式(33)(34)(35)代入条件(4)。按照条件,分母不等于零,所以消去分母,我们就得到

$$-\begin{vmatrix} F_y' & F_q' \\ \Phi_y' & \Phi_q' \end{vmatrix} - \begin{vmatrix} F_z' & F_q' \\ \Phi_z' & \Phi_q' \end{vmatrix} q + \begin{vmatrix} F_p' & F_x' \\ \Phi_p' & \Phi_x' \end{vmatrix} + \begin{vmatrix} F_p' & F_z' \\ \Phi_p' & \Phi_z' \end{vmatrix} p = 0$$

或

$$\begin{vmatrix} F_p' & F_x' + F_z'p \\ \Phi_p' & \Phi_x' + \Phi_z'p \end{vmatrix} + \begin{vmatrix} F_q' & F_y' + F_z'q \\ \Phi_q' & \Phi_y' + \Phi_z'q \end{vmatrix} = 0 \tag{36}$$

对于已知函数 F 的导数,我们引入记号

$$F_x' = X, F_y' = Y, F_z' = Z, F_p' = P, F_q' = Q$$

展开上面一个等式中的行列式,我们得到含未知函数 Φ 的一阶线性偏微分方程

$$P\frac{\partial \Phi}{\partial x} + Q\frac{\partial \Phi}{\partial y} + (Pp + Qq)\frac{\partial \Phi}{\partial z} - (X + Zp)\frac{\partial \Phi}{\partial p} - (Y + Zq)\frac{\partial \Phi}{\partial q} = 0 \tag{37}$$

这个方程联系着常微分方程组①

---

① 如果假设存在函数 F 的二阶连续导数,那么方程组(38)适合柯西定理的条件;原始条件必须这样选择,使至少有一个分母不等于零。

$$\frac{\mathrm{d}x}{P}=\frac{\mathrm{d}y}{Q}=\frac{\mathrm{d}z}{Pp+Qq}=-\frac{\mathrm{d}p}{X+Zp}=-\frac{\mathrm{d}q}{Y+Zq} \tag{38}$$

我们只要求得方程(37)的一个含有一个任意常数的特解就够了。因此,只需求方程组的一个首次积分

$$\Phi(x,y,z,p,q)=a$$

而此首次积分适合这种条件,就是从方程(32)与方程(1)可以解出 p,q。进行这种解法,我们就求得由 x,y,z 和常数 a 表达 p 和 q 的表达式

$$p=\varphi_1(x,y,z,a),q=\varphi_2(x,y,z,a)$$

把这些表达式代入波发夫方程

$$\mathrm{d}z=p\mathrm{d}x+q\mathrm{d}y \tag{39}$$

根据前面的推演,我们得到完全可积的表达式

$$\mathrm{d}z=\varphi_1(x,y,z,a)\,\mathrm{d}x+\varphi_2(x,y,z,a)\,\mathrm{d}y$$

它的通解含有常数 b,因此,我们得到方程(1)的全积分

$$V(x,y,z,a,b)=0$$

注1 关系式 $F(x,y,z,p,q)=C$ 是方程组(38)的一个首次积分,这从方程(36)的形状可以明白看出,当然积分 Φ 应当和 F 不同。但是有了已知积分,确切些说,有了关系式 $F=0$,就可以把方程(38)的阶数降低一阶,亦即降到三阶。

注2 如果所给方程不明显地包含未知函数,亦即具有形状

$$F(x,y,p,q)=0 \tag{1_1}$$

那么也可以求形式为

$$\Phi(x,y,p,q)=a \tag{32_1}$$

的第二个方程。那时方程(36)和(37)成为

$$\begin{vmatrix} F'_p & F'_x \\ \Phi'_p & \Phi'_x \end{vmatrix}+\begin{vmatrix} F'_q & F'_y \\ \Phi'_q & \Phi'_y \end{vmatrix}=0 \tag{36_1}$$

$$P\frac{\partial \Phi}{\partial x}+Q\frac{\partial \Phi}{\partial y}-X\frac{\partial \Phi}{\partial p}-Y\frac{\partial \Phi}{\partial q}=0 \tag{37_1}$$

而代替方程组(38)的是

$$\frac{\mathrm{d}x}{P}=\frac{\mathrm{d}y}{Q}=-\frac{\mathrm{d}p}{X}=-\frac{\mathrm{d}q}{Y} \tag{38_1}$$

(带有一个已知关系式的三阶方程组)。

由方程(1_1)和(32_1)我们定义

$$p=\varphi_1(x,y,a),q=\varphi_2(x,y,a)$$

而波发夫方程

$$dz = \varphi_1(x,y,a)\,dx + \varphi_2(x,y,a)\,dy$$

可用积分法求解。

注3 在公式(36)左端的表达式称为卜爱桑括号并且记作

$$(F,\Phi) \equiv \begin{vmatrix} \dfrac{\partial F}{\partial p} & \dfrac{\partial F}{\partial x} \\[2mm] \dfrac{\partial \Phi}{\partial p} & \dfrac{\partial \Phi}{\partial x} \end{vmatrix} + \begin{vmatrix} \dfrac{\partial F}{\partial q} & \dfrac{\partial F}{\partial y} \\[2mm] \dfrac{\partial \Phi}{\partial q} & \dfrac{\partial \Phi}{\partial y} \end{vmatrix}$$

在式(36)左端的表达式也称为梅耶括号,只要引入记号

$$\frac{dF}{dx} \equiv \frac{\partial F}{\partial x} + \frac{\partial F}{\partial z}p,\; \frac{dF}{dy} \equiv \frac{\partial F}{\partial y} + \frac{\partial F}{\partial z}q$$

再同样对于 Φ,那么梅耶括号是

$$[F,\Phi] \equiv \begin{vmatrix} \dfrac{\partial F}{\partial p} & \dfrac{dF}{dx} \\[2mm] \dfrac{\partial \Phi}{\partial p} & \dfrac{dF}{dx} \end{vmatrix} + \begin{vmatrix} \dfrac{\partial F}{\partial q} & \dfrac{dF}{dy} \\[2mm] \dfrac{\partial \Phi}{\partial q} & \dfrac{dF}{dy} \end{vmatrix}$$

使卜爱桑或梅耶括号等于零的两个函数叫作位于对合。因而,拉格朗日法的第一步在于找一个和第一个方程位于对合的第二个方程。

注4 在拉格朗日-夏比方法中,我们只应用了方程组(38)的一个首次积分。现在要证明,如果已知方程组(38)的位于对合的两个首次积分,那么(在一个补充的条件下)无须任何积分就能得到方程(1)的全积分。设我们已知方程组(38)的两个首次积分

$$\Phi(x,y,z,p,q) = a,\; \Psi(x,y,z,p,q) = b \tag{32_2}$$

根据方程组(38)和线性偏微分方程(37)间熟知的关系性,那么我们也有 $[F,\Phi]=0$,$[F,\Psi]=0$。此外,按照定理的条件 $[\Phi,\Psi]=0$。我们引入补充条件

$$\Delta = \frac{D(F,\Phi,\Psi)}{D(z,p,q)} \not\equiv 0$$

那么可从方程(1)和(32_2)解出 z,p,q。设解出的结果是

$$z = \varphi(x,y,a,b),\; p = \psi(x,y,a,b),\; q = \chi(x,y,a,b) \tag{A}$$

要证明我们的断言,只要证明由公式(A)所定义的 p 和 q 是 φ 对 x 和对 y 的偏导数。把表达式(A)代入公式(1)和(32_2),并且把所得到的恒等式对 x 和对 y 微分

$$F'_x + F'_z \varphi'_x + F'_p \psi'_x + F'_q \chi'_x = 0,\; F'_y + F'_z \varphi'_y + F'_p \psi'_y + F'_q \chi'_y = 0$$
$$\Phi'_x + \Phi'_z \varphi'_x + \Phi'_p \psi'_x + \Phi'_q \chi'_x = 0,\; \Phi'_y + \Phi'_z \varphi'_y + \Phi'_p \psi'_y + \Phi'_q \chi'_y = 0$$
$$\Psi'_x + \Psi'_z \varphi'_x + \Psi'_p \psi'_x + \Psi'_q \chi'_x = 0,\; \Psi'_y + \Psi'_z \varphi'_y + \Psi'_p \psi'_y + \Psi'_q \chi'_y = 0$$

为了做出梅耶括号，我们以 $-\Phi'_p$ 乘第一行的第一个方程，以 F'_p 乘第二个方程，以 $-\Phi'_q$ 乘第二行的第一个方程，以 F'_q 乘第二个方程，把所得到的表达式相加；再加上和减去表达式 $(F'_p\Phi'_z-\Phi'_pF'_z)p$ 和 $(F'_q\Phi'_z-\Phi'_qF'_z)q$，就得到

$$[F,\Phi]+(F'_p\Phi'_z-\Phi'_pF'_z)(\varphi'_x-p)+(F'_q\Phi'_z-\Phi'_qF'_z)(\varphi'_y-q)+$$

$$(F'_p\Phi'_q-\Phi'_pF'_q)(\chi'_x-\psi'_y)=0$$

由于梅耶括号等于零，或得到

$$\begin{vmatrix} F'_p & F'_z \\ \Phi'_p & \Phi'_z \end{vmatrix}(\varphi'_x-p)+\begin{vmatrix} F'_q & F'_z \\ \Phi'_q & \Phi'_z \end{vmatrix}(\varphi'_y-q)+\begin{vmatrix} F'_p & F'_q \\ \Phi'_p & \Phi'_q \end{vmatrix}(\chi'_x-\psi'_y)=0$$

同样，结合第二列和第三列的恒等式以及第三列和第一列的恒等式，我们求得

$$\begin{vmatrix} \Phi'_p & \Phi'_z \\ \Psi'_p & \Psi'_z \end{vmatrix}(\varphi'_x-p)+\begin{vmatrix} \Phi'_q & \Phi'_z \\ \Psi'_q & \Psi'_z \end{vmatrix}(\varphi'_y-q)+\begin{vmatrix} \Phi'_p & \Phi'_q \\ \Psi'_p & \Psi'_q \end{vmatrix}(\chi'_x-\psi'_y)=0$$

$$\begin{vmatrix} \Psi'_p & \Psi'_z \\ F'_p & F'_z \end{vmatrix}(\varphi'_x-p)+\begin{vmatrix} \Psi'_q & \Psi'_z \\ F'_q & F'_z \end{vmatrix}(\varphi'_y-q)+\begin{vmatrix} \Psi'_p & \Psi'_q \\ F'_p & F'_q \end{vmatrix}(\chi'_x-\psi'_y)=0$$

我们得到含有三个未知函数的三个一次方程。这个方程组的行列式以雅可比式 Δ 的子式为元素，所以它等于 $\Delta^2\neq0$。因而未知函数恒等于零，亦即

$$p=\varphi'_x,q=\varphi'_y,\frac{\partial q}{\partial x}=\chi'_x=\psi'_y=\frac{\partial p}{\partial y}$$

定理得到证明。

2. 在一些特殊情形，方程（1）的积分可以简化，即求第二个方程时，不必把方程组（38）或（38_1）全部写出。让我们考查这些特殊情形。

（1）形状为 $F(p,q)=0$ 的方程。在这里，方程 $p=a$ 和已知方程位于对合；从方程 $F(a,q)=0$ 定义值 $q=f(a)$，并且把 p 和 y 的这些表达式代入波发夫方程（39），在进行积分后，我们就得到全积分

$$z=ax+f(a)y+b$$

显然，我们也可以由下法得出同一结果，即写出方程组（38_1）并且注意到 $X=0$，就得到形状为 $\mathrm{d}p=0$ 的一个方程，因而首次积分 $p=a$。

例9 $p^2+q^2=1$。取形状为 $p=\cos\alpha$（α 为任意常数）的补充方程，我们从所给方程求得 $q=\sin\alpha$。全积分为

$$z=x\cos\alpha+y\sin\alpha+b$$

（2）方程 $F(z,p,q)=0$。等式（38）的后两项给出 $\dfrac{\mathrm{d}p}{p}=\dfrac{\mathrm{d}q}{q}$，相应的首次积分为 $\dfrac{q}{p}=a$。

345

把值 $q=ap$ 代入方程,我们有 $F(z,p,ap)=0$,就 p 解出 $p=\varphi(z,a)$,相应地有 $q=a\varphi(z,a)$。

代入波发夫方程,在分离变数后可得

$$\int \frac{\mathrm{d}z}{\varphi(z,a)}=x+ay+b$$

例 10 $p^2=z^2(1-pq)$。置 $q=ap$,求得

$$p=\frac{z}{\sqrt{1+az^2}},\ q=\frac{az}{\sqrt{1+az^2}}$$

$$\frac{\sqrt{1+az^2}}{z}\mathrm{d}z=\mathrm{d}x+a\mathrm{d}y$$

由

$$x+ay+b=\int \frac{\sqrt{1+az^2}}{z}\mathrm{d}z$$

施行代换 $\sqrt{1+az^2}=u$,这积分可化为形状

$$\int \frac{u^2\mathrm{d}u}{u^2-1}=u+\frac{1}{2}\ln\frac{u-1}{u+1}$$

所求全积分为

$$\sqrt{1+az^2}+\frac{1}{2}\ln\frac{\sqrt{1+az^2}-1}{\sqrt{1+az^2}+1}-x-ay-b=0$$

（3）变数分离的情形。形状为

$$\varphi(x,p)=\psi(y,q)$$

的方程可以用下法积分:引入辅助方程 $\varphi(x,p)=a$,那么用方程 $\psi(y,q)=a$ 代替所给方程,我们就得到两个对合方程;从其中一个,我们得到 $p=f(x,a)$,从另一个得到 $q=g(y,a)$。波发夫方程的积分可由求积得到,并且给出全积分

$$z=\int f(x,a)\mathrm{d}x+\int g(y,a)\mathrm{d}y+b$$

如果用一般的方法解这个方程,那么方程(38_1)的第一项和第三项给出

$$\frac{\mathrm{d}x}{\dfrac{\partial\varphi}{\partial p}}=-\frac{\mathrm{d}p}{\dfrac{\partial\varphi}{\partial x}}\text{ 或 }\frac{\partial\varphi}{\partial x}\mathrm{d}x+\frac{\partial\varphi}{\partial p}\mathrm{d}p=0$$

从而也得到辅助方程 $\varphi(x,p)=a$。

例 11 $pq=xy$。我们分离其变数

$$\frac{p}{x}=\frac{y}{q}$$

$$\frac{p}{x}=a,\ \frac{y}{q}=a$$

$$p=ax, q=\frac{y}{a}$$

$$dz=ax\,dx+\frac{y\,dy}{a}$$

$$z=\frac{ax^2}{2}+\frac{y^2}{2a}+b$$

如果我们写出方程组 $(38_1)\dfrac{dx}{q}=\dfrac{dy}{p}=\dfrac{dp}{y}=\dfrac{dq}{x}$,那么从方程 $\dfrac{dx}{q}=\dfrac{dp}{y}$ 可以得到辅助方程,即依照所给方程,在其中以 $\dfrac{x}{p}$ 代替关系式 $\dfrac{q}{y}$,就得到 $\dfrac{dx}{x}=\dfrac{dp}{p}$。如果取方程 (38_1) 的第二项和第三项,那么辅助方程是 $p^2-y^2=a$,从而 $p=\sqrt{y^2+a}$,那么从所给方程就得到 $q=\dfrac{xy}{\sqrt{y^2+a}}$,而波发夫方程

$$dz-\sqrt{y^2+a}\,dx-\frac{xy\,dy}{\sqrt{y^2+a}}=0$$

给出 $z=x\sqrt{y^2+a}+b$——全积分的新的形式。

方程 $p=f(x,q)$ 属于这一种类型,只要从它解出 q。但是也可以直接取 $q=a$ 作为辅助方程。那么 $p=f(x,a)$,而我们得到新的积分

$$z=\int f(x,a)\,dx+ay+b$$

(4)推广了的克莱罗方程具有形状

$$z=px+qy+f(p,q)$$

很容易验证,它的全积分是[①]

$$z=ax+by+f(a,b)$$

在 §3 已经考查过这种方程的例子(例8)。

我们考查这样的例子,它必须应用求全积分的拉格朗日–夏比的一般方法。

例 12 $p^2+q^2+pq-qx-py-2z+xy=0$。方程组(38)具有形状

$$\frac{dx}{2p+q-y}=\frac{dy}{2q+p-x}=\frac{dz}{2p^2+2q^2+2pq-py-qx}$$

$$=\frac{dp}{q-y+2p}=\frac{dq}{p-x+2q}$$

---

① 在方程组(38)中,我们有 $\dfrac{dp}{0}=\dfrac{dq}{0}$,这两项给出两个首次积分 $p=a, q=b$。

我们直接地得到可积组合 $\mathrm{d}p=\mathrm{d}x$, $p=x+a$。把这个 p 值代入所给方程,我们得到

$$q^2+aq-2z-ay+(x+a)^2=0$$

我们从这个方程定义 q

$$q=-\frac{a}{2}+\sqrt{2z+ay-(x+a)^2+\frac{a^2}{4}}$$

把 p 和 q 的值代入波发夫方程,在简单的变换后,就得到

$$\mathrm{d}y-\frac{\mathrm{d}z+\dfrac{a}{2}\mathrm{d}y-(x+a)\mathrm{d}x}{\sqrt{2z+ay-(x+a)^2+\dfrac{a^2}{4}}}=0$$

由(为简单起见,在最后的结果中,引入形状为 $b+\dfrac{a}{2}$ 的积分常数)

$$y+b+\frac{a}{2}=\sqrt{2z+ay-(x+a)^2+\frac{a^2}{4}}$$

或

$$2z=(x+a)^2+(y+b)^2+ab$$

注 为了简化计算起见,在方程中事先进行变数代换,常常是有好处的,我们用下面的例子说明这一点。

例 13 $p^2+q^2-(x^2+y^2)z=0$。把方程改写成形状

$$\left(\frac{1}{\sqrt{z}}\frac{\partial z}{\partial x}\right)^2+\left(\frac{1}{\sqrt{z}}\frac{\partial z}{\partial y}\right)^2-x^2-y^2=0$$

引入新变数 $\zeta=\sqrt{z}$,那么变数就被分离

$$4\left(\frac{\partial\zeta}{\partial x}\right)^2-x^2=-4\left(\frac{\partial\zeta}{\partial y}\right)^2+y^2$$

令两端等于任意常数 a,我们求得

$$2\frac{\partial\zeta}{\partial x}=\sqrt{x^2+a}\ ,2\frac{\partial\zeta}{\partial y}=\sqrt{y^2-a}$$

从而

$$2\sqrt{z}=\int\sqrt{x^2+a}\,\mathrm{d}x+\int\sqrt{y^2-a}\,\mathrm{d}y$$

或

$$2\sqrt{z}=\frac{1}{2}x\sqrt{x^2+a}+\frac{a}{2}\ln(x+\sqrt{x^2+a})+$$

$$\frac{1}{2}y\sqrt{y^2-a}-\frac{a}{2}\ln(y+\sqrt{y^2-a})+b$$

3. 由已知的全积分解柯西问题。我们晓得,如果知道了全积分,用变易常数 a 和 b 的方法就可以得到已给偏微分方程的一切解。我们现在提出柯西问

题:求由已给原始条件所确定的解。对于一阶偏微分方程,柯西初值问题是这样提出的:求函数 $z(x,y)$,当 $x=x_0$ 时,它等于给定的函数 $f(y)$。在几何的语言上,这意味着:给定一个位于平面 $x=x_0$ 的曲线,求通过它的积分曲面。

我们提出比较一般的初值问题:

求方程(1)的通过已给(空间)曲线

$$x=\varphi(t), y=\psi(t), z=\chi(t) \tag{40}$$

的积分曲面。设我们给定方程(1)的积分

$$z=\varPhi(x,y,a,b) \tag{A}$$

我们取确定通积分的方程

$$z=\varPhi(x,y,a,\omega(a)) \tag{40_1}$$

$$\varPhi_a'(x,y,a,\omega(a))+\varPhi_b'(x,y,a,\omega(a))\omega'(a)=0 \tag{40_2}$$

我们必须这样确定函数 $\omega(a)$,使得由方程(40_1)和(40_2)所确定的曲面经过曲线(40)。如果我们用表达式(40)代替方程(40_1)中的 x,y,z,那么我们得到函数 $\omega(a)$ 所应当适合的一个条件

$$-\chi(t)+\varPhi(\varphi(t),\psi(t),a,\omega(a))=0 \tag{41}$$

把这个方程简写为

$$U(t,a,\omega(a))=0 \tag{41_1}$$

在把原始数据(40)代入(40_2),等式(40_2)就给出了一个方程,如果把 t 看作常数,对 a 来微分等式(41_1)的左端那么就得到这个方程的左端

$$U_a'(t,a,\omega(a))+U_\omega'(t,a,\omega(a))\omega'(a)=0 \tag{41_2}$$

对于已知的函数 $\omega(a)$,关系式(41_1)确定 a 为变数 t 的函数,亦即在曲线(40)的每一点上,分出族(A)中通过这一点的曲面,使它们全体的包络面是所求积分曲面。在这假设下,把等式(41_1)对 t 微分,我们得到

$$U_t'+(U_a'+U_\omega^0\omega'(a))\frac{\mathrm{d}a}{\mathrm{d}t}=0$$

或者,由于等式(41_2)

$$U_t'(t,a,\omega(a))=0 \tag{42}$$

一般说来,等式(41_1)和(42)使我们能够用 t 的函数表达 a 和 $\omega(a)$。同样,如果从它们之间消去 t,就给出 b 和 a 之间的关系式 $b=\omega(a)$,亦即在这两种情形都从曲面族(A)中分出单参数曲面族。从方程(40_1)和(40_2)中消去这个参数就得到所求解。事实上,把方程(40_1)和(40_2)和等式(41_1)和(41_2)比较,就看出:在给定的 t 值下所得到的曲面族(40_1)的特征曲线经过曲线(40)上的对应点。方程(42)是方程(41_1)和(42_2)的后果,其展开了的形状写成

$$-\chi'(t)+\varPhi'_x\varphi'(t)+\varPhi'_y\psi'(t)=0$$

它表达出这个事实：以角系数 $\varphi'(t),\psi'(t),\chi'(t)$ 切于曲线(40)的切线位于所得积分曲面的切面上（它的角系数是 $\varPhi'_x,\varPhi'_y,-1$）——这在几何上是显然的事实，因为所做的积分曲面经过曲线(40)。

注 如果从方程(41_1)和(42_2)消去参数 t，那么我们得到一阶微分方程

$$\varPi(a,\omega(a),\omega'(a))=0 \tag{43}$$

函数 $\omega(a)$ 适合它。我们指出，在 t 为常数的情形下，表达式(41_1)是它的通解。因为把表达式(41_1)对 a 微分再消去 t 就得到方程(43)。但是这个通解显然不确定我们所需要的函数 $\omega(a)$，因为在我们的推演中，t 看作变的参数。结合方程(42)再消去 t 就得到未知函数。但是把通解对参数微分，随后消去参数就得到奇解。因而，未知函数 $\omega(a)$ 是方程(43)的奇解。

例14 对于方程 $z=px+qy+pq$ 求通过曲线

$$x=0,z=y^2$$

的解。这个方程的全积分是 $z=ax+by+ab$。把起始曲线写成参数的形式 $x=0$，$y=t,z=t^2$。

把这个原始值代入全积分，我们得到

$$t^2=bt+ab$$

对 t 微分：$2t=b$；把这个值代入方程，就得到 $a=-\dfrac{t}{2}$。我们引入 t 代替 a 作为 ∞^1 积分族的参数，就得到

$$z=-\frac{t}{2}x+2ty-t^2$$

余下还要求这族曲面的包络面。我们对 t 微分

$$-\frac{x}{2}+2y-2t=0$$

从而 $t=y-\dfrac{x}{4}$，有

$$z=-\frac{xy}{2}+\frac{x^2}{8}+2y^2-\frac{xy}{2}-y^2+\frac{xy}{2}-\frac{x^2}{16} \text{ 或 } z=\left(\frac{x}{4}-y\right)^2$$

即所求解。

问　题

积分下面的方程：

211. $px+qy-pq=0$。当 $x=0,z=y$ 的柯西问题。

212. $p^2+zpq=z^2$。

213. $p^2x^2+q^2y^2=z$。

214. $\dfrac{p}{y}-\dfrac{q}{x}=\dfrac{1}{x}+\dfrac{1}{y}$。

215. $\dfrac{x^2}{p^2}+\dfrac{y^2}{q^2}=z^2$。

216. $z-px-qy-3p^2+q^2=0$。解柯西问题：当 $x=0,z=y^2$，求奇积分。

217. $(z-px-qy)^2=1+p^2+q^2$。求奇积分。

218. $p^2+q^2-2px-2qy+1=0$。

219. $p^2+q+x+z=0$。

§5 对于两个自变数的柯西方法

积分一阶偏微分方程的柯西方法在于先求特征（精确些,就是求特征长条）。因为特征长条是一维流形（沿着特征曲线,x,y,z 可以由一个参数的函数表达：与曲线上每一点有关的量 p 和 q 也是这个参数的函数）,所以自然地就希望求积分长条的问题归结于积分常微分方程组。在求得特征之后,就引起第二个问题,即从这些特征做出积分曲面。

1. 在积分曲面上确定特征线。给定微分方程

$$F(x,y,z,p,q)=0$$

其中函数 F 在所考查的域内有二阶连续偏导数。

在本章 §3 第五段,借方程（19‴）之助,在包含方程（1）全积分中的曲面上我们已确定了特征线,如果全积分给定为就 z 解出的形式（19_1）,方程（19‴）就具有形状

$$z=\varphi(x,y,a,b),\varphi_a'(x,y,a,b)+\varphi_b'(x,y,a,b)c=0^{①}\qquad(44)$$

我们指出,（44）的第二个方程不含 z,并且代表特征线在平面 xOy 上的射影的方程。现在要求这些射影的微分方程,把（44）的第二个方程微分,就得到对于沿特征线的平面 xOy 上的射影移动的关系式

$$(\varphi_{ax}''+\varphi_{bx}''c)\,\mathrm{d}x+(\varphi_{ay}''+\varphi_{by}''c)\,\mathrm{d}y=0\qquad(45)$$

---

① 我们假设,φ 有连续的一阶偏导数,以及连续的对一方面为变数 x,y 的另一方面为参数 a,b 的二阶混合导数（例如,$\varphi_{ax},\varphi_{by}$ 等）。

在括号内的两个表达式不恒等于零,否则由于 c 的任意性,φ'_x 和 φ'_y 不依赖于 a 和 b,而函数 z 就适合两个偏微分方程

$$p = \varphi'_x(x,y), \quad q = \varphi'_y(x,y)$$

因此,只依赖于一个实质的参数。把(44)的 z 值代入方程(1),再把所得恒等式对 a 和 b 微分,我们就得到①

$$Z\varphi'_a + P\varphi''_{ax} + Q\varphi''_{ay} = 0, \quad Z\varphi'_b + P\varphi''_{bx} + Q\varphi''_{by} = 0$$

以 c 乘第二个等式,再和第一个等式相加;由于(44)的第二个关系式,含有 Z 的项就被消去,而余下

$$P(\varphi''_{ax} + \varphi''_{bx}c) + Q(\varphi''_{ay} + \varphi''_{by}c) = 0 \tag{46}$$

把式(45)和(46)看作具有非零解的两个一次方程,那么它们的行列式等于零,$\begin{vmatrix} \mathrm{d}x & \mathrm{d}y \\ P & Q \end{vmatrix} = 0$,因而

$$\frac{\mathrm{d}x}{P} = \frac{\mathrm{d}y}{Q}$$

即所求微分方程。

设现在给定方程(1)的任何积分曲面

$$z = \varphi(x,y) \tag{47}$$

而且 φ 有连续的一阶和二阶偏导数。曲面(47)上的曲线,若它在 xOy 平面上的射影适合微分方程

$$\frac{\mathrm{d}x}{P} = \frac{\mathrm{d}y}{Q} \tag{48}$$

就称为特征曲线,这里 P,Q 中的变数 z,p,q 均依次用 $\varphi(x,y)$,φ'_x,φ'_y 代替。方程(48)是 x 和 y 间的一阶常微分方程,如果 P 和 Q 不同时等于零,那么按照关于 F 的假设,这个方程就确定了对应于原始数据 x_0,y_0 的唯一解。因此,在曲面(47)上的每一点 $(x_0, y_0, z_0 = \varphi(x_0, y_0))$ 都有位于这曲面上的唯一的特征曲线经过。

2. 一阶特征的微分方程。我们的特征的定义还没有向着解决一阶偏微分方程的积分问题前进,因为现在我们只在给定的积分曲面上,定义了特征线,而摆在我们面前的问题却是求积分曲面。在柯西解法里一阶偏微分方程的积分问题之所以可能化成积分常微分方程组,是由于一个带有决定意义的事实,就是在于转到一阶特征的问题。我们定义一阶特征为这样的特征线,它位于积

---

① 我们仍旧用 §4 中所引入的记号。

曲面上,而且每一点都带有该曲面的对应接触元素,亦即带有积分曲面的切面的角系数 p,q。为方便起见,沿特征曲线,我们引入参数 u,使 u 的微分等于关系式(48)

$$\frac{\mathrm{d}x}{P} = \frac{\mathrm{d}y}{Q} = \mathrm{d}u$$

或

$$\frac{\mathrm{d}x}{\mathrm{d}u} = P, \frac{\mathrm{d}y}{\mathrm{d}u} = Q \tag{48_1}$$

对于方程(48_1),我们还可以直接结合一个方程。事实上,在沿曲面移动时,变数 x,y,z,p,q 由关系式 $\mathrm{d}z = p\mathrm{d}x + q\mathrm{d}y$ 联系(因为 p 和 q 是切面的角系数),或

$$\frac{\mathrm{d}z}{\mathrm{d}u} = p\frac{\mathrm{d}x}{\mathrm{d}u} + q\frac{\mathrm{d}y}{\mathrm{d}u}$$

因而,和方程(48_1)合并,就得到方程

$$\frac{\mathrm{d}z}{\mathrm{d}u} = Pp + Qq \tag{48_2}$$

沿着一阶特征,我们有五个含 u 的未知函数 x,y,z,p,q,而总共只有三个方程(48_1)(48_2)。我们还要设法给这组方程补充两个方程。对于沿着积分曲面的任何移动,我们有

$$\mathrm{d}p = r\mathrm{d}x + s\mathrm{d}y, \mathrm{d}q = s\mathrm{d}x + t\mathrm{d}y①$$

特别,对于沿特征线的移动,我们有

$$\frac{\mathrm{d}p}{\mathrm{d}u} = r\frac{\mathrm{d}x}{\mathrm{d}u} + s\frac{\mathrm{d}y}{\mathrm{d}u}, \frac{\mathrm{d}q}{\mathrm{d}u} = s\frac{\mathrm{d}x}{\mathrm{d}u} + \frac{\mathrm{d}y}{\mathrm{d}u}$$

或者用方程(48_1)中 $\frac{\mathrm{d}x}{\mathrm{d}u}, \frac{\mathrm{d}y}{\mathrm{d}u}$ 的值代入

$$\frac{\mathrm{d}p}{\mathrm{d}u} = Pr + Qs, \frac{\mathrm{d}q}{\mathrm{d}u} = Ps + Qt \tag{49}$$

在我们补充的方程(49)中含有三个新未知函数,即 z 的二阶导数沿着特征线的值(x,y,z,p,q,r,s,t 沿这条曲线的值的总和就是二阶特征)。但是我们只用量 x,y,z,p,q 就可以表方程(49)的右端。为了这个,我们回到方程(1),把解(47)代入后,它就变为恒等式。把这个恒等式对 x 和对 y 微分,就得到

$$X + Zp + Pr + Qs = 0, Y + Zq + Ps + Qt = 0 \tag{50}$$

---

① 相应地用 r,s,t 表示 $\frac{\partial^2 z}{\partial x^2}, \frac{\partial^2 z}{\partial x \partial y}, \frac{\partial^2 z}{\partial y^2}$。

从等式(50)决定 $Pr+Qs, Ps+Qt$ 的值,再把它们代入方程(49),我们就得到两个补充的微分方程

$$\frac{\mathrm{d}p}{\mathrm{d}u} = -X - Zp$$

$$\frac{\mathrm{d}q}{\mathrm{d}u} = -Y - Zq$$

把这些方程和方程组 $(48_1)(48_2)$ 结合,就得到具有五个未知函数的五个方程

$$\frac{\mathrm{d}x}{P} = \frac{\mathrm{d}y}{Q} = \frac{\mathrm{d}z}{Pp+Qq} = -\frac{\mathrm{d}p}{X+Zp} = -\frac{\mathrm{d}q}{Y+Zq} = \mathrm{d}u \tag{51}$$

其实除了我们引进了(非实质的)辅助变数 u,方程组(51)和拉格朗日-夏比法中所得的方程组(38)完全相同。

如果方程给定为已就 p 解出的形状

$$p = f(x, y, z, q)$$

那么方程(51)可写成形状

$$\mathrm{d}x = \frac{\mathrm{d}y}{-f_q'} = \frac{\mathrm{d}z}{f - qf_q'} = \frac{\mathrm{d}p}{f_x' + ff_z'} = \frac{\mathrm{d}q}{f_y' + qf_z'} \tag{51_1}$$

在方程 (51_1) 中,不需要引入辅助变数 u;自然而然地我们就取 x 作为自变数;此外在这组方程中,不明显包含 p,所以只要把第一,第二和第四个方程所组成的方程组积分,然后再用等式(18)来确定 p。

因而,任何一阶特征适合方程组(51)。这组方程所含方程的个数等于未知函数的个数。而无须事先知道这个积分曲面(47)就可以把这组方程积分。

3. 从微分方程确定特征。我们已经证明偏微分方程(1)或(18)的任何一阶特征适合常微分方程组(51)或 (51_1)。方程组(51)在原始值为 $u=0, x_0, y_0,$ z_0, p_0, q_0 时的通解是

$$\begin{cases} x = \varphi_1(u; x_0, y_0, z_0, p_0, q_0) \\ y = \varphi_2(u; x_0, y_0, z_0, p_0, q_0) \\ z = \varphi_3(u; x_0, y_0, z_0, p_0, q_0) \\ p = \psi_1(u; x_0, y_0, z_0, p_0, q_0) \\ q = \psi_2(u; x_0, y_0, z_0, p_0, q_0) \end{cases} \tag{52}$$

但是这些解不全是特征。为了从(52)这些函数之中选出对应于特征的函数,我们首先注意,方程组(51)有首次积分

$$F(x, y, z, p, q) = C \tag{53}$$

事实上,把这等式的左端对 u 微分,再注意方程(51)就得到

$$\frac{\mathrm{d}F}{\mathrm{d}u} = X\frac{\mathrm{d}x}{\mathrm{d}u} + Y\frac{\mathrm{d}y}{\mathrm{d}u} + Z\frac{\mathrm{d}z}{\mathrm{d}u} + P\frac{\mathrm{d}p}{\mathrm{d}u} + Q\frac{\mathrm{d}q}{\mathrm{d}u}$$

$$= XP + YQ + Z(Pp+Qq) - P(X+Zp) - Q(Y+Zq) = 0$$

因此，函数 F 沿方程组（51）的每一个解有常数值——也就是它对于起始元素所具有的值，因而沿着方程组（51）的解（52），我们有

$$F(x,y,z,p,q) = F(x_0,y_0,z_0,p_0,q_0) \tag{53_1}$$

现在我们注意到，一阶特征是由所给方程的积分曲面的元素所组成，所以这些元素适合方程（1），亦即确定特征的函数（52），应当由关系式 $F=0$ 联系着。等式（53_1）指出，这关系式沿着整个特征成立的，只要原始值是由关系式

$$F(x_0,y_0,z_0,p_0,q_0) = 0 \tag{54}$$

所联系。因而，当方程组（51）的解（52）的原始值由关系式（54）联系着时，我们就称此解为一阶特征。

在偏微分方程的形状为（18）的情况，对应的常微分方程组（51_1）具有自变数 x，这组方程的解具有形状

$$\begin{cases} y = g_1(x;x_0,y_0,z_0,q_0) \\ z = g_2(x;x_0,y_0,z_0,q_0) \\ p = h_1(x;x_0,y_0,z_0,q_0) + p_0 \\ q = h_2(x;x_0,y_0,z_0,q_0) \\ p = f(x;g_1,g_2,h_2) \end{cases} \tag{52_1}$$

在这种情形下，关系式（54）对应于等式

$$p_0 = f(x_0,y_0,z_0,q_0) \tag{54_1}$$

它确定原始值 p_0。

让我们来计算特征族依赖于多少个参数。如果特征由方程（52_1）和条件（54_1）所确定，那么自变数的原始值 x_0 应该看作已给数，而余下三个独立参数 y_0, z_0, q_0，从全积分所得到的特征所依赖的参数之个数和这个数完全符合。在（52）和关系式（54）中，我们指出变数 u 是无关紧要的。例如，如果在原始条件下 $P \neq 0$，那么仍然可以取 x 为自变数；这时把 x_0 看作已给数，我们就仍然得到三个独立参数 y_0, z_0, q_0。利用关系式（54），p_0 可以由它们表达出来。

方程组（51）或（51_1）带有给定的原始材料，从它们解的唯一性（唯一性是由函数 F 或 f 有连续二阶导数推出的）可知特征是由起始元素唯一地确定的。特别，如果两个积分曲面相切于某一点 (x_0,y_0,z_0)，那么它们在这一点有共同的偏导数值 p_0, q_0。由起始元素唯一确定的一阶特征，显然属于两个积分曲面。

因此,如果两个积分曲面切于一点(而且对应的元素不是方程组(51)的奇点),那么它们沿着通过这一点的整个一条特征线都相切①。

4. 由特征作积分曲面。因为按照证明,任何可微分两次的积分曲面可分解为 ∞^1 个特征曲线,所以自然地就要提出下面的问题:已知特征,从它们做出积分曲面。为此,首先必须分出单参数特征族,亦即取原始值 (x_0,y_0,z_0,p_0,q_0) 为一个参数 v 的(可微)函数。当然,这些函数应该由关系式(54)联系着。然后必须要求一阶特征是"配合的",亦即使沿特征线的由角系数 p,q 所确定的平面成为由特征线所构成的曲面的切面。这相当于要求:如果把积分曲面表成

$$z = \varphi(x,y)$$

时,就有等式

$$p = \frac{\partial z}{\partial x}, q = \frac{\partial z}{\partial y}$$

因为现在的自变数是 u 和 v,那么这个条件可以适当地写成微分形式(对于任意选取的自变数都正确)

$$\mathrm{d}z = p\mathrm{d}x + q\mathrm{d}y \tag{55}$$

微分式(55)相当于两个方程

$$\frac{\partial z}{\partial u} = p\frac{\partial x}{\partial u} + q\frac{\partial y}{\partial u} \tag{55_1}$$

$$\frac{\partial z}{\partial v} = p\frac{\partial x}{\partial v} + q\frac{\partial y}{\partial v} \tag{55_2}$$

表达角系数为 p,q 的平面切于特征线的条件之等式(55_1),由于方程(48_1)(48_2),所以它是成立的(这些方程的全导数必须用偏导数代替,因为我们由原始条件而引入了第二个变数 v)。等式(55_2)是新的条件,它的几何意义为在积分曲面上对应于 v 变化时的曲线(亦即当 u 为常数时,对应于从一条特征线转到另一条特征的曲线),也应当与平面

$$Z - z = p(X - x) + q(Y - y)$$

相切。我们要考查,如何就可以适合这个条件。

把方程(55_2)的各项移到左端,并且以 V 表达所得到的函数

$$V = \frac{\partial z}{\partial v} - p\frac{\partial x}{\partial v} - q\frac{\partial y}{\partial v} \tag{56}$$

把等式(56)对 u 微分

---

① 特别地,由此可见,属于奇积分的元素是微分方程组(51)的奇元素。

$$\frac{\partial V}{\partial u} = \frac{\partial^2 z}{\partial v \partial u} - p\,\frac{\partial^2 x}{\partial v \partial u} - q\,\frac{\partial^2 y}{\partial v \partial u} - \frac{\partial p}{\partial u}\,\frac{\partial x}{\partial v} - \frac{\partial q}{\partial u}\,\frac{\partial y}{\partial v}$$

把所得等式减去恒等式 (55_1) 对 v 微分的结果①

$$0 = \frac{\partial^2 z}{\partial v \partial u} - p\,\frac{\partial^2 x}{\partial v \partial u} - q\,\frac{\partial^2 x}{\partial v \partial u} - \frac{\partial p}{\partial v}\,\frac{\partial x}{\partial u} - \frac{\partial q}{\partial v}\,\frac{\partial y}{\partial u}$$

我们得到

$$\frac{\partial V}{\partial u} = \frac{\partial p}{\partial v}\,\frac{\partial x}{\partial u} + \frac{\partial q}{\partial v}\,\frac{\partial y}{\partial u} - \frac{\partial p}{\partial u}\,\frac{\partial x}{\partial v} - \frac{\partial q}{\partial u}\,\frac{\partial y}{\partial v}$$

或者,由于微分方程 (51)

$$\frac{\partial V}{\partial u} = P\,\frac{\partial p}{\partial v} + Q\,\frac{\partial q}{\partial v} + X\,\frac{\partial x}{\partial v} + Y\,\frac{\partial y}{\partial v} + Z\left(p\,\frac{\partial x}{\partial v} + q\,\frac{\partial y}{\partial v} \right)$$

另一方面,把 $x, \cdots, q$ 作为 u 和 v 的函数代入恒等式 $F=0$ 中而对 v 微分,就得到

$$X\,\frac{\partial x}{\partial v} + Y\,\frac{\partial y}{\partial v} + Z\,\frac{\partial z}{\partial v} + P\,\frac{\partial p}{\partial v} + Q\,\frac{\partial q}{\partial v} = 0$$

把后两个等式按项相减,我们有

$$\frac{\partial V}{\partial u} = -Z\left(\frac{\partial z}{\partial v} - p\,\frac{\partial x}{\partial v} - q\,\frac{\partial y}{\partial v} \right)$$

或者由于函数 V 的定义 (56)

$$\frac{\partial V}{\partial u} = -ZV \tag{57}$$

因而,函数 V 适合常微分方程 (57)。把这个方程积分,就得到

$$V = V_0 \mathrm{e}^{\int_{u_0}^{u} Z \mathrm{d}u}$$

其中 V_0 是 V 在 $u=u_0$ 时的值。从这个等式可见,使 V 等于零的充分和必要条件是 $V_0 = 0$,也就是 x_0, y_0, z_0, p_0, q_0 作为 v 的函数时要适合关系式

$$\frac{\mathrm{d}z_0}{\mathrm{d}v} - p_0\,\frac{\mathrm{d}x_0}{\mathrm{d}v} - q_0\,\frac{\mathrm{d}y_0}{\mathrm{d}v} = 0 \tag{58}$$

由此可见,要由特征做出积分曲面,就必须使原始条件作为参数 v 的函数时,适合条件 (54)（或 (54_1)）和 (58)。这条件的几何意义:一阶特征曲线全部是"配合的",只要它们的起始元素是"配合的"。

5. 柯西问题。要求得方程 (1) 的任何一个解,就必须求含参数 v 的五个函

---

① 按照第 7 章 §3 中已证明的定理,方程组 (51) 的解对原始数据的导数存在,因此对参数 v 的导数也存在,并且是自变数 u 的连续和可微函数。由此可见,下面推演中所出现的导数是存在的,并且改变微分的次序是合理的。

数 x_0, y_0, z_0, p_0, q_0 使它们适合(54)(或(54$_1$))和(58)这两关系式。显然,问题是不定的:一般说来,可以任意给出三个函数。为了从无穷多个解中选出一个确定的,我们就提出形式最简单的柯西问题。

设方程给定为

$$p = f(x, y, z, q)$$

其中 f 在值 $\bar{x}_0, \bar{y}_0, \bar{z}_0, \bar{q}_0$ 的邻域中是连续且可微分两次的函数,而且 p 对应于 $\bar{x}_0, \bar{y}_0, \bar{z}_0, \bar{q}_0$ 的值是 $\bar{p}_0$。求一个解,使它适合原始条件

$$z_0 = \varphi(y_0) \quad (\text{当 } x = \bar{x}_0) \tag{59}$$

其中 $\varphi(y)$ 具有两阶连续导数,而且设 $\varphi(\bar{y}_0) = \bar{z}_0$ 和 $\varphi'(\bar{y}_0) = \bar{q}_0$。特征的方程 (52$_1$)在某个区间 $|x - \bar{x}_0| \leqslant h$ 有定义,并且在点 $(\bar{x}_0, \bar{y}_0, \bar{z}_0, \bar{p}_0, \bar{q}_0)$ 的某邻域中是 x_0, y_0, z_0, p_0, q_0 的连续和可微的函数。取值 y_0 作为参数 v,我们就有

$$y_0 = v, z_0 = \varphi(v)$$

那么由于 $x_0 = \bar{x}_0$ 是常数,所以方程(58)给出

$$q_0 = \varphi'(v)$$

最后,条件(54$_1$)给出

$$p_0 = f[\bar{x}_0, v, \varphi(v), \varphi'(v)] \equiv \psi(v)$$

把量 $\bar{x}_0, \bar{y}_0, \bar{z}_0, \bar{q}_0$ 代入方程(52$_1$),我们由前两个方程得到

$$\begin{cases} y = g_1(x; \bar{x}_0, v, \varphi(v), \varphi'(v)) \\ z = g_2(x; \bar{x}_0, v, \varphi(v), \varphi'(v)) \end{cases} \tag{60}$$

而且右端对于充分小的值 $|x - \bar{x}_0|, |v - \bar{y}_0|$ 有定义。要从方程(60)把 z 表成 x, y 的显函数,就只需从第一个方程解出 v,然后把所得表达式代入(60)的第二个方程。为了说明这种解出的可能性,我们就计算 y 对 v 的导数

$$\frac{\partial y}{\partial v} = \frac{\partial g_1}{\partial y_0} + \frac{\partial g_1}{\partial z_0} \varphi'(v) + \frac{\partial g_1}{\partial q_0} \varphi''(v)$$

但是当 $x = \bar{x}_0$ 时,我们(在第 8 章,§3)有 $\frac{\partial y}{\partial y_0} = 1$,$\frac{\partial y}{\partial z_0} = \frac{\partial y}{\partial q_0} = 0$。因此,当 $x = \bar{x}_0$ 时导数 $\frac{\partial y}{\partial v} = 1$,这意味着当 $|x - \bar{x}_0|$ 充分小时,它不等于零,亦即要从(60)的第一个方程解出 v 是可能的,而且 v 是 x, y 的连续可微函数。把求得的 v 值代入(60)的第二个方程,我们就得到方程(18)的适合原始条件(59)的解,其形状为

$$z = \Phi(x, y)$$

其中 Φ 有一阶连续偏导数。现在我们证明 Φ 也具有连续的二阶导数。如果在 (52$_1$)的后两个方程中,以参数 v 表达原始值,然后再以表达 v 的 x, y 的函数代

替 v,那么所得函数 p,q 依次是 z 对 x 和对 y 的偏导数,这正和从等式(55)中所推得的结果一样。我们知道函数 h_1 和 h_2 对 x 和对原始值有连续导数,因此对参数 v 也有连续函数。依据 v 对 x 和对 y 的可微性,由此可知,p 和 q 有对 x 和对 y 的连续偏导数,也就是 z 有二阶偏导数。

由于在方程(51_1)的非奇点的邻域中,任何积分曲面是由特征线所构成,并且这些特征线应当和原始曲线(59)有公共元素。因此,可以知道所求得的解(对于在可以微分两次的函数之中)是唯一的。但是在曲线(59)的每一点,亦即对于每一个 y_0 值,曲线(59)唯一地确定起始元素 $(\bar{x}_0,\bar{y}_0,\bar{z}_0,\bar{p}_0,\bar{q}_0)$,因此(由于常微分方程的柯西定理),经过起始曲线(59)每一点的特征线是唯一地确定的,所以积分曲面本身也由原始数据(59)唯一地确定。

一般的柯西问题——求方程(1)经过空间曲线

$$x=\alpha(y),z=\beta(y) \tag{59_1}$$

的积分曲面——可以由改换变数化成上述特殊柯西问题。我们引入新的自变数 X,Y 置

$$x=X+\alpha(y),y=Y$$

那么我们得到

$$\frac{\partial z}{\partial X}=\frac{\partial z}{\partial x},\frac{\partial z}{\partial Y}=\frac{\partial z}{\partial x}\alpha'(y)+\frac{\partial z}{\partial y}$$

从而

$$p=\frac{\partial z}{\partial X},q=\frac{\partial z}{\partial Y}-\frac{\partial z}{\partial X}\alpha'(Y)$$

在这样的代换以后,方程(1)成为

$$F\left(X+\alpha(Y),Y,z,\frac{\partial z}{\partial X},\frac{\partial z}{\partial Y}-\alpha'(Y)\frac{\partial z}{\partial X}\right)=0 \tag{$1'$}$$

而原始条件是

$$X=0,z=\beta(Y)$$

但是还需要研究($1'$)是否可以就导数 $\frac{\partial z}{\partial X}$ 解出的问题。沿曲线(59_1)可以连续地和唯一地解出的条件之一:方程($1'$)左端对 $\frac{\partial z}{\partial X}$ 的导数应当不等于零。

我们有

$$F'_{(\frac{\partial z}{\partial X})}=F'_p-F'_q\alpha'(Y)$$

注意沿曲线(59_1)$\alpha'(Y)=\frac{\mathrm{d}x}{\mathrm{d}y}$,我们得出结论:如果沿曲线($59_1$)关系式

$$\frac{\mathrm{d}x}{P}=\frac{\mathrm{d}y}{Q}$$

成立,那么要把变换后的方程化成形状(18),一般说来是不可能的。特别是如果积分曲面经过曲线(59_1),那么这个关系式指出曲线(59)是特征线。而在这种情形,柯西问题在实际上就不可能有唯一解,因为经过特征线有无穷多个积分曲面,而柯西问题就成为不定。

我们可以提出这种形状的柯西问题:求方程(1)的积分曲面,使它经过用参数形式给出的已知曲线

$$x_0 = \xi(v), y_0 = \eta(v), z_0 = \zeta(v) \tag{59_2}$$

我们有两个方程来确定 p_0 和 q_0 为参数 v 的函数(就是从关系式(54)和(58)所得到的)

$$F[\xi(v), \eta(v), \zeta(v), p_0, q_0] = 0$$

$$\zeta'(v) - p_0\xi'(v) - q_0\eta'(v) = 0$$

使这些方程可以确定 p_0 和 q_0 的第一个充分条件:这些方程对 p_0, q_0 的雅可比式沿曲线(59_2)不等于零,亦即

$$\xi'(v)Q_0 - \eta'(v)P_0 \neq 0 \tag{61}$$

其中 P_0 和 Q_0 依次是方程(54)左端对 p_0 和 q_0 的导数。

如果隐函数存在的第二个条件也成立(对于某些原始条件,方程被适合),那么在条件(61)成立的场合下,我们确定 $p_0 = \pi(v)$,$q_0 = \chi(v)$。只要把求得的原始值代入(52)的前三个方程,我们就得到参数形式的所求积分曲面

$$x = \Phi_1(u,v), y = \Phi_2(u,v), z = \Phi_3(u,v)①$$

如果表达式(61)在曲线(59_2)的一切点等于零,并且这曲线在积分曲面上,那就显然它是特征线。

我们要证明,如果取特征曲线为原始曲线,柯西问题就真正有无穷多个解。设原始曲线的方程是 $x_0 = x_0(u), y_0 = y_0(u), z_0 = z_0(u)$,如果从方程($54_1$)和(58)确定 $p_0(u)$ 和 $q_0(u)$,那么就可以得到一阶特征。设值 $u=0$ 对应元素 $\bar{x}_0, \bar{y}_0, \bar{z}_0, \bar{p}_0, \bar{q}_0$。任意选取三个(可微分两次的)函数 $\tilde{x}(v), \tilde{y}(v), \tilde{z}(v)$,只要它们受下面的条件限制:

(1)$\tilde{x}(0) = \bar{x}_0, \tilde{y}(0) = \bar{y}_0, \tilde{z}(0) = \bar{z}_0$。

(2)$\tilde{x}(0)y_0'(0) - \tilde{y}(0)x_0'(0) \neq 0$。

---

① 对于形状为(59_1)和(59_2)的原始材料,我们不曾彻底研究从方程($1'$)解出 $\frac{\partial z}{\partial X}$ 以及从方程(54)和(58)解出 p_0, q_0 的可能性。要有这种可能性,就必须对原始曲线加以补充限制。

$(3) \tilde{z}'(0) = \bar{p}_0 \tilde{x}'(0) + \bar{q}_0 \tilde{y}'(0)$。

我们对于原始曲线 $\tilde{x}, \tilde{y}, \tilde{z}$ 来解决柯西问题。这个问题是可能的,并且在点 $(\bar{x}_0, \bar{y}_0, \bar{z}_0)$ 的邻域唯一地解决了的。事实上,沿原始曲线从方程(54_1)和(58)确定 $\bar{p}(v)$ 和 $\bar{q}(v)$ 后,由于条件(1)和(3)当 $v=0$ 时我们得到原来的特征的起始元素($\bar{x}_0, \bar{y}_0, \bar{z}_0, \bar{p}_0, \bar{q}_0$),但是由于条件($2$),这特征不和起始曲线相切,这对于解柯西问题是充分的。在任意选取适合条件(1)至(3)的函数 $\tilde{x}, \tilde{y}, \tilde{z}$ 的场合下,积分曲面含有给定的特征,因为含有它的起始元素。由此可见,我们已做出无穷多个积分曲面,它们都含有给定的特征曲线。

这个性质也可以作为特征线的定义:特征线是这样的曲线,对于它,柯西问题成为不定。

例 15 用柯西方法来积分方程式

$$px + qy - pq = 0$$

特征的微分方程是

$$\frac{\mathrm{d}x}{x-q} = \frac{\mathrm{d}y}{y-p} = \frac{\mathrm{d}z}{-pq} = -\frac{\mathrm{d}p}{p} = -\frac{\mathrm{d}q}{q} = \mathrm{d}u$$

(我们已应用所给方程简化了表达式 $Pp + Qq$)。以 $u=0$ 时的原始数据:x_0, y_0, z_0, p_0, q_0 把这些方程积分。首先最后两个方程给出

$$p = p_0 \mathrm{e}^{-u}, q = q_0 \mathrm{e}^{-u}$$

把这些值代入其余三个方程,我们就得到

$$\frac{\mathrm{d}x}{\mathrm{d}u} = x - q_0 \mathrm{e}^{-u}, \frac{\mathrm{d}y}{\mathrm{d}u} = y - p_0 \mathrm{e}^{-u}, \frac{\mathrm{d}z}{\mathrm{d}u} = -p_0 q_0 \mathrm{e}^{-2u}$$

因而

$$x = \left(x_0 - \frac{q_2}{2}\right) \mathrm{e}^{u} + \frac{q_0}{2} \mathrm{e}^{-u}, y = \left(y_0 - \frac{p_0}{2}\right) \mathrm{e}^{u} + \frac{p_0}{2} \mathrm{e}^{-u}$$

$$z = z_0 - \frac{p_0 q_0}{2} + \frac{p_0 q_0}{2} \mathrm{e}^{-2u}$$

而且原始值由关系式

$$p_0 x_0 + q_0 y_0 - p_0 q_0 = 0$$

联系,为了做出积分曲面还应当由下面的关系式来联系看作 v 的函数的原始值

$$z_0'(v) - p_0(v) x_0'(v) - q_0(v) y_0'(x) = 0$$

特别,我们来解这样的柯西问题,即求经过直线 $x=0, z=y$ 的积分曲面。这里我们有 $x_0 = 0, y_0 = v, z_0 = v$。而确定 p_0 和 q_0 的方程是

$$q_0 v - p_0 q_0 = 0, 1 - q_0(v) = 0$$

从而 $q_0=1$, $p_0=v$。从已求得的特征的后三个方程,可以得到曲面的参数方程

$$x=-\frac{1}{2}\left(e^u-e^{-u}\right)$$

$$y=\frac{v}{2}\left(e^u+e^{-u}\right)$$

$$z=\frac{v}{2}\left(1+e^{-2u}\right)=\frac{v}{2}\frac{e^u+e^{-u}}{e^u}$$

为了得到用显式表达的解,我们消去参数 u 和 v

$$z=ye^{-u}, \quad e^{2u}+2xe^u-1=0$$

从而

$$e^u=-x+\sqrt{x^2+1}, \quad e^{-u}=x+\sqrt{x^2+1}$$

最后得到

$$z=xy+y\sqrt{x^2+1}$$

问　题

用柯西方法积分下列方程:

220. $z=pq$。原始条件:$x_0=u$, $y_0=u^2$, $z_0=u^3$。

221. $p^2+q^2=1$, $x_0=\cos u$, $y_0=\sin u$, $z_0=\frac{1}{2}u$。

222. $z=px+qy+pq$, $x_0=1$, $z_0=y_0^3$。

§6　n 个自变数的柯西方法

1. 特征:从特征作解。前一节所叙述的方法,可以直接推广到 n 个自变数的一阶偏微分方程。我们以后经常采用下面的记号:自变数为 x_1, x_2, $\cdots$, x_n;未知函数为 z;一阶偏导数 $\frac{\partial z}{\partial x_i}\equiv p_i$, $i=1,2,\cdots,n$;二阶偏导数 $\frac{\partial^2 z}{\partial x_i\partial x_j}\equiv p_{ij}$ ($i,j=1,2,\cdots,n$)。

应用这些记号的一阶偏微分方程具有形状

$$F(x_1,x_2,\cdots,x_n,z,p_1,p_2,\cdots,p_n)=0 \tag{62}$$

我们假定给定的函数 F 有连续的二阶偏导数,进一步的限制将在证明的过程中说明。

应用高维几何学的习惯用语,我们说方程(62)的解

$$z = \varphi(x_1, x_2, \cdots, x_n) \tag{63}$$

代表方程(62)在 $n+1$ 维空间$(x_1, x_2, \cdots, x_n, z)$中的积分曲面。假定函数 φ 有连续的二阶偏导数。

还引入记号

$$\frac{\partial F}{\partial x_i} = X_i, \frac{\partial F}{\partial z} = Z, \frac{\partial F}{\partial p_i} = P_i \quad (i = 1, 2, \cdots, n)$$

我们定义积分曲面(63)上的特征(特征线)是这样的曲线,它在超平面 $z = 0$ 上的射影适合常微分方程组

$$\frac{dx_1}{P_1} = \frac{dx_2}{P_2} = \cdots = \frac{dx_n}{P_n} \tag{64}$$

或(令方程组(64)的比值等于辅助自变数 u 的微分)

$$\frac{dx_1}{du} = P_1, \frac{dx_2}{du} = P_2, \cdots, \frac{dx_n}{du} = P_n \tag{64_1}$$

如果在这些方程的右端中,以 $x_1, x_2, \cdots, x_n$ 的函数 $\varphi, \frac{\partial \varphi}{\partial x_i}$ 代替 z, p_i,那么由于所作可微性的假设,方程组(64_1)具有由原始条件:$u = 0, x_1 = x_1^0, \cdots, x_n = x_n^0$ 所唯一地确定的解。这个事实可以由这样的定理表达:过积分曲面上每一点$(x_1^0, x_2^0, \cdots, x_n^0, z_0 = \varphi(x_1^0, \cdots, x_n^0))$有唯一的一条特征线,而这条特征线位于这个曲面上(同时要假设,等式 $P_1 = P_2 = \cdots P_n = 0$ 在这一点不成立)。

让我们引入积分元素的概念。(一阶)积分元素或方程(62)的解的接触元素是这样的 $2n+1$ 个数(积分元素的坐标)的总和

$$x_1, x_2, \cdots, x_n, z = \varphi(x_1, \cdots, x_n), p_i = \varphi'_{x_i}(x_1, \cdots, x_n)$$
$$(i = 1, 2, \cdots, n)$$

沿着特征线的积分元素的总合称为一阶特征。

正如在 §5 一样,我们用对于特征的线性元素的一切坐标的微分方程来补充方程组(64_1)。

对于在积分曲面上的任何移动,因此对于沿特征线上的移动,关系式

$$dz = \sum_{i=1}^{n} p_i dx_i$$

成立。从而沿特征线

$$\frac{dz}{du} = \sum_{i=1}^{n} p_i \frac{dx_i}{du} = \sum_{i=1}^{n} P_i p_i \tag{64_2}$$

对于在积分曲面上的移动,我们有

$$dp_i = \sum_{j=1}^{n} p_{ij} dx_j \quad (i = 1, 2, \cdots, n)$$

因而特征线

$$\frac{dp_i}{du} = \sum_{j=1}^{n} p_{ij} \frac{dx_j}{du} = \sum_{j=1}^{n} p_{ij} P_j \quad (i = 1, 2, \cdots, n) \tag{64_3}$$

为了消去二阶导数，我们要注意，在以 z 的值 (63) 代 z 并且用相应的偏导数代 p_i 后，方程 (62) 就变成恒等式。把这恒等式 $F = 0$ 对 $x_i (i = 1, 2, \cdots, n)$ 微分，我们得到

$$X_i + Zp_i + \sum_{j=1}^{n} P_i p_{ji} = 0$$

从而 $\sum\limits_{j=1}^{n} P_j p_{ji} = - X_i - Zp_i$，而方程 (64_3) 变为

$$\frac{dp_i}{du} = -X_i - Zp_i \quad (i = 1, 2, \cdots, n) \tag{64_4}$$

把方程 $(64_1)(64_2)(64_4)$ 归并起来，我们得到 $2n+1$ 个方程的方程组，它们含有 $2n+1$ 个函数 x_i, z, p_i

$$\frac{dx_1}{P_1} = \cdots = \frac{dx_n}{P_n} = \frac{dz}{\sum\limits_{i=1}^{n} P_i p_i} = -\frac{dp_1}{X_1 + Zp_1} = \cdots = -\frac{dp_n}{X_n + Zp_n} = du \tag{65}$$

无须知道 (63) 的解，就可以积分这些方程。方程组 (65) 的由原始值 $u_0, x_1^0, \cdots, x_n^0, z_0, p_1^0, \cdots, p_n^0$ 所确定的（唯一）解具有形状

$$\begin{cases} x_i = \varphi_i(u; x_1^0, \cdots, x_n^0, z_0, p_1^0, \cdots, p_n^0), i = 1, 2, \cdots, n \\ z = \varphi(u; x_1^0, \cdots, x_n^0, z_0, p_1^0, \cdots, p_n^0) \\ p_i = \psi_i(u; x_1^0, \cdots, x_n^0, z_0, p_1^0, \cdots, p_n^0), i = 1, 2, \cdots, n \end{cases} \tag{66}$$

注意，$F(x_1, \cdots, x_n, z, p_1, \cdots, p_n) = C$ 是方程组 (65) 的首次积分。事实上，由于方程 (65)，我们有

$$\frac{dF}{du} = \sum_{i=1}^{n} X_i \frac{dx_i}{du} + Z \frac{dz}{du} + \sum_{i=1}^{n} P_i \frac{dp_i}{du}$$

$$= \sum_{i=1}^{n} X_i P_i + Z \sum_{i=1}^{n} P_i p_i - \sum_{i=1}^{n} P_i (X_i + Zp_i)$$

$$= 0$$

我们用关系式

$$F(x_1^0, \cdots, x_n^0, z_0, p_1^0, \cdots, p_n^0) = 0 \tag{67}$$

联系原始值。那么由于首次积分的定义，我们有恒等式

$$F(\varphi_1, \cdots, \varphi_n, \varphi, \psi_1, \cdots, \psi_n) = 0$$

亦即当条件(67)成立时,由方程组(65)的解所给出的一切元素都适合所给方程(62)。因为确定在积分曲面上的一阶特征的坐标应当适合所给方程,所以原始值在增加条件(67)后,在方程组(65)的对应的解(66)中我们能求得方程(62)的一切积分曲面的一切特征。到现在还看不出,一切这样的解就是某一个积分曲面上的特征。注意了这个原理(在下面将要证明它),我们称方程组(65)的解(66)为方程(62)的一阶特征,其中(即解(66)中)的原始条件由关系式(67)联系着。

作为推论,我们从唯一性定理可以得到定理:如果两个积分曲面具有公共的一阶元素(亦即接触于一点),那么它们沿着经过这一点的整个特征线相接触。事实上,这两个积分曲面具有由公共起始元素所确定的公共特征。

现在,我们提出一个问题,即从特征曲线来做偏微分方程的解。因为特征线是一维流形,而积分曲面是 n 维流形,所以,要做出它来,就必须再(由原始值)引入 $n-1$ 个参数 $v_1, v_2, \cdots, v_{n-1}$,亦即置

$$x_i^0 = x_i^0(v_1, \cdots, v_{n-1})$$
$$z_0 = z_0(v_1, \cdots, v_{n-1})$$
$$p_i^0 = p_i^0(v_1, \cdots, v_{n-1})$$
$$(i = 1, 2, \cdots, n) \tag{68}$$

而且条件(67)对于这些函数当然应该成立。那时方程

$$x_i = \varphi_i(u; v_1, \cdots, v_{n-1}) \quad (i = 1, 2, \cdots, n)$$
$$z = \varphi(u; v_1, \cdots, v_{n-1}) \tag{69}$$

确定一个 n 维流形。要使得它可积(在消去参数 $u, v_1, \cdots, v_{n-1}$ 后,就得到形如(63)的关系式的条件下),就必须满足条件

$$\mathrm{d}z - \sum_{i=1}^{n} p_i \mathrm{d}x_i = 0$$

它相当于 n 个条件

$$\frac{\partial z}{\partial u} - \sum_{i=1}^{n} p_i \frac{\partial x_i}{\partial u} = 0$$

$$\frac{\partial z}{\partial v_j} - \sum_{j=1}^{n} p_i \frac{\partial x_i}{\partial v_j} = 0 \quad (j = 1, 2, \cdots, n-1) \tag{70}$$

由于方程(64_2),所以条件(70)的第一个方程成立,要其余的成立就必须选取特别的函数(68)。为了求这些函数所应当适合的条件,我们记

$$\frac{\partial z}{\partial v_j} - \sum_{i=1}^{n} p_i \frac{\partial x_i}{\partial v_j} = V_j \quad (j = 1, 2, \cdots, n-1) \tag{71}$$

并且将阐明是否可以挑选函数(62)，使有 $V_j \equiv 0$。

把方程(71)对 u 微分，而把方程(69)的第一个等式对 v_j 微分

$$\frac{\partial V_j}{\partial u} = \frac{\partial^2 z}{\partial u \partial v_j} - \sum_{i=1}^{n} p_i \frac{\partial^2 x_i}{\partial u \partial v_j} - \sum_{i=1}^{n} \frac{\partial p_i}{\partial u} \frac{\partial x_i}{\partial v_j}$$

$$0 = \frac{\partial^2 z}{\partial u \partial v_j} - \sum_{i=1}^{n} p_i \frac{\partial^2 x_i}{\partial u \partial v_j} - \sum_{i=1}^{n} \frac{\partial p_i}{\partial v_j} \frac{\partial x_i}{\partial u}$$

按项相减，再应用方程(65)，我们就得到

$$\frac{\partial V_j}{\partial u} = \sum_{i=1}^{n} \left(\frac{\partial p_i}{\partial v_j} \frac{\partial x_i}{\partial u} - \frac{\partial p_i}{\partial u} \frac{\partial x_i}{\partial v_j} \right)$$

$$= \sum_{i=1}^{n} P_i \frac{\partial p_i}{\partial v_j} + \sum_{i=1}^{n} X_i \frac{\partial x_i}{\partial v_j} + Z \sum_{i=1}^{n} P_i \frac{\partial x_i}{\partial v_j}$$

把恒等式 $F=0$ 对 v_j 微分，把作为 $u, v_1, \cdots, v_{n-1}$ 的函数的 x_i, z, p_i 代入它的左端，我们得到

$$0 = \sum_{i=1}^{n} X_i \frac{\partial x_i}{\partial v_j} + Z \frac{\partial z}{\partial v_j} + \sum_{i=1}^{n} P_i \frac{\partial p_i}{\partial v_j}$$

从前一个等式按项减去这个等式，再注意方程(71)，就得到

$$\frac{\partial V_j}{\partial u} = -Z V_j \quad (j = 1, 2, \cdots, n-1)$$

把所得对应于 V_j 的常微分方程积分，就求得

$$V_j = V_j^0 e^{-\int_0^t Z du}$$

因而，要恒等式 $V_j \equiv 0$ 成立，必要和充分的条件是 $V_j^0 = 0$ 或者用展开了的形式

$$\frac{\partial z_0}{\partial v_j} - \sum_{i=1}^{n} p_i^0 \frac{\partial x_i^0}{\partial v_j} = 0 \quad (j = 1, 2, \cdots, n-1) \tag{72}$$

或

$$dz_0 - \sum_{i=1}^{n} p_i^0 dx_i^0 = 0 \tag{72'}$$

因而，要方程(69)给出积分曲面，必要和充分的条件：使 $v_1, \cdots, v_{n-1}$ 的函数 x_1^0，z_0, p_i^0 适合方程(67)和(72)。要求出这些函数已经不必再作积分。

例如，我们考查一般的柯西问题：求一个积分曲面，使它经过给定的 $n-1$ 维流形。这原始流形我们给成参数形式

$$x_i^0 = \omega_i(v_1, \cdots, v_{n-1}) \quad (i = 1, 2, \cdots, n)$$

$$z = \omega(v_1, \cdots, v_n) \tag{73}$$

那么为了求得 n 个函数 p_i^0，我们有 n 个方程 (67) 和 (72)，它们可就 p_i^0 解出的条件之一，是行列式

$$\begin{vmatrix} P_1 & P_2 & \cdots & P_n \\ \dfrac{\partial x_1^0}{\partial v_1} & \dfrac{\partial x_2^0}{\partial v_1} & \cdots & \dfrac{\partial x_n^0}{\partial v_1} \\ \vdots & \vdots & & \vdots \\ \dfrac{\partial x_1^0}{\partial v_{n-1}} & \dfrac{\partial x_2^0}{\partial v_{n-1}} & \cdots & \dfrac{\partial x_n^0}{\partial v_{n-1}} \end{vmatrix}$$

不等于零，亦即特征线决不能位于原始流形的 $n-1$ 维的切面上。如果在 (73) 内的函数 ω_i, ω 中引入 n 个参数 $a_1, a_2, \cdots, a_n$，我们就得到方程 (62) 的依赖于 n 个参数的解，在 n 个自变数的情形，当补充某些条件后，它也称为全积分。

2. 雅可比的第一个方法。 雅可比的第一个方法和柯西方法根本是相同的，只是方程的形式是专门为了应用到力学的问题上去的。

我们记未知函数为 V，自变数（个数为 $n+1$）为 $t, x_1, \cdots, x_n$ 偏导数为 $\dfrac{\partial V}{\partial x_i} \equiv p_i \left(\text{有时我们也写} \dfrac{\partial V}{\partial t} \equiv P\right)$。

假定方程不含未知函数，并且可以就导数 $\dfrac{\partial V}{\partial t}$ 解出而写成形式

$$\frac{\partial V}{\partial t} + H(t, x_1, \cdots, x_n, p_1, \cdots, p_n) = 0 \tag{74}$$

其中 H 是它的变元的已给函数。

我们写出特征的微分方程

$$\frac{\mathrm{d}t}{1} = \frac{\mathrm{d}x_1}{\dfrac{\partial H}{\partial p_1}} = \cdots = \frac{\mathrm{d}x_n}{\dfrac{\partial H}{\partial p_n}} = \frac{\mathrm{d}V}{\sum_{i=1}^{n} p_i \dfrac{\partial H}{\partial p_i} + P}$$

$$= -\frac{\mathrm{d}p_1}{\dfrac{\partial H}{\partial x_1}} = \cdots = -\frac{\mathrm{d}p_n}{\dfrac{\partial H}{\partial x_n}} = -\frac{\mathrm{d}P}{\dfrac{\partial H}{\partial t}} \tag{75}$$

我们注意：(1) 这里不需要引入辅助自变数，t 就起这个作用。(2) 方程 (75) 中不含 $\mathrm{d}V$ 和 $\mathrm{d}P$ 的一组 $2n$ 个方程可以独立地积分

$$\frac{\mathrm{d}x_i}{\mathrm{d}t} = \frac{\partial H}{\partial p_i}, \frac{\mathrm{d}p_i}{\mathrm{d}t} = -\frac{\partial H}{\partial x_i} \tag{76}$$

在力学中常常遇到形状 (76) 的方程，并且称为典则方程组，而函数 H 称为哈密

尔顿(W. Hamilton,1788—1856)函数。

应用柯西方法,如果已知典则方程组(76)的通解,方程(74)就很容易积分。设(76)的通解是(原始值 t_0;x_i^0,p_i^0)

$$x_i = \varphi_i(t;t_0,x_i^0,\cdots,x_n^0,p_1^0,\cdots,p_n^0)$$

$$p_i = \psi_i(t;t_0,x_1^0,\cdots,x_n^0,p_1^0,\cdots,p_n^0) \quad (i=1,2,\cdots,n) \tag{77}$$

为了求得 V 沿特征线的值,我们在相应的微分方程中,以 $-H$ 代替 P(由于所给方程),就得到

$$\frac{\mathrm{d}V}{\mathrm{d}t} = \sum_{i=1}^{n} p_i \frac{\partial H}{\partial p_i} - H$$

在这个方程的右端,以求得的表达式(77)代替 x_i,p_i,我们得到 t 的函数,并且以求积求得 V

$$V = \int_{t_0}^{t} \left(\sum_{i=1}^{n} p_i \frac{\partial H}{\partial p_i} - H \right) \mathrm{d}t + V_0$$
$$\equiv \widetilde{V}(t;t_0,x_1^0,\cdots,x_n^0,p_1^0,\cdots,p_n^0) + V_0 \tag{78}$$

要求得方程(74)的全积分,只要以 n 个参数(类似本节第一段中的 v_i)这样表达 x_i^0,p_i^0,V_0 使关系式

$$\mathrm{d}V_0 - \sum_{i=1}^{n} p_i^0 \mathrm{d}x_i^0 = 0 \tag{79}$$

成立(没有带 $\mathrm{d}t_0$ 的项是因为 t 已取作自变数),并且在柯西问题的原始数据中,还须要引入 $n+1$ 个参数 $a_1,a_2,\cdots,a_{n+1}$。

和古尔萨(E. Goursat,1858—1936)一样我们取原始值 $x_1^0,x_2^0,\cdots,x_n^0$ 为参数 v_j,而提出柯西问题如下:当 $t=t_0$,应当有

$$V_0 = a_1 x_1^0 + \cdots + a_n x_n^0 + a_{n+1} \tag{80}$$

由方程(79)和(80)可得

$$\frac{\partial V}{\partial x_i^0} = a_i = p_i^0 \quad (i=1,2,\cdots,n)$$

把(77)的前 n 个方程就 $x_1^0,\cdots,x_n^0$ 解出(当 t 足够接近 t_0 时,这是可能的,因为 x_i 对 x_j^0 的雅可比式当 $t=t_0$ 时等于1)。以 a_i 代替其中的 p_i^0,就得到

$$x_i^0 = \chi_i(x_1,\cdots,x_n,t,t_0;a_1,\cdots,a_n) \quad (i=1,2,\cdots,n) \tag{81}$$

那么表达式

$$V = \int_{t_0}^{t} \left(\sum_{i=1}^{n} p_i \frac{\partial H}{\partial p_i} - H \right) \mathrm{d}t + \sum_{i=1}^{n} a_i x_i^0 + a_{n+1}$$
$$\equiv \widetilde{V} + \sum_{i=1}^{n} a_i x_i^0 + a_{n+1}$$

微分方程理论

是方程(74)的依赖于 $n+1$ 个任意常数的解,亦即全积分,其中 p_i^0 已用 a_i 代替,而 x_i^0 已用其表达式(81)代替。

3. 典则方程组的积分。在解析力学中,须要求典则方程组

$$\frac{\mathrm{d}x_i}{\mathrm{d}t}=\frac{\partial H}{\partial p_i},\frac{\mathrm{d}p_i}{\mathrm{d}t}=-\frac{\partial H}{\partial x_i} \quad (i=1,2,\cdots,n)$$

的解,而雅可比方程是辅助工具。

回忆一下全积分的定义,并做出对于任意多个自变数全积分的定义。一个联系着未知函数,自变数和个数与自变数个数相等的参数的关系式,如果从这个关系式和把它对自变数微分而得的关系式消去参数后,就得到所给方程,就称这关系式为原来方程的全积分。和这定义等价的另一个定义:如果一阶偏微分方程的解含有的独立参数的个数等于自变数的个数,那么它就称为全积分。同时独立性的判定恰好是这个事实:在施行第一个定义中所讲的消元步骤后,我们就得到那一个已给方程。必须指出,若原方程不明显地包含未知函数,全积分的参数中,有一个是具有可加性的。

设有雅可比方程的任意一个全积分

$$V=V(t,x_1,\cdots,x_n;a_1,\cdots,a_n)+a_{n+1} \tag{82}$$

$n+1$ 个自变数时的情形和两个自变数时一样,可以从全积分用微分法得到特征曲线。不谈一般情况全积分的广泛理论,我们要对于雅可比方程的全积分进行这个证明。

雅可比定理:如果已经知道方程(74)的全积分(82),那么典则方程组(76)的 $2n$ 个积分由关系式

$$\frac{\partial V}{\partial x_i}=p_i,\frac{\partial V}{\partial a_i}=b_i \quad (i=1,2,\cdots,n) \tag{83}$$

给出,其中 b_i 以及 a_i 是任意常数。

证明 从方程(82)以及下面的 $n+1$ 个方程

$$\frac{\partial V}{\partial t}=V_t'(t,x_1,\cdots,x_n,a_1,\cdots,a_n) \tag{84_1}$$

$$\frac{\partial V}{\partial x_i}=V_{x_i}'(t,x_1,\cdots,x_n,a_1,\cdots,a_n) \quad (i=1,2,\cdots,n) \tag{84_2}$$

消去参数,就得到方程(74)。

要得到形状(74)的方程,就必须从方程组(84_1)用 $\frac{\partial V}{\partial x_i},t,x$ 来确定参数 $a_1,\cdots,a_n$,然后把这些表达式代入方程(84_1)。可以就 $a_1,\cdots,a_n$ 解出的条件之一是雅可比行列式不等于零

$$\begin{vmatrix} \dfrac{\partial^2 V}{\partial x_1 \partial a_1} & \cdots & \dfrac{\partial^2 V}{\partial x_n \partial a_1} \\ \vdots & & \vdots \\ \dfrac{\partial^2 V}{\partial x_1 \partial a_n} & \cdots & \dfrac{\partial^2 V}{\partial x_n \partial a_n} \end{vmatrix} \neq 0 \tag{85}$$

我们假定条件(85)成立。在这样的情形下,关系式(83)的第二组 n 个方程使我们能够(在常数 b_j 的值的某一个域内)用 t 和参数 a_j, b_j 来表达 x_i。

然后把这些值代入表达式

$$V'_{x_i}(t, x_1, \cdots, x_n, a_1, \cdots, a_n)$$

由关系式(83)的前 n 个公式,我们便确定 p_i 为 t 和参数 a_i, b_i 的函数。我们来证明,求得的 x_i, p_i 的值,作为 t 的函数,要适合典则常微分方程组(76)。把求得的 $x_k (k=1,2,\cdots,n)$ 的值代入方程 $\dfrac{\partial V}{\partial a_i} = b_i$,这方程就变成恒等式:把它对 t 微分,就得到

$$0 = \frac{\partial^2 V}{\partial t \partial a_i} + \sum_{k=1}^{n} \frac{\partial^2 V}{\partial x_k \partial a_i} \frac{\mathrm{d} x_k}{\mathrm{d} t}$$

另一方面,把方程(74)对参数 a_i 微分,其中的 V 用它的值(82)来代替,就得到

$$0 = \frac{\partial^2 V}{\partial t \partial a_i} + \sum_{k=1}^{n} \frac{\partial H}{\partial \dfrac{\partial V}{\partial x_k}} \frac{\partial^2 V}{\partial x_k \partial a_i}$$

从前一个等式逐项减去这个等式,再注意(83)的第一组方程,就得到

$$\sum_{k=1}^{n} \frac{\partial^2 V}{\partial x_k \partial a_i} \left(\frac{\mathrm{d} x_k}{\mathrm{d} t} - \frac{\partial H}{\partial p_k} \right) = 0 \quad (i = 1, 2, \cdots, n)$$

因为这个方程组的行列式不等于零,所以一切括号都等于零,这样,我们就得到第一组的 n 个典则方程。

同样,在 x_i 的值代入等式 $p_i = V'_{x_i}(t, x_1, \cdots, x_n, a_1, \cdots, a_n)$ 后,把它对 t 微分

$$\frac{\mathrm{d} p_i}{\mathrm{d} t} = \frac{\partial^2 V}{\partial x_i \partial t} + \sum_{k=1}^{n} \frac{\partial^2 V}{\partial x_i \partial x_k} \frac{\mathrm{d} x_k}{\mathrm{d} t}$$

把方程(74)对 x_i 微分,就得到

$$0 = \frac{\partial^2 V}{\partial x_i \partial t} + \frac{\partial H}{\partial x_i} + \sum_{k=1}^{n} \frac{\partial H}{\partial \dfrac{\partial V}{\partial x_k}} \frac{\partial^2 V}{\partial x_k \partial x_i}$$

再把这两个等式按项相减,并且注意已经得到的关系式 $\dfrac{\mathrm{d} x_k}{\mathrm{d} t} = \dfrac{\partial H}{\partial p_k}$,就得到

$$\frac{\mathrm{d}p_i}{\mathrm{d}t} = -\frac{\partial H}{\partial x_i} \quad (i = 1, 2, \cdots, n)$$

亦即(76)的第二组方程。定理得到证明。

4. 求全积分法。如果为了积分典则方程组而应用雅可比方程的全积分,那么很显然,这就不能应用雅可比的第一法求典则方程组的积分,因为这个方法需要事先求出特征。但是在一连串的情形中,都可以用其一般理论属于"雅可比的第二个方法"的想法求得全积分。我们这里叙述一些这样的想法,它是属于"变数分离"的情形。

在力学上很重要的情形,亦即当哈密尔顿函数不明显地依赖于时间 $H = H(x_1, \cdots, x_n, p_1, \cdots, p_n)$。在这种情形下,典则方程组(76)得有首次积分

$$H(x_1, \cdots, x_n, p_1, \cdots, p_n) = h \tag{86}$$

(能量积分)。事实上,把系数式(86)对 t 微分,并且注意方程(76),就求得

$$\sum_{i=1}^{n} \frac{\partial H}{\partial x_i} \frac{\mathrm{d}x_i}{\mathrm{d}t} + \sum_{i=1}^{n} \frac{\partial H}{\partial p_i} \frac{\mathrm{d}p_i}{\mathrm{d}t} = \sum_{i=1}^{n} \frac{\partial H}{\partial x_i} \frac{\partial H}{\partial p_i} - \sum_{i=1}^{n} \frac{\partial H}{\partial p_i} \frac{\partial H}{\partial x_i} = 0$$

在这种情形下,可以求形状如下的全积分 V

$$V = -ht + W(x_1, \cdots, x_n) + a_{n+1}$$

其中 W 是新的未知函数。代入方程(74),就得到

$$H\left(x_1, \cdots, x_n, \frac{\partial W}{\partial x_1}, \cdots, \frac{\partial W}{\partial x_n}\right) = h_1 \tag{74_1}$$

这是具有 n 个自变数(代替 $n+1$)的含 W 的方程,而且其中已经含有一个参数 h。我们可以得到形状为

$$V = -ht + W(x_1, \cdots, x_n; h; a_1, \cdots, a_{n-1}) + a_{n+1}$$

的全积分。把它对参数 $h, a_1, \cdots, a_{n-1}$ 微分并且令它等于常数((83)的第二组方程),就得到 n 个关系式,从这些关系式可以得出 $x_1, x_2, \cdots, x_n$ 为 t 和 $2n$ 个任意常数的函数

$$\alpha = -t + \frac{\partial W}{\partial h}, \frac{\partial W}{\partial a_j} = b_j \quad (j = 1, 2, \cdots, n-1)$$

如果在方程(74)和(74_1)中的函数 H 不明显地包含任意一个自变数,例如 x_1 (循环坐标),一般地就可以求形状为(例如对于(74_1))

$$W = a_1 x_1 + W_1(x_2, \cdots, x_n)$$

的全积分,而对于 W,我们就有 $n-1$ 个自变数的方程

$$H\left(x_1, \cdots, x_n, a_1, \frac{\partial W}{\partial x_2}, \cdots, \frac{\partial W}{\partial x_n}\right) = h$$

其中含有两个参数 h 和 a_1。如果我们求得它的全积分 $W_1(x_2, \cdots, x_n; h, a_1,$

$a_2, \cdots, a_{n+1}$），那么原方程的全积分是

$$V = -ht + W_1(x_2, \cdots, x_n; a_1; a_2, \cdots, a_{n-1}) + a_1 x_1 + a_{n+1}$$

亦即含有必要的 $n+1$ 个参数。因而,可以假定偏微分方程(74_1)已经不含循环坐标,在(74_1)中我们仍然记 $\dfrac{\partial W}{\partial x_i} \equiv p_i$。其次我们假定方程($74_1$)中的函数 H 具有形状

$$H \equiv H(\varphi(x_1, p_1), x_2, \cdots, x_n, p_2, \cdots, p_n) = h \qquad (87)$$

（变数 x_1, p_1 已被分开）。我们求对应的雅可比方程的形如

$$W = W_1(x_1) + W^*(x_2, \cdots, x_n)$$

的解,我们有

$$p_1 = W_1'(x_1), \, p_j = \frac{\partial W^*}{\partial x_j} \qquad (j = 2, 3, \cdots, n)$$

代入方程（87）,就得到

$$H(\varphi(x_1, W_1'(x_1)), x_2, \cdots, x_n, p_2, \cdots, p_n) = h$$

如果现在这样选择 $W_1(x_1)$,使得有

$$\varphi(x_1, W_1'(x_1)) = a_1 \qquad (88)$$

其中 a_1 是任意常数,那么求 W_1 的问题就变成了积分常微分方程（88）,而求 W 就变成积分 $n-1$ 个自变数的方程,而且代替被消去的变数 x_1,就出现了参数 a_1,由此可见规则:如果在哈密尔顿函数内,函数（87）的变数 x_1, p_1 被分开,那么我们作常微分方程

$$\varphi(x_1, p_1) = a_1, \, p_1 = \frac{\partial W_1}{\mathrm{d} x_1}$$

用求积来求它的解

$$p_1 = \psi(x_1, a), \, W_1 = \int \psi(x_1, a) \, \mathrm{d} x_1$$

然后求（具有 $n-1$ 个变数的）方程

$$H\left(a_1, x_2, \cdots, x_n, \frac{\partial W^*}{\partial x_2}, \cdots, \frac{\partial W^*}{\partial x_n}\right) = h \qquad (89)$$

的全积分 W^*,那么就可以得到原雅可比方程的形状为

$$V = -ht + \int \psi(x_1, a_1) \, \mathrm{d} x_1 + W^*(x_2, \cdots, x_n, a_1; a_2, \cdots, a_n) + a_{n+1}$$

的全积分。在方程（89）的左端内,还可以有某一对变元 x_i, p_i 是被分开的,那么我们应用同样的程序来减少自变数的个数。

在力学和物理学上,用化成雅可比方程的方法去积分典则方程组,只有在

下面的情形下才有成效,即在适当选取坐标的场合下,求全积分的问题可变成逐次分开每一对变元。

例如(雅可比的):在极坐标中,行星的运动可以引出偏微分方程

$$\frac{1}{2}\left(\left(\frac{\partial W}{\partial r}\right)^2 + \frac{1}{r^2}\left(\frac{\partial W}{\partial \varphi}\right)^2 + \frac{1}{r^2\sin^2\varphi}\left(\frac{\partial W}{\partial \psi}\right)^2\right) = \frac{k^2}{r} - a$$

其中 a 是任意常数(能量常数)。雅可比分出方程

$$\frac{1}{2}\left(\left(\frac{\partial W}{\partial \varphi}\right)^2 + \frac{1}{\sin^2\varphi}\left(\frac{\partial W}{\partial \psi}\right)^2\right) = \beta$$

这样以后,余下

$$\frac{1}{2}\left(\frac{\partial W}{\partial r}\right)^2 = \frac{k^2}{r} - \alpha - \frac{\beta}{r^2}$$

$\left(\text{变数 } r, \frac{\partial W}{\partial r} \text{被分开了}\right)$ 它的积分

$$W = \int \sqrt{\frac{2k^2}{r} - 2\alpha - \frac{2\beta}{r^2}} \, \mathrm{d}r + F(\varphi, \psi)$$

而对于 F,得到微分方程

$$\frac{1}{2}\left(\left(\frac{\partial F}{\partial \varphi}\right)^2 + \frac{1}{\sin^2\varphi}\left(\frac{\partial F}{\partial \psi}\right)^2\right) = \beta$$

引入关系式 $\frac{1}{2}\left(\frac{\partial F}{\partial \psi}\right)^2 = \gamma$($\psi$ 是循环坐标),就得到

$$\frac{1}{2}\left(\frac{\partial F}{\partial \varphi}\right)^2 = \beta - \frac{\gamma}{\sin^2\varphi}$$

我们从这些方程就求得

$$F(\varphi, \psi) = \int \sqrt{2\beta - \frac{2\gamma}{\sin^2\varphi}} \, \mathrm{d}\varphi + \sqrt{2\gamma}\,\psi$$

最后可得(没有可加性常数)

$$W = \int \sqrt{\frac{2k^2}{r} - 2\alpha - \frac{2\beta}{r^2}} \, \mathrm{d}r + \int \sqrt{2\beta - \frac{2\gamma}{\sin^2\varphi}} \, \mathrm{d}\varphi + \sqrt{2\gamma}\,\psi$$

典则方程组(不必把它写出)的解是

$$\frac{\partial W}{\partial \alpha} = \alpha' - t, \quad \frac{\partial W}{\partial \beta} = \beta', \quad \frac{\partial W}{\partial \gamma} = \gamma'$$

(α', β', γ'是任意常数),在施行微分后,可得

$$t - \alpha' = \int \frac{\mathrm{d}r}{\sqrt{\frac{2k^2}{r} - 2\alpha - \frac{2\beta}{r^2}}}$$

373

$$\beta' = -\int \frac{\mathrm{d}r}{r^2 \sqrt{\dfrac{2k^2}{r} - 2\alpha - \dfrac{2\beta}{r^2}}} + \int \frac{\mathrm{d}\varphi}{\sqrt{2\beta - \dfrac{2\gamma}{\sin^2\varphi}}}$$

$$\gamma' = -\int \frac{\mathrm{d}\varphi}{\sin^2\varphi \sqrt{2\beta - \dfrac{2\gamma}{\sin^2\varphi}}} + \frac{1}{\sqrt{2\gamma}}\psi$$

显然,这些积分可以用初等函数表示。

§7 一阶偏微分方程的几何理论

1. 锥面 T。把点 (x,y,z) 看作固定的已给点,我们来考查方程

$$F(x,y,z,p,q) = 0$$

在这情形下,方程(1)就建立了所有适合这个偏微分方程并具有公共点 (x, y, z) 的一阶元素 (x, y, z, p, q) 的角系数 p, q 间的关系。由此可见,关系式(1)从经过点 (x, y, z) 的平面束

$$Z - z = p(X - x) + q(Y - y) \tag{90}$$

分出一个一参平面族。例如,我们可以取 q 作为这个参数。这族平面的包络面是一个锥面,我们称它为锥面 T,它的直母线是这族平面的特征线(在微分几何的意义上)。现求锥面 T 的母线的方程,为了这个,把方程(90)对参数 q 微分

$$\frac{\mathrm{d}p}{\mathrm{d}q}(X - x) + (Y - y) = 0$$

从方程(1),我们求得导数 $\dfrac{\mathrm{d}p}{\mathrm{d}q}$

$$P\frac{\mathrm{d}p}{\mathrm{d}q} + Q = 0$$

把它的值代入前面一个方程,就得到

$$\frac{X - x}{P} = \frac{Y - y}{Q} \tag{91}$$

于一对固定的由关系式(1)联系的 p, q 方程(90)和(91)确定锥面 T 的一条母线,这两个方程可以写成对称的形式

$$\frac{X - x}{P} = \frac{Y - y}{Q} = \frac{Z - z}{Pp + Qq} \tag{92}$$

把方程(92)和方程(48_1)(48_2)以及条件(54)比较,我们看到,经过点 (x, y, z)

的每一条特征线和锥面 T 的一条母线相切,特别是如果给定通过已给点的积分曲面,那么它的切平面显然属于平面族(90)(1)。在这曲面上点 (x,y,z) 处的特征线的方向和锥面 T 的一条母线的方向相合,而这个锥面则沿着这条母线和曲面的一个切平面相切。因为 (x,y,z) 是曲面的任意点,所以我们得到积分曲面上的特征线的一个新的几何定义:它是这样的曲线,在曲面上的每一点 (x,y,z),它和对应于这一点的锥面 T 的一条母线相切,而这条母线就是在曲面的切平面内的那一条。

为了得到锥面 T 的方程,就必须从方程(1)和(92)消去 p 和 q,从方程组(92)定义 p 和 q 为 $x,y,z,\dfrac{Y-y}{X-x},\dfrac{Z-z}{X-x}$ 的函数,把它们的表达式代入方程(1),就得到锥面 T 的方程

$$\varPhi\left(x,y,z,\frac{Y-y}{X-x},\frac{Z-z}{X-x}\right)=0 \tag{93}$$

如果所给偏微分方程是已经把 p 解出了的形状

$$p=f(x,y,z,q)$$

其中 f 是它的变元的两次可微函数,那么方程组(92)具有形状

$$X-x=\frac{Y-y}{-f'_q}=\frac{Z-z}{f-qf'_q}$$

或

$$\frac{Y-y}{X-x}=-f'_q,\quad\frac{Z-z}{X-x}=f-qf'_q \tag{92_1}$$

如果 $f''_{qq}\neq0$(二阶导数恒等于零,对应着这样的线性方程,对于这种线性方程,锥面 T 退化为直线,参看下面第三段),就可以从(92_1)的第一个方程解出 q。把求得的 q 值代入方程(18),然后把 p,q 的值代入(92_1)的第二个方程,我们就得到锥面 T 的方程

$$Z-z=(X-x)\varphi\left(x,y,z,\frac{Y-y}{X-x}\right) \tag{93_1}$$

反过来,如果给定方程(93)或(93_1),这个方程对于每一点 (x,y,z) 都安置一具有流动坐标 X,Y,Z 的锥面,那么把这个锥面看作某一个一阶偏微分方程的锥面 T,我们就可以求得这个方程,而这正是关系着锥面的切平面的角系数 p,q 的方程。我们从方程(93_1)出发,因为这样就比较简单。用 φ_1 表示 φ 对变元 $\dfrac{Y-y}{X-x}$ 的导数,于是我们得到锥面(93_1)的切平面的角系数的表达式

$$\frac{\partial Z}{\partial X}\equiv p=\varphi-\varphi_1\frac{Y-y}{X-x},\quad\frac{\partial Z}{\partial Y}\equiv q=\varphi_1\left(x,y,z,\frac{Y-y}{X-x}\right) \tag{94}$$

从表达式(94)的第二个方程,可以用 x, y, z, q 表达 $\dfrac{Y-y}{X-x}$(如果 φ_1 对 $\dfrac{Y-y}{X-x}$ 的导数恒等于零,这就是说 φ 是这个变元的线性函数,亦即锥面退化为平面)。把所得表达式代入(94)的第一个方程,我们就得到形如(18)的偏微分方程。

如果锥面由方程(93)给定,那么从方程(93)和下面的方程

$$p = \frac{\varPhi_1}{\varPhi_2}\frac{Y-y}{X-x} + \frac{Z-z}{X-x}, \quad q = -\frac{\varPhi_1}{\varPhi_2} \tag{94_1}$$

消去比式 $\dfrac{Y-y}{X-x}$ 和 $\dfrac{Z-z}{X-x}$ 就得到偏微分方程,其中 $\varPhi_1$ 和 $\varPhi_2$ 依次是 $\varPhi$ 对变元 $\dfrac{Y-y}{X-x}$ 和 $\dfrac{Z-z}{X-x}$ 的导数。我们得到与锥面(93)相对应而形状为(1)的方程。

注 给定函数 $x_0(v), y_0(v), z_0(v)$,方程 $z_0'(v) - p_0 x_0'(v) - q_0 y_0'(v) = 0$ 对于固定的 v 确定一束以 $\dfrac{X-x_0}{x_0'} = \dfrac{Y-y_0}{y_0'} = \dfrac{Z-z_0}{z_0'}$ 为轴的平面束,而我们也知道,方程(54)确定一族与锥面 T 相切的平面。由此可见,这里所指的条件归结于:在平面束中有和锥面 T 相切的平面。例如,如果 T 是二阶锥面,那么这个条件相当于使经过平面束的轴,亦即经过原始直线的切线,可以引出锥面 T 的实切面。

2. 蒙日曲线。在方程(93)或(93_1)中依次用微分 dx, dy, dz 代替增量 $X-x, Y-y, Z-z$ 我们就得到蒙日方程

$$\varPhi\left(x, y, z, \frac{dy}{dx}, \frac{dz}{dx}\right) = 0 \tag{95}$$

它对于微分是齐次的,并且是非线性的(线性方程,即波发夫方程,对应于锥面 T 退化为平面的情形)。这个方程确定一些空间曲线(蒙日曲线按照 S. 李(Sophus Lie)的术语称为"积分曲线"),它们具有这样的性质:在其每一点上,这样的曲线切于方程(1)的经过一定点的一条特征线。在这一类曲线中,包含着方程(1)的特征曲线(亦即荷载着一阶特征的曲线),从几何上看来,根据定义这就是很显然,这也可以由下面的事实看出来,即沿着特征线,关系式(1)和(48_1)(48_2)成立,而方程(95)是它们的后果。但是蒙日曲线的集合比特征线的集合要广泛得多,因为特征线族由含三个参数的曲线族组成,而蒙日方程(95)的通解依赖于任意函数。事实上,方程(95)是具有两个未知函数的常微分方程,为了把它积分,可以任意给出其中的一个函数,例如 $z = \psi(x)$,要确定 $y(x)$ 就只要积分下列一阶方程

$$\varPhi\left(x, y, \varphi(x), \frac{dy}{dx}, \psi'(x)\right) = 0$$

我们已经看到,如果取特征线作为原始曲线,柯西问题就成为不定。我们来考查,如果取一条蒙日曲线(但不是特征线)作为原始曲线,那么情形会怎么样。取形式为(18)的偏微分方程,和它对应的蒙日方程的形状对应于锥面 T 的方程(93_1)

$$\frac{\mathrm{d}z}{\mathrm{d}x} = \varphi\left(x, y, z, \frac{\mathrm{d}y}{\mathrm{d}x}\right) \tag{95_1}$$

设原始曲线由参数形式表出

$$x = x_0(v), \ y = y_0(v), \ z = z_0(v) \tag{96}$$

而且恒等式

$$z_0' = x_0' \varphi\left(x_0, y_0, z_0, \frac{y_0'}{x_0'}\right)$$

成立。用微分代替增量,方程(94)就唯一地确定 $p_0(v)$ 和 $q_0(v)$,而且很容易验证恒等式 $z_0' - p_0 x_0' - q_0 y_0' = 0$ 成立。因为方程(18)是方程(93_1)和公式(94)的后果,所以 $x_0, \cdots, q_0$ 也由关系式 $p_0 = f(x_0, y_0, z_0, q_0)$ 关联。把已表成参数 v 的函数的原始值代入特征线的方程(52),我们就得到切于原始曲线上每一点的单参数特征线族,其对应的公式具有形状

$$x = x(u, v), \ y = y(u, v), \ z = z(u, v), \ p = p(u, v), \ q = q(u, v) \tag{97}$$

而且由于条件(54_1)和(58)成立,我们有对 u, v 来说的恒等式

$$\mathrm{d}z - p\,\mathrm{d}z - q\,\mathrm{d}y = 0$$

但是在曲线 $u = 0$ 的邻域中,不能从(97)的前两个方程唯一地解出 u, v,因为原始曲线和特征线相切,因而 $\dfrac{D(x, y)}{D(u, v)}\bigg|_{u=0} = 0$。但是在曲线 $u = 0$ 之外,一般说来,(97)的前三个方程能确定积分曲面,这条曲面含有蒙日曲线(96),它对于这个曲面是奇曲线(回归线)。由此可见,如果取蒙日曲线为原始曲线,那么就没有在这曲线上可以连续地微分的积分曲面,但是有着由切于蒙日曲线的特征线所组成的积分曲面,而且这条蒙日曲线是积分曲面的回归线。

求蒙日曲线的方法就基于这个推理,对于这个方法,在表达曲线的坐标的公式中,任意函数只在导数的符号下出现(而不在积分号下出现,尤其是不出现在微分方程的积分过程中)。

设给定蒙日方程(95)或(95_1)。我们作与它对应的偏微分方程(1)或(18),应用公式(94)或(94_1),并且设它的全积分是

$$z = \varphi(x, y, a, b) \tag{19_1}$$

取任意函数 $b = \omega(a)$,把方程

$$\varphi_a' + \varphi_b' \omega'(a) = 0$$

和方程(19_1)合并，我们就得到通积分。对于常数值a，方程(19_1)和(29)给出由通积分所确定的积分曲面上的特征线，为了求得这曲面的回归线，即依赖于参数a的特征曲线族的包线，我们指出，方程(29)代表特征线族在平面xOy上的射影，我们要求出这平面曲线族的包线，把(29)对参数a微分

$$\varphi''_{aa} + 2\varphi''_{ab}\omega'(a) + \varphi'_{bb}\omega'^2(a) + \varphi'_b\omega''(a) = 0 \tag{98}$$

将要就x,y,z解出的方程$(19_1)(29)$和(98)是积分曲面上特征线的包线，亦即蒙日曲线，它的方程将具有形状

$$x = \psi_1(a,\omega(a),\omega'(a),\omega''(a))$$
$$y = \psi_2(a,\omega,\omega',\omega'')$$
$$x = \psi_3(a,\omega,\omega',\omega'')$$

它们除了含有任意函数$\omega(a)$，就只含有它的导数。因为任何蒙日曲线是一个积分曲面上的特征线的包线，而且这个积分曲面由(97)的前三个公式所给出，所以我们有理由期望所得到的解是通解。

例16 蒙日方程$(dz+xdy+ydx)^2 = 4(z+xy)dx\,dy$。把它改写成形状

$$\frac{dz}{dx} = -y - x\frac{dy}{dx} + 2\sqrt{z+xy}\sqrt{\frac{dy}{dx}}$$

按照公式(94)，求得

$$p = -y - x\frac{dy}{dx} + 2\sqrt{z+xy}\sqrt{\frac{dy}{dx}} + x\frac{dy}{dx} - \frac{dy}{dx}\sqrt{z+xy}\sqrt{\frac{dx}{dy}}$$

$$= -y + \sqrt{z+xy}\sqrt{\frac{dy}{dx}}$$

$$q = -x + \sqrt{z+xy}\sqrt{\frac{dx}{dy}}$$

消去$\dfrac{dy}{dx}$，就得到

$$(p+y)(q+x) = z+xy \text{ 或 } z = px + qy + pq$$

是对应于原设蒙日方程的偏微分方程。它的全积分是$z = ax + by + ab$。从下面的方程，就能得到蒙日方程的通解的无积分表达式

$$z = ax + \omega(a)y + a\omega(a), x + \omega'y + \omega + a\omega' = 0$$

$$\omega''y + a\omega'' + 2\omega' = 0 \text{ 或 } y = -a - \frac{2\omega'}{\omega''}$$

$$x = \frac{2\omega'^2}{\omega''} - \omega, z = -a\omega + 2\frac{a\omega'^2}{\omega''} - \frac{2\omega\omega''}{\omega''}$$

问　题

223. 曲线的第一条切线都和平面 xOy 交成为 $\frac{\pi}{4}$ 角,求这些曲线的(蒙日)微分方程,并且求通解的无积分表达式。

224. 求方程 $dz^2 = 4dxdy$ 的通解。

225. 求对应于偏微分方程 $pq = z$ 的蒙日方程,并写出通解。

3. 和线性偏微分方程的理论比较。 我们所叙述的全积分和通积分的理论,任何地方都和原设方程是非线性的假定无关。因此它完全适合于线性方程

$$P(x,y,z)p + Q(x,y,z)q = R(x,y,z) \tag{99}$$

这里只指出,在第 8 章我们从一组含两个方程的辅助常微分方程组的两个首次积分做出了通解,设这些积分是

$$u(x,y,z) = C_1, v(x,y,z) = C_2 \tag{100}$$

特别,我们可以做出对于两个任意常数 a,b 来说是线性的全积分

$$V \equiv u(x,y,z) + av(x,y,z) + b = 0 \tag{101}$$

容易看出,反之,如果全积分是线性地依赖于任意常数

$$V \equiv f(x,y,z)a + g(x,y,z)b + h(x,y,z) = 0$$

那么从它消去这些任意常数后,所得到的偏微分方程也是线性的。

从全积分(101),容易得到方程(99)的通解,而这通解是我们所熟知的。

事实上,根据通积分的理论,置令 $b = \omega(a)$,等式(101)就改写成

$$u + av + \omega(a) = 0$$

把这个等式对 a 微分

$$v + \omega'(a) = 0$$

从而得到 a 是 v 的函数,把这个函数代入前一个等式,就得到通积分

$$u = \psi(v)$$

如果从全积分(101)确定特征线,那么我们可得

$$u + av + b = 0, v + c = 0$$

或

$$u = ac - b, v = -c$$

亦即相当于(100)的方程,仍然和线性偏微分方程的理论一致。

但是,这里已经可以指出和非线性方程理论的不同之处,即线性方程的特征线族只依赖于两个(实质的)参数。

在应用柯西方法时,就显露出两种方程之间有着更显著的区别。

在柯西方法中,当 x,y,z 不变时,锥面 T 是平面族

$$Z-z=p(X-x)+q(Y-y)$$

的包络面,其中 p,q 由已给方程所联系,亦即在线性方程的情形,由线性关系式

$$Pp+Qq=R$$

联系着。

在这种情形,平面族成为平面束,而包络面,即锥面 T,就退化为平面束的轴,它的方程是(92)

$$\frac{X-x}{P}=\frac{Y-y}{Q}$$

或

$$\frac{X-x}{P}=\frac{Y-y}{Q}=\frac{Z-z}{R}$$

由此可见,特征曲线的方向在空间被考查的区域内的每一点上是唯一地确定的。与此相对应,特征曲线的微分方程

$$\frac{\mathrm{d}x}{P(x,y,z)}=\frac{\mathrm{d}y}{Q(x,y,z)}=\frac{\mathrm{d}z}{R(x,y,z)} \tag{102}$$

不含有量 p,q,并且无须事先知道积分曲面就可以把它们积出来。因而,在线性方程的情形中,特征线就是(零阶)特征。零阶特征族依赖于两个参数。要把方程(99)积分,就不必用补充方程去增补方程组(102)。如果终究引入了这些补充方程,那么为了得到一阶特征,在把它们积分时,原始值 p_0,q_0 中有一个是看作任意的,而另一个由方程

$$P(x_0,y_0,z_0)p_0+Q(x_0,y_0,z_0)q_0=R(x_0,y_0,z_0)$$

确定。

由此可见,每一条零阶特征负载 ∞^1 条一阶特征,在线性方程的情形,一阶特征族也关联着三个任意常数。

问　题

226. 设对于方程(102)的零阶特征是 $y=g(x;y_0,z_0)$,$z=h(x;y_0,z_0)$,其中原始值 y_0,z_0 对应 $x=x_0$。求一阶特征。

提示:应用关系式 $\mathrm{d}z=p\mathrm{d}x+q\mathrm{d}y$。

答　案

1. $y = 1\ 000 - 490.5t^2$；1.43 s。

2. $y = y_0 + 100t - 490.5t^2$；$0.1$ s。

3. $y = 2x + C$；$y = -\dfrac{x^4}{4} + C$；$y = -\sin x + C_1 x + C_2$。

4. 略.

5. $\dfrac{\mathrm{d}^2 y}{\mathrm{d}x^2} = 0$。$y = kx + b$。

6. $xyy'^2 + y'(x^2 - y^2 - c^2) - xy = 0$。

7. $3y^{\mathrm{IV}} y'' - 4y'''^2 = 0$。曲线：当 $a_{12} \neq 0$ 时，是具有垂直渐近线的双曲线，当 $a_{12} = 0$ 时，则是抛物线。

8. $3y^{\mathrm{IV}} y'' - 5y'''^2 = 0$；$y''' = 0$。

9. $\pi(200h - h^2)\,\mathrm{d}h = -0.6\sqrt{2g}\, h^{\frac{1}{2}}\,\mathrm{d}t$，大约 18.4 min。

10. 大约 15 min20 s。

11. $R = R_0 \mathrm{e}^{-0.000\,433t}$，时间以年为单位。

12. $y = K(x - x_0)^{\frac{1}{n}-1}$，$K$ 是确定的常数，x_0 是与 x 轴的交点（任意常数）。

13. $x = a\ln\left(\dfrac{a}{y} + \sqrt{\dfrac{a^2}{y^2} - 1}\right) + \sqrt{a^2 - y^2} + C$。

14. $(x - C)^2 + y^2 = a^2$。中心在 Ox 轴上的圆。

15. $\sqrt{1 + x^2} + \sqrt{1 + y^2} = \sqrt{2} + 1$。

16. $\tan x \tan y = C$。

17. $\arcsin x + \arcsin y + C$。

18. $x^2 - y^2 = Cy$。

19. $y = x\mathrm{e}^{Cx}$。

20. $\mathrm{e}^{\frac{y}{x}} = Cy$。

21. $\sqrt{x^2 + y^2} = C\mathrm{e}^{-\arctan\frac{y}{x}}$，或者极坐标方程 $r = C\mathrm{e}^{-\varphi}$。对数螺线，图像略。

22. $\sin\dfrac{y}{x} = \ln x + C$。

23. $\dfrac{\mathrm{d}y}{\mathrm{d}x}=\dfrac{x-my}{mx+y}$, $m=\tan\alpha$。

24. 方程 $y'=\dfrac{-1+\sqrt{1+\left(\dfrac{y}{x}\right)^2}}{\dfrac{y}{x}}$，解: $y^2=2C\left(x=\dfrac{C}{2}\right)$；以坐标原点为焦点的抛物线。

25. $\lambda(a\lambda+b)z+b(c_1-\lambda c)\ln\left[(a\lambda+b)z+ac_1+bc\right]=(a\lambda+b)^2(x+c)$。

26. $(y+x-1)^5(y-x+1)^2=C$。

27. $\mathrm{e}^{10y-20x}=C(5x+10y+7)^2$。

28. $\mathrm{e}^{-2\arctan\frac{y+2}{x-3}}=C(y+2)$。

29. $x=-y+a\tan\dfrac{y+C}{a}$。

30. $y=\mathrm{e}^{-\int P\mathrm{d}x}\left[C-(n-1)\int Q\mathrm{e}^{-(n-1)\int P\mathrm{d}x}\mathrm{d}x\right]^{-\frac{1}{n-1}}$。

31. $\mathrm{i}=C\mathrm{e}^{-\frac{R}{L}t}+LE_0\sin(\omega t-\delta)/\left(R^2+\omega^2L^2\right)^{-\frac{1}{2}}$；$\tan\delta=\dfrac{L\omega}{R}$。

32. $y=\dfrac{C}{\cos x}+\dfrac{1}{2}\sin x+\dfrac{x}{2\cos x}$。

33. $y=C\mathrm{e}^{-\varphi(x)}+\varphi(x)-1$。

34. $y=C\mathrm{e}^{x^2}+\dfrac{1}{2}x^2$。

35. $y=\dfrac{1}{\sqrt{1-x^2}}\left(C+\ln\dfrac{-1+\sqrt{1+x^2}}{x}\right)$。

36. $x=y^2+Cy^2\mathrm{e}^{\frac{1}{y}}$。

37. $\dfrac{1}{y}=x\left(C-\dfrac{1}{2}\ln^2 x\right)$。

38. $y=\sqrt{2\sqrt{1-x^2}+x^2-1}$。

39. $\dfrac{1}{x}=C\mathrm{e}^{-\frac{1}{2}y^2}-y^2+2$。

40. $y^2=-x\ln x+Cx$。

41. $y=\dfrac{-Cx^{\frac{2}{3}}+2x}{Cx^{\frac{5}{3}}-x^2}$。

42. $y=\dfrac{2x^4-2C}{x^5+Cx}$。

43. 特解 $y = 2x$。

44. $y = \dfrac{\cot\left(\dfrac{1}{x} + C\right)}{x^2} - \dfrac{1}{x}$。

45. $\dfrac{df}{dx} = C(1 + f^2)$，$f = \tan Cx$。

46. $\arctan y + C = \dfrac{\sqrt{1 - x^2}\sqrt{1 + y^2} + y - x}{xy + 1}$。

47. $(y^2 - 2x^2 - 3)^3 = C(y^2 - x^2 - 1)^2$。

48. $y^4 + 2xy^2 - x^2 = C$。

49. $(x + y)^2 + a^2 + b^2 = C(b^2x - a^2y)^2$。

50. $y(x) = \dfrac{e^k x}{e^{-k\omega} - 1} \displaystyle\int_x^{x+\omega} e^{-kt} f(t)\,dt$。提示：写出通解，并验算，在选取适当的常数

   下，$y(x + \omega) - y(x) = 0$。

52. $\sqrt{1 + x^2 + y^2} + \arctan \dfrac{x}{y} = C$。

53. $\dfrac{x^2}{y^3} - \dfrac{1}{y} = C$。

54. $\sin \dfrac{y}{x} - \cos \dfrac{x}{y} + x - \dfrac{1}{y} = C$。

55. $\dfrac{xy}{x - y} + \ln \dfrac{x}{y} = C$。

56. $\mu = \dfrac{1}{x^2 y}$；$2\ln y - \dfrac{y^2}{x} = C$。

57. $x^2 y + \dfrac{1}{y} = C$。提示：求 $x^2 y^2\,dy + 2xy^3\,dx$ 的积分因子的通式，并且选取任意函数

   使此因子与 x 无关。

58. $\dfrac{1}{k}x^{bk}y^{\alpha l} + \dfrac{1}{l}x^{\beta l}y^{\alpha l} = C$。其中 k 和 l 是下列方程的根：$ak - \alpha l = -m$，$bk - \beta l = -n$，

   其中 $a\beta - b\alpha \neq 0$；如果 $a\beta - b\alpha = 0$，那么积分是 $x^b y^a = C$。提示：前两项的积分

   因子，它的普遍形式是 $\dfrac{1}{xy}\varphi(x^b y^a)$；而末两项的积分因子，它的普遍形式是

   $\dfrac{1}{x^{m+1}y^{n+1}}\psi(x^\beta y^\alpha)$；选取 φ 和 ψ 为变元的幂函数，而使两个因子相等。

59. $x^2 - \dfrac{x}{y} + y + \ln y = C$。

60. $\mu = \mathrm{e}^{-x^2}$。

61. $\mu = \dfrac{1}{x^2 y^2}$。

62. $\mu = y^{-n} \mathrm{e}^{-(n-1)\int P dx}$。

63. $\mu = \dfrac{1}{(x+y)^2}$。通解$\dfrac{x^3 + xy + y^3}{x+y} = C$。

64. $f(x,y) = \dfrac{\varphi(x) + \psi(x)\chi(y)}{\chi'(y)}$，$\varphi, \psi, \chi$ 是任意函数。

65. $y = x + C$；$y = -\sqrt{C^2 - x^2}$。

66. $y = x\,\mathrm{sh}(x + C)$。提示：把方程就 p 解出，置 $\dfrac{y}{x} = u$。

67. $y = \dfrac{1}{3}x^3 + C$；$y = C\mathrm{e}^{\frac{1}{2}x^2}$；$y = \dfrac{1}{C - x}$。

68. $(y - C)^2 = 4xC$。

69. $x = t^3 + t^2$，$y = \dfrac{3}{2}t^2 + 2t + C$。

70. $x = \dfrac{1}{t} - t^2$，$y = \dfrac{1}{t} - \dfrac{t^2}{2} + \dfrac{2t^5}{5} + C$。

71. $y = \dfrac{3t^2}{1 + t^3}$，$x = -t + \ln\dfrac{1 + t}{\sqrt{1 - t + t^2}} + \arctan\dfrac{2t - 1}{\sqrt{3}} + C$。

72. $y = \mathrm{e}^p p^2$，$x = \mathrm{e}^p(p + 1) + C$。

73. $y = x - C - \dfrac{1}{x - C}$（$y_0 = 0$ 是切点轨迹，没有奇解）。

74. $y = a(1 + \cos 2\varphi)$，$x = a(-2\varphi - \sin 2\varphi) + C$。（摆线）

75. $y = C^2(x - C)^2$，奇解 $y = 0$，$y = \dfrac{x^4}{16}$。

76. $y = -\dfrac{x^2}{4} + Cx + C^2$，奇解 $y = \dfrac{-x^2}{2}$。

77. $k \neq 1$，$x^2 + y^2 = \dfrac{2Cx + C^2}{k^2 - 1}$；$k = 1$，$x^2 + y^2 = Cx$（用极坐标比较方便）。

78. $y = \dfrac{C + a\arcsin p}{\sqrt{1 - p^2}} - ap$。

79. $x = -p - \dfrac{1}{2} + \dfrac{C}{(1 - p)^2}$。

80. 奇解 $y = \dfrac{(x + 1)^2}{4}$。

81. 奇解 $y^4 = -\dfrac{32x^3}{27}$。

82. 奇解 $x^2 + y^2 = 1$。

83. $x = \dfrac{C}{\sqrt{p}} - \dfrac{p}{3}$。

84. 微分方程 $y = px + \dfrac{ap}{\sqrt{1+p^2}}$，曲线是星形线 $\left(\dfrac{x}{a}\right)^{\frac{2}{3}} + \left(\dfrac{y}{a}\right)^{\frac{2}{3}} = 1$。

85. $y = x$ 不是解。

86. $y = x$ 是奇解。

87. $y = 0$ 是奇解。

88. 唯一性成立 $, y = 0$ 是寻常解。

89. $y = 0$ 是奇解。

90. 通解 $y = Cx + \dfrac{C^2}{2}$，奇解 $y = -\dfrac{x^2}{2}$。

91. $y = \pm 2x$。

92. 包线 $y = -x ; x = 0$。

93. 参看问题 73。

94. 参看问题 75。

95. 通解 $2Cy = (x+C)^2$，奇解 $y = 0 ; y = 2x$。

96. $y = \dfrac{x^2}{4}$。

97. 参看问题 76。

98. $y = 2\mathrm{e}^{\frac{x}{2}} , y = C\mathrm{e}^x + \dfrac{1}{C}$。

99. $\dfrac{x^2}{2C^2} + \dfrac{y^2}{C^2} = 1$，图像略。

100. $r = C\mathrm{e}^{k\varphi}$。

101. $y = C|x|^n$。

102. $(x^2 + y^2)^2 - 2Cxy = 0$，旋转 $\dfrac{\pi}{4}$的双纽线。

103. $\rho = a\left[1 + \cos(\theta - 2a)\right]$。

104. 同一族曲线。

105. $\rho^2 = C\sin 2\theta$。

106. $x = \sin\varphi , y = -\dfrac{1}{8}\varphi\cos\varphi + \dfrac{3}{16}\varphi + C_2\sin\varphi + \dfrac{7}{48}\sin 2\varphi - \dfrac{C_1}{4}\cos 2\varphi - \dfrac{1}{192}\sin 4\varphi + C_3$。

107. $x+C_2=\dfrac{2}{3}(\sqrt{y}+C_1)^{\frac{2}{3}}-2C_1(\sqrt{y}+C_1)^{\frac{1}{2}}$。

108. $y=\dfrac{1}{6a^3C^5}\big[\,C^4(x+C_1)^2-a^6\,\big]^{\frac{3}{2}}-\dfrac{a^3}{2C^3}(x+C_1)\ln\big[\,C^2(x+C_1)+\sqrt{C^4(x+C_1)^2-a^6}\,\big]+$

$\qquad\dfrac{a^3}{2C^5}\sqrt{C^4(x+C_1)^2-a^6}+C_2x+C_3$。

109. $y=\text{sh}(x+C_1)+C_2x+C_3$。

110. $x=\dfrac{y_0}{4}\left\{\left(\dfrac{y}{y_0}\right)^2-1-2\ln\dfrac{y}{y_0}\right\}+x_0$。

111. $y=2a+C_1(1-\cos\varphi),\ x=C_1(\varphi-\sin\varphi)+C_2$。 摆线族。

112. $y=\dfrac{C_1x^3}{6}-\dfrac{C_1^3x^3}{2}+C_2x+C_3$。

113. $\ln y=C_1\text{e}^x+C_2\text{e}^{-x}$。

114. $y=C_1\text{e}^{C_2x}$。

115. $y=C_1\sqrt{x^2+C_2}$。

116. $y=nx\ln\dfrac{C_1x}{1+C_2x}$。

117. $c'x^{c^2}=\dfrac{c\sqrt{y}+\sqrt{cy-2x}}{c\sqrt{y}-\sqrt{cy-2x}}-\text{e}^{\frac{2c\sqrt{y}\sqrt{cy-2x}}{(c^2-c)y+2x}}$。

118. $c'x^{c^3}=\dfrac{c\sqrt{y}+\sqrt{cy-2x^2}}{c\sqrt{y}-\sqrt{cy+2x^2}}\cdot\text{e}^{\frac{2c\sqrt{y}\sqrt{cy+2x^2}}{(c^2-c)y-2x^2}}$。

119. $y'^2-x^2y^2=C$。

120. $y=\dfrac{(x^2+C_1)^{\frac{3}{2}}}{3x^2}+\dfrac{C_2}{x^2}$。

121. $x^2y^3+2xy+x^2=C_1x+C_2$。

122. $x=C_1\left(\ln\tan\dfrac{\varphi}{2}+\cos\varphi\right)+C_2,\ y=C_1\sin\varphi$。

123. $y=C_2+\dfrac{1}{2}\displaystyle\int\big[\,\text{e}^{\frac{x^2}{a^2}+C_1}-\text{e}^{-\left(\frac{x^2}{a^2}+C_1\right)}\,\big]\,\text{d}x$。

124. $y=C_1x\sqrt{x^2+C_2}$。

125. $\ln y=1-\dfrac{1}{Cx+C'}$。

126. $y=C_1x+C_2+\sqrt{C_3x+C_4}\,;y=ax^2+bx+c$。

127. 略。

128. 略。

129. $x=-\dfrac{2t}{3}+\dfrac{C_1}{t^2}, y=\dfrac{2}{27}t^3-\dfrac{2C_1}{3}\ln\,t+\dfrac{4C_1^2}{3t^3}+C_2$。

130. $x=\dfrac{C_1}{t^2}+\dfrac{2}{5}t^3, y=-\dfrac{4C_1^2}{t}-\dfrac{7}{10}t^4+\dfrac{2}{75}t^3+C_2$。

131. $y''+y=0$。

132. $y''-2\cot 2xy'=0$；区间 $k\,\dfrac{\pi}{2}<x<(k+1)\,\dfrac{\pi}{2}, k=0,\pm1,\pm2,\cdots; 1=\sin^2x+\cos^2x$,

$\cos 2x=\cos^2x-\sin^2x$。

133. $W(x)=\dfrac{C}{1-x^2}$。

134. $y=C_1\,\dfrac{\sin\,x}{x}+C_2\,\dfrac{\cos\,x}{x}$。

135. $y=C_2+(C_1-C_2x)\cot\,x$。

136. $y=C_1x+C_2x^2+C_3x^3$。

137. $y=C_1x+C_2\sin\,x+C_3\cos\,x$。

138. $y=C_1+C_1x^2+C_3(\arcsin\,x+x\sqrt{1-x^2})$。

139. $y=C_1x+C_2x^2+x^3$。

140. $y=C_1\mathrm{e}^x+C_2x-(x^2+1)$。

141. $y=C_1\cos\,x+C_2\sin\,x+C_2x^2+x^3$。

142. $y=\ln\,x\left(C_1+C_2\displaystyle\int\dfrac{\mathrm{d}x}{\ln^2x}+\mathrm{e}^x\right)$。

143. 关系式$\dfrac{\mathrm{d}p_2}{\mathrm{d}x}=-2p_1p_2$；可从关系式$-\dfrac{y'^2_1}{y^2_1}=-p_2$ 求得 y_1。

144. $v=\dfrac{y_1y''W[y_1,y_2]y'W'[y_1,y_2]+y(y'_1,y''_2-y''_1y'_2)}{(W[y_1,y_2])^2}$。

145. $y=C_1\mathrm{e}^{-2x}+C_2(4x^2+1)$。

146. 特解:$y_1=\dfrac{1}{\sin\,x}, y_2=\cot\,x$。

147. $y=C_1+C_2x+C_3\mathrm{e}^{\sqrt{2}}+C_4\mathrm{e}^{-\sqrt{2}}$。

148. $y=\mathrm{e}^x(C_1+C_2x+C_3x^2)$。

149. $y=\mathrm{e}^x(C_1\cos\,x+C_2\sin\,x)+\mathrm{e}^{-x}(C_3\cos\,x+C_4\sin\,x)$。

150. $y=C_1\mathrm{e}^x+C_2\mathrm{e}^{-x}+C_3\cos\,x+C_4\sin\,x$。

151. $y = C_1 e^{-\frac{x}{2}} + C_2 e^{-x}$。

152. $y = e^{-\frac{x}{2}} \left\{ (C_1 + C_2 x) \cos \frac{x\sqrt{3}}{2} + (C_3 + C_4 x) \sin \frac{x\sqrt{3}}{2} \right\}$。

153. $y = e^{2x} (C_1 + C_2 x) + \frac{x^2}{4} + \frac{x}{2} + \frac{3}{8}$。

154. $y = C_1 e^{2x} + C_2 e^{4x} + \frac{1}{3} e^x - \frac{x}{2} e^{2x}$。

155. $y = C_1 e^{-x} + C_2 \cos x + C_3 \ln x + e^x \left(\frac{x}{4} - \frac{3}{8} \right)$。

156. $y = e^x \left(C_1 + C_2 x + C_3 x^2 + C_4 x^3 + \frac{1}{24} x^4 + \frac{1}{120} x^5 \right)$。

157. $y = C_1 \cos 2x + C_2 \sin 2x - \frac{x^2}{8} \cos 2x + \frac{x}{16} \sin 2x$。

158. $y = e^{-\frac{x}{2}} \left[\left(C_1 - \frac{1}{\sqrt{3}} x \right) \cos \frac{x\sqrt{3}}{2} + C_2 \sin \frac{x\sqrt{3}}{2} \right]$。

159. $y = C_1 e^x + C_2 e^{-x} + (e^x + e^{-x}) \arctan e^x$。

160. $y = C_1 e^{x\sqrt{2}} + C_2 e^{-x\sqrt{2}} + e^{x^2}$。

161. $y = C_1 \cos x + C_2 \sin x + \frac{1}{16} \cos 3x + \frac{1}{4} x \sin x$。

162. 右端的傅里叶级数：$-\sum\limits_{m=1}^{\infty} \frac{\cos mx}{m}$；当 $m = 3$ 就有共振。方程的通解

$$y = \left(C_1 - \frac{1}{18} x \right) \cos 3x + C_2 \sin 3x - \frac{1}{8} \cos x - \frac{1}{10} \cos 2x +$$

$$\sum_{m=4}^{\infty} \frac{1}{m(m^2 - 9)} \cos mx$$

163. $R = C_1 r^n + C_2 r^{-(n+1)}$。

164. $y = C_1 x^2 + C_2 x^3 - \frac{1}{2} x$。

165. $y = x(C_1 \cos \ln x + C_2 \sin \ln x) - x \ln x$。

166. $y = \frac{C_1}{x} + C_2 x^2 + \frac{1}{3} \left\{ \left(x^2 - \frac{1}{x} \right) \ln x - \frac{1}{3x} - \frac{x^2}{3} \right\}$。

167. $y = x(C_1 + C_2 \ln x) + C_3 x^2 + \frac{1}{4} x^3 - \frac{3}{2} x (\ln x)^2$。

168. $y = C_1 \cos \ln(1+x) + [C_2 + 2\ln(1+x)] \sin \ln(1+x)$。

169. $y = xz$。

170. 代换 $y=x^{-p+\frac{1}{2}}z$, $n=p-\dfrac{1}{2}$。

171. $y=C_1 e^{\frac{x^2}{2}}+C_2 e^{-\frac{x^2}{2}}$。

172. $y=e^{x^2}(C_1 \cos x+C_2 \sin x+\sin 2x)$。

173. $y=e^{\sqrt{x}}\left(C_1 x^2+\dfrac{C_2}{x}\right)$。

174. $y_1 = 1-\dfrac{x^2}{2}+\dfrac{x^4}{8}-\cdots+\dfrac{(-1)^n x^{2n}}{2\cdot 4\cdot\cdots\cdot 2n}+\cdots$, $y_2 = x-\dfrac{x^3}{3}+\dfrac{x^5}{1\cdot 3\cdot 5}-\cdots+$

$\dfrac{(-1)^n x^{2n-1}}{1\cdot 3\cdot 5\cdot\cdots\cdot(2n-1)}+\cdots$。容易看出，$y_1=e^{-\frac{x^2}{2}}$；用求积就能得到 y_2。

175. $x=C_1 e^t+e^{-\frac{t}{2}}\left(C_2 \cos \dfrac{t\sqrt{3}}{2}+C_3 \sin \dfrac{t\sqrt{3}}{2}\right)$,

$y=C_1 e^t+\dfrac{e^{-\frac{t}{2}}}{2}\left[(-C_2+C_3\sqrt{3})\cos\dfrac{t\sqrt{3}}{2}+(C_2\sqrt{3}-C_3)\sin\dfrac{t\sqrt{3}}{2}\right]$,

$z=C_1 e^t+\dfrac{e^{-\frac{t}{2}}}{2}\left[(-C_2-C_3\sqrt{3}\cos)\dfrac{t\sqrt{3}}{2}+(C_2\sqrt{3}-C_3)\sin\dfrac{t\sqrt{3}}{2}\right]$。

176. $y=C_1+C_2 e^{2x}-\dfrac{x^2}{4}-\dfrac{x}{4}$, $z=-C_1+C_2 e^{2x}+\dfrac{x^2}{4}-\dfrac{x}{4}-\dfrac{1}{4}$。

177. $y=\dfrac{1}{(C_1 x+C_1)^2}$, $z=-\dfrac{1}{2C_1(C_1 x+C_2)}$。

178. $y=x+C_2 e^{C_1 x}$, $z=-\dfrac{1}{C_1 C_2}e^{-C_1 x}$。

179. $y_3=1-\dfrac{x^2}{2!}+\dfrac{x^4}{4!}$, $z_3=\dfrac{x}{1}-\dfrac{x^3}{3!}$。

180. $y_3=x+\dfrac{x^3}{6}+\dfrac{x^4}{12}$。

181. $y_4=1-\dfrac{x^2}{2}+\dfrac{x^3}{3}-\dfrac{x^4}{12}-\dfrac{x^6}{120}$。

182. $y=\sqrt{C_1 e^{2x}+C_2 e^{-2x}}$, $z=\sqrt{C_1 e^{2x}-C_2 e^{-2x}}$。

183. $y=\dfrac{1}{C_1 e^x+C_2 e^{-x}}$, $z=\dfrac{1}{-C_1 e^x+C_2 e^{-x}}$。

184. $x=C_1 e^t+C_2 e^{-2t}$, $y=C_1 e^t+C_3 e^{-2t}$, $z=C_1 e^t-(C_2+C_3)e^{-2t}$。

185. $x=e^{-t}(C_1 t^2+C_2 t+C_3)+t^2-3t+3$, $y=e^{-t}(-2C_1 t-C_2)+t$, $z=2C_1 e^{-t}+t-1$。

186. $x=e^{-4t}(A\cos t+B\sin t)+\dfrac{31}{26}e^t-\dfrac{93}{17}$, $y=e^{-4t}[(A-B)\sin t-(A+B)\cos t]-$

$$\frac{2}{13}e^t + \frac{6}{17}。$$

187. $y = C_1 e^x + e^{\frac{x}{2}}\left(C_2\cos\frac{x\sqrt{23}}{2} + C_3 + \sin\frac{x\sqrt{23}}{2}\right) - \frac{1}{4}e^{2x}$, $z = C_1 e^x + \frac{e^{\frac{x}{2}}}{4}\Big[(-7C_2 - $

$\sqrt{23}C_3)\cos\dfrac{x\sqrt{23}}{2} + (-7C_3 + C_2\sqrt{23})\sin\dfrac{x\sqrt{23}}{2}\Big] - \dfrac{1}{8}e^{2x}。$

188. $y = e^t\left(C_1 + \dfrac{t}{2}\right) + e^{-t}\left(C_2 - \dfrac{t}{2}\right)$, $x = e^t\left(C_1 - \dfrac{1}{2} + \dfrac{t}{2}\right) + e^{-t}\left(-C_2 + \dfrac{1}{2} + \dfrac{t}{2}\right)。$

189. $z = C_1 x^2 - \dfrac{C_2}{x}$, $y = (1 - 2C_1)x - \dfrac{C_2}{x^2}。$

190. $t = e^\tau$, $x = C_1 t^2 + C_2 t^{-2} - \dfrac{2}{3}t$, $y = \dfrac{1}{3}C_1 t^2 - C_2 t^{-2} - \dfrac{1}{3}t。$

191. $x = C_1 t + C_2 t^2 + C_3 t^{-1}$, $y = C_1 t - C_2 t^2 + 2C_3 t^{-1}$, $z = 2C_1 t + 3C_2 t^2 + C_3 t^{-1}。$

192. $x = \dfrac{4}{25}e^t - \dfrac{1}{36}e^{2t} + e^{-4t}(C_1 + C_2 t)$, $y = \dfrac{1}{25}e^t + \dfrac{7}{36}e^{2t} - e^{-4t}(C_1 + C_2 + C_2 t)。$

193. $\dfrac{z-x}{y-x} = C_1$, $(x-y)^2(x+y+z) = C_2。$

194. $\dfrac{zy}{x} = C_1$, $x^2 + y^2 + z^2 = C_2。$

195. $xy = C_1$, $(x+y)(x+y+z) = C_2。$

196. $x = \ln(C_1 t + C_2)$, $y = \ln(C_1 t + C_2) + C_3 - C_2$, $z = (C_1 + 1)t + C_2。$

197. 曲面的直母线平行于 xOy 平面且与 Oz 轴相交(锥劈曲面)。而所指出的柯西问题确定一个双曲抛物面。

198. 所求特解: $f = y - z + 2(\sqrt{x} - 1)(\sqrt{z} - \sqrt{y})。$

199. 通解是回转面,它的回转轴是通过原点的直线,角系数是 $\cos\alpha : \cos\beta : \cos\gamma = l : m : n$; 特征曲线是位于这轴的垂直面上,而中心在这轴上的圆周。

200. $\Phi\left[(x-u)S^{\frac{1}{3}}, (y-u)S^{\frac{1}{3}}, (z-u)S^{\frac{1}{3}}\right] = 0$, 其中 $S = x + y + z + u。$

201. $u = \dfrac{1}{2}x^2 yz - \dfrac{1}{6}x^3(bz + cy) = \dfrac{1}{\sqrt{2}}bcx^4 + \varphi(y - bx, z - cx)。$

202. $z = \dfrac{1}{x^3 y^3}\varphi\left(\dfrac{x}{y^2} + \dfrac{y}{x^2}\right)。$

203. $z = \sqrt{xy}。$

204. 方程: $px + qy = \dfrac{1}{k}\sqrt{x^2 + y^2}$; 通解是 $z = \dfrac{1}{k}\sqrt{x^2 + y^2} + \varphi\left(\dfrac{y}{x}\right)$; $k =$ 直母线与 Oz 轴的

交角的正切,φ 是任意函数。

205. $\dfrac{z-y}{xz}=C$。

206. $\dfrac{1}{x-y}+\dfrac{1}{y-z}+\dfrac{1}{z-x}=C$。

207. $\dfrac{(1-z^2)x+y}{z}=C$。

208. 不满足可积分性条件。

209. $x^2-y^2+z^2=\dfrac{1}{2}(x+y)$。

210. 不满足可积性条件。把方程变成形状 $0=\mathrm{d}x+y\mathrm{d}y+z\mathrm{d}z+z\mathrm{d}y=\mathrm{d}\left(x+\dfrac{y^2}{2}+\dfrac{z^2}{2}\right)+z\mathrm{d}y$,置 $x+\dfrac{y^2}{2}+\dfrac{z^2}{2}=\varphi(y)$($\varphi$ 是任意函数),那么第二个关系式 $z=-\varphi'(y)$。

211. 全积分为 $z=\dfrac{1}{2a}(x+ay)^2+b$;柯西问题的解是 $z=xy+y\sqrt{x^2+1}$。

212. $2\sqrt{1+az}+\ln\dfrac{\sqrt{1+az}-1}{\sqrt{1+az}+1}=x+ay+b$。

213. 作变数代换 $z=\zeta^2$,$x=\dfrac{1}{\xi}$,$y=\dfrac{1}{\eta}$ 或直接用辅助方程 $p=\dfrac{a}{x}+\dfrac{\ln x}{x}$。

214. $z=x-y+2\sqrt{axy}+b$。

215. $z^2=\dfrac{x^2}{\cos^2\alpha}+\dfrac{y^2}{\sin^2\alpha}+\beta$。

216. $z=\dfrac{x^2}{4}+xy+y^2$,$z=-\dfrac{x^2}{12}+\dfrac{y^2}{4}$。

217. $x^2+y^2+z^2=1$。

218. $2z=x^2+y^2+x\sqrt{x^2+a}+y\sqrt{y^2-a-1}+a\ln(x+\sqrt{x^2+a})-(a+1)\cdot\ln(y+\sqrt{y^2-a-1})+b$。

219. $\sqrt{a^2-2a-x-z}+(a-1)\ln(\sqrt{a^2-2a-x-z}-a+1)+\dfrac{x}{2}+ay=b$。

220. (1) $z=xy$。 (2) $x=\dfrac{u}{2}(e^t+1)$,$y=u^2(2e^t-1)$,$z=u^3e^{2t}$,$t_0=0$。

221. $x=\cos u+t\cos\left(u+\dfrac{\pi}{6}\right)$,$y=\sin u+t\sin\left(u+\dfrac{\pi}{6}\right)$,$z=\dfrac{1}{2}u+t$,$t_0=0$。

222. $x=-3u^2+(3u^2+1)\tau$,$y=\dfrac{2u^3}{3u^2+1}+\dfrac{u^3+u}{3u+1}\tau$,$z=\dfrac{6u^5}{3u^2+1}+\dfrac{-3u^5+u^3}{3u^2+1}\tau$,$\tau_0=1$。

223. 蒙日方程为 $dz^2 = dx^2 + dy^2$，它的解是 $x = -\omega'(a)\sin\alpha - \omega''\cos\alpha, y = -\omega'\cos\alpha + \omega''\sin\alpha, z = \omega + \omega''$。

224. 对应的偏微分方程是 $pq = 1; x = -\dfrac{1}{2}a\omega'' - \omega', y = -\dfrac{1}{2}a^3\omega'', z = -a^2\omega'' - a\omega' + \omega$。

225. 方程是 $dz^2 = 4zdxdy$。

解是 $z = -a - \dfrac{2\omega'}{\omega''}, y = -\omega + 2\dfrac{\omega'^2}{\omega''}, z = -4\dfrac{\omega'^3}{\omega''^2}$。

226. $q = \dfrac{h'_{y_0} + h'_{z_0}q_0}{g'_{y_0} + g'_{z_0}q_0}, p = \dfrac{g'_x h'_{y_0} - h'_x g'_{y_0} + q_0(g'_x h'_{z_0} - h'_x g'_{z_0})}{g'_{y_0} + g'_{z_0}q_0}$。